# 仿真建模和智能决策理论与方法

李秋妮　刘棕成　徐西蒙
张　欢　王　栋　周向东　著

西北工業大學出版社

西　安

【内容简介】 本书总结了作者在仿真建模和智能决策领域多年的研究成果，重点阐述了仿真建模与智能决策相关理论与方法，并分析了相应的应用案例。全书共15章，主要对仿真建模和智能决策的相关基础理论与关键方法技术展开了探讨，并研究、分析了其在目标轨迹预测、目标意图识别、协同压制干扰布阵、多机协同压制目标分配与决策、关键目标的最优协同态势和轨迹追踪等典型案例的应用情况，理论和应用相结合，具有新颖性、前沿性等特点。

本书可供从事仿真建模和智能决策理论与方法研究的高校教师、本科生、研究生和相关研究院所及科研单位的研究人员、辅助决策者和工程技术人员参考、使用。

**图书在版编目(CIP)数据**

仿真建模和智能决策理论与方法 / 李秋妮等著. —西安：西北工业大学出版社，2023.9

ISBN 978-7-5612-9012-5

Ⅰ. ①仿… Ⅱ. ①李… Ⅲ. ①系统仿真 ②建立模型 ③智能决策 Ⅳ. ①N945.13 ②O141.1 ③C934

中国国家版本馆CIP数据核字(2023)第179790号

FANGZHEN JIANMO HE ZHINENG JUECE LILUN YU FANGFA

**仿真建模和智能决策理论与方法**

李秋妮 刘棕成 徐西蒙 张欢 王栋 周向东 著

**责任编辑**：朱晓娟　　**策划编辑**：胡西洁
**责任校对**：张 友　　**装帧设计**：李 飞
**出版发行**：西北工业大学出版社
**通信地址**：西安市友谊西路127号　　邮编：710072
**电　　话**：(029)88491757，88493844
**网　　址**：www.nwpup.com
**印 刷 者**：西安五星印刷有限公司
**开　　本**：787 mm×1 092 mm　　1/16
**印　　张**：16.5　　彩插：6
**字　　数**：412千字
**版　　次**：2023年9月第1版　　2023年9月第1次印刷
**书　　号**：ISBN 978-7-5612-9012-5
**定　　价**：68.00元

如有印装问题请与出版社联系调换

# 前　言

近年来，随着科学技术的发展，计算机建模技术可以支持人们分析复杂系统，智能辅助决策理论与方法可以帮助人们对复杂系统进行智能预测、智能识别和智能决策，同时可以帮助人们解决空中对抗模拟训练面临的资源紧张和费用高昂的问题。因此，利用仿真建模和智能决策理论与方法对复杂对抗过程进行模拟推演和效果分析，备受专家、学者的青睐。仿真建模和智能决策理论与方法已成为世界各国的研究热点。

本书是一本论述仿真建模、智能识别和智能决策理论与方法，并结合笔者在实际工作中积累的应用案例进行分析、研究的综合性专著。本书反映了空中对抗任务的仿真建模、智能识别和智能决策的分析方法具有通用性、扩展性和可移植性等特点，可供从事仿真建模和智能决策理论与方法研究的高校教师、本科生、研究生和相关研究院所及科研单位的研究人员、辅助决策者和工程技术人员参考、使用。

全书共15章。第1章为绪论。第2～5章为智能态势感知和智能识别方法研究，分别结合应用案例对基于极限学习机-自适应强化(Extreme Learning Machine - Adaptive Boosting，ELM - AdaBoost)强预测器的目标威胁评估、基于运动分解和层次支持向量机(Hierarchical Support Vector Machine，HSVM)的目标机动识别、基于遗传算法-输出/输入反馈-埃尔曼(Genetic Algorithm - Output/Input Feedback - Elman，GA - OIF—Elman)神经网络的目标轨迹预测和基于双向长短时记忆(Bidirectional Long Short Term Memory，Bi - LSTM)神经网络的目标意图识别进行仿真建模问题描述、对相关智能感知识别的理论方法进行介绍讲解和对应用案例仿真实验效果进行分析。第6章和第7章为改进多目标粒子群智能优化决策方法讲解，分别讲解基于模拟退火和比例分布策略的分解类改进多目标粒子群优化(MOPSO - DSAPD)算法、基于定向预测策略的改进动态多目标粒子群优化(DMOPSO - DP)算法的详细过程、性能度量、测试函数和收敛性、均匀性等。第8～15章为多目标优化、博弈论、自适应追踪等智能决策方法研究，结合应用案例分别论述基于改进多目标优化算法的静态、动态多机协同压制干扰布阵、最优航迹规划，基于非合作博弈的多机协同压制建模与攻防策略，基于进化博弈的多机协同压制目标分配与连续决策，基于不确定信息博弈的多机协同压制，以及基于控制论的关键目标多机协同态势最优方法和自适应轨迹追踪方法等，详细介绍仿真建模过程、智能决策算法设计和应用案例效果分析。

本书由李秋妮、刘棕成、徐西蒙、张欢、王栋、周向东撰写，在撰写本书的过程中，参阅了相关文献资料，在此谨对其作者表示感谢。

由于水平有限，书中难免存在纰漏和不足之处，敬请广大读者批评指正。

**著　者**

2023 年 6 月

# 目　录

**第 1 章　绪论** ………… 1

1.1　引言 ………… 1

1.2　国内外研究现状分析 ………… 3

参考文献 ………… 9

**第 2 章　基于 ELM - AdaBoost 强预测器的目标威胁评估研究** ………… 13

2.1　引言 ………… 13

2.2　目标威胁评估问题描述 ………… 13

2.3　基于 ELM - AdaBoost 强预测器的目标威胁评估 ………… 21

2.4　威胁评估样本数据的构造 ………… 25

2.5　仿真实验与分析 ………… 26

2.6　本章小结 ………… 32

参考文献 ………… 32

**第 3 章　基于运动分解和 H - SVM 的目标机动识别研究** ………… 34

3.1　引言 ………… 34

3.2　目标机动识别问题描述 ………… 34

3.3　基于运动分解和 H - SVM 的目标机动识别 ………… 35

3.4　机动识别样本数据的构造 ………… 39

3.5　仿真实验与分析 ………… 40

3.6　本章小结 ………… 47

参考文献 ………… 47

**第 4 章　基于 GA - OIF - Elman 神经网络的目标轨迹预测研究** ………… 48

4.1　引言 ………… 48

4.2　目标轨迹预测问题描述 ………… 48

4.3 基于 GA－OIF－Elman 神经网络的目标轨迹预测 …… 49
4.4 轨迹预测样本数据的构造 …… 52
4.5 仿真实验与分析 …… 54
4.6 本章小结 …… 60
参考文献 …… 61

**第 5 章 基于 Bi－LSTM 神经网络的目标意图识别研究 …… 63**

5.1 引言 …… 63
5.2 目标意图识别问题描述 …… 63
5.3 基于 Bi－LSTM 神经网络的目标意图识别 …… 64
5.4 意图识别样本数据的构造 …… 69
5.5 仿真实验与分析 …… 72
5.6 本章小结 …… 76
参考文献 …… 77

**第 6 章 基于模拟退火和比例分布策略的分解类改进多目标粒子群优化算法 …… 78**

6.1 引言 …… 78
6.2 MOPSO－DSAPD 算法 …… 78
6.3 性能度量和测试函数 …… 86
6.4 仿真实验与分析 …… 91
6.5 本章小结 …… 106
参考文献 …… 106

**第 7 章 基于定向预测策略的改进动态多目标粒子群优化算法 …… 108**

7.1 引言 …… 108
7.2 DMOPSO－DP 算法 …… 108
7.3 性能度量指标与测试函数 …… 113
7.4 仿真实验与分析 …… 118
7.5 本章小结 …… 134
参考文献 …… 135

**第 8 章 基于 MOPSO－DSAPD 算法的静态多机协同压制干扰布阵研究 …… 136**

8.1 引言 …… 136
8.2 静态多机协同压制干扰布阵优化建模 …… 136

8.3　仿真实验与分析 …… 141
8.4　本章小结 …… 148
参考文献 …… 148

**第9章　基于DMOPSO－DP算法的动态多机协同压制干扰布阵研究** …… 151

9.1　引言 …… 151
9.2　动态多机协同压制干扰布阵优化建模 …… 151
9.3　仿真实验与分析 …… 153
9.4　本章小结 …… 162
参考文献 …… 162

**第10章　基于MOPSO-DSAPD算法的多机协同压制最优航迹规划研究** …… 164

10.1　引言 …… 164
10.2　电子支援干扰下航迹规划建模 …… 164
10.3　仿真实验与分析 …… 173
10.4　本章小结 …… 178
参考文献 …… 179

**第11章　基于非合作博弈的多机协同压制建模与攻防策略研究** …… 180

11.1　引言 …… 180
11.2　多机协同压制IADS的多智能体博弈建模 …… 181
11.3　分布式虚拟学习策略算法 …… 187
11.4　实验仿真与分析 …… 190
11.5　本章小结 …… 194
参考文献 …… 194

**第12章　基于进化博弈的多机协同压制目标分配与连续决策研究** …… 196

12.1　引言 …… 196
12.2　进化博弈的多机协同压制IADS目标分配 …… 197
12.3　进化博弈的多机协同压制IADS连续决策 …… 201
参考文献 …… 215

**第13章　基于不确定信息博弈的多机协同压制研究** …… 217

13.1　引言 …… 217

13.2 问题建模 …… 217
13.3 基于不确定区间信息的博弈均衡解 …… 220
13.4 实验仿真与分析 …… 224
13.5 本章小结 …… 228
参考文献 …… 229

**第 14 章 关键目标的多机协同态势最优方法研究** …… 230

14.1 引言 …… 230
14.2 攻击态势函数建模 …… 231
14.3 多机总攻击态势函数建模 …… 232
14.4 态势最优攻击方法设计 …… 237
14.5 实验仿真与分析 …… 238
14.6 本章小结 …… 240
参考文献 …… 240

**第 15 章 关键目标的多机自适应轨迹追踪方法研究** …… 242

15.1 引言 …… 242
15.2 问题描述 …… 243
15.3 多机目标追踪控制指令设计与稳定性分析 …… 244
15.4 实验仿真与分析 …… 248
15.5 本章小结 …… 254
参考文献 …… 255

# 第1章　绪　　论

## 1.1　引　　言

随着信息技术的飞速发展，现代战争方式发生了巨大变化，制空权和电子对抗能力的好坏成为主导成败的主要因素，传统的独立对抗模式也逐步被体系对抗、集群对抗和协同对抗等所取代。有人飞机和无人飞机是夺取制空权的主要力量，因此多机联合空中打击模式是现代战争中运用最广泛的手段。其中，多机协同压制防空系统问题是多机联合对抗任务领域的一个热点问题，引起了许多国内外军事专家和知名学者的兴趣。目前，防空系统越来越呈现多样化、智能化、综合化的趋势，拥有预警、指挥、攻击等多种功能的综合防空系统(Incegrated Air Defense System，IADS)受到世界军事强国的关注，并已在“沙漠风暴”“联合力量”“自由伊拉克”等行动中发挥了作用。因此，如何实现多机协同压制信息化程度高且单位多元的IADS是多机协同对抗领域的重大难题，也是打赢现代战争必须解决的关键问题。

近年来，多机协同对抗领域方面的研究已经取得了许多显著的、有价值的成果。例如，多机协同侦察、搜索、围捕、打击以及多机协同任务规划等方面的研究均取得了很大的进展。相比于单机对抗，多机协同对抗具有以下优点：

(1)由于现代化对抗任务复杂度日益增高，因此单机对抗受限于自身条件往往难以满足复杂任务的需求。

(2)多机通过任务分工可提高任务完成的效率，实现多元化对抗，完成多样性任务。多机可通过相互配合达到使战斗力倍增的系统对抗效果，从而完成困难的对抗任务。

(3)在执行任务时，机群间的信息交换与资源共享可提高各个对抗单元的生存率，发挥信息化对抗的优势。

(4)多机协同对抗具有一定的鲁棒性，当某个飞机出现损毁时，可通过任务重分配来调度其他飞机。

鉴于多机协同对抗的这些优点，它在世界范围内得到了广泛的关注，并被应用于多种对抗任务。通过在飞行覆盖区域和敌方区域建立关于飞行时间或路径的目标优化函数，结合智能优化算法或进化算法可得到多机最优协同侦察路径和方法。多机协同侦察可覆盖不规则的复杂区域，并且可节省搜索时间，为执行战略打击任务抢得先机。

由于系统资源有限以及任务时效性的需要，因此在执行侦察、搜索、打击等任务前通常需要进行任务规划。多机协同任务规划问题是一个极其复杂的决策与优化问题。它受到环境、飞机性能、任务要求等多方面约束的影响，面临着信息不完全与不确定性、计算复杂性、时间紧迫性等多方面的严峻挑战。采用图论和组合优化理论，可对多机协同任务规划问题进行建模。采用进化优化算法求解该模型可得到多机协同任务规划结果。

虽然多机协同侦察、搜索、围捕及任务规划等方面已经取得了很多的成果，但是人们对多机协同压制防空系统方面的研究偏少。防空系统不仅包括地面防空系统，还包括拥有预警机、干扰机、攻击机等多种防御单元的综合防空系统。目前，现有研究成果多集中于地面防空系统网络化设计与威胁评估。针对地面防空系统的不确定威胁能力，国内学者采用模糊集对各单元威胁进行建模来分析地面防空系统的综合威胁能力。国内学者将地面防空系统威胁程度进行量化建模处理后，就可以结合智能优化算法或进化算法完成多机协同对抗的路径规划和任务规划。这些方法对于研究多机协同压制综合防空系统问题具有重要的借鉴意义，但是，对于体现相互攻击的对抗性考虑不足。姚宗信等人将博弈论方法引入了多机协同对抗多个空中或地面目标的问题，突出了敌我双方的对抗性，提高了研究的实用价值。

相比于多机协同侦察、任务规划和压制地面防空系统问题研究，多机协同压制综合防空系统方面的研究非常匮乏。由于综合防空系统的复杂性，因此多机协同压制综合防空系统研究存在许多问题与困难，这主要表现在以下几个方面：

(1)综合防空系统的对抗实体具有多元化特征，例如其对抗实体可包含预警探测单元、指挥控制单元、拦截攻击单元等。每个对抗实体单元都具有特定的属性：预警探测单元具有预警功能而通常不具有攻击功能；指挥控制单元自身预警能力有限，但却是综合防空系统的重要单元，需要被重点保护。综合考虑这些不同的对抗单元特性将使得 IADS 的建模变得十分困难。

(2)传统的多机协同压制防空系统问题研究多采用优化算法或任务规划方法，但这些方法对于压制方和防御方的对抗性考虑不足。实际上，多机协同压制 IADS 过程具有强烈的对抗特性，因此，采用博弈论方法研究该问题更具有实际意义。如何研究多机协同压制方与 IADS 防御方的博弈均衡策略是一个亟待解决的难题。

(3)多机协同压制 IADS 的对抗过程通常会出现对抗单元损毁的情形，被损毁的对抗单元便失去了对抗能力。这种对抗单元动态变化的情形将使得多机协同压制 IADS 问题研究变得更加复杂。

(4)在现有的对抗博弈研究中，通常都未考虑对抗单元的损毁所造成的参与者数量变化。在参与者数量变化情形下如何建立博弈模型和研究对抗策略是需要解决的一个重要问题。

(5)在多机协同压制 IADS 对抗过程中，参与者由于受自身特征约束以及受经验知识限制，常表现出有限理性。因此，在多机协同压制 IADS 对抗研究中应该考虑参与者有限理性的情形。

(6)在实际对抗过程中，战场环境信息通常是不确定的，并且是在一定范围内变化的。这些信息的不确定性导致参与者的策略代价和收益也是不确定或者变化的。如何研究不确定战场环境信息下的多机协同压制 IADS 问题是非常具有实际意义的。

(7)针对 IADS 中的某个重点打击的目标，如何制定多机攻击该单目标的战术是亟待解决的问题。现有方法都集中在研究多机压制多对抗单元方面，多机攻击单目标飞机的战术方法研究非常少见。

空中对抗过程可以用观测、判断、决策、行动(Observe, Orient, Decide, Act,OODA)环

来描述。OODA环理论由美国空军上校John R. Boyd提出，可以将每次空中对抗行动都抽象为“观测(Observe)—判断(Orient)—决策(Decide)—行动(Act)”的循环闭合回路，具体如图1.1所示。

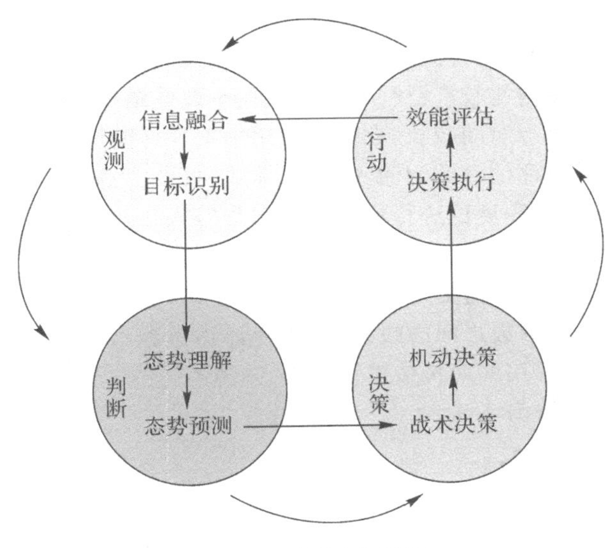


**图1.1　OODA环模型**

(1)观测(Observe)，将地面指挥控制系统、侦察机和机载多传感器获取的环境、目标信息进行融合，识别目标类型，对空中态势进行初步观察。

(2)判断(Orient)，对当前态势进行综合评估，判断敌我态势优劣和目标威胁程度等信息，并在此基础上对未来态势进行预测，推断目标战术意图。

(3)决策(Decide)，根据态势优劣、目标威胁程度和战术意图等信息，结合我方对抗任务制定合理的战术机动决策，并进行目标分配和火力分配。

(4)行动(Act)，执行对抗策略，完成任务目标，并对对抗任务效能进行评估，根据评估结果，调整优化观测、判断方法和战术机动决策，以在下一轮的OODA循环中取得更好的行动效果。

因此，围绕OODA环，态势感知评估、目标动作/意图识别的仿真建模和智能决策是关键的研究方向，具有重要的研究价值和意义。

# 1.2　国内外研究现状分析

## 1.2.1　空中态势感知研究现状

**1. 威胁评估研究**

目前，目标威胁评估方法可以分为两类：模型化方法和数据化方法。

模型化方法通常是对威胁评估的过程进行建模,设定评估指标函数对目标的威胁程度的量化指标,常用的有模糊推理、D－S(人名 Dempster、Shafer)证据理论(一种不精确推理理论)、贝叶斯推理和威胁指数法。Azimiyad 等人和 Chen 等人通过构建飞机威胁评估参数的隶属度函数,提出了一种基于模糊逻辑的目标威胁评估方法。Ma 等人针对不确定性条件,提出了一种基于云模型的目标威胁等级评估模型。这类方法中,威胁指数法(又称多属性决策法)最具代表性,使用比较广泛。它的优点在于评估结果准确,说服力强;缺点在于模型复杂、计算量大、算法运行时间较长,在实际应用中不容易满足实时评估的需求。

数据化方法通常是以评估参数为输入,以目标威胁程度为输出,利用历史数据训练机器学习算法,从而对目标威胁程度值进行预测。王向华等人提出了采用神经网络及其改进算法进行目标威胁评估的方法。郭辉等人提出了采用回归型支持向量机进行目标威胁评估的方法。这类方法的优点在于不需要对评估过程进行建模,机器学习算法经过训练后可以挖掘出目标威胁程度和评估参数之间的映射关系,使评估过程得到简化,进而缩短评估时间,提高评估效率;缺点在于可用的对抗数据比较少、来源不可靠,导致模型训练不够充分、评估精度不够高、评估结果说服力不强。

**2. 机动识别研究**

目前,国外军用飞机的机动识别方法尚未公开,国内应用比较广泛的机动识别方法有专家系统和机器学习。倪世宏等人利用专家系统从历史飞行数据中提取了不同机动动作的飞行参数变化特征构建动作识别库,采用推理机进行正向推理,从而完成识别。专家系统法存在的缺点是:对某些战术机动动作的知识表达表现出多层嵌套关系,导致难以提取飞行参数变化特征;系统的建立需要依靠领域专家的先验知识,较多地体现了主观人为因素。机器学习方法中使用比较广泛的是贝叶斯网络。孟光磊等人使用贝叶斯网络通过多种描述特征对机动动作的知识进行表达,进而进行推理,实现机动识别。贝叶斯网络的缺点是:模型比较复杂,网络结构和参数的确定同样要依靠领域专家的先验知识,主观性较强;模型复杂度高,识别计算量大,所需时间较长,因此不容易满足实时识别的对抗需求。空中飞机的机动受飞机性能、飞行员操作习惯和态势等多种因素的影响,会体现出复杂多变、随机性强的特点,在识别模型中较多地融入研究者的主观判断而不足以表达机动的客观性、真实性,因此会影响机动识别的准确性。

针对这些问题,部分学者又提出了基于神经网络和支持向量机等机器学习算法的机动识别方法。杨俊等人提出了利用历史飞行数据训练模糊支持向量机,从数据分类的角度实现机动识别。许卫宝等人提出了运用模糊神经网络进行机动识别,考虑了机动动作的随机性和模糊性。这类方法不需要对识别过程进行建模,而是利用机器学习算法从飞行数据中挖掘飞行参数和机动动作的映射关系,因此避免了主观因素的影响;模型经过训练后,通过对飞行参数的分类实现机动识别,所需时间很短,因此可以满足实时识别的需求。这类方法克服了传统方法存在的主观性强、模型复杂和识别效率低等缺点,已经成功应用于飞行员训练的操纵品质评估,但由于研究尚处于起步阶段,因此还没有应用于空中对抗的目标机动识别。

**3. 轨迹预测研究**

目前,模型化方法依然是轨迹预测研究的主流。Lu 等人针对运输机起飞和降落过程的轨迹预测问题提出了一种基于遗传算法的预测模型。翟岱亮等人通过设计自适应交互多模型跟踪算法，实现了高超声速飞行器的轨迹预测。这类方法的优点是对运动规律相对简单的目标具有较高的轨迹预测精度；缺点是需要对目标建立精确的运动模型，预测所需时间较长，不容易满足实时预测的需求，而且对于运动规律不固定的目标，机动方式和敌我态势的复杂多变以及重量、推力、阻力和升力等多种时变参数的不确定性，使得建立运动模型的过程中势必要进行较大程度的简化，因此会造成轨迹预测精度偏低。

还有一种轨迹预测研究的方法是数据化方法。刘爽等人利用寻优的BP(反向推演)神经网络实现了飞机飞行轨迹的实时跟踪。王俭臣等人提出了一种基于融合进食粒子群算法和梯度法的改进动态回归神经网络，对无人机的轨迹进行了预测。另外还有基于混沌时间序列预测和灰色预测等方法。这类方法不需要对目标建立运动模型，而是利用机器学习算法对历史飞行数据进行学习，挖掘出目标的运动规律，从而对未来轨迹进行预测。其优点是预测所需时间很短，具有较高的实时性；缺点是可用的轨迹数据较少、质量不够高，导致模型训练不够充分，预测精度偏低。

**4. 意图识别研究**

目前，意图识别方法主要有模板匹配、专家系统和贝叶斯网络。夏羲根据领域专家的先验知识建立模板库，从空中目标的一系列行动中提取特征信息，通过D－S证据理论等方法推理特征信息与模板的匹配度。赵福均等人根据领域专家知识构建意图识别知识库，基于一系列规则表示态势和意图的对应关系，并利用推理机推理得到目标意图。葛顺等人提出了改进的贝叶斯网络方法，使其通过网络参数的持续更新，动态地适应态势变化，实现了目标意图的不确定性推理。这些方法在一定程度上解决了不同对抗背景的意图识别问题，但缺点是都需要大量的领域专家先验知识，而且需要对这些知识进行显式的组织和描述，知识表示和工程实现难度很大。另外，这些方法通常只根据单一时刻的目标信息对意图进行分析和识别，不具备对时序特征的建模和学习能力，忽略了目标意图的时序性、动态性和欺骗性，容易造成意图识别的片面性。

针对这些问题，部分学者又提出了基于神经网络的意图识别方法。魏蔚等人将RBF(径向基)网络应用于空中目标的意图识别。周旺旺等人采用自适应神经网络模糊推理方法对空袭目标进行了意图识别。这类方法的优点是具有自学习能力，不需要大量的领域专家知识和产生式规则，克服了传统方法知识获取困难和主观性较强的问题。但其缺点是传统的前馈神经网络存在网络训练难度大、特征提取能力弱和容易陷入局部最优等问题，而且可用的意图识别数据较少、来源不可靠，导致模型泛化能力较差，识别精度偏低。

### 1.2.2 多机协同压制决策研究现状

**1. 防空系统仿真建模研究现状**

为研究防空对抗系统的体系能力形成机制和揭示防空对抗系统的运作规律，国内外许多学者对防空系统建模问题进行了深入的研究。防空系统建模方面的研究成果主要有以下特点。

(1)建模对象集中于地面防空系统,对IADS进行建模的文献较少。

在多机协同压制防空系统问题中,防空系统建模主要为了研究多机协同压制防空系统的策略方法并对压制方进行任务规划和战力部署。因此,多机协同压制防空系统对抗问题研究中,研究防空系统建模方法主要考虑各单元对空中目标的威胁能力、各单元本身的经济价值和战略价值以及它对整个系统的价值等。

邓志宏等人指出了防空系统中的单元个体价值取决于其网络价值和自身价值。杨垚等人认为系统单元网络价值和个体自身价值没有直接关系,提出了采用防空系统中单元被移出系统后,其体系能力的改变程度来衡量防空系统中单元个体自身价值的思想,并给出了基于邻接矩阵建立的防空系统模型,定义了能力评估向量,设计了一种单元对体系能力贡献程度的单元价值综合评价方法。值得指出的是,根据其对空中目标的威胁能力来体现防空系统个体的价值,通常很难准确给出不同个体的威胁能力且保持同一评估尺度,因此个体自身价值或威胁能力的评估是模糊的。此外,刘鸿福等人对弹炮结合防空系统部署的依据和方法进行了研究,详细分析了弹炮结合雷达等防空系统的杀伤区范围及主要参数。

这些方法很好地解决了地面防空系统的建模问题,但却并未考虑防空系统含空中对抗单元的情形。很少有文献涉及包含预警机、干扰机、攻击机等多元化防御武器的IADS的建模问题。在未来军事冲突中,能以攻代守、攻守兼备的IADS具有很大的优势。随着科技的进步,IADS中的对抗单元类型会越来越多。在研究IADS建模问题时,考虑多元化对抗单元将会带来很多困难,各单元的属性及其特性将使建模问题变得更为复杂。

(2)未考虑双方在对抗博弈过程中的节点数量动态变化情形。

针对空袭编队和防空火力单元攻防对抗问题,周兴旺等人建立了基于贝叶斯混合博弈的空袭对抗火力分配模型。曾松林等人针对攻击飞机与防空火力单元多次对抗问题,建立了基于动态博弈的防空火力单元目标分配模型。这些方法所建立的防空系统博弈模型能体现对方决策方案对自己的影响,在此基础上得到的均衡策略比动态规划及优化算法得到的最优策略更实际、更可信。然而,值得指出的是,在对抗过程中常常会伴有战斗单元的损毁,从而导致所建立的对抗博弈模型中的双方参与者数量是动态变化的。目前,关于参与者数量动态变化的博弈问题的文献仍然非常少见。因此,考虑参与者数量动态变化的多机协同压制防空系统问题研究仍然是一个亟待解决的难题和挑战。

**2. 多机协同压制干扰布阵优化研究现状**

在信息化条件下,敌方阵地的防空雷达网往往具有很强的"四抗"能力(抗电子干扰能力、抗隐身能力、抗低空突防能力、抗反辐射能力),增加了飞机进行对地安全突防的难度,使得飞机要想进行安全突防必须借助电子支援干扰飞机对敌防空雷达网实施压制干扰,才能为后续航迹规划提供一片安全的可规划空间。敌防空雷达网往往部署了多部防空雷达,此时若依靠单个电子干扰飞机对雷达网实施干扰,则单个干扰机上的干扰资源有限,很难达到理想的压制效果。因此必须采用多架电子干扰飞机协同对敌防空雷达网实施压制干扰,在协同干扰过程中为了更合理地分配干扰资源,应对各架干扰机的位置进行合理布阵,这就是电子战任务规划中的多机协同压制干扰最优布阵问题。

关于该问题,国内外研究中主要侧重于电子干扰飞机的对抗效能和干扰压制效果等方面,对干扰机位置的最优布阵研究得很少。史和生等人主要研究了电子干扰对飞机飞行路径规划的影响;王中杰等人提出了一种多约束条件遗传算法的敌方雷达网部署优化方法;张顺健对远距离干扰条件下,飞机对地面警戒雷达对抗效能的计算方法进行了深入研究;阮旻智等人以最小干扰距离作为压制干扰效果的评价准则,探究了影响压制干扰效果的各类要素;唐政等人构建了有源压制干扰效果的评价模型,对干扰时机进行了详细分析;陈中起等人在研究对抗雷达网最优电子战布阵时构建了一个单目标的电子战布阵模型,但未将干扰布阵当成多目标优化问题去解决,通过加权和方法将所有的目标整合成一个单目标,通过选择不同的权重值来获得不同的最优解,但是这种方法的缺点是显而易见的,因为权重值依赖于各个目标之间的相对重要性,如果规划者对于问题没有足够的先验知识,那么很难解算出满足决策者所需的最优解,但如果将干扰布阵当成一个多目标优化问题去解决,这些缺点将迎刃而解。更进一步地讲,当对抗环境中的要素发生改变时,如何对干扰机进行最优干扰布阵,即研究动态条件下的多机协同压制干扰布阵优化问题,而对该问题的研究目前还比较少,有待进一步地去研究和发掘。

多机协同压制干扰布阵优化研究中存在的问题:已有的研究只是将多机协同压制干扰布阵优化问题当成单目标优化问题去求解,忽略了该问题中多目标的特性;已有的研究中只是针对静态条件下的多机协同压制干扰布阵优化问题,而鲜有对动态条件下的多机协同压制干扰布阵优化问题进行研究;迫切地需要探究性能优越的静态和动态多目标优化算法来求解静态以及动态条件下多机协同压制干扰布阵优化问题。

**3. 多机协同压制防空系统研究现状**

多机协同压制防空系统实际上是一个对抗过程,常采用可反映对抗策略变化的博弈论方法。目前,关于压制对抗问题的研究成果主要有以下 4 个特点。

(1)现有对抗博弈研究成果大多集中于参与者完全理性的情形,对参与者有限理性的对抗博弈研究较少。

对抗过程中的参与者能保持对战局的完美分析能力并始终能选择最优反应策略则称为完全理性。理想情形下,对抗中的参与者总是会选择对自己最有利且对敌攻击最有效的策略。在参与者完全理性的情形下,张志攀等人研究了基于灰色信息条件下的对抗博弈决策模型。针对对抗双方毁伤概念动态变化的情形,王昱等人设计了变权重的自适应支付函数模型,获得了具有鲁棒性的混合均衡策略。陈侠等人通过采用模糊集构造了多无人机动态博弈的对抗支付矩阵及优势函数,解决了不确定的态势信息问题。

值得指出的是,现代智能化、科学化和精确化使得对抗环境日益复杂,信息化条件下的环境使得参与者所要接受和处理的态势变化日趋频繁,增大了参与者保持理性的困难。另外,高科技的武器会使得对抗距离越来越远,例如超视距等。此情形下,越来越难以快速、直观地发觉双方的战略意图。面对这些复杂的环境,虽然决策者拥有的知识不断增多,但仍然不可能客观、全面、准确地预测所有的方案和所有的结果。决策者知识的有限性决定了对抗决策在更大程度上还是一门艺术,实际情况下的参与者更多倾向于表现为有限理性。

(2)确定环境信息条件下的压制对抗决策问题的研究成果很多,不确定信息下的多机协同压制 IADS 方面的研究非常少。

由于战争的隐蔽性和保密性要求,对抗双方通常难以获得对方的准确信息。现代化战争的复杂性使压制对抗参与者获得准确信息变得越来越困难。此外,环境信息及对抗条件往往也是不断变化的，这种变化过程虽然可能没有规律，但是存在变化极限。区间数是常用于描述有界变化的参数，它由不确定参数的上界和下界决定，无须考虑参数的概率分布和隶属度等信息，需要的信息较少。因此，对于不确定信息的问题研究，常考虑采用区间数对环境信息进行建模。

陈侠等人研究了不确定信息条件下的无人机攻防博弈问题，提出了采用区间数对支付函数进行建模的方法，并结合粒子群算法给出了不确定信息下博弈纳什均衡求解方法。王毅等人结合信息熵理论和区间数理论提出了一种基于区间数熵权分析的空中目标威胁的评估方法。针对预警机对抗效能评估问题，郭辉等人将区间数特征向量法和信息熵法相结合，给出了效能评估指标的权重。齐照辉等人针对评估矩阵由随机数、区间数、模糊数以及空缺值等多种形式构成的对抗效能评估问题，采用 D－S 证据理论对不同方案在不同属性下的焦元进行识别，通过效用区间的比较得到了方案优劣排序。

采用区间数信息来研究对抗问题很好地体现了信息不确定性对决策的影响，符合实际对抗情形和决策者的模糊思维习惯。需要指出的是，相比无人机和预警机对抗效能评估等对抗问题，多机协同压制 IADS 问题所涉及的对抗实体更加多元化，对抗过程更为复杂。关于不确定信息下的多机协同压制 IADS 方面的研究比较少见。如何结合区间数信息研究多机协同压制 IADS 建模问题仍然是一个待解决的难题。

（3）现有对抗问题研究成果大部分是解决“多对多”的策略问题或任务分配问题，关于“多对单”的对抗问题研究非常欠缺。

体系之间的对抗是战场上的常见形式，这种敌我都有多个对抗单元参与的对抗简称“多对多”情形。不管是现在还是未来，“多对多”情形可能都将是战场上的主流形式。

针对“多对多”无人机超视距对抗情形，叶媛媛等人采用距离态势和角态势模型研究了无人防御系统不完全的全局规划问题。在此基础上，迟妍等人研究了对抗智能体的攻击行为模型，并根据该模型给出了武器和对抗对象的方案选择。

虽然“多对多”是战场主要形式，现代战争中却存在一些“多对单”的特殊任务。在局部战争和小规模地区冲突日益增多的当今环境中，有可能需要采用对抗小组对某个非常重要的关键空中或地面目标进行打击，这种“多对单”的特殊对抗任务可能会对整个战局起到重要作用和影响。虽然关于多无人机或机器人围捕单个目标的问题已有许多研究成果，但是对抗问题远比围捕问题要复杂得多，对抗过程中需要考虑多对抗单元和单对抗单元之间的态势并设计相应的战术。目前关于“多对单”对抗任务方面的研究非常少。

（4）关于多机协同执行任务的轨迹追踪方面的研究成果较少。

多机协同执行任务的基本要求是每个飞机能够按照预期的轨迹飞行。目前，协同轨迹追踪方法研究主要集中于运动模型简单的多智能体，针对多有人飞机/无人飞机的轨迹追踪的研究较少。相比于常规方法中的多智能体运动模型，飞机运动模型要复杂得多，因此多机协同轨迹追踪问题研究相对而言比较困难。袁利平等人分析了无人飞机的自动驾驶仪动态特性，并采用一阶动态方程近似描述自动驾驶仪航向角通道和速度通道的特性，建立了多无人飞机的平面运动模型，并利用该模型设计了多无人飞机轨迹追踪控制方法。该追踪控制方法要求自动驾驶仪航向角通道和速度通道参数是已知的。在此基础上，田鹏云等人研究了多无人飞机追踪动态目标的协同控制算法。实际上，自动驾驶仪航向角通道和速度通道参数通常可能都是未知的，这给多机协同轨迹追踪方法研究带来了困难。自适应控制是解决模型参数未知的有力工具，也是应用非常广泛的控制方法。因此，如何结合自适应理论来设计含未知参数情形下的多机协同轨迹追踪方法是非常值得研究的问题。

## 参考文献

[1] 沈林成，陈璟，王楠. 飞行器任务规划技术综述[J]. 航空学报，2014，35(3)：593－606.
[2] FU X M，ZHANG J，ZHANG L. Coalition Formation Among Unmanned Aerial Vehicles for Uncertain task Allocation[J]. Wireless Networks，2017(5)：367－377.
[3] YONG F，MIAO L，ZHONG Y F，et al. Research on Dynamic Task Allocation for Multiple Unmanned Aerial Vehicles [J]. Transactions of the Institute of Measurement & Control，2017，39(4)：466－474.
[4] TOZICKA J，KOMENDA A. Diverse Planning for UAV Control and Remote Sensing[J]. Sensors，2016，16(12)：2199－2208.
[5] ZONG Q，WANG D D，SHAO S K，et al. Research Status and Development of Multi UAV Coordinated Formation Flight Control[J]. Journal of Harbin Institute of Technology，2017，49(3)：1－14.
[6] 黄其旺，贾全，李群，等. 多目标情况下无人机编队持续侦察能力的仿真[J]. 系统仿真学报，2012，24(7)：1523－1527.
[7] 张耀中，谢松岩，张蕾，等. 异构型多UAV协同侦察最优化任务决策研究[J]. 西北工业大学学报，2017，35(3)：385－392.
[8] 陈海，何开锋，钱炜祺. 多无人机协同覆盖路径规划[J]. 航空学报，2016，37(3)：928－935.
[9] 张耀中，胡波，李寄玮，等. 不确定环境下无人机多任务区侦察决策研究[J]. 西北工业大学学报，2016，34(6)：1028－1034.
[10] 吴青坡，周绍磊，闫实. 复杂区域多UAV覆盖侦察方法研究[J]. 战术导弹技术，2016(1)：50－55.
[11] 叶媛媛. 多UCAV协同任务规划方法研究[D]. 长沙：国防科学技术大学，2005.
[12] 邓启波. 多无人机协同任务规划技术研究[D]. 北京：北京理工大学，2014.
[13] 王强，张安，宋志蛟. UAV协同任务分配的改进DPSO算法仿真研究[J]. 系统仿真学报，2014，26(5)：1149－1155.
[14] 乔体洲，郭新平，李亚威，等. 动态环境下的多无人机协同任务规划仿真[J]. 系统仿真学报，2016，28(9)：2126－2132.
[15] 姚宗信，李明，陈宗基. 基于博弈论模型的多机协同对抗多目标任务决策方法[J]. 航空计算技术，2007，37(3)：7－11.
[16] 胡晓峰，贺筱媛，饶德虎，等. 基于复杂网络的体系作战指挥与协同机理分析方法研究[J]. 指挥与控制学报，2015，1(1)：5－13.

[17] AZIMIRAD E, HADDADNIA J. Target Threat Assessment Using Fuzzy Sets Theory [J]. International Journal of Advances in Intelligent Informatics, 2015, 1(2): 57 - 74.

[18] CHEN D F, FENG Y, LIU Y X. Threat Assessment for Air Defense Operations Based on Intuitionistic Fuzzy Logic[J]. Procedia Engineering, 2012, 29(4): 3302 - 3306.

[19] MA S D, ZHANG H Z, YANG G Q. Target Threat Level Assessment Based on Cloud Model under Fuzzy and Uncertain Conditions in Air Combat Simulation[J]. Aerospace Science and Technology, 2017, 67(3): 49 - 53.

[20] 王向华，覃征，刘宇，等. 径向基神经网络解决威胁排序问题[J]. 系统仿真学报，2004，16(7)：1576 - 1579.

[21] 郭辉，徐浩军，刘凌. 基于回归型支持向量机的空战目标威胁评估[J]. 北京航空航天大学学报，2010，36(1)：123 - 126.

[22] 倪世宏，史忠科，谢川，等. 军用战机机动飞行动作识别知识库的建立[J]. 计算机仿真，2005，22(4)：23 - 26.

[23] 孟光磊，陈振，罗元强. 基于动态贝叶斯网络的机动动作识别方法[J]. 系统仿真学报，2017，29(1)：140 - 145.

[24] 杨俊，谢寿生. 基于模糊支持向量机的飞机飞行动作识别[J]. 航空学报，2005，26(6)：84 - 88.

[25] 许卫宝. 基于模糊神经网络的舰载机着舰动作识别方法[J]. 应用科技，2013，40(2)：26 - 29.

[26] BAKLACIOGLU T, CAVCAR M. Aero - Propulsive Modeling for Climb and Descent Trajectory Prediction of Transport Aircraft using Genetic Algorithms[J]. Aeronautical Journal, 2014, 118(1199): 66 - 73.

[27] 翟岱亮，雷虎民，李炯，等. 基于自适应 IMM 的高超声速飞行器轨迹预测[J]. 航空学报，2016，37(11)：3466 - 3475.

[28] 刘爽，武虎子，耿建中. 一种寻优的 BP 神经网络飞行轨迹实时跟踪算法[J]. 系统仿真技术，2014，10(3)：229 - 233.

[29] 王俭臣，齐晓慧，单甘霖. 基于 EPSO - BP 的 Elman 网络及其在飞行航迹预测中的应用[J]. 控制与决策，2013，28(12)：1884 - 1888.

[30] 夏曦. 基于模板匹配的目标意图识别方法研究[D]. 长沙：国防科学技术大学，2007.

[31] 赵福均，周志杰，胡昌华，等. 基于置信规则库和证据推理的空中目标意图识别方法[J]. 电光与控制，2017，24( 8)：15 - 19.

[32] 葛顺，夏学知. 用于战术意图识别的动态序列贝叶斯网络[J]. 系统工程与电子技术，2014，36(1)：76 - 81.

[33] 魏蔚，王公宝. 基于径向基神经网络的侦察目标意图识别研究[J]. 舰船电子工程，2018，38(10)：37 - 40.

[34] 周旺旺，姚佩阳，张杰勇，等. 基于深度神经网络的空中目标作战意图识别[J]. 航

空学报，2018，39(11)：322－468.
[35] 邓志宏．常规导弹目标选择中目标价值分析方法研究[D]．长沙：国防科学技术大学，2009.
[36] 杨垚，陈超，刘彦君．防空系统建模与目标价值排序方法[J]．国防科技大学学报，2015，37(1)：179－186.
[37] 刘鸿福，翁郁，王志强．弹炮结合防空系统作战部署建模与分析[J]．现代防御技术，2016，44(6)：7－12.
[38] 周兴旺，从福仲，庞世春．基于贝叶斯混合博弈的空袭火力资源分配决策模型[J]．火力与指挥控制，2016，41(7)：18－22.
[39] 曾松林，王文恽，丁大春．基于动态博弈的目标分配方法研究[J]．电光与控制，2011，18(2)：26－29.
[40] 范甘霖，杨兆民，王一舟．基于多级模糊综合评判的组网雷达“四抗”效能评估[J]．船舶电子对抗，2013，36(3)：100－102.
[41] 史和生，李丹，赵宗贵，等．电子干扰对低可观测飞行器路径规划的影响[J]．南京航空航天大学学报，2007，39(2)：154－158.
[42] 王中杰，李侠，周启明，等．基于多约束条件遗传算法的雷达网优化部署[J]．系统工程与电子技术，2008，30(2)：265－268.
[43] 张顺健．远距离干扰飞机对地面警戒雷达的作战效能计算方法[J]．电子对抗技术，2004，19(3)：29－31.
[44] 阮旻智，王红军，李庆民，等．基于最小干扰距离的多点源支援干扰效果评估[J]．系统工程与电子技术，2009，31(9)：2110－2114.
[45] 唐政，高晓光，张莹．机载自卫有源压制干扰效果评估模型研究[J]．系统工程与电子技术，2008，30(2)：236－239.
[46] 陈中起，于雷，鲁艺，等．对抗雷达网最优电子战布阵研究[J]．兵工学报，2012，33(1)：89－94.
[47] 张志攀，阳平华．基于灰色博弈的作战决策研究[J]．军事运筹与系统工程，2014，28(4)：23－27.
[48] 王昱，章卫国，傅莉．基于鲁棒优化的无人机空战博弈决策[J]．系统工程与电子技术，2015，37(11)：2531－2535.
[49] 陈侠，赵明明，徐光延．基于模糊动态博弈的多无人机空战策略研究[J]．电光与控制，2014，21(6)：19－23.
[50] 陈侠，刘敏，胡永新．基于不确定信息的无人机攻防博弈策略研究[J]．兵工学报，2012，33(12)：1510－1515.
[51] 王毅，赵建军，付龙文．基于区间数熵的TOPSIS防空作战威胁评估方法[J]．兵器装备工程学报，2011，32(12)：114－116.
[52] 郭辉，徐浩军，刘凌．基于区间数的预警机对抗效能评估[J]．系统工程与电子技术，2010，32(5)：1007－1010.
[53] 齐照辉，刘雪梅，梁伟．基于证据理论的导弹对抗防御雷达对抗效能评估方法[J]．

系统工程理论与实践，2010，30(1)：173－177.

[54] 叶媛媛，薛宏涛，沈林成. 基于多智能体的无人作战防御系统不完全全局规划[J]. 系统仿真学报，2001，13(4)：411－413.

[55] 迟妍，邓宏钟，谭跃进. 作战智能体的攻击行为模型研究[J]. 系统工程与电子技术，2007，29(11)：1897－1899.

[56] 李嘉，梁瑾，陈小龙，等. 空地多智能体围捕系统体系结构设计与实现[J]. 兵工自动化，2015，34(5)：70－73.

[57] 黄天云，陈雪波，徐望宝，等. 基于松散偏好规则的群体机器人系统自组织协作围捕[J]. 自动化学报，2013，39(1)：57－68.

[58] YAMAGUCHI H. A Distributed Motion Coordination Strategy for Multiple Nonholonomic Mobile Robots in Cooperative Hunting Operations[J]. Robotics & Autonomous Systems，2003，43(4)：257－282.

[59] 袁利平，陈宗基，周锐. 多无人机同时到达的分散化控制方法[J]. 航空学报，2010，31(4)：797－805.

[60] 田鹏云，胡孟权. 多飞行器动态目标追踪协同控制研究[J]. 飞行力学，2017，35(4)：52－55.

[61] CHEN W S，JIAO L C，LI R，et al. Adaptive Backstepping Fuzzy Control for Nonlinearly Parameterized Systems with Periodic Disturbances [J]. IEEE Transactions on Fuzzy Systems，2010，4(18)：674－685.

[62] CHEN W S，JIAO L C. Adaptive Tracking for Periodically Time－varying and Nonlinearly Parameterized Systems Using Multilayer Neural Networks[J]. IEEE Transactions on Neural Networks，2010，2(21)：345－349.

[63] LEE H. Robust Adaptive Fuzzy Control by Backstepping for a Class of MIMO Nonlinear Systems[J]. IEEE Transactions on Fuzzy Systems，2011，2(19)：265－275.

[64] ZHOU Q，SHI P，LU J J，et al. Adaptive Output－feedback Fuzzy Tracking Control for a Class of Nonlinear Systems [J]. IEEE Transactions on Fuzzy Systems，2011，5(19)：972－982.

# 第 2 章　基于 ELM – AdaBoost 强预测器的目标威胁评估研究

## 2.1　引　　言

针对现有方法的不足，本章将目标威胁评估问题等效为多元函数的预测问题，提出一种基于极限学习机–自适应强化(Extreme Learning Machine – Adaptive Boosting, ELM – AdaBoost)强预测器的目标威胁评估方法。ELM 是一种单隐含层前馈神经网络，为了进一步提高算法的预测精度，本章借鉴 AdaBoost 分类算法的思想，在 ELM 算法的基础上构造 ELM – AdaBoost 强预测器。模型训练过程中，用威胁指数法构造目标威胁评估样本数据，试图挖掘出目标威胁程度与态势参数之间的映射关系。仿真结果表明，该方法融合模型化方法准确性较高和数据化方法实时性良好的优点，可以准确、快速地进行目标威胁评估。

## 2.2　目标威胁评估问题描述

在任务对抗环境中，对目标进行威胁评估需要考虑多方面的因素，例如任务环境、敌我态势、武器性能等。因此，目标威胁评估是一个复杂非线性的多属性决策问题。进行目标威胁评估首先要建立评估指标体系，然后确定各项指标的权重，这样才能根据评估指标量化目标的威胁程度。

### 2.2.1　评估指标体系的建立

笔者根据图 2.1 中的相对几何关系模型(其中各参数定义见表 2.1)，利用态势参数建立了一组威胁评估指标体系，包括角度威胁指数、速度威胁指数、高度威胁指数和距离威胁指数 4 个指标。

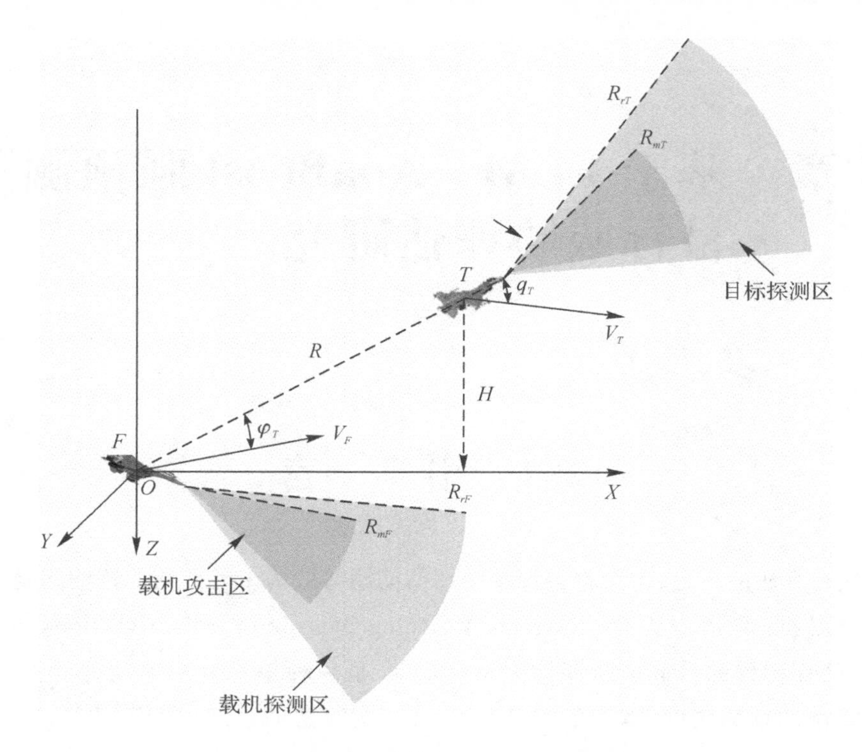


**图 2.1　空中态势相对几何关系模型**

**表 2.1　空中态势评估指标体系**

| 参数符号 | 名称 | 值域 |
|---|---|---|
| $q_T$ | 目标机进入角 | $[-\pi,\pi]$ |
| $\varphi_T$ | 目标机方位角 | $[-\pi,\pi]$ |
| $R$ | 相对距离 | |
| $H$ | 相对高度 | |
| $V_T$ | 目标机速度 | |
| $V_F$ | 我机速度 | |
| $R_{rF}$ | 我机雷达探测距离 | |
| $R_{rT}$ | 目标机雷达探测距离 | |
| $R_{mF}$ | 我机导弹发射距离 | |
| $R_{mT}$ | 目标机导弹发射距离 | |

各指数计算公式如下：

(1)角度威胁指数 $T_A$：

$$T_A = \frac{|\varphi_T| + |q_T|}{360} \tag{2.1}$$

(2)速度威胁指数 $T_V$：

$$T_V = \begin{cases} 0.1 & V_T < 0.6V_F \\ -0.5 + T_V/V_F & 0.6V_F \leqslant V_T \leqslant 105V_F \\ 1.0 & V_T > 1.5V_F \end{cases} \tag{2.2}$$

(3)高度威胁指数 $T_H$ ：

$$T_H = \begin{cases} 1.0 & H \geqslant 5\ 000 \\ 0.5 + 0.000\ 1H & -5\ 000 \leqslant H < 5\ 000 \\ 0.1 & H < -5\ 000 \end{cases} \tag{2.3}$$

(4)距离威胁指数 $T_R$：计算目标的距离威胁指数时，需要考虑敌我双方的机载雷达探测距离和空空导弹发射距离。下面分 4 种情况进行讨论。

a. $R_{rT} > R_{rF}$，$R_{mT} > R_{mF}$ 时，有

$$T_R = \begin{cases} 0, & R \geqslant R_{rT} \\ 0.4 - 0.4 \times \dfrac{R - R_{rF}}{R_{rT} - R_{rF}}, & R_{rF} \leqslant R < R_{rT} \\ 1 - 0.6 \times \dfrac{R - R_{mT}}{R_{rF} - R_{mT}}, & R_{mT} \leqslant R < R_{rF} \\ 0.5 + 0.5 \times \dfrac{R - R_{mF}}{R_{mT} - R_{mF}}, & R_{mF} \leqslant R < R_{mT} \\ 0.5 + 0.3 \times \dfrac{R_{mF} - R}{R_{mF}}, & R < R_{mF} \end{cases} \tag{2.4}$$

b. $R_{rF} > R_{rT}$，$R_{mT} > R_{mF}$ 时，有

$$T_R = \begin{cases} 0, & R \geqslant R_{rF} \\ 0.3 - 0.3 \times \dfrac{R - R_{rT}}{R_{rF} - R_{rT}}, & R_{rT} \leqslant R < R_{rF} \\ 1 - 0.7 \times \dfrac{R - R_{mT}}{R_{rT} - R_{mT}}, & R_{mT} \leqslant R < R_{rT} \\ 0.5 + 0.5 \times \dfrac{R - R_{mF}}{R_{mT} - R_{mF}}, & R_{mF} \leqslant R < R_{mT} \\ 0.5 + 0.3 \times \dfrac{R_{mF} - R}{R_{mF}}, & R < R_{mF} \end{cases} \tag{2.5}$$

c. $R_{rT}>R_{rF}$，$R_{mF}>R_{mT}$ 时，有

$$T_R=\begin{cases}0, & R\geqslant R_{rT}\\ 0.2-0.2\times\dfrac{R-R_{rF}}{R_{rT}-R_{rF}}, & R_{rF}\leqslant R<R_{rT}\\ 0.2+0.2\times\dfrac{R_{rF}-R}{R_{rF}-R_{mF}}, & R_{mF}\leqslant R<R_{rF}\\ 0.5-0.1\times\dfrac{R-R_{mT}}{R_{mF}-R_{mT}}, & R_{mT}\leqslant R<R_{mF}\\ 0.5+0.2\times\dfrac{R_{mT}-R}{R_{mT}}, & R<R_{mT}\end{cases}\tag{2.6}$$

d. $R_{rF}>R_{rT}$，$R_{mF}>R_{mT}$ 时，有

$$T_R=\begin{cases}0, & R\geqslant R_{rF}\\ 0.1-0.1\times\dfrac{R-R_{rT}}{R_{rF}-R_{rT}}, & R_{rT}\leqslant R<R_{rF}\\ 0.1+0.1\times\dfrac{R_{rT}-R}{R_{rT}-R_{mF}}, & R_{mF}\leqslant R<R_{rT}\\ 0.5-0.3\times\dfrac{R-R_{mT}}{R_{mF}-R_{mT}}, & R_{mT}\leqslant R<R_{mF}\\ 0.5+0.2\times\dfrac{R_{mT}-R}{R_{mT}}, & R<R_{mT}\end{cases}\tag{2.7}$$

由威胁指数法可知，目标的威胁程度值 $T$ 可以表示为各指标的加权求和，即 $T=w_AT_A+w_VT_V+w_HT_H+w_RT_R$，其中 $\boldsymbol{w}=(w_A,w_V,w_H,w_R)$ 为评估指标的权重向量。

## 2.2.2 基于不确定层次分析法的评估指标权重计算

层次分析法(Analysis Hierarchical Process，AHP)是一种有效的评价决策方法，它将加权方法与主观测度方法相结合，能够较好地解决多属性决策问题。AHP 简单易行，通过建立判断矩阵计算各指标的权重，可以实现决策过程的量化处理，因此在威胁评估的属性权重计算中得到了广泛应用。

AHP 是一种确定性的决策分析工具，它基于决策者对评估指标的精确估计建立两两比较的判断矩阵，从而获得评估指标的相对权重。但是在复杂多变的对抗环境中进行目标威胁评估，精确判断各指标间的相对重要性通常十分困难，决策者的定量分析往往带有一定的模糊性和不确定性。为了更有效地处理评估过程中的模糊判断信息，本章提出一种基于区间数判断矩阵的不确定 AHP 来计算威胁评估指标的权重。

**1. 区间数判断矩阵的构造**

设评估指标有 $n$ 个，记 $\Omega=\{1,2,\cdots,n\}$，将各评估指标进行两两比较，构造判断矩阵 $\boldsymbol{A}=(A_{ij})_{n\times n}$，其中 $A_{ij}$，$i,j\in\Omega$ 为指标 $X_i$ 与 $X_j$ 相对重要性的比值。重要性比较的模糊数等级采用 9 级标度，即{极端次要，强烈次要，相对次要，稍微次要，同样重要，稍微重要，相对重要，强烈重要，极端重要}，具体如表 2.2 所示。

**表 2-2　相对重要性标度**

| $A_{ij}$ | 定　义 |
| --- | --- |
| 1 | $X_i$ 与 $X_j$ 相比，极端次要 |
| 2 | $X_i$ 与 $X_j$ 相比，强烈次要 |
| 3 | $X_i$ 与 $X_j$ 相比，相对次要 |
| 4 | $X_i$ 与 $X_j$ 相比，稍微次要 |
| 5 | $X_i$ 与 $X_j$ 相比，同样重要 |
| 6 | $X_i$ 与 $X_j$ 相比，稍微重要 |
| 7 | $X_i$ 与 $X_j$ 相比，相对重要 |
| 8 | $X_i$ 与 $X_j$ 相比，强烈重要 |
| 9 | $X_i$ 与 $X_j$ 相比，极端重要 |
| 倒数 | $X_i$ 与 $X_j$ 相比得判断 $A_{ij}$，则 $X_j$ 与 $X_i$ 相比得判断 $A_{ji}=1/A_{ij}$ |

基于区间数判断矩阵的不确定 AHP 中，为了更有效地反映各评估指标间的模糊性和不确定性，判断矩阵 $\mathbf{A}=(A_{ij})_{n\times n}$ 是以区间数的方式构造的，其中 $A_{ii}=[1,1]$，$A_{ij}=[a_{ij},b_{ij}]$，$A_{ji}=[1/a_{ij},1/b_{ij}]$，$i,j\in\Omega$。$a_{ij}$ 和 $b_{ij}$ 分别为评估区间的上、下限，由于 $a_{ij}\geqslant 1/9$，$b_{ij}\leqslant 9$，所以判断矩阵可写为上三角形式，如下式所示：

$$\begin{bmatrix} [1,1] & [a_{12},b_{12}] & \cdots & [a_{1j},b_{1j}] & \cdots & [a_{1n},b_{1n}] \\ & [1,1] & \cdots & [a_{2j},b_{2j}] & \cdots & [a_{2n},b_{2n}] \\ & & \cdots & \cdots & \cdots & \cdots \\ & & & [1,1] & \cdots & [a_{jn},b_{jn}] \\ & & & & \cdots & \cdots \\ & & & & & [1,1] \end{bmatrix} \tag{2.8}$$

**定义 2.1**：设 $\mathbf{A}=(A_{ij})_{n\times n}$ 为区间数判断矩阵，其中 $A_{ij}=[a_{ij},b_{ij}]$，$i,j\in\Omega$，$0<\lambda_{ij}<1$，$u_{ij}=1-\lambda_{ij}$ 分别表示指标 $X_i$ 相对于指标 $X_j$ 的判断偏离 $a_{ij}$ 和 $b_{ij}$ 的程度，则称 $\mathbf{L}=(\lambda_{ij})_{n\times n}$，$\mathbf{U}=(u_{ij})_{n\times n}$ 为偏离矩阵。

**定义 2.2**：设 $\mathbf{A}=(A_{ij})_{n\times n}$ 为区间数判断矩阵，其中 $A_{ij}=[a_{ij},b_{ij}]$，$i,j\in\Omega$，$\mathbf{L}=(\lambda_{ij})_{n\times n}$，$\mathbf{U}=(u_{ij})_{n\times n}$ 为 $\mathbf{A}$ 的偏离矩阵，其中 $\lambda_{ij}+u_{ij}=1$，$0<\lambda_{ij},u_{ij}<1$。令

$$m_{ij}=\sqrt[n]{\prod_{k=1}^{n}\frac{\lambda_{ik}a_{ik}+u_{ik}b_{ik}}{\lambda_{jk}a_{jk}+u_{jk}b_{jk}}} \tag{2.9}$$

则称 $\mathbf{M}=(m_{ij})_{n\times n}$ 为相对于区间数判断矩阵 $\mathbf{A}$ 的数字判断矩阵。

**2. 区间数判断矩阵的权重计算公式推导**

**定理**：设 $\mathbf{A}=(A_{ij})_{n\times n}$ 为区间数判断矩阵，其中 $A_{ij}=[a_{ij},b_{ij}]$，$i,j\in\Omega$，$\mathbf{M}=(m_{ij})_{n\times n}$ 为相

对于区间数判断矩阵 $\boldsymbol{A}$ 的数字判断矩阵，则 $\boldsymbol{M}=(m_{ij})_{n\times n}$ 为一致性数字判断矩阵。

**证明** 由于

$$m_{ip}\cdot m_{pj}=\sqrt[n]{\prod_{k=1}^{n}\frac{\lambda_{ik}a_{ik}+u_{ik}b_{ik}}{\lambda_{pk}a_{pk}+u_{pk}b_{pk}}}\cdot\sqrt[n]{\prod_{k=1}^{n}\frac{\lambda_{pk}a_{pk}+u_{pk}b_{pk}}{\lambda_{jk}a_{jk}+u_{jk}b_{jk}}}=\sqrt[n]{\prod_{k=1}^{n}\frac{\lambda_{ik}a_{ik}+u_{ik}b_{ik}}{\lambda_{jk}a_{jk}+u_{jk}b_{jk}}}$$

且 $m_{ij}^{-1}=\sqrt[n]{\prod_{k=1}^{n}\frac{\lambda_{jk}a_{jk}+u_{jk}b_{jk}}{\lambda_{ik}a_{ik}+u_{ik}b_{ik}}}=m_{ji}$，所以 $\boldsymbol{M}=(m_{ij})_{n\times n}$ 为一致性数字判断矩阵。

**引理**：设 $\boldsymbol{M}=(m_{ij})_{n\times n}$ 为一致性数字矩阵，则 $\boldsymbol{M}$ 的权重向量为 $\boldsymbol{w}=(w_1,w_2,\cdots,w_n)^{\mathrm{T}}$。

其中：

$$w_j=\frac{1}{\sum_{i=1}^{n}m_{ij}}=\frac{\sqrt[n]{\prod_{k=1}^{n}(\lambda_{jk}a_{jk}+u_{jk}b_{jk})}}{\sum_{i=1}^{n}\sqrt[n]{\prod_{k=1}^{n}(\lambda_{ik}a_{ik}+u_{ik}b_{ik})}},\quad j\in\Omega \tag{2.10}$$

设 $\Delta\boldsymbol{M}_1=(m_{ij}-a_{ij})_{n\times n}$，$\Delta\boldsymbol{M}_2=(b_{ij}-m_{ij})_{n\times n}$，$\Delta\boldsymbol{M}_1$ 与 $\Delta\boldsymbol{M}_2$ 为 $\boldsymbol{A}$ 与 $\boldsymbol{M}$ 的极差矩阵。利用相关文献中的随机误差传递公式，设直接测量值为 $x_1,x_2,\cdots,x_n$，间接测量值为 $y$，它们的函数关系为 $y=f(x_1,x_2,\cdots,x_n)$，随机误差为 $\delta_{x_1},\delta_{x_2},\cdots,\delta_{x_n}$，相应的均方根差为 $\sigma_{x_1}$，$\sigma_{x_2}$，$\cdots$，$\sigma_{x_n}$，则 $y$ 的随机误差均方差计算公式为

$$\sigma_y^2=\sum_{i=1}^{n}\left(\frac{\partial f}{\partial x_i}\right)^2\sigma_{x_i}^2+2\sum_{1\leqslant i\leqslant j\leqslant n}\left(\frac{\partial f}{\partial x_i}\frac{\partial f}{\partial x_j}\rho_{ij}\sigma_{x_i}\sigma_{x_j}\right) \tag{2.11}$$

式中：$\rho_{ij}$ 为相关系数。若随机误差 $\delta_{x_1},\delta_{x_2},\cdots,\delta_{x_n}$ 相互独立，则 $\rho_{ij}=0$，式(2.11)可以写为

$$\sigma_y^2=\sum_{i=1}^{n}\left(\frac{\partial f}{\partial x_i}\right)^2\sigma_{x_i}^2 \tag{2.12}$$

由于在实际应用中，利用均方根差进行误差评定不容易实现，所以本章利用极差进行误差评定，式(2.12)可以写为

$$\Delta y^2=\sum_{i=1}^{n}\left(\frac{\partial f}{\partial x_i}\right)^2(\Delta x_i)^2 \tag{2.13}$$

在式(2.10)中，$w_j=\frac{1}{\sum_{i=1}^{n}m_{ij}}$，$j\in\Omega$，因此有

$$(\Delta_k w_j)^2=\frac{\sum_{i=1}^{n}\Delta_k^2(m_{ij})}{\left(\sum_{i=1}^{n}m_{ij}\right)^4},\ k=1,2 \tag{2.14}$$

式中：$\Delta_1 m_{ij}=m_{ij}-a_{ij}$，$\Delta_2 m_{ij}=b_{ij}-m_{ij}$。由此可得区间数判断矩阵的权重区间计算公式为

$$w_j'=(w_j-\Delta_1 w_j,\ w_j+\Delta_2 w_j),\ j\in\Omega \tag{2.15}$$

区间数判断矩阵的权重计算步骤如下：

**Step 1**：确定研究对象涉及的 $n$ 个评估指标。

**Step 2**：聘请 $m$ 位本领域专家参加评判，让每个专家独立地对各指标的相对重要性进行两两比较。设第 $k$ 个专家对指标 $X_i$ 与 $X_j$ 得出的判断范围为 $A_{ij}=[a_{ij},b_{ij}]$，$i,j\in\Omega$，由此可得每位专家的区间数判断矩阵 $\boldsymbol{A}^{(k)}=(A_{ij})_{n\times n}$。设第 $k$ 个专家的权重为 $\alpha_k$，且 $\sum_{k=1}^{m}\alpha_k=1$；当 $i\leqslant j$ 时，取 $a_{ij}=\sum_{k=1}^{m}\alpha_k a_{ij}^{(k)}$，$b_{ij}=\sum_{k=1}^{m}\alpha_k b_{ij}^{(k)}$；当 $i>j$ 时，取 $A_{ji}=[1/a_{ij},1/b_{ij}]$，从而可得 $m$ 位专家的综合区间数判断矩阵 $\boldsymbol{A}=(A_{ij})_{n\times n}$。

**Step 3**：设第 $k$ 个专家给出的偏离矩阵 $\boldsymbol{L}^{(k)}=(\lambda_{ij}^{(k)})_{n\times n}$，$\boldsymbol{U}^{(k)}=(u_{ij}^{(k)})_{n\times n}$，取 $\lambda_{ij}=\sum_{k=1}^{m}\alpha_k\lambda_{ij}^{(k)}$，$u_{ij}=\sum_{k=1}^{m}\alpha_k u_{ij}^{(k)}$，可得 $m$ 位专家的综合偏离矩阵 $\boldsymbol{L}=(\lambda_{ij})_{n\times n}$，$\boldsymbol{U}=(u_{ij})_{n\times n}$。

**Step 4**：计算相对于综合区间数判断矩阵 $\boldsymbol{A}$ 的数字判断矩阵 $\boldsymbol{M}=(m_{ij})_{n\times n}$，并计算 $\boldsymbol{M}$ 的权重 $\boldsymbol{w}=(w_1,w_2,\cdots,w_n)^{\mathrm{T}}$。

**Step 5**：计算 $\boldsymbol{A}$ 与 $\boldsymbol{M}$ 的两端极差矩阵 $\Delta\boldsymbol{M}_1$ 与 $\Delta\boldsymbol{M}_2$，利用式(2.14)计算 $\Delta_1 w_j$ 和 $\Delta_2 w_j$，可得指标 $X_j$ 的权重区间为 $w'_j=(w_j-\Delta_1 w_j,\ w_j+\Delta_2 w_j)$，$j\in\Omega$。

**Step 6**：根据权重区间 $w'_j=(w_j-\Delta_1 w_j,w_j+\Delta_2 w_j)$，$j\in\Omega$，取其平均值作为指标 $X_j$ 的权重，即 $w_j=(w_j-\Delta_1 w_j+w_j+\Delta_2 w_j)/2$，$j\in\Omega$。

**3. 目标威胁评估指标权重计算**

本章选用的目标威胁评估指标有角度威胁指数 $T_A$、速度威胁指数 $T_V$、高度威胁指数 $T_H$ 和距离威胁指数 $T_R$，设定这 4 个指标分别为 $X_1\sim X_4$，邀请本领域 3 名专家参加评判，他们给出的区间数判断矩阵分别为

$$\boldsymbol{A}^{(1)}=\begin{bmatrix}[1,1] & [2.5,4.5] & [1.5,2.5] & [1,2.5]\\ & [1,1] & [0.4,0.9] & [0.2,0.5]\\ & & [1,1] & [0.4,1.2]\\ & & & [1,1]\end{bmatrix}$$

$$\boldsymbol{A}^{(2)}=\begin{bmatrix}[1,1] & [3,4] & [2,3] & [1,2]\\ & [1,1] & [0.3,0.8] & [0.3,0.6]\\ & & [1,1] & [0.5,1.4]\\ & & & [1,1]\end{bmatrix}$$

$$\boldsymbol{A}^{(3)}=\begin{bmatrix}[1,1] & [3.5,5] & [1,2.5] & [1,1.5]\\ & [1,1] & [0.5,1] & [0.25,0.55]\\ & & [1,1] & [0.3,1]\\ & & & [1,1]\end{bmatrix}$$

专家给出的偏离矩阵分别为

$$\boldsymbol{L}^{(1)}=\begin{bmatrix}0.5 & 0.3 & 0.5 & 0.2\\ 0.7 & 0.5 & 0.2 & 0.7\\ 0.5 & 0.8 & 0.5 & 0.8\\ 0.8 & 0.3 & 0.2 & 0.5\end{bmatrix}$$

$$L^{(2)}=\begin{bmatrix}0.5&0.2&0.7&0.2\\0.8&0.5&0.3&0.8\\0.3&0.7&0.5&0.9\\0.8&0.2&0.1&0.5\end{bmatrix}$$

$$L^{(3)}=\begin{bmatrix}0.5&0.2&0.5&0.2\\0.8&0.5&0.2&0.7\\0.5&0.8&0.5&0.7\\0.8&0.3&0.3&0.5\end{bmatrix}$$

由 $u_{ij}=1-\lambda_{ij}$ 可计算 $\boldsymbol{U}^{(1)},\boldsymbol{U}^{(2)},\boldsymbol{U}^{(3)}$。

设定3名专家的权重分别为 $\alpha_1=0.3,\alpha_2=0.4,\alpha_3=0.3$，可计算综合区间数判断矩阵为

$$\boldsymbol{A}=\begin{bmatrix}[1,1]&[3,4.45]&[1.55,2.7]&[1,2]\\ [0.22,0.33]&[1,1]&[0.39,0.89]&[0.26,0.56]\\ [0.37,0.65]&[1.12,2.56]&[1,1]&[0.41,1.22]\\ [0.5,1]&[1.8,3.9]&[0.82,2.44]&[1,1]\end{bmatrix}$$

计算相对于综合区间数判断矩阵 $\boldsymbol{A}$ 的数字判断矩阵为

$$\boldsymbol{M}=\begin{bmatrix}1&3.92&2.42&1.37\\0.26&1&0.62&0.35\\0.41&1.62&1&0.56\\0.73&2.86&1.77&1\end{bmatrix}$$

计算 $\boldsymbol{M}$ 的权重为 $\boldsymbol{w}=(0.416\,7,0.106\,4,0.172\,2,0.304\,8)^{\mathrm{T}}$。

计算 $\boldsymbol{A}$ 与 $\boldsymbol{M}$ 的两端极差矩阵为

$$\Delta_1\boldsymbol{M}=\begin{bmatrix}0&0.92&0.87&0.37\\0.03&0&0.23&0.09\\0.04&0.49&0&0.15\\0.23&1.06&0.95&0\end{bmatrix}$$

$$\Delta_2\boldsymbol{M}=\begin{bmatrix}0&0.53&0.28&0.63\\0.08&0&0.27&0.21\\0.23&0.95&0&0.66\\0.27&1.06&0.67&0\end{bmatrix}$$

利用式(2.14)计算可得

$$\Delta_1\boldsymbol{w}=(0.041\,2,0.016\,8,0.038\,8,0.038\,0)^{\mathrm{T}}$$

$$\Delta_2\boldsymbol{w}=(0.063\,1,0.017\,2,0.022\,9,0.086\,7)^{\mathrm{T}}$$

由此计算四个评估指标的权重区间分别为

$$w_1'=(0.375\,5,0.479\,8),\ w_2'=(0.089\,6,0.123\,6)$$

$$w_3'=(0.133\,4,0.195\,1),\ w_4'=(0.266\,7,0.391\,5)$$

最终，得到四标的权重为

$$\boldsymbol{w}=(w_A,w_V,w_H,w_R)=(0.42,0.10,0.16,0.32)$$

# 2.3　基于 ELM－AdaBoost 强预测器的目标威胁评估

## 2.3.1　ELM 神经网络

ELM 神经网络与一般前馈型神经网络不同的是，它用求解线性方程组的方式替代传统参数优化的迭代过程，解得具有最小范数的最小二乘解作为网络输出层权值，使网络训练可一次完成而无须迭代。另外，网络输入层权值和隐含层阈值随机设定在训练过程中无须调整，使得算法的参数选择比较简单，可以克服传统 BP 神经网络训练速度慢、容易陷入局部极小值等缺点。本章使用多输入/单输出 ELM 神经网络，网络结构如图 2.2 所示。

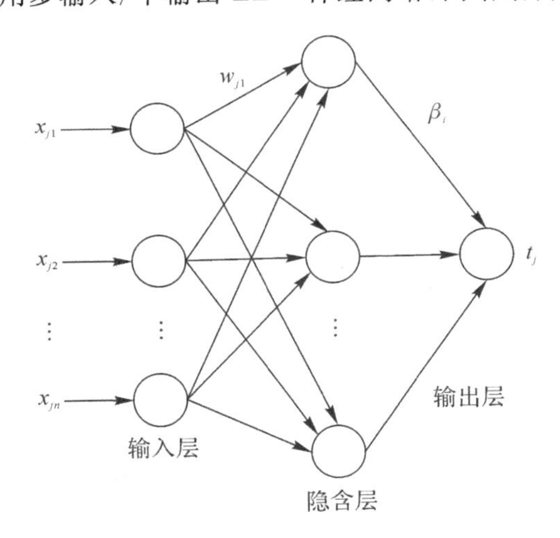


**图 2.2　ELM 神经网络结构图**

给定 $N$ 个训练样本 $\{(\boldsymbol{x}_j, t_j)\}_{j=1}^{N}$，其中，$\boldsymbol{x}_j=(x_{j1}, x_{j2}, \cdots, x_{jn})^{\mathrm{T}} \in \mathbf{R}^n$ 是第 $j$ 个样本的 $n$ 维输入向量，$t_j \in \mathbf{R}$ 是对应的输出值，假设隐含层节点数为 $L$，激活函数为 $g(x)$，则网络的输出可以表示为

$$\boldsymbol{f}_j = \sum_{i=1}^{L} \beta_i g(\boldsymbol{w}_i \boldsymbol{x}_j + b_i),\ j = 1, \cdots, N \tag{2.16}$$

式中：$\boldsymbol{w}_i=(w_{1i}, w_{2i}, \cdots, w_{ni})$为输入节点和第 $i$ 个隐含层节点之间的权值；$\beta_i$ 为输出节点和第 $i$ 个隐含层节点之间的权值；$b_i$ 为第 $i$ 个隐含层节点的阈值。

为了寻求最优的网络参数 $\boldsymbol{w}$ 和 $\boldsymbol{\beta}$，使得网络的计算输出和实际输出的误差逼近于零，即 $\sum\limits_{j=1}^{N} \| \boldsymbol{f}_j - \boldsymbol{t}_j \| = 0$，有

$$\sum_{i=1}^{L}\beta_i g(\boldsymbol{w}_i\boldsymbol{x}_j + b_i) = t_j,\ j = 1,\cdots,N \tag{2.17}$$

其矩阵形式可以表示为

$$\boldsymbol{H\beta} = \boldsymbol{T} \tag{2.18}$$

式中:$\boldsymbol{H}$ 为隐含层输出矩阵,它的第 $i$ 列对应第 $i$ 个隐含层节点的输出;$\boldsymbol{\beta}=(\beta_1,\beta_2,\cdots,\beta_L)^{\mathrm{T}}$;$\boldsymbol{T}=(t_1,t_2,\cdots,t_N)^{\mathrm{T}}$。

$$\boldsymbol{H}(\boldsymbol{w}_1,\cdots,\boldsymbol{w}_L,b_1,\cdots,b_L,\boldsymbol{x}_1,\cdots,\boldsymbol{x}_N) = \begin{bmatrix} g(\boldsymbol{w}_1\boldsymbol{x}_1 + b_1) & \cdots & g(\boldsymbol{w}_L\boldsymbol{x}_1 + b_L) \\ \vdots & & \vdots \\ g(\boldsymbol{w}_1\boldsymbol{x}_N + b_1) & \cdots & g(\boldsymbol{w}_L\boldsymbol{x}_N + b_L) \end{bmatrix} \tag{2.19}$$

通过求解下式的最小二乘解来获得输出权值矩阵:

$$\| \boldsymbol{H}\hat{\boldsymbol{\beta}} - \boldsymbol{T} \| = \| \boldsymbol{H}\boldsymbol{H}^{\dagger}\boldsymbol{T} - \boldsymbol{T} \| = \min_{\beta} \| \boldsymbol{H\beta} - \boldsymbol{T} \| \tag{2.20}$$

最终,得到最小二乘解$\hat{\boldsymbol{\beta}}$为

$$\hat{\boldsymbol{\beta}} = \boldsymbol{H}^{\dagger}\boldsymbol{T} \tag{2.21}$$

式中:$\boldsymbol{H}^{\dagger}$ 为 $\boldsymbol{H}$ 的 Moore - Penrose 广义逆。

综上所述,ELM 算法的基本步骤如下:

**Step 1**:给定 $N$ 个训练样本 $\{(x_j,t_j)\}_{j=1}^{N}$,设定激活函数 $g(x)$和隐含层节点数 $L$。

**Step 2**:随机设定输入层权值 $\boldsymbol{w}$ 和隐含层阈值 $\boldsymbol{\beta}$。

**Step 3**:计算隐含层输出矩阵 $\boldsymbol{H}$。

**Step 4**:利用最小二乘解获得输出层权值矩阵 $\hat{\boldsymbol{\beta}}$。

### 2.3.2 ELM - AdaBoost 强预测器

AdaBoost 分类算法是由 Freund 和 Schapire 于 1995 年在改进 Boosting 算法的基础上提出的,它的核心思想是合并多个弱分类器的输出形成强分类器,以实现更加精确的分类。AdaBoost 强分类器的设计原理如图 2.3 所示。

为了提高 ELM 算法的预测精度,本章在借鉴强分类器设计原理的基础上,将 AdaBoost 算法用于预测,选用 ELM 神经网络作为弱预测器,构造了 ELM - AdaBoost 强预测器。基本方法是设定一个阈值 $\varphi$,用训练样本对 ELM 弱预测器进行训练,然后根据预测结果更新训练样本的权值分布,预测误差大于 $\varphi$ 的样本增大其权值,预测误差小于 $\varphi$ 的样本降低其权值,这样可以增加样本间的区分度,使预测误差较大的样本更加突出,在下一轮迭代中得到更多关注。保持训练样本数量不变,在新的权值分布下再次对 ELM 弱预测器进行训练。依此类推,训练 $M$ 轮得到 $M$ 个弱预测函数,给每个函数赋予一个权值,预测结果越好的对应权值越大,最终的强预测函数由弱预测函数加权得到。

ELM - AdaBoost 算法的具体步骤如下:

**Step 1**:数据选取和网络初始化。从样本库中随机选择 $N$ 个训练样本 $\{(\boldsymbol{x}_j,t_j)\}_{j=1}^{N}$,根据样本输入/输出维数确定 ELM 网络的结构,初始化网络的权值和阈值,设定激活函数

$g(x)$和隐含层节点数 $L$。

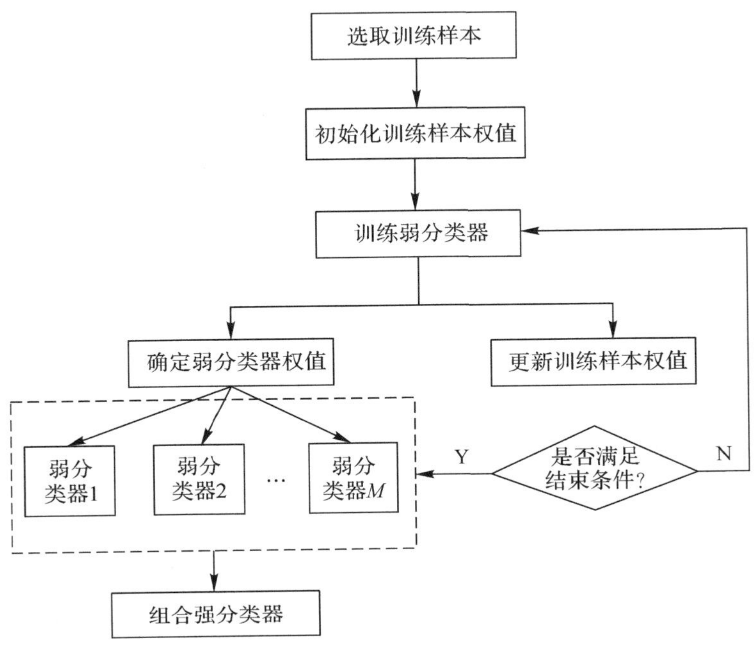


**图 2.3　AdaBoost 强分类器设计原理图**

**Step 2**：初始化训练样本的分布权值 $D_0(j)=1/N, j=1,2,\cdots,N$，设定初始预测误差阈值 $\varphi_0$ 和初始预测误差和 $e_0$。

**Step 3**：训练 ELM 弱预测器。训练第 1 个弱预测器时，用训练样本训练 ELM 神经网络并预测训练输出，得到预测序列 $h(1)$ 的预测误差和 $e_1$。误差和 $e_1$ 的计算公式为

$$e_1=\sum D_0(j),\ j/\left|h_1(\boldsymbol{x}_j)-t_j\right|>\varphi_0 \tag{2.22}$$

式中：$h_1(\boldsymbol{x}_j)$ 为训练样本 $\boldsymbol{x}_j$ 的预测值；$t_j$ 为真实值。

**Step 4**：更新训练样本权值。更新第 2 轮训练样本的权值，更新公式为

$$D_1(j)=\frac{D_0(j)}{B_0}\times\begin{cases}e_1^2, & \left|h_1(\boldsymbol{x}_j)-t_j\right|\leqslant\varphi_0\\ 1, & 其他\end{cases},\quad j=1,2,\cdots,N \tag{2.23}$$

式中：$B_0$ 是归一化因子，目的是在权值比例不变的情况下使分布权值和为 1。

**Step 5**：更新预测误差阈值。根据预测误差和自适应地更新预测误差阈值 $\varphi$，更新公式为

$$\varphi_1=\varphi_0\frac{e_1^2}{e_0^2} \tag{2.24}$$

这种方法的作用是随着预测误差的增大或减小，阈值 $\varphi$ 也相应地增大或减小，使预测误差较大的样本在下一轮训练中可以获得更大的权值，预测器可以更加关注这些样本，进一步提高训练精度。

**Step 6**：构造强预测函数。按照以上流程依次训练 $M$ 轮，得到 $M$ 组弱预测函数 $f_i(x)$，$i=1,\cdots,M$，进而加权叠加得到强预测函数：

$$f(x)=\frac{\sum\limits_{i=1}^{M}\left[\lg\left(\frac{1}{e_i^2}\right)f_i(x)\right]}{\sum\limits_{i=1}^{M}\lg\frac{1}{e_i^2}} \tag{2.25}$$

### 2.3.3 目标威胁评估模型

通过研究发现，在不同的态势下，目标对我机的威胁程度也会有很大差异。威胁指数法的主要原理也是利用态势参数计算相应的威胁指数，再利用威胁指数计算目标威胁程度值。这说明，态势参数与目标威胁程度之间有着紧密的联系。根据这一特性，如果可以在态势参数与目标威胁程度之间建立一定的映射关系，那么就可以根据某一时刻的态势参数评估出当前的目标威胁程度。这样，就可以把目标威胁评估问题等效为多元函数的预测问题。

本章利用 ELM - AdaBoost 强预测器进行目标威胁评估，实质就是利用神经网络强大的拟合能力从大量训练数据中挖掘出态势参数与目标威胁程度之间的映射关系，然后通过态势参数直接预测目标威胁程度值，实现评估过程的简单化。评估模型如图 2.4 所示。

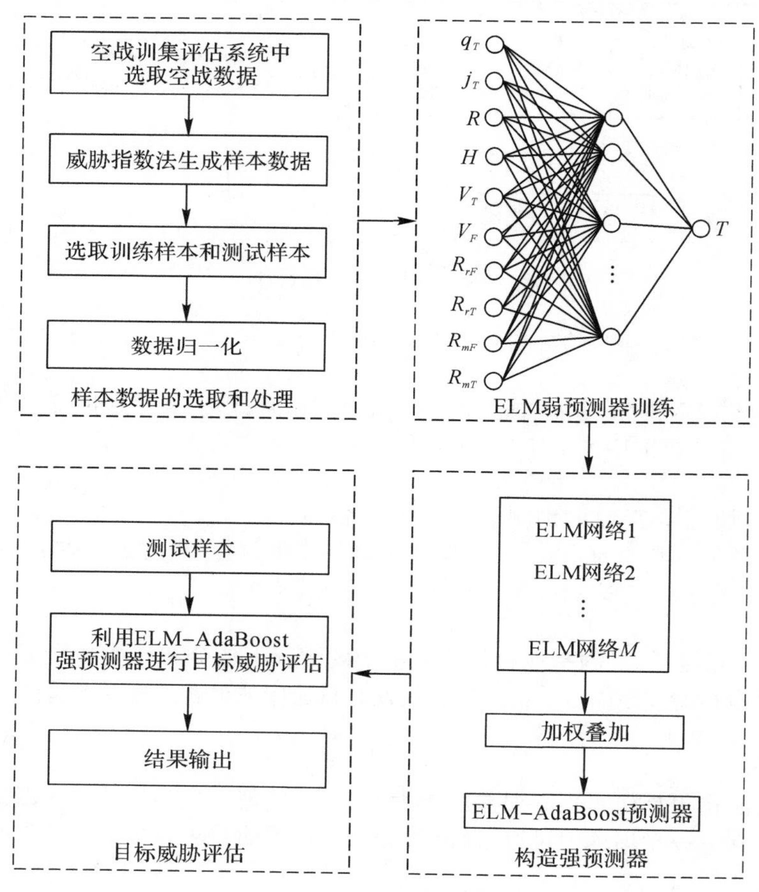


**图 2.4 目标威胁评估模型**

注：ACMI 为空战训练评估系统。

由图 2.4 可知，威胁评估模型的输入维数为 10，输出维数为 1，假设在时刻 $t$ 输入态势参数评估目标威胁程度，则映射函数可以表示为

$$T_t = f(q_T, \varphi_T, R, H, V_T, V_F, R_{rF}, R_{rT}, R_{mF}, R_{mT}) \tag{2.26}$$

式中：$T_t$ 为时刻 $t$ 的目标威胁程度值；$q_T \sim R_{mT}$ 为评估指标体系中的态势参数。

该方法是一种建立在威胁指数法基础上的数据化方法，但相比于威胁指数法，该方法有了很大改进。威胁指数法作为典型的模型化方法，在进行目标威胁评估时，需要先利用态势参数计算相应的威胁指数，再利用威胁指数计算目标威胁程度值；而 ELM - AdaBoost 强预测器经过训练后，可以把当前获取的态势参数作为输入，直接预测输出目标威胁程度值。因此，该方法可以简化目标威胁评估的计算过程，节省评估所用时间，提高评估的效率和实时性。

现有数据化方法用于训练算法模型的数据数量很少，而且数据中的目标威胁程度值通常是利用简单的量化方法计算得到的，导致样本数据可信度不高、模型训练不够充分、预测精度比较低、评估结果说服力不强。本章利用威胁指数法计算目标威胁程度值构造样本数据，既扩展了样本数据的选择范围，也保证了数据的准确性，可以使算法模型得到更好的训练。

## 2.4　威胁评估样本数据的构造

选取一段训练数据，时长 1 min24 s，采样间隔 0.25 s，数据总量 336 组。在惯性坐标系中绘制这一对抗过程的双机轨迹，如图 2.5 所示，其中假定红机代表我机，蓝机代表目标机，全过程态势如图 2.6 所示。

数据选取后，根据每组数据中双机的方位和运动参数计算对应时刻的态势参数 $q_T$，$\varphi_T$，$R$，$H$，$V_T$，$V_F$，$R_{rF}$，$R_{rT}$，$R_{mF}$，$R_{mT}$，再利用式(2.1)～式(2.7)计算相应的评估指标 $T_A$，$T_V$，$T_H$，$T_R$，然后结合各指标的权重，就可以计算出每组数据中的目标威胁程度值 $T$。由此可知，可以得到以态势参数为输入，以目标威胁程度值为输出的 336 组新数据，将这些数据作为目标威胁评估的样本数据。

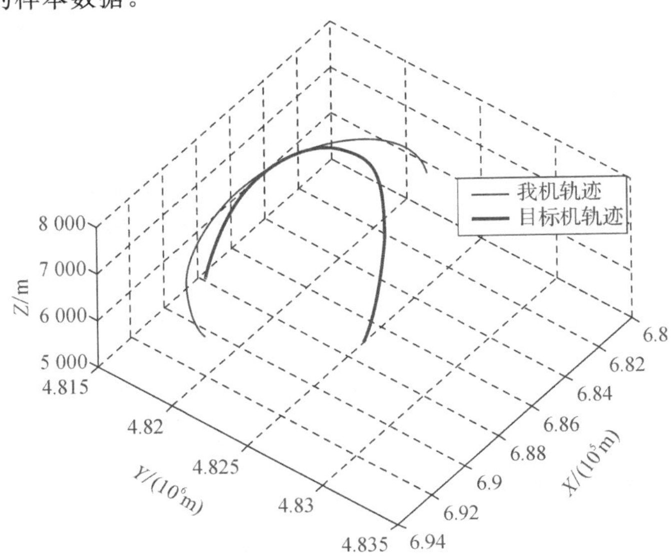


图 2.5　飞机轨迹图

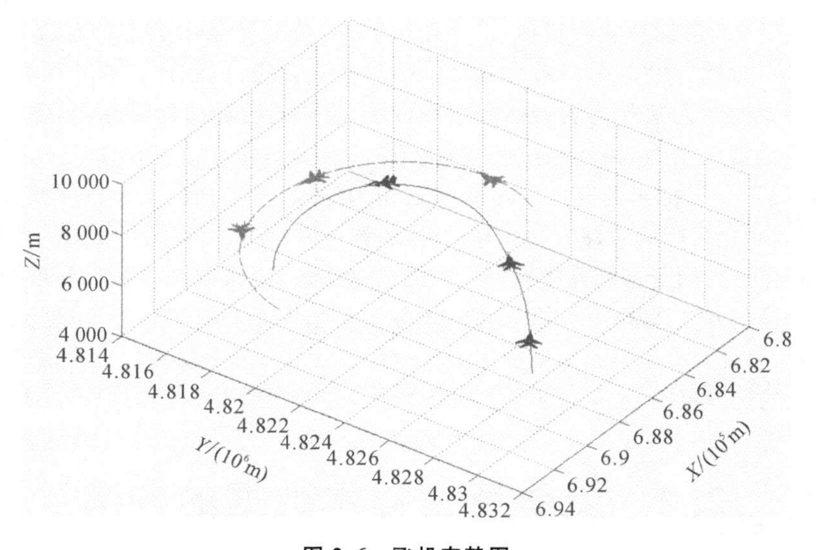


**图 2.6 飞机态势图**

# 2.5 仿真实验与分析

## 2.5.1 实验设置

根据图 2.2 中的模型进行目标威胁评估的仿真，将 336 组样本数据划分为训练样本和测试样本。其中，前 236 组数据作为训练样本，剩余 100 组数据作为测试样本。

为了获取预测精度较好的 ELM - AdaBoost 强预测器，需要对 ELM 弱预测器的隐含层节点数 $L$ 和弱预测器个数 $M$ 进行选择。为此，将 100 组测试样本分为两部分，分别设定为测试样本 1 和测试样本 2，样本数都为 50。测试样本 1 用于进行测试实验，以确定参数 $L$ 和 $M$；测试样本 2 用于对最终获得的强预测器进行威胁评估的性能测试。各部分样本的任务阶段划分情况如图 2.7 所示。

样本划分后，为了避免数据中变量取值范围不同造成的误差，利用式(2.23)对所有样本进行归一化处理。

仿真实验在 PC(个人计算机)上进行，运行环境为：Intel(R) Core(TM) i5 - 4590 3.3 GHz 处理器，4 GB 内存，Win7 32 位操作系统，运行平台为 MATLAB 2010a。为了使实验更具说服力，以下各仿真结果均为 30 次计算的平均值。

## 2.5.2 ELM 神经网络隐含层节点数设定

ELM 神经网络的隐含层节点数对网络的预测精度有较大影响。如果隐含层节点数过少，ELM 神经网络不能很好地学习，预测误差较大；如果隐含层节点数过多，网络训练时间延长，而且容易出现过拟合的现象。在实际应用中，隐含层节点数通常用测试实验的方法确定。由 Kolmogorov 定理，对于单隐含层神经网络，若输入层节点数为 $n$，则隐含层节点数至少应设定为 $2n+1$。为了兼顾网络的性能与训练成本，本章采用测试实验的方法，利用测试样本 1 在[13，30]区间内寻找使 ELM 神经网络预测精度相对较好的隐含层节点数 $L$。

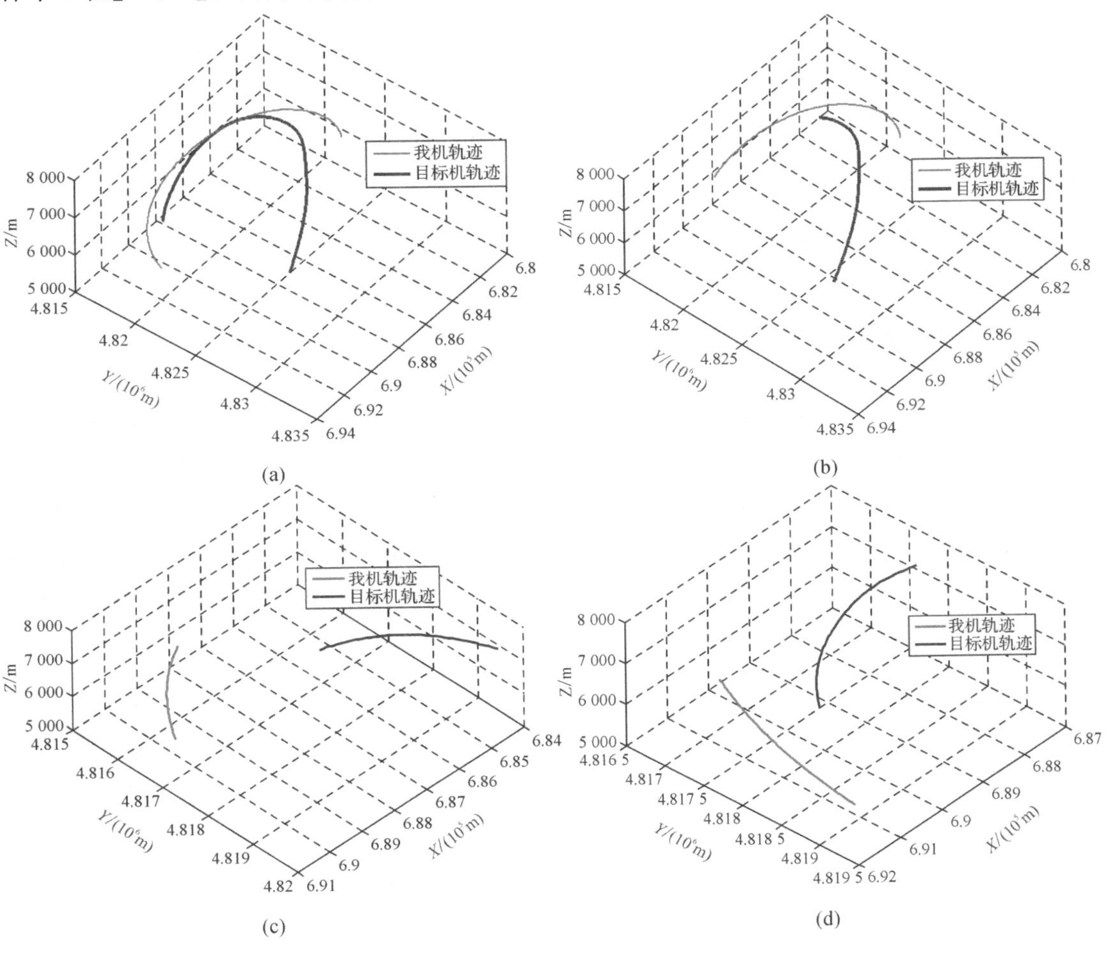


**图 2.7　样本数据任务阶段划分**

(a) 全样本；(b) 训练样本；(c) 测试样本 1；(d) 测试样本 2

测试实验中：随机设定网络初始输入层权值 $\boldsymbol{w}$ 和隐含层阈值 $\boldsymbol{\beta}$；激活函数 $g(x)$ 默认设定为 logsig 函数，即 $g(x)=\dfrac{1}{1+\mathrm{e}^{-x}}$。然后，用训练样本对具有不同隐含层节点数的网络进行训练，并对测试样本 1 进行预测，输出预测均方差(Mean Square Error，MSE)。MSE 的计算公式为

$$\mathrm{MSE}=\frac{1}{N_1}\sum_{i=1}^{N_1}(t_i-\bar{t}_i)^2 \tag{2.27}$$

式中：$N_1$ 为样本数；$t_i$ 和 $\bar{t}_i$ 分别为第 $i$ 个样本的实际输出和计算输出。实验结果如图 2.8 所示。

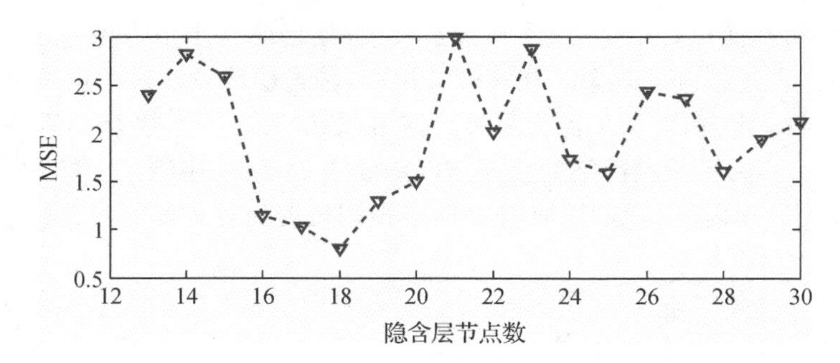


**图 2.8　隐含层节点数测试结果**

由图2.8可知，在该区间内，当隐含层节点数为18时，ELM神经网络具有相对较好的预测精度。因此，训练ELM弱预测器时，设定隐含层节点数 $L=18$。

## 2.5.3　ELM弱预测器个数设定

ELM－AdaBoost强预测器是由若干个ELM弱预测器叠加而成的，弱预测器的个数同样对强预测器的预测精度有较大影响。如果弱预测器个数过少，那么强预测器的泛化能力不会有明显的提高；如果个数过多，那么不仅会增加训练成本，也容易出现过拟合的现象。因此，本章为了构造预测精度较好的强预测器，且不耗费过大的训练成本，同样采用测试实验的方法，在[6,20]区间内寻找使ELM－AdaBoost强预测器预测精度相对较好的弱预测器个数 $M$。

测试实验中，ELM弱预测器的参数设定同2.5.2节，设定初始预测误差阈值 $\varphi_0=0.1$，初始预测误差和 $e_0=1$。然后，在不同的弱预测器个数下，用训练样本训练ELM－AdaBoost强预测器，并对测试样本1进行预测，输出预测MSE。实验结果如图2.9所示。

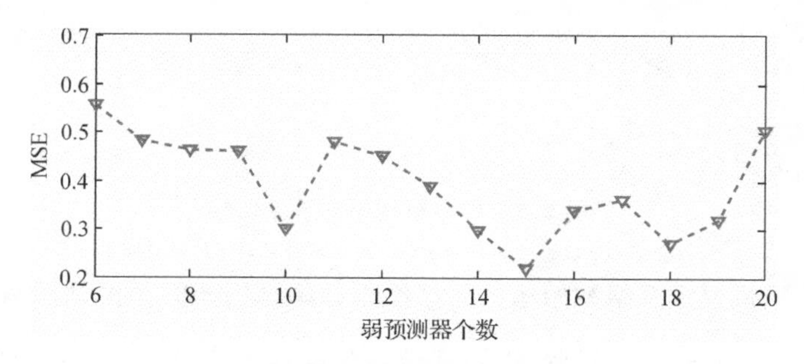


**图 2.9　弱预测器个数测试结果**

由图2.9可知，在该实验条件下，ELM－AdaBoost强预测器的预测精度与弱预测器个数并没有直接的线性关系，并不是弱预测器个数越多，预测精度越好，这与实际情况相符。在该区间内，当弱预测器个数为15时，强预测器具有相对较好的预测精度。因此，训练ELM－AdaBoost强预测器时，设定ELM弱预测器个数 $M=15$。

### 2.5.4　威胁评估准确性分析

利用测试样本 2 分别对 BP 神经网络、ELM 弱预测器和 ELM－AdaBoost 强预测器的评估精度进行测试。其中，BP 神经网络的隐含层节点数也采用测试实验的方法进行选择，设定为 25。实验结果如图 2.10 和图 2.11 所示。

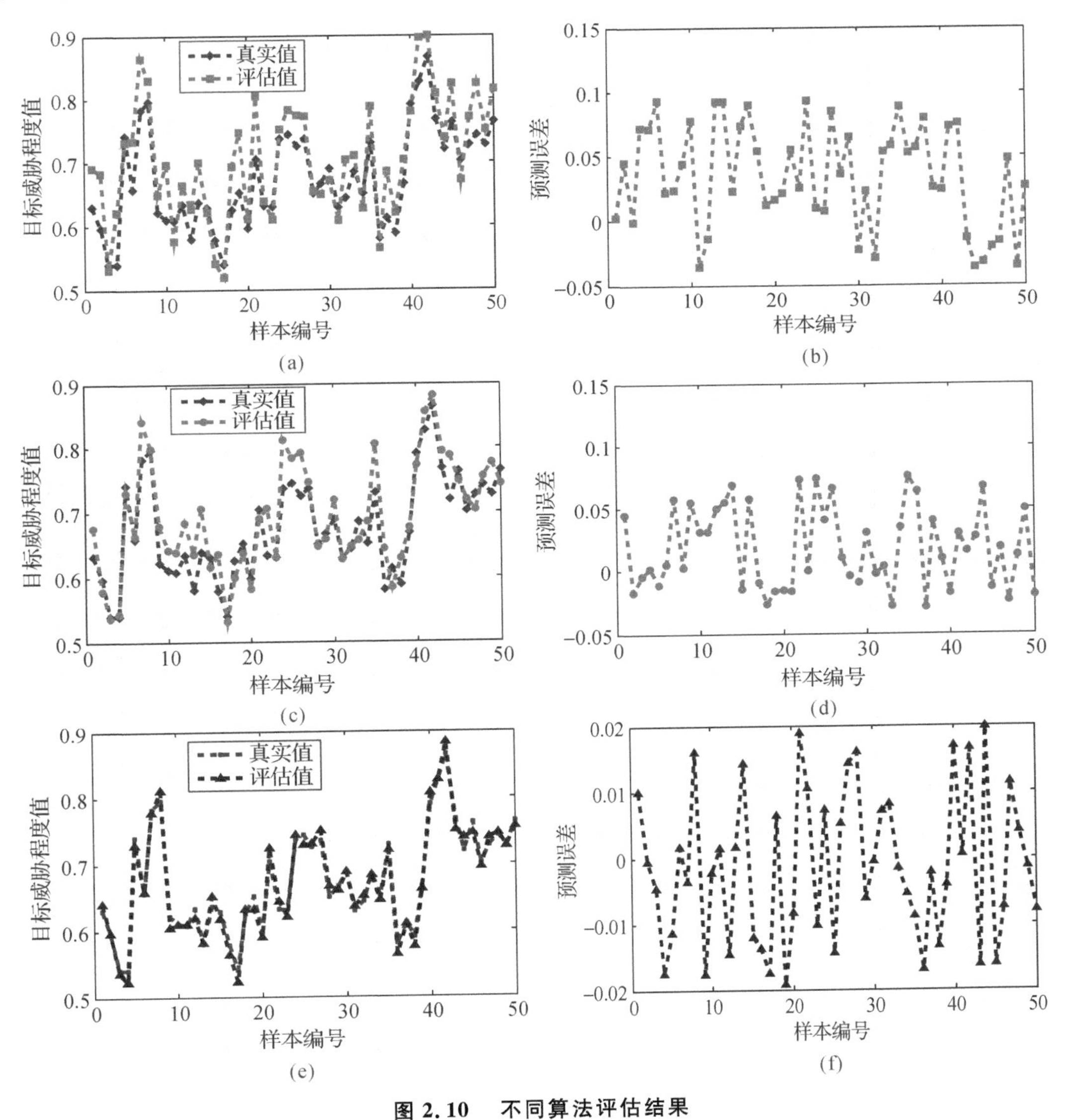


**图 2.10　不同算法评估结果**

(a) BP 神经网络评估结果；(b) BP 神经网络预测误差；(c) ELM 弱预测器评估结果；(d) ELM 弱预测器预测误差；(e) ELM－AdaBoost 强预测器评估结果；(f) ELM－AdaBoost 强预测器预测误差

由图 2.10 和图 2.11 可知，3 种算法中：ELM－AdaBoost 强预测器的评估效果最好，预测误差最小，不超过 ±0.02，另外两种算法预测误差较大，评估效果不够理想；ELM 弱预测器的预测精度相比于 BP 神经网络并没有明显差别，ELM－AdaBoost 强预测器在预测精度上有明显提升，可以对目标威胁程度值进行准确预测。

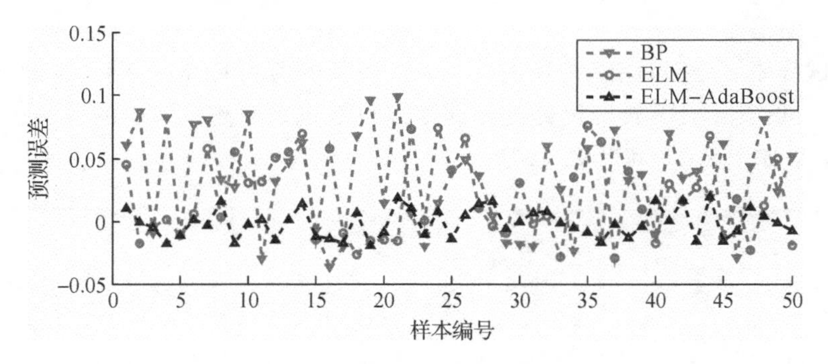


**图 2.11　不同算法预测误差比较**

## 2.5.5　威胁评估实时性分析

利用测试样本 2 分别计算 BP 神经网络、ELM 弱预测器和 ELM－AdaBoost 强预测器进行不同次数评估的算法执行时间，并与威胁指数法进行比较，实验结果如图 2.12 所示。

由图 2.12 可知，在一定评估次数下，各算法执行时间的排序为 ELM 弱预测器 < 威胁指数法 < ELM－AdaBoost 强预测器 < BP 神经网络。在评估过程中，ELM 弱预测器经过训练后可以实现"态势参数-威胁程度值"的计算，与威胁指数法"态势参数-威胁指数-威胁程度值"的计算相比，简化了计算过程，而且 ELM 弱预测器训练可一次完成无须迭代，所以算法执行时间最短。ELM－AdaBoost 强预测器和 BP 神经网络虽然也实现了"态势参数-威胁程度值"的计算简化，但是 ELM－AdaBoost 强预测器由 15 个弱预测器构成，在训练过程中需要 15 次迭代，增加了执行时间。BP 神经网络则需要更多次的迭代训练来修正网络权值，所以执行时间最长。

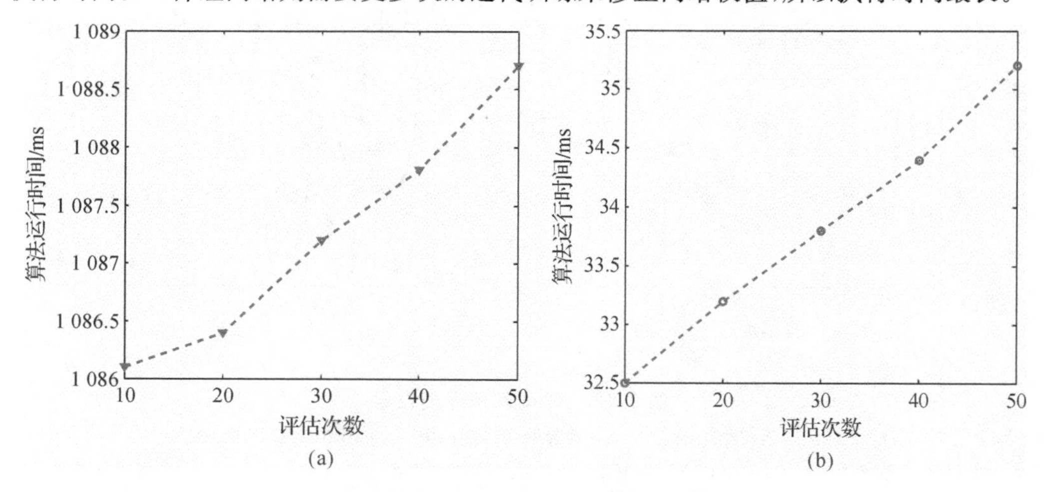


**图 2.12　不同算法执行时间比较**

(a) BP 网络运行时间；(b) ELM 弱预测器运行时间

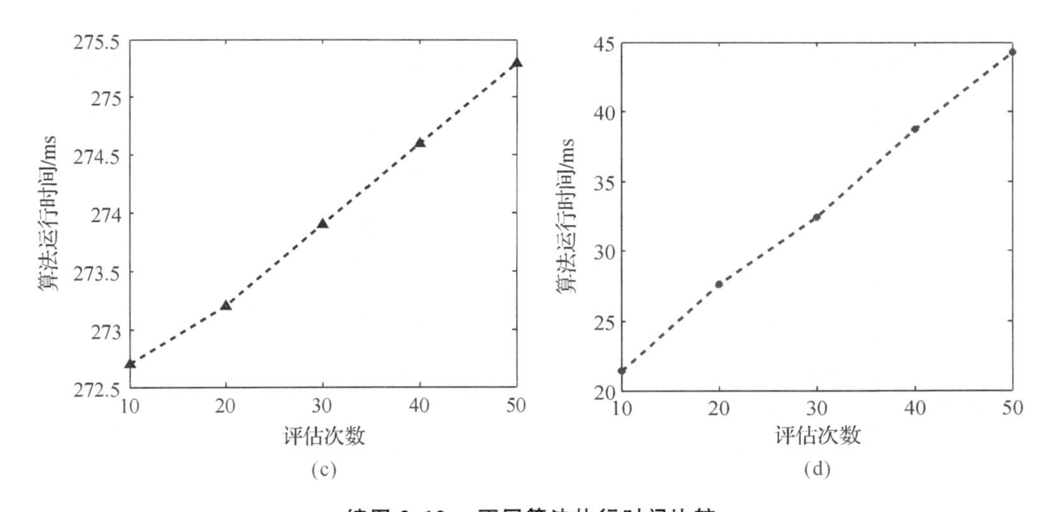


**续图 2.12　不同算法执行时间比较**

(c) ELM - AdaBoost 强预测器运行时间；(d) 威胁指数法运行时间

威胁指数法的模型不需要训练，算法的执行时间就是对样本的评估时间。但是 3 种神经网络的算法执行时间中除了样本的评估时间外，还包含了模型的训练时间，而且由图 2.12 可以看出，评估次数的变化对执行时间的影响很小，说明模型训练时间在执行时间中的比例很大，评估时间的比例却很小。本章提出的基于神经网络算法的威胁评估模型可以经过离线训练后再使用，模型训练时间的长短并不影响后续评估的进行。因此，选择评估时间为指标比较 BP 神经网络、ELM 弱预测器、ELM - AdaBoost 强预测器和 Threat index method 进行目标威胁评估的实时性。实验结果如图 2.13 和图 2.14 所示。

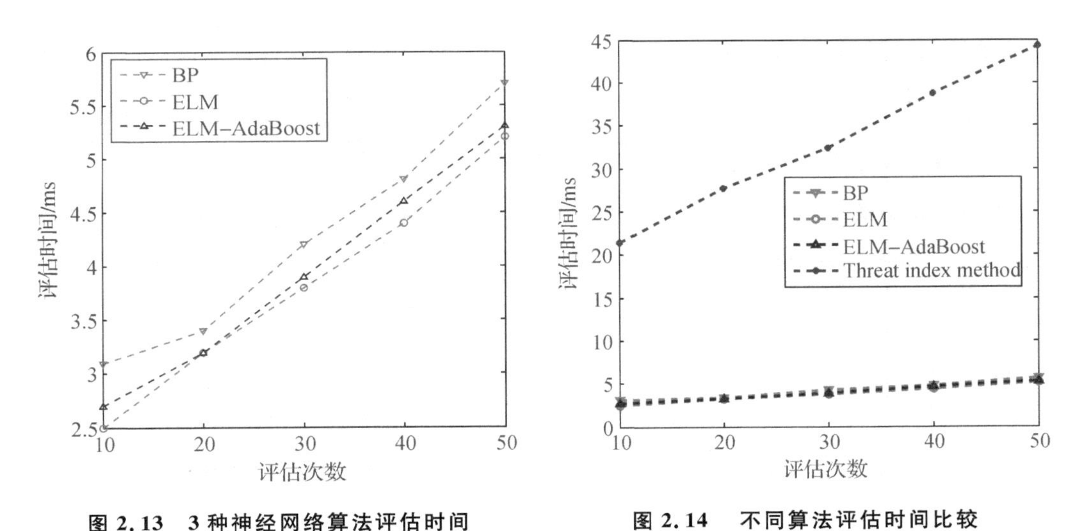


**图 2.13　3 种神经网络算法评估时间**　　**图 2.14　不同算法评估时间比较**

由图 2.13 可知，随着评估次数的增加，BP 神经网络、ELM 弱预测器和 ELM - AdaBoost 强预测器的评估时间都很短且变化不大，这也说明算法的执行时间中大部分都是模型的训练时间，模型训练后进行评估的时间很短。由图 2.14 可知，在一定评估次数下，3 种神经网络算法的评估时间明显小于威胁指数法的评估时间，说明本章提出的方法可以显著提高评估的效率和实时性。

## 2.6 本章小结

本章针对现有目标威胁评估方法的不足，在 ELM 算法的基础上进行改进，提出了 ELM - AdaBoost 算法，构造了 ELM - AdaBoost 强预测器，提高了算法的预测精度；选取训练数据并利用威胁指数法构造样本数据，拓展了数据选择的范围，保证了数据的准确性，克服了现有数据化方法可用数据过少、模型训练不充分、评估结果说服力不强等缺陷；建立了基于 ELM - AdaBoost 强预测器的威胁评估模型。仿真结果表明，这种基于 ELM - AdaBoost 强预测器的目标威胁评估新方法兼具了准确性和实时性的优点，可以准确、快速地进行目标威胁评估。

## 参考文献

[1] 刘培德. 一种基于前景理论的不确定语言变量风险型多属性决策方法[J]. 控制与决策，2011，26(6)：893 - 897.

[2] SAATY T L. Decision Making with the AHP：Why is the Principal Eignvector Necessary[J]. European Journal of Operational Research，2003，145(1)：85 - 91.

[3] KAZUTOMI S，TANAKA H. Interval Evaluation in the Analytic Hierarchy Process by Possibility Analysis [J]. Computational Intelligence，2001，17(3)：567 - 579.

[4] 朱建军，刘士新，王梦光. 基于遗传算法求解区间数 AHP 判断矩阵的权重[J]. 系统工程学报，2004，19(4)：344 - 393.

[5] 沈源，陈幼平，丘智明，等. 一种基于满意度的模糊层次分析评估方法[J]. 中国机械工程，1999，10(7)：769 - 772.

[6] HUANG G B，ZHU Q Y，SIEW C K. Extreme Learning Machine：Theory and Applications[J]. Neurocomputing，2006，70(1)：489 - 501.

[7] HUANG G B. An Insight into Extreme Learning Machines：Random Neurons，Random Features and Kernels[J]. Cognitive Computation，2014，6(3)：376 - 390.

[8] LUO X，CHANG X H，BAN X J. Regression and Classification using Extreme Learning Machine Based on L1 - Norm and L2 - Norm[J]. Neurocomputing，2016 (174)：179 - 186.

[9] GUO R F，HUANG G B，LIN Q P，et al. Error Minimized Extreme Learning Machine with Growth of Hidden Nodes and Incremental Learning [J]. IEEE

Transactions on Neural Networks，2009，20(8)：1352－1357.
[10] 高大文，王鹏，蔡臻超. 人工神经网络中隐含层节点与训练次数的优化[J]. 哈尔滨工业大学学报，2003，35(2)：207－209.
[11] KOLMOGOROV A N. On the Representation of Continuous Functions of Several Variables by Superposition of Continuous Functions of One Variable and Addition [J]. Doklady Akademiinauk USSR，1957，114(5)：953－956.

# 第3章 基于运动分解和H-SVM的目标机动识别研究

## 3.1 引 言

针对现有方法的不足，本章将目标机动识别问题等效为数据分类问题，提出采用多分类支持向量机(Support Vector Machine，SVM)进行机动识别。目前，多分类SVM主要有“一对多”(One Versus Rest，1-V-R)型和“一对一”(One Versus One，1-V-1)型两种。1-V-R通过依次训练二分类SVM将每个类别与其余类别进行区分，将样本分类为具有最大分类函数的那一类。1-V-1在每两个类别中都训练一个二分类SVM，再用投票法对样本进行分类。这两种算法的缺点是：当类别数目和训练样本数目较大时，分类计算量大、速度慢，很难满足实时分类的需求，因此，本章选用模型复杂度较低的层次支持向量机(Hierarchical Support Vector Machine，H-SVM)。然后，结合运动分解的思想建立了识别模型，将多分类问题简化为二分类问题，试图挖掘出目标飞行参数的变化特征与机动动作之间的映射关系。仿真结果表明，该方法可以对目标的机动动作进行准确、快速的识别。

## 3.2 目标机动识别问题描述

机动识别本质上属于模式识别问题。如图3.1所示，任务环境中飞机的常用机动动作包括爬升、俯冲、左转弯、右转弯、爬升转弯和俯冲转弯等类别。

通过研究发现，不同的机动动作中，飞行参数的变化特征也有很大差异。根据这一特性，如果可以在目标的机动动作与特定飞行参数的变化特征之间建立一定的映射关系，那么就可以根据某一时刻目标的飞行参数识别出当前的机动动作。这样，就可以把机动识别问题等效为数据分类问题进行处理。

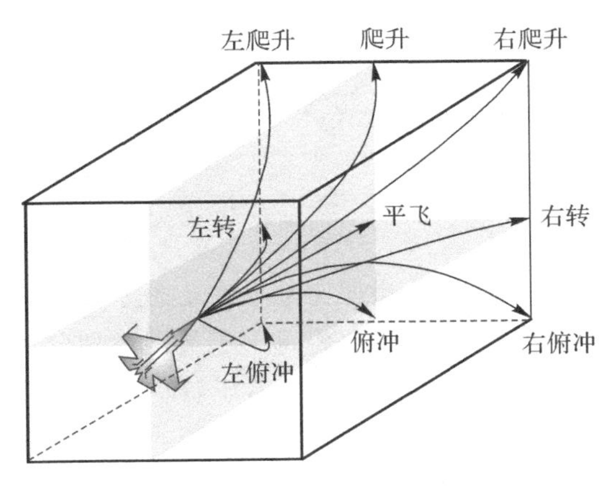


图 3.1　机动动作示意图

# 3.3　基于运动分解和 H－SVM 的目标机动识别

## 3.3.1　$v$－SVM 分类算法

目前,构造 SVM 多分类器一般利用 Vapnik 提出的 C－SVM 作为二分类器,但是它的惩罚参数 C 对分类性能有直接影响,而且变化范围很大,选择合适的取值十分困难,导致C－SVM 的泛化性能有较大的不确定性。为了解决这个问题,本章选用 $v$－SVM 作为二分类器,它的参数 $v$ 具有明确的物理意义而且只在 $[0,1]$ 区间内变化,与参数 C 相比更容易选择。$v$－SVM 分类算法描述如下:

针对二分类问题,设定训练样本集 $T=\{(x_1,y_1),(x_2,y_2),\cdots,(x_n,y_n)\}$。其中,$x_i\in\mathbf{R}^n$,$y_i\in\{+1,-1\}$,$i=1,\cdots,n$。选择适当的核函数 $K(x,x_i)$ 和参数 $v$,求解以下最优化问题:

$$\min_{\alpha}\frac{1}{2}\sum_{i=1}^{n}\sum_{j=1}^{n}y_iy_j\alpha_i\alpha_jK(x_i,x_j)\tag{3.1}$$

$$\sum_{i=1}y_i\alpha_i=0\tag{3.2}$$

$$0\leqslant\alpha_i\leqslant 1/n,\quad i=1,\cdots,n\tag{3.3}$$

$$\sum_{i=1}\alpha_i\geqslant v\tag{3.4}$$

得到最优解 $\boldsymbol{\alpha}^*=(\alpha_1^*,\cdots,\alpha_n^*)^{\mathrm{T}}$。式(3.4)中:参数 $v$ 的物理意义是,错分样本数占总样本数的上界和支持向量数占总样本数的下界,因此,$0\leqslant v\leqslant 1$。

选取 $j\in S_+$(表示正例样本)$=\{i\mid\alpha_i^*\in(0,1/n),y_i=1\}$,$k\in S_-$(表示负例样本)$=\{i\mid\alpha_i^*\in(0,1/n),y_i=-1\}$,并计算

$$b^*=-\frac{1}{2}\sum_{i=1}^{n}y_i\alpha_i^*[K(x_i,x_j)+K(x_i,x_k)]\tag{3.5}$$

然后，构造分类决策函数为

$$f(x) = \text{sgn}\left[\sum_{i=1}^{n} \alpha_i^* y_i K(x, x_i) + b^*\right] \tag{3.6}$$

### 3.3.2 H－SVM 多分类算法

针对多分类问题，以 $v$－SVM 二分类器为基本单元构造 H－SVM 多分类器。先将样本空间中包含的所有类别划分成两个子类，再将每个子类继续划分成两个次级子类。依此类推，直至每个类别都可以与其他类别完全区分。其中，在不同层次上每两个子类的分类都用 $v$－SVM 实现。图 3.2 所示为一个典型的 H－SVM。

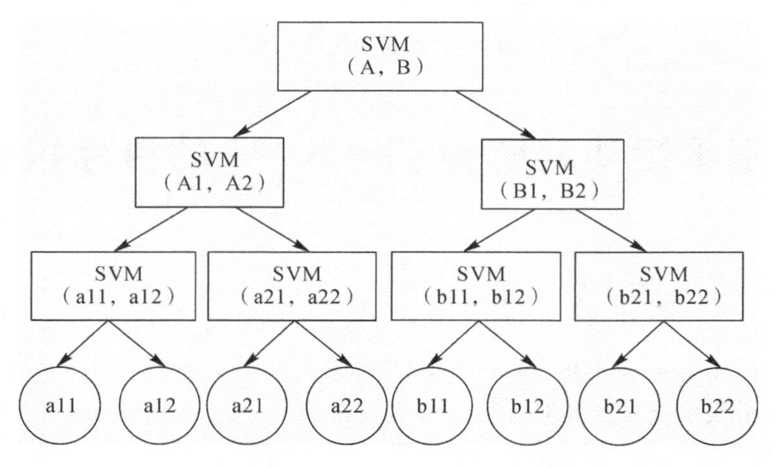


**图 3.2　H－SVM 多分类器示意图**

对于待分类样本 $(x_i, y_i)$，利用图 3.2 中的 H－SVM 对其分类是从上到下逐层进行的。如果该样本在式(3.6)中的输出为＋1，那么初步判定为子类 A，将在子类 A 的层次下继续分类，直至确定出根本类别；如果输出为－1，那么初步判定为子类 B，将在子类 B 的层次下继续分类。

由 H－SVM 的分类过程可以看出：处理的类别数目和所需的训练样本数目从顶层到底层呈递减趋势；对于任何样本，分类时只需用到部分二分类器。因此，当训练样本数目和类别数目较大时，分类速度会有较大优势。

### 3.3.3 目标机动识别模型

对于一个机动动作，通常包含了多种飞行参数的变化，不同的参数也会在不同方面影响一个动作的进行，一个机动动作并不能简单地认定为一种运动模式。因此，本章引入运动分解的方法，在机动识别过程中分别从水平方向和垂直方向对机动动作进行分解、识别、合成。

例如在图 3.3 中，飞机在空中连续机动，按照运动分解的方法进行分析，可知飞机在水平方向进行了右转弯、平飞和左转弯，在垂直方向进行了爬升。然后将两个方向的机动合成，可知飞机在这一过程中先后进行了右爬升、爬升和左爬升 3 个机动动作。

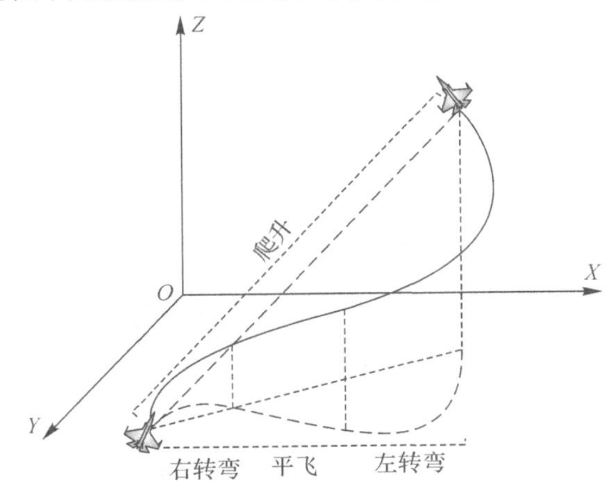


**图 3.3　机动动作分解示意图**

通过这种方法，任何复杂的机动动作都可以由 5 种简单的机动动作进行等效重构，即爬升、俯冲、左转弯、右转弯和平飞，各动作如图 3.4 所示。

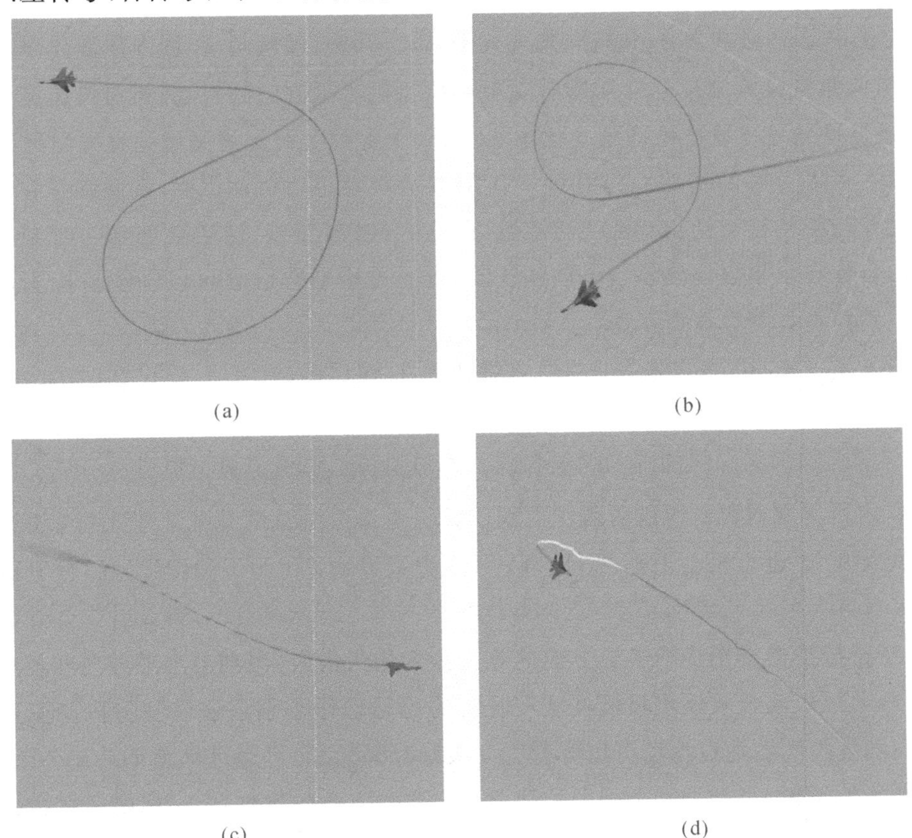


**图 3.4　简单机动动作示意图**

(a)右转弯；（b）左转弯；（c)爬升；（d）俯冲

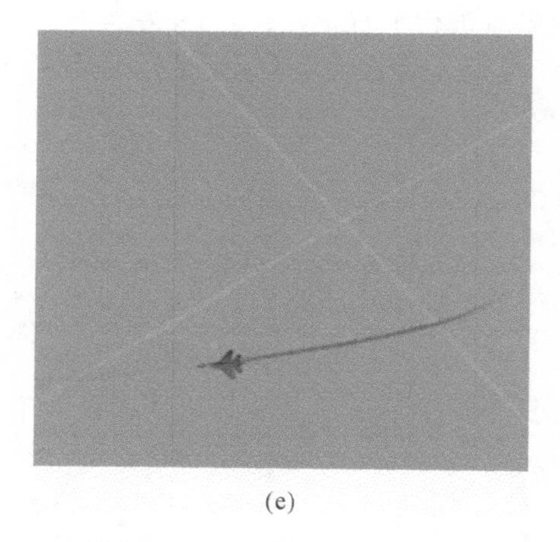

(e)

**续图 3.4 简单机动动作示意图**

(e)平飞

根据飞行力学的相关知识和外场实践经验，飞机进行机动时，动作模式主要与以下 7 个飞行参数有关：相对气压高度变化率 $\Delta H$、航迹俯仰角 $\theta$、航迹俯仰角变化率 $\Delta\theta$、坡度角 $\gamma$、坡度角变化率 $\Delta\gamma$、航向角 $\varphi_s$ 和航向角变化率 $\Delta\varphi_s$。其中：坡度角 $\gamma$、坡度角变化率 $\Delta\gamma$、航向角 $\varphi_s$ 和航向角变化率 $\Delta\varphi_s$ 这 4 个参数主要影响飞机水平方向的机动；相对气压高度变化率 $\Delta H$、航迹俯仰角 $\theta$ 和航迹俯仰角变化率 $\Delta\theta$ 这 3 个参数主要影响飞机垂直方向的机动。

本章在运动分解的基础上利用 H－SVM 多分类器进行机动识别，实质就是在不同方向的机动动作与影响该方向机动的飞行参数之间建立映射关系，然后根据某一时刻的飞行参数识别出目标在水平方向和垂直方向的机动，再通过机动合成就可以确定目标当前的机动动作。识别模型如图 3.5 所示。

由图 3.5 可知，机动识别模型的输入维数为 7，输出维数为 1。假设在时刻 $t$ 输入飞行参数识别目标的机动动作，则映射函数可以表示为

$$M_t = f(\Delta H_t, \theta_t, \Delta\theta_t, \gamma_t, \Delta\gamma_t, \varphi_{st}, \Delta\varphi_{st}) \tag{3.7}$$

式中：$M_t$ 为目标在时刻 $t$ 的机动动作类别；$\Delta H_t \sim \Delta\varphi_{st}$ 为该时刻的 7 个飞行参数。

在该模型中，进行机动识别的 H－SVM 多分类器由两个子分类器组成，分别进行水平方向和垂直方向的机动识别，每个子分类器都是一个 3 层级的 H－SVM。7 个飞行参数输入后，两个子分类器分别提取各自方向的飞行参数作为输入，识别出水平方向和垂直方向的机动，然后通过机动合成输出目标在这一时刻的机动动作类别。该模型将机动识别这个复杂的 9 类别分类问题通过运动分解等效为 3 类别分类问题，再通过构建 H－SVM 最终等效为 2 类别分类问题，实现了复杂问题的简单化。这种方法的优点在于：影响不同方向机动的飞行参数可以与该方向的机动动作更直接地建立映射关系，使机动识别变得更加简单、有效。

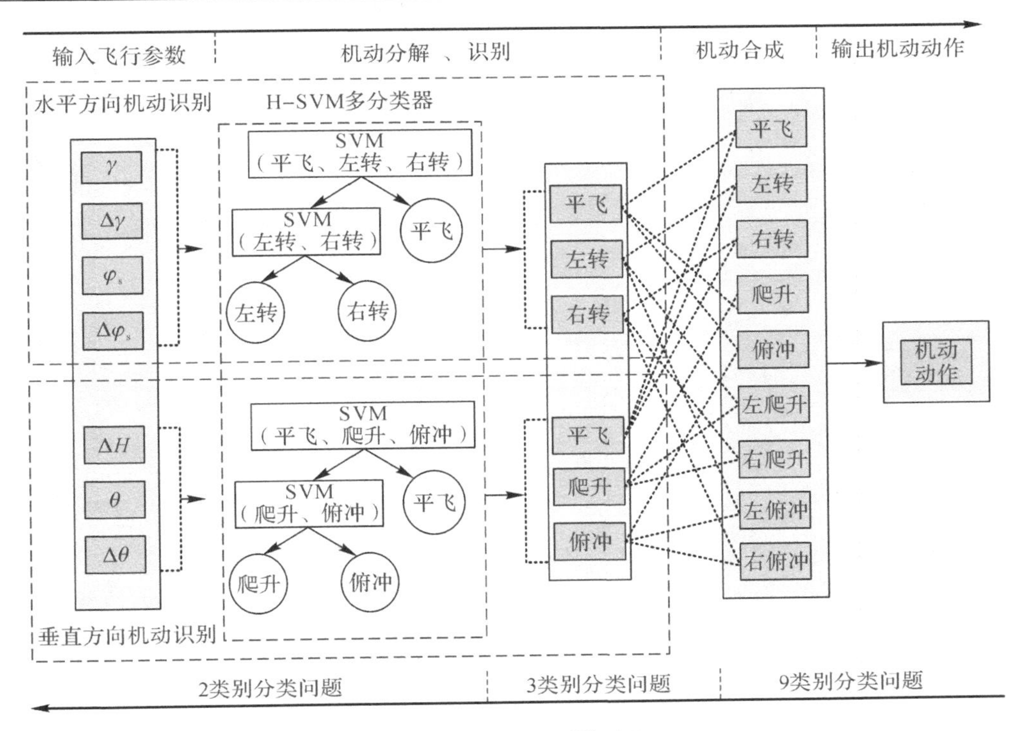


图 3.5　机动识别模型图

## 3.4　机动识别样本数据的构造

分别选取 5 种简单机动动作的训练数据，在惯性坐标系中绘制各类数据的飞行轨迹，如图 3.6 所示。

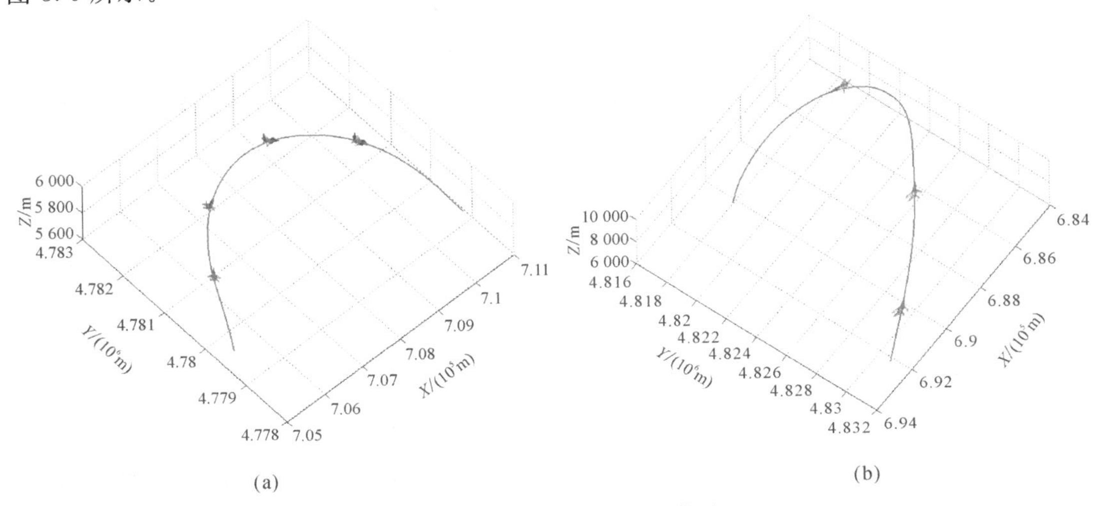


图 3.6　机动识别样本数据轨迹

(a)右转弯样本数据；（b）左转弯样本数据

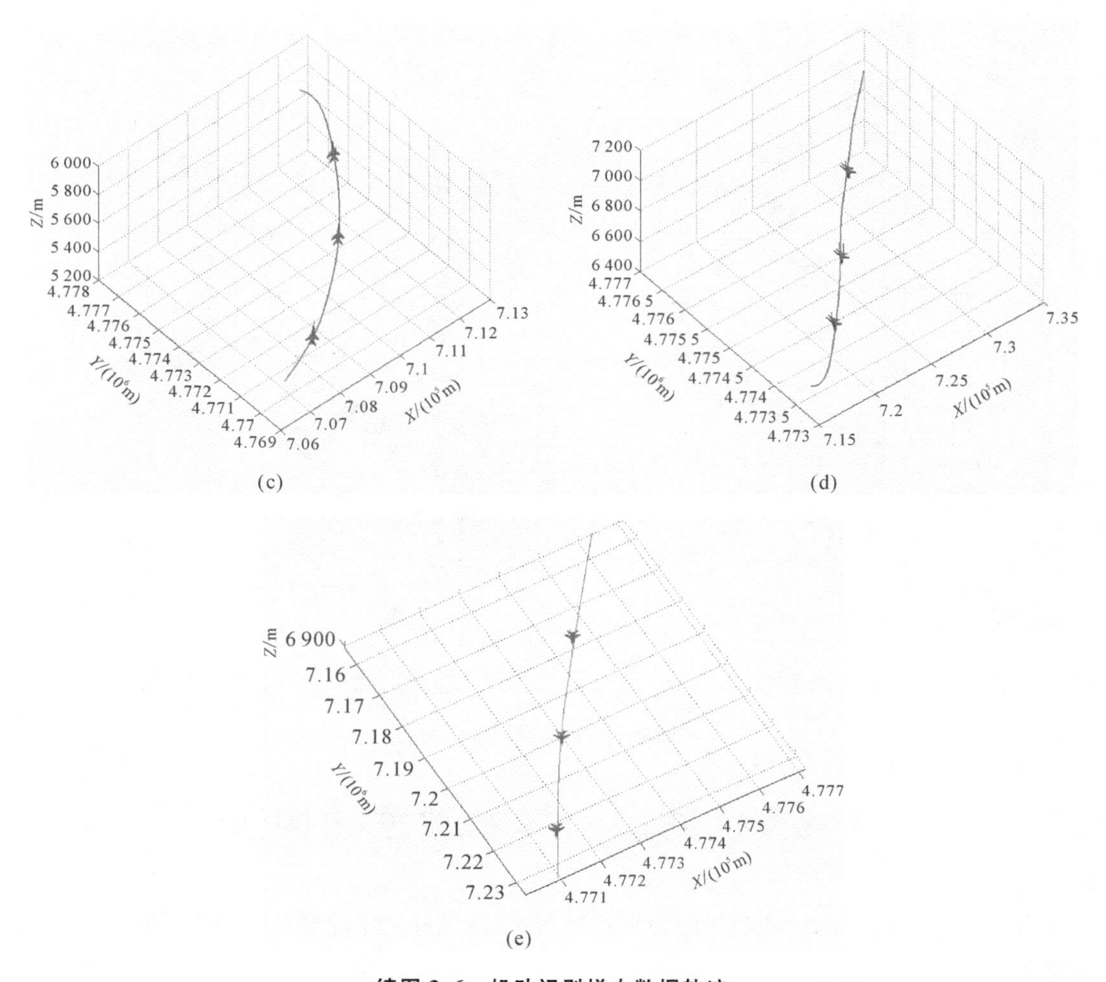


**续图 3.6 机动识别样本数据轨迹**

(c)爬升样本数据； (d) 俯冲样本数据； (e)平飞样本数据

每组飞行数据中，以 7 个飞行参数（$\Delta H_t, \theta_t, \Delta\theta_t, \gamma_t, \Delta\gamma_t, \varphi_{st}, \Delta\varphi_{st}$）作为输入，以对应时刻目标的机动动作类别 $M_t$ 作为输出，构建机动识别样本数据。

# 3.5 仿真实验与分析

## 3.5.1 实验设置

识别模型中，H－SVM 的层级结构已经确定，为了获得较好的泛化性能，需要对 $v$－SVM 的核函数 $K(x, x_i)$ 和参数 $v$ 进行选择。本章以相关文献中的结论选择核函数为 Gauss 型函数：

$$K(x,x_i) = \exp(-\frac{|x - x_i|^2}{2\sigma^2}) \tag{3.8}$$

然后，选取核函数宽度 $\sigma^2 = 0.06$，采用测试实验的方法，在 $[0,1]$ 区间内选择参数 $v$ 的取值。仿真实验在 PC 上进行，运行环境为：Intel(R) Core(TM) i5－4590 3.3 GHz 处理器，4 GB 内存，Win7 32 位操作系统，运行平台为 MATLAB 2010a。为了使实验更具说服力，以下仿真结果均为 30 次计算的平均值。

在样本数据中划分训练样本和测试样本，各类样本的划分情况如表 3.1 所示。为了避免数据中变量取值范围不同造成的误差，对所有样本进行归一化处理。

**表 3.1　机动识别样本数据划分**

| 动作类别 | 样本总数 | 训练样本数 | 测试样本数 |
| --- | --- | --- | --- |
| 右转 | 178 | 71 | 107 |
| 左转 | 111 | 44 | 67 |
| 爬升 | 195 | 78 | 117 |
| 俯冲 | 327 | 131 | 196 |
| 平飞 | 169 | 68 | 101 |

用训练样本对设定不同 $v$ 值的 H－SVM 进行训练，并对测试样本进行识别，输出识别正确率。实验结果如图 3.7 所示。

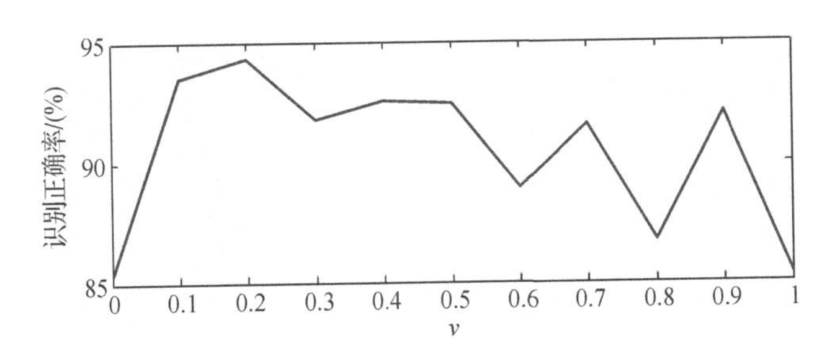


**图 3.7　测试实验结果图**

由图 3.7 可知，在该区间内，当 $v$ 值取 0.21 时，H－SVM 具有相对较好的识别精度，因此设定 $v = 0.21$。

选取 1 段训练数据进行机动识别的实例仿真，数据总量 1 579 组，仿真数据的飞行轨迹和不同类别机动动作的分布如图 3.8 所示。

对 1 579 组仿真数据进行编号，不同类别机动动作的样本分布如图 3.9 所示。

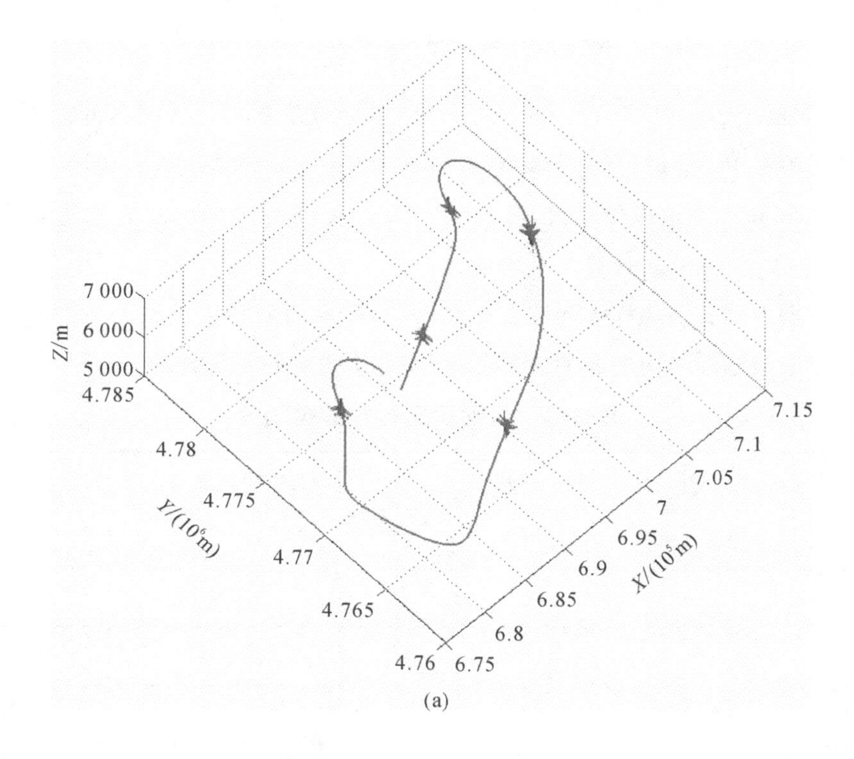


(a)

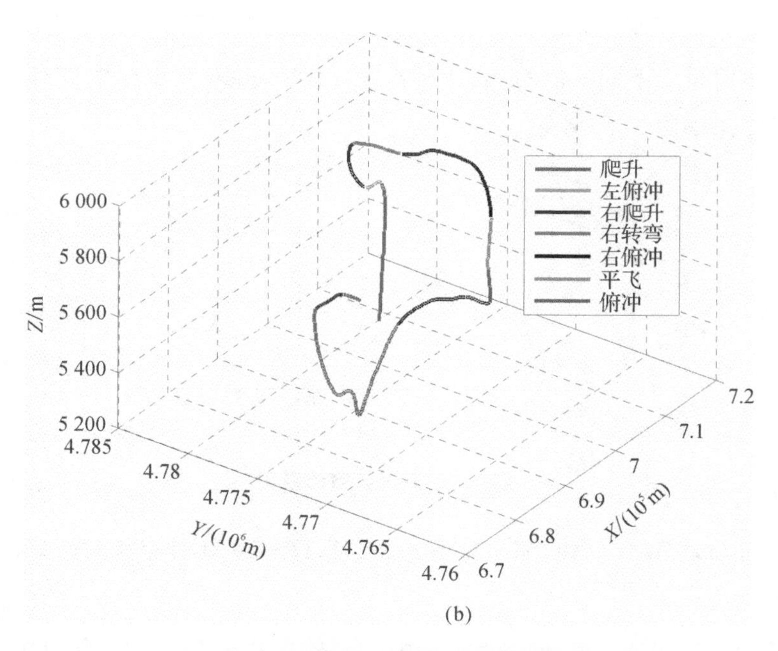


(b)

**图 3.8 仿真数据飞行轨迹和机动分布**

(a)仿真数据飞行轨迹；(b)仿真数据机动分布

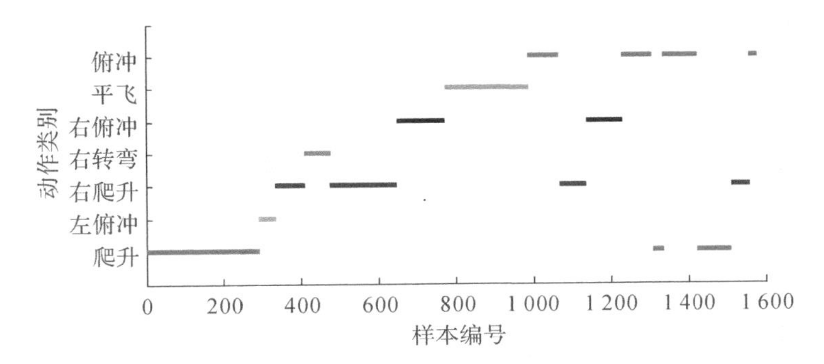


**图3.9　仿真数据样本分布**

## 3.5.2　机动识别准确性分析

比较本章建立的模型与其他算法的机动识别准确性，利用H－SVM，1－V－1，1－V－R和BP神经网络分别进行机动识别的仿真。其中：1－V－1和1－V－R也使用$v$－SVM作为基本单元，且通过测试实验选取$v$值分别为0.36和0.15；BP神经网络选用单隐含层网络，且通过测试实验选取隐含层节点数为23。不同算法对仿真数据的机动识别结果如图3.10所示。

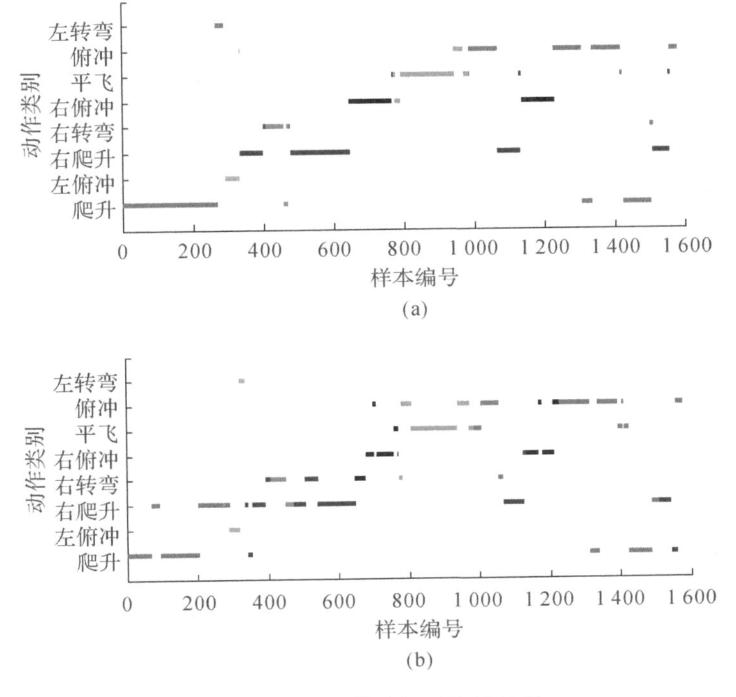


**图3.10　不同算法机动识别结果**

(a) H－SVM；　(b) 1－V－1

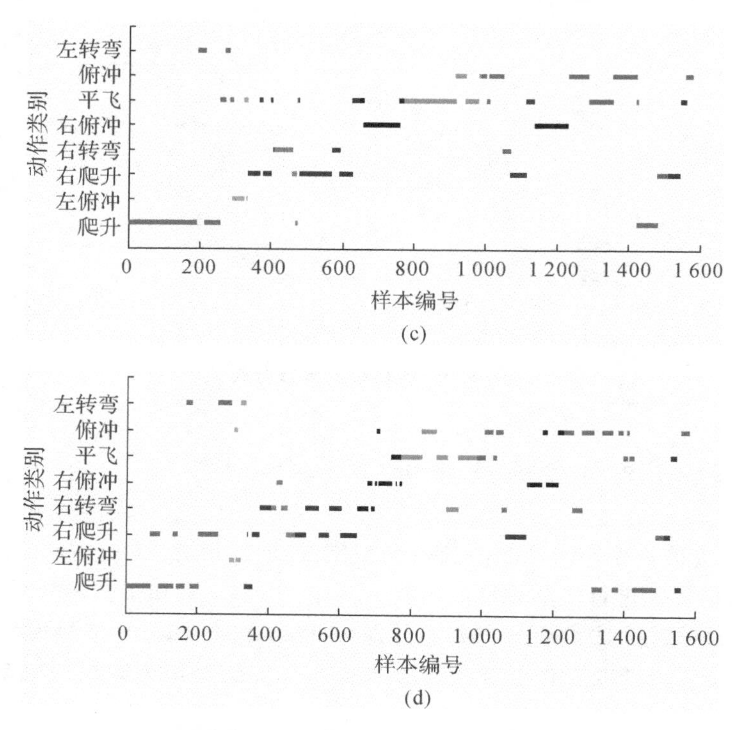


**续图 3.10　不同算法机动识别结果**

(c) 1－V－R；(d) BP

将图 3.10 中不同算法的识别结果与图 3.9 进行对比可以看出：H－SVM 的机动识别效果最理想，对各类机动动作识别的准确性都很高；1－V－1 和 1－V－R 的识别效果一般，尤其在机动动作转换交界处的错分样本较多；BP 神经网络的识别效果较差，对各类机动动作都难以有效识别。

对以上识别结果进一步量化统计，具体如表 3.2 和图 3.11 所示。

**表 3.2　机动识别结果统计**

| 动作编号 | 动作类别 | 样本数量 | H－SVM | | 1－V－1 | | 1－V－R | | BP | |
|---|---|---|---|---|---|---|---|---|---|---|
| | | | 错分数量 | 准确率/(%) | 错分数量 | 准确率/(%) | 错分数量 | 准确率/(%) | 错分数量 | 准确率/(%) |
| 1 | 爬升 | 407 | 55 | 86.5 | 150 | 63.1 | 97 | 76.2 | 214 | 47.4 |
| 2 | 左俯冲 | 43 | 3 | 92.5 | 12 | 71.3 | 11 | 74.4 | 23 | 46.5 |
| 3 | 右爬升 | 364 | 46 | 87.3 | 154 | 57.6 | 106 | 70.9 | 237 | 34.9 |
| 4 | 右转弯 | 66 | 9 | 86.2 | 25 | 62.2 | 23 | 65.2 | 39 | 40.9 |
| 5 | 右俯冲 | 219 | 12 | 94.5 | 100 | 54.5 | 73 | 66.7 | 157 | 28.3 |
| 6 | 平飞 | 214 | 33 | 84.6 | 75 | 64.9 | 59 | 72.4 | 114 | 46.7 |
| 7 | 俯冲 | 266 | 23 | 91.3 | 130 | 51.3 | 61 | 77.1 | 178 | 33.1 |

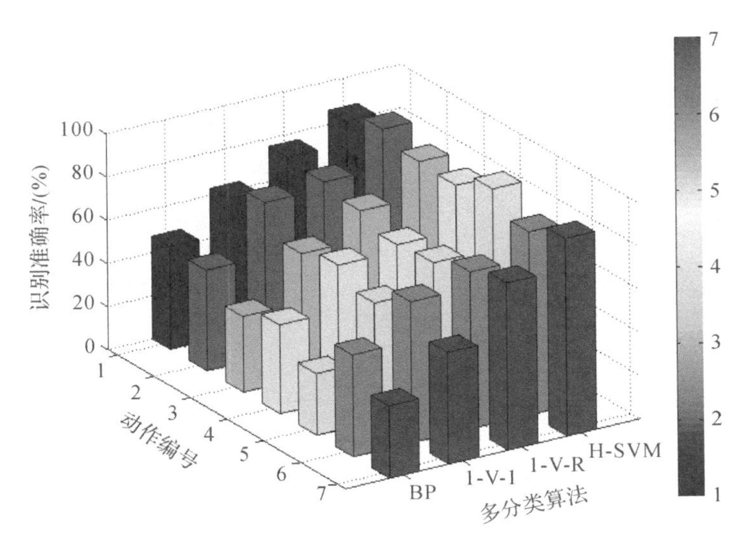


**图3.11 不同算法识别准确率**

由表3.2和图3.11可知：H－SVM对各类机动动作的识别准确率都明显较高，平均准确率达到89.7％；1－V－1和1－V－R两种算法的识别准确率较低，平均准确率分别为60.7％和71.8％；BP神经网络的识别准确率最低，平均准确率只有39.7％。机动识别过程中，BP神经网络要根据样本输入参数直接从9个动作类别中进行分类，不能像SVM多分类器那样通过若干个$v$－SVM二分类器实现不同类别间的相互区分，即BP神经网络进行多分类时，对不同类别的区分性要弱于3种SVM多分类器，所以它的识别准确性比较低；在SVM多分类器中，本章提出的基于运动分解和H－SVM的识别模型可以使输入参数与不同方向的机动动作更好地建立映射关系，增强了识别的针对性，从而提高了识别的准确性。

### 3.5.3 机动识别实时性分析

比较不同算法机动识别的实时性，计算H－SVM，1－V－1，1－V－R和BP神经网络进行不同次数识别所需的时间，实验结果如图3.12所示。

由图3.12可知：BP神经网络进行一定次数识别所需的时间要小于3种SVM多分类器，具有最好的实时性；在SVM多分类器中，H－SVM具有较好的实时性，连续进行200次识别所需时间约为50 ms；1－V－1和1－V－R的实时性较差。本章使用的BP单隐含层神经网络模型比较简单，对样本的分类效率要高于由若干个$v$－SVM组成的多分类器，所以相比于3种SVM多分类器，BP神经网络具有更好的识别实时性；SVM多分类器的分类效率取决于模型的复杂度，即构成模型的SVM数目越多，分类所需时间越长、效率越低。3种SVM多分类器解决不同类别数目的分类问题时模型所需的SVM数目如图3.13所示。

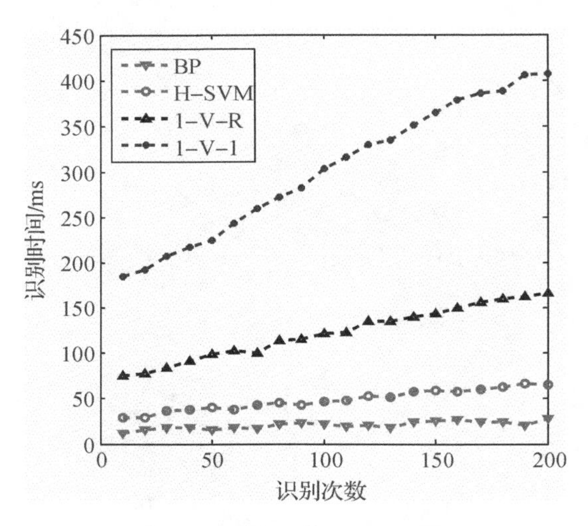


**图 3.12　不同算法识别时间**

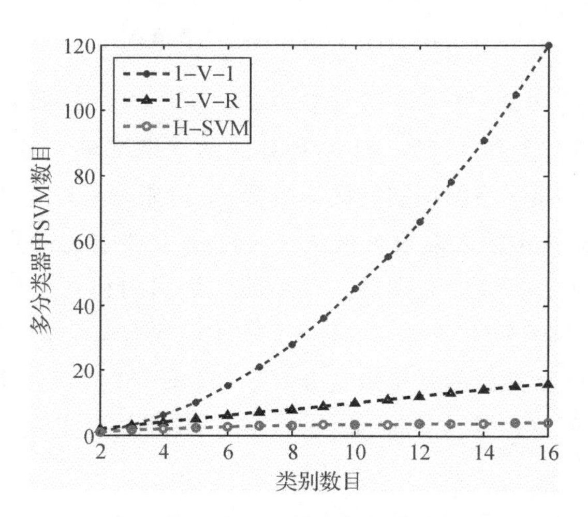


**图 3.13　多分类器所需 SVM 数目**

由图 3.13 可知，解决一定类别数目的分类问题时，H－SVM 所需的 SVM 数目要明显小于 1－V－R 和 1－V－1。针对机动识别这个 9 类别分类问题，3 种 SVM 多分类器的模型复杂度如表 3.3 所示。

**表 3.3　SVM 多分类器模型复杂度**

| 分类算法 | SVM 数目 | 复杂度 |
|---|---|---|
| 1－V－1 | 36 | 高 |
| 1－V－R | 9 | 中 |
| H－SVM | 4 | 低 |

由表 3.3 可知，本章提出的基于运动分解和 H－SVM 的识别模型只需 4 个 $v$－SVM 构成，模型复杂度要明显小于 1－V－R 和 1－V－1，所以进行机动识别时，可以获得较好的实时性。

## 3.6 本章小结

本章针对现有机动识别方法的不足，提出了一种基于运动分解和H-SVM的识别模型。以$v$-SVM二分类器为基本单元构造H-SVM多分类器，可以更容易地选择算法参数，进而获得较好的泛化性能。把机动识别问题等效为数据分类问题，利用训练数据对模型进行训练，挖掘出了飞行参数与机动动作之间的映射关系。结合运动分解的思想，提出了基于运动分解和H-SVM的机动识别模型，把9类别分类问题等效为2类别分类问题，建模过程实现了复杂问题的简单化。仿真实验结果表明，本章提出的识别模型对各类机动动作都可以准确识别，平均准确率可达90%左右，而且连续进行200次识别所需时间约为50 ms，可以准确、快速地进行目标机动识别。

## 参考文献


[1] HU C W, LIN C J. A Comparison of Methods for Multi - Class Support Vector Machines[J]. IEEE Transactions on Neural Networks, 2002, 13(2): 110 - 119.

[2] WANG Y J, DONG J, LIU X D, et al. Identification and Standardization of Maneuvers Based upon Operational Flight Data[J]. Chinese Journal of Aeronautics, 2015, 28(1): 133 - 140.

[3] 董小龙，童中翔，王宝娜. 超视距空战机动动作库设计及动作的可视化[J]. 飞行力学，2005，23(4):90 - 93.

[4] TIKKA J A. Flight Parameter Based Fatigue Analysis Approach for a Fighter Aircraft[J]. Aeronautical Journal, 2008, 112(8): 79 - 91.

[5] VAPINK V N. The Nature of Statistical Learning Theory[M]. New York: Springer - Verlag, 1995.

[6] SCHOLKOPF B, SMOLA A J, WILLIAMSON R C, et al. New Support Vector Machines Algorithms [J]. Neural Computation, 2000, 12(50): 1207 - 1245.

[7] 王福军，梅卫，王春生，等. 基于战术意图的空中目标机动态势估计[J]. 电光与控制，2009，16(2): 51 - 55.

[8] 刘华富，王仲. 核函数对$v$-支持向量机的泛化能力影响分析[J]. 计算机工程与科学，2007，29(7): 77 - 79.

[9] XU Q H, SHI J. Fault Diagnosis for Aero - Engine Applying a New Multi - Class Support Vector Algorithm [J]. Chinese Journal of Aeronautics, 2006, 19(1): 175 - 182.

# 第4章　基于GA－OIF－Elman神经网络的目标轨迹预测研究

## 4.1 引　　言

针对现有方法的不足，本章将目标轨迹预测问题等效为时间序列的预测问题，提出一种基于遗传算法－输出/输入反馈－埃尔曼（Genetic Algorithm－Output/Input Feedback－Elman，GA－OIF）神经网络的轨迹预测方法。Elman神经网络是一种典型的反馈神经网络，它的网络结构使得该算法对历史数据具有高度敏感性和动态记忆功能，再结合神经网络强大的非线性拟合能力，决定了Elman神经网络非常适合处理时间序列的预测问题。本章选用OIF－Elman神经网络，该网络相比传统Elman神经网络增加了输出层的反馈信息，具有更好的动态特性和记忆功能。为了进一步提高模型的预测精度，本章利用GA对OIF－Elman神经网络的初始权值和阈值进行优化，提出GA－OIF－Elman神经网络。模型训练过程中，选用空中对抗的轨迹数据构造样本数据，试图挖掘出飞机在一定态势下的运动规律并对目标轨迹进行预测。仿真结果表明，该方法可以对目标轨迹进行准确、快速的预测。

## 4.2 目标轨迹预测问题描述

轨迹预测问题具有高度的非线性和时变特性。在对抗环境中，飞机的飞行轨迹具有连续性的特点。轨迹连续性是指飞机的位置变化是连续的，在较短时间内，飞机的运动状态会有一定的持续性，不会发生跳变或跃迁，飞机在某一时刻的位置与过去时刻的位置具有一定的相关性，而不是完全独立的。

如图4.1所示，在惯性坐标系$OXYZ$中，假设$F$代表我机，$T$代表目标机，红色和蓝色实线分别代表我机和目标机在某一较短时间区间$[t_1,t_n]$内的飞行轨迹。在目标轨迹上按照一定时间间隔选取$n$个时刻的位置点，此时，目标在$t_{n+1}$时刻的位置是未知的。

由轨迹连续性可知，目标在$t_{n+1}$时刻的位置和前$t_n$个时刻的位置具有相关性。根据这一特性，如果可以在目标前后时刻位置的变化中建立一定的映射关系，那么它在$t_{n+1}$时刻的位置就可以根据$t_1\sim t_n$时刻的位置变化进行预测。这样，就可以把轨迹预测问题等效为时间序列的预测问题进行处理，实现复杂问题的简单化。

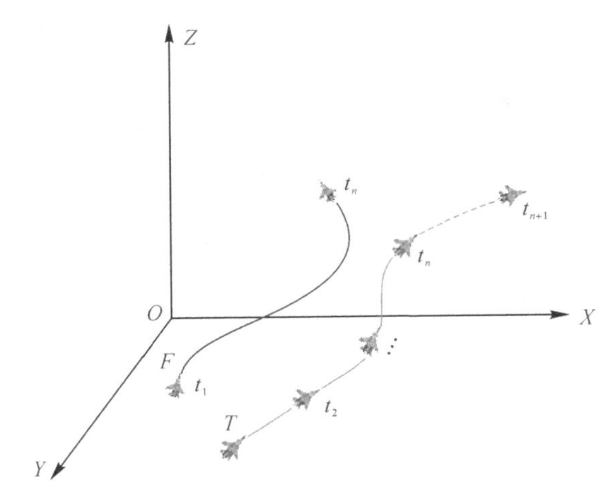


图 4.1　目标轨迹预测示意图

## 4.3　基于 GA - OIF - Elman 神经网络的目标轨迹预测

### 4.3.1　OIF - Elman 神经网络

Elman 神经网络是由 J. L. Elman 于 1990 年针对语音问题提出的一种反馈神经网络。与 RBF、BP 等前馈型神经网络不同的是，Elman 神经网络在结构上除了输入层、隐含层和输出层外，还具有一个承接层，用于构成局部反馈。承接层可以看作是一个延时算子，用来记忆隐含层神经元前一时刻的输出值并返回给网络的输入。这种结构的特点是隐含层的输出通过承接层的延迟与存储，再自联到隐含层的输入，使网络对历史数据具有敏感性和动态记忆功能。因此，Elman 神经网络在结构上非常适合处理时间序列的预测问题，它的网络结构如图 4.2(a)所示。

Elman 神经网络模型中包含了隐含层节点的反馈，但是并没有增加输出层节点的反馈。因为各层神经元的反馈信息都会影响网络的信息处理能力，所以部分学者在 Elman 神经网络模型的基础上进行结构优化，增加了输出层节点的反馈，提出了 OIF - Elman 神经网络。与 Elman 神经网络相比，OIF - Elman 网络可以同时利用隐含层和输出层的历史信息，保存了更多的内部状态，表现出了更强的动态特性，它的网络结构如图 4.2(b)所示。

OIF - Elman 神经网络的非线性状态空间表达式为

$$\left.\begin{aligned}\boldsymbol{x}(k) &= f[W^1\,\boldsymbol{x}_c(k) + W^2\boldsymbol{u}(k-1) + W^4\,\boldsymbol{y}_c(k)]\\ \boldsymbol{x}_c(k) &= \boldsymbol{x}(k-1) + \boldsymbol{x}_c(k-1)\\ \boldsymbol{y}_c(k) &= \boldsymbol{y}(k-1) + \boldsymbol{y}_c(k-1)\\ \boldsymbol{y}(k) &= g[W^3\boldsymbol{x}(k)]\end{aligned}\right\} \tag{4.1}$$

式中：$\boldsymbol{y}$ 为 $m$ 维输出节点向量；$\boldsymbol{x}$ 为 $n$ 维隐含层节点向量；$\boldsymbol{u}$ 为 $r$ 维输入向量；$\boldsymbol{x}_c$ 和 $\boldsymbol{y}_c$ 为 $n$ 维反馈状态向量；$W^1$，$W^2$，$W^3$ 和 $W^4$ 分别为承接层 1 到隐含层、输入层到隐含层、隐含层到输出层和承接层 2 到隐含层的连接权值；$g(\cdot)$ 为输出层的传递函数，常用线性函数；$f(\cdot)$ 为隐含层的传递函数，常用 S 型函数。

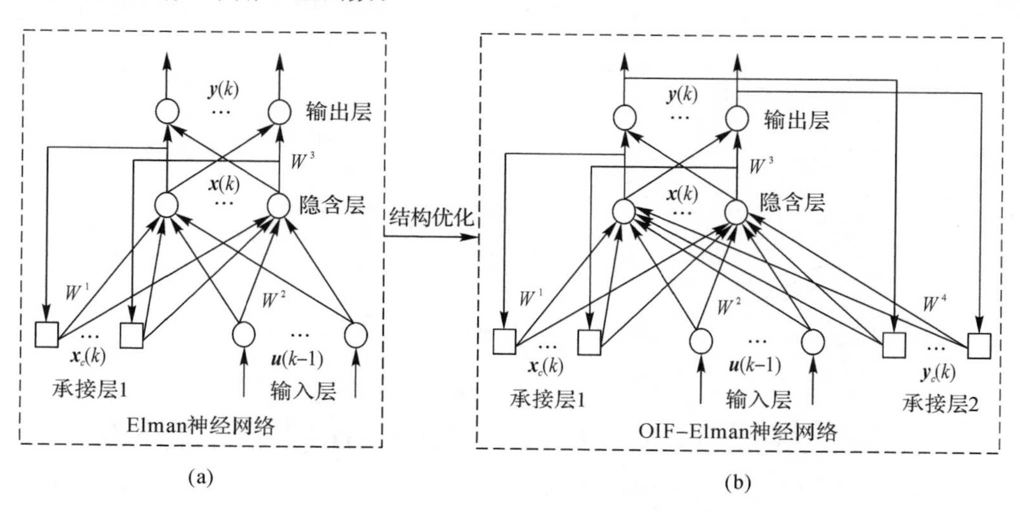


**图 4.2　Elman 神经网络结构图**

(a) Elman 神经网络模型；(b) OIF - Elman 神经网络模型

OIF - Elman 神经网络在训练过程中也采用 BP 算法进行权值修正，训练指标函数为均方差函数 $E_{\mathrm{mse}}$，计算公式为

$$E_{\mathrm{mse}} = \frac{1}{mq}\sum_{i=1}^{q}\sum_{j=1}^{m}(y_{ij} - \bar{y}_{ij})^2 \tag{4.2}$$

式中：$q$ 为训练样本数；$m$ 为输出层节点数；$y_{ij}$ 和 $\bar{y}_{ij}$ 分别为第 $i$ 个训练样本在第 $j$ 个输出节点的计算输出和真实输出。

### 4.3.2　GA - OIF - Elman 神经网络

OIF - Elman 神经网络通过增加输出层反馈实现了一定的结构优化，增强了网络的泛化能力。但是与传统神经网络一样，该网络模型的训练也是基于 BP 算法对权值和阈值的修正过程，训练结果对网络初始值的依赖性很强。如果随机设定的初始值取值不当，容易造成训练时间过长、收敛速度慢和陷入局部极小值等问题，无法满足精度要求。因此，选取合适的算法对网络的初始值进行优化是解决这些问题的关键。

GA 是模拟自然界遗传机制和生物进化论而成的一种并行随机搜索最优化方法。它把自然界“优胜劣汰，适者生存”的生物进化原理引入优化参数形成的编码串联群体中，按照所选择的适应度函数，通过遗传中的选择、交叉和变异对个体进行筛选，使适应度值好的个体被保留，适应度值差的个体被淘汰，新的群体继承上一代的信息又优于上一代，如此循环往复,直至满足条件。由于其高效启发式搜索、并行计算且易于实现等特点,GA 已经在函数优化和组合优化等方面取得良好的应用。

基于此,本章引入 GA 对 OIF - Elman 神经网络的初始权值、阈值进行优化,提出了 GA - OIF - Elman 算法,使网络模型在结构优化的基础上进一步实现参数优化,提高泛化能力。GA - OIF - Elman 算法流程如图 4.3 所示。

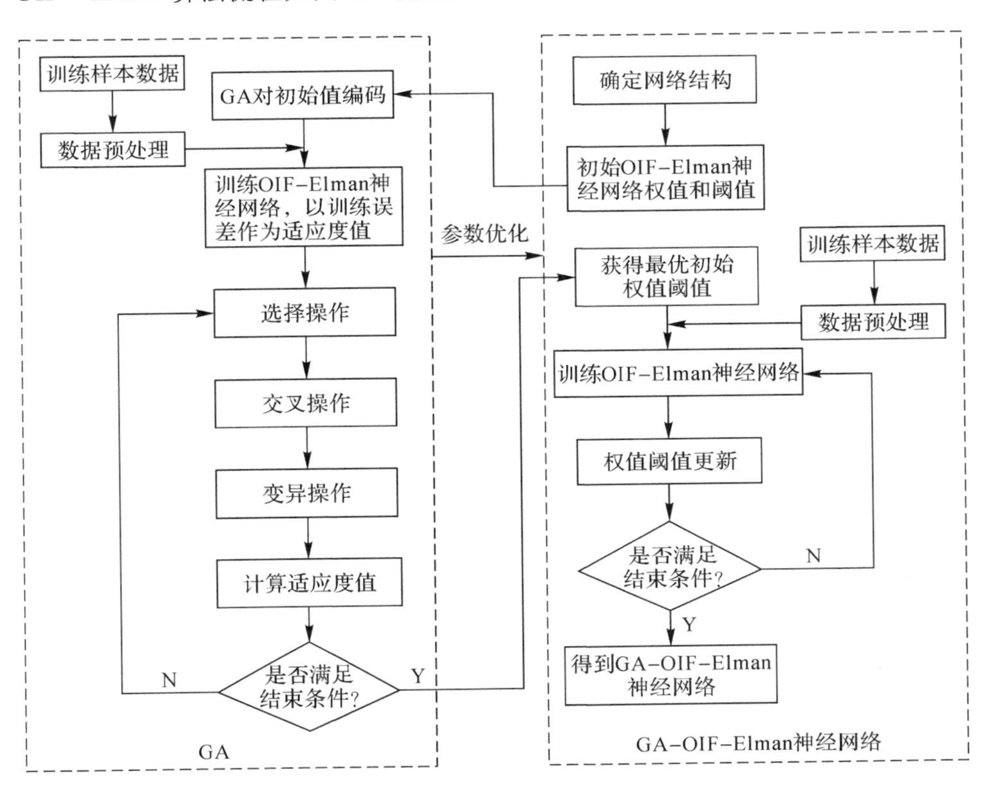


**图 4.3　GA - OIF - Elman 算法流程图**

GA 对 OIF - Elman 神经网络的初始权值、阈值进行优化的具体步骤如下:

**Step 1**:随机初始化种群。随机设定 $N$ 组 OIF - Elman 神经网络的初始权值和阈值,对每组初始值进行实数编码组成 $N$ 个个体作为初始种群,每个个体都为实数串,由输入层与隐含层连接权值、隐含层阈值、承接层与隐含层连接权值、隐含层与输出层连接权值以及输出层阈值 5 个部分组成。

**Step 2**:输入训练数据,根据个体 $t$ 包含的初始权值和阈值对 OIF - Elman 神经网络进行训练,输出训练误差 $E_{mse}$ 作为个体 $t$ 的适应度值 $F_t$,并找出最优个体。训练误差 $E_{mse}$ 的计算见式(4.2)。

**Step 3**:选择操作。选择轮盘赌法,即基于适应度比例的选择策略进行选择操作。个体 $t$ 的选择概率 $p_t$ 为

$$\left.\begin{aligned} p_t &= \frac{f_t}{\sum_{h=1}^{N} f_t} \\ f_t &= k/F_t \end{aligned}\right\} \tag{4.3}$$

式中：$F_t$ 为个体 $t$ 的适应度值，由于适应度值越小越好，所以在个体选择前对适应度值求倒数；$k$ 为选择系数；$N$ 为种群规模。

**Step 4**：交叉操作。由于个体采用实数编码，所以交叉操作方法采用实数交叉法，第 $t$ 个染色体 $a_t$ 和第 $l$ 个染色体 $a_l$ 在 $w$ 位的交叉操作方法为

$$\left.\begin{aligned} a_{tw} &= a_{tw}(1-b) + a_{lw}b \\ a_{lw} &= a_{lw}(1-b) + a_{tw}b \end{aligned}\right\} \tag{4.4}$$

式中：$b$ 是 $[0,1]$ 间的随机数。

**Step 5**：变异操作。选取个体 $t$ 的第 $w$ 个基因 $a_{tw}$ 进行变异，变异操作为

$$a_{tw} = \begin{cases} a_{tw} + (a_{tw} - a_{\max}) * f(g), & r \geqslant 0.5 \\ a_{tw} + (a_{\min} - a_{tw}) * f(g), & r < 0.5 \end{cases} \tag{4.5}$$

式中：$a_{\max}$ 和 $a_{\min}$ 分别为基因 $a_{tw}$ 的上、下界；$f(g) = r_2(1-g/G_{\max})$，$r_2$ 是一个随机数；$g$ 为当前迭代次数；$G_{\max}$ 是最大进化次数；$r$ 是 $[0,1]$ 间的随机数。

**Step 6**：判断进化是否满足结束条件。若否，则返回 Steep 2。

### 4.3.3 目标轨迹预测模型

由 4.2 节的分析可知，目标前后时刻位置变化的内在相关性是对其进行轨迹预测的基本依据。本章利用 GA - OIF - Elman 神经网络进行目标轨迹预测的实质就是将轨迹预测问题等效为时间序列的预测问题，再依靠神经网络强大的动态记忆能力和非线性拟合能力，从大量轨迹数据中挖掘出目标前后时刻位置变化的映射关系。这样，就可以根据目标的历史飞行轨迹对其未来轨迹进行预测。

建模过程中，设定目标在某个时刻的位置，根据过去 5 个时刻的位置进行预测，即前 5 个时刻的位置作为模型输入，第 6 个时刻的位置作为模型输出。这样一来，预测模型的输入维数为 15，输出维数为 3。假设预测目标在 $t_{n+1}$ 时刻的位置，则映射函数可以表示为

$$\boldsymbol{L}_{t_{n+1}} = f(\boldsymbol{L}_{t_n}, \boldsymbol{L}_{t_{n-1}}, \boldsymbol{L}_{t_{n-2}}, \boldsymbol{L}_{t_{n-3}}, \boldsymbol{L}_{t_{n-4}}) \tag{4.6}$$

式中：$\boldsymbol{L}_{t_i} = (x_{t_i}, y_{t_i}, z_{t_i})^{\mathrm{T}}, i \in [1, n+1]$ 为目标在 $t_i$ 时刻的位置向量。

基于 GA - OIF - Elman 神经网络的轨迹预测模型如图 4.4 所示。

## 4.4 轨迹预测样本数据的构造

本章选取了一段训练轨迹数据，时长 4 min18 s。在惯性坐标系中绘制这段轨迹，如图 4.5 所示。

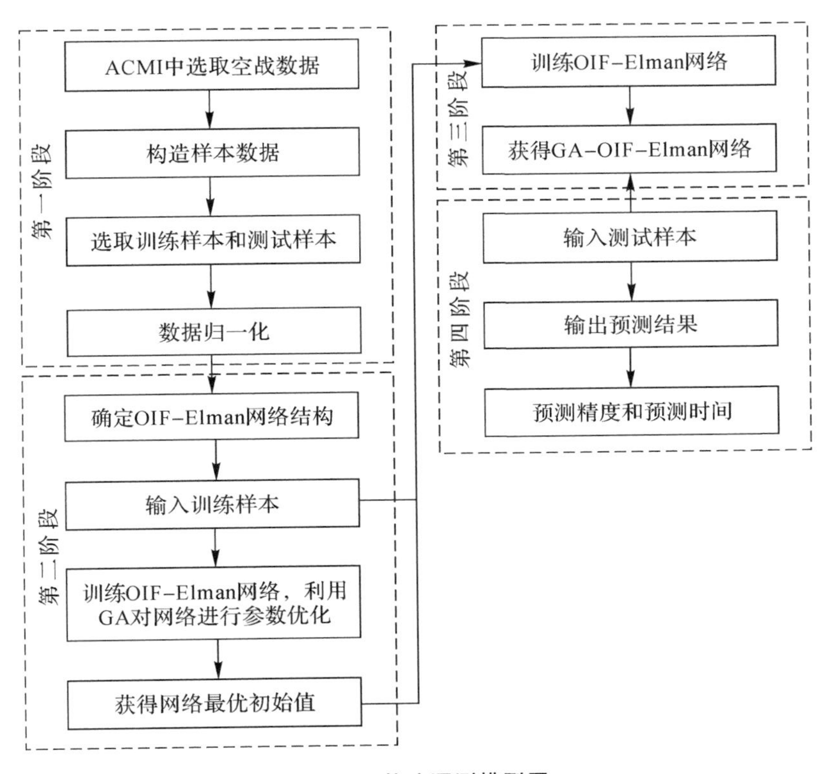


图 4.4　轨迹预测模型图

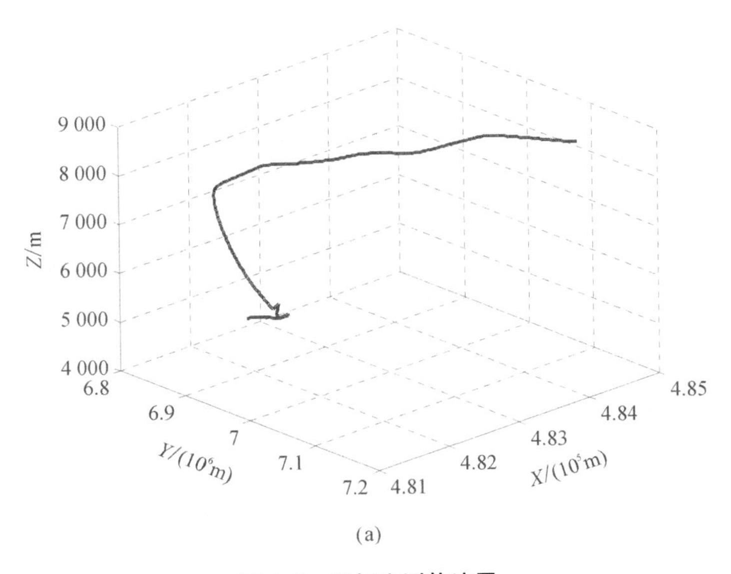


图 4.5　目标实测轨迹图

(a) 三维轨迹图

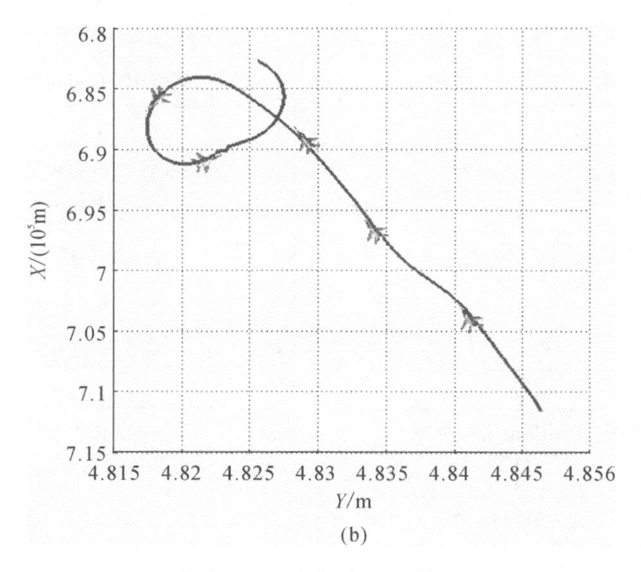


**续图 4.5　目标实测轨迹图**

(b) 轨迹投影图

以 0.25 s 的时间间隔进行采样,在轨迹上共选取 1 032 个位置点,每个位置点都由位置向量表示。利用目标轨迹数据构建训练样本和测试样本。以构建训练样本为例:选取 $\boldsymbol{L}_{t_1}\sim\boldsymbol{L}_{t_6}$ 组成第一个样本,其中 $(\boldsymbol{L}_{t_1},\boldsymbol{L}_{t_2},\cdots,\boldsymbol{L}_{t_5})$ 为样本输入,$\boldsymbol{L}_{t_6}$ 为样本输出。然后再选取 $\boldsymbol{L}_{t_2}\sim\boldsymbol{L}_{t_7}$ 组成第二个样本,其中 $(\boldsymbol{L}_{t_2},\boldsymbol{L}_{t_3},\cdots,\boldsymbol{L}_{t_6})$ 为样本输入,$\boldsymbol{L}_{t_7}$ 为样本输出,依次类推,最终可以形成以下训练样本矩阵:

$$\begin{bmatrix} \boldsymbol{L}_{t_1} & \boldsymbol{L}_{t_2} & \boldsymbol{L}_{t_3} & \cdots & \boldsymbol{L}_{t_i} \\ \boldsymbol{L}_{t_2} & \boldsymbol{L}_{t_3} & \boldsymbol{L}_{t_4} & \cdots & \boldsymbol{L}_{t_{i+1}} \\ \vdots & \vdots & \vdots & & \vdots \\ \boldsymbol{L}_{t_5} & \boldsymbol{L}_{t_6} & \boldsymbol{L}_{t_7} & \cdots & \boldsymbol{L}_{t_{i+4}} \\ \boldsymbol{L}_{t_7} & \boldsymbol{L}_{t_8} & \boldsymbol{L}_{t_9} & \cdots & \boldsymbol{L}_{t_{i+5}} \end{bmatrix} \tag{4.7}$$

式中:每一列对应一个训练样本,测试样本也按照相同方式构建,这样得到的每个样本都是一个 18×1 的列向量。然后:利用第 1～627 个位置点依次构建训练样本,形成 18×622 的训练样本矩阵,样本数为 622;利用第 628～1 032 个位置点依次构建测试样本,形成 18×400 的测试样本矩阵,样本数为 400。

# 4.5　仿真实验与分析

## 4.5.1　实验设置

根据预测模型可以确定 OIF - Elman 神经网络的输入层节点数为 15,输出层节点数为

3，为了获取较好的预测精度，还需要对网络的隐含层节点数 $L$ 进行选择。为此，将测试样本分为两部分，分别设定为测试样本 1 和测试样本 2，样本数都为 200。测试样本 1 用于进行测试实验，以确定参数 $L$；测试样本 2 用于对最终获得的 GA－OIF－Elman 神经网络进行轨迹预测的性能测试。各部分样本对应的轨迹划分情况如图 4.6 所示。

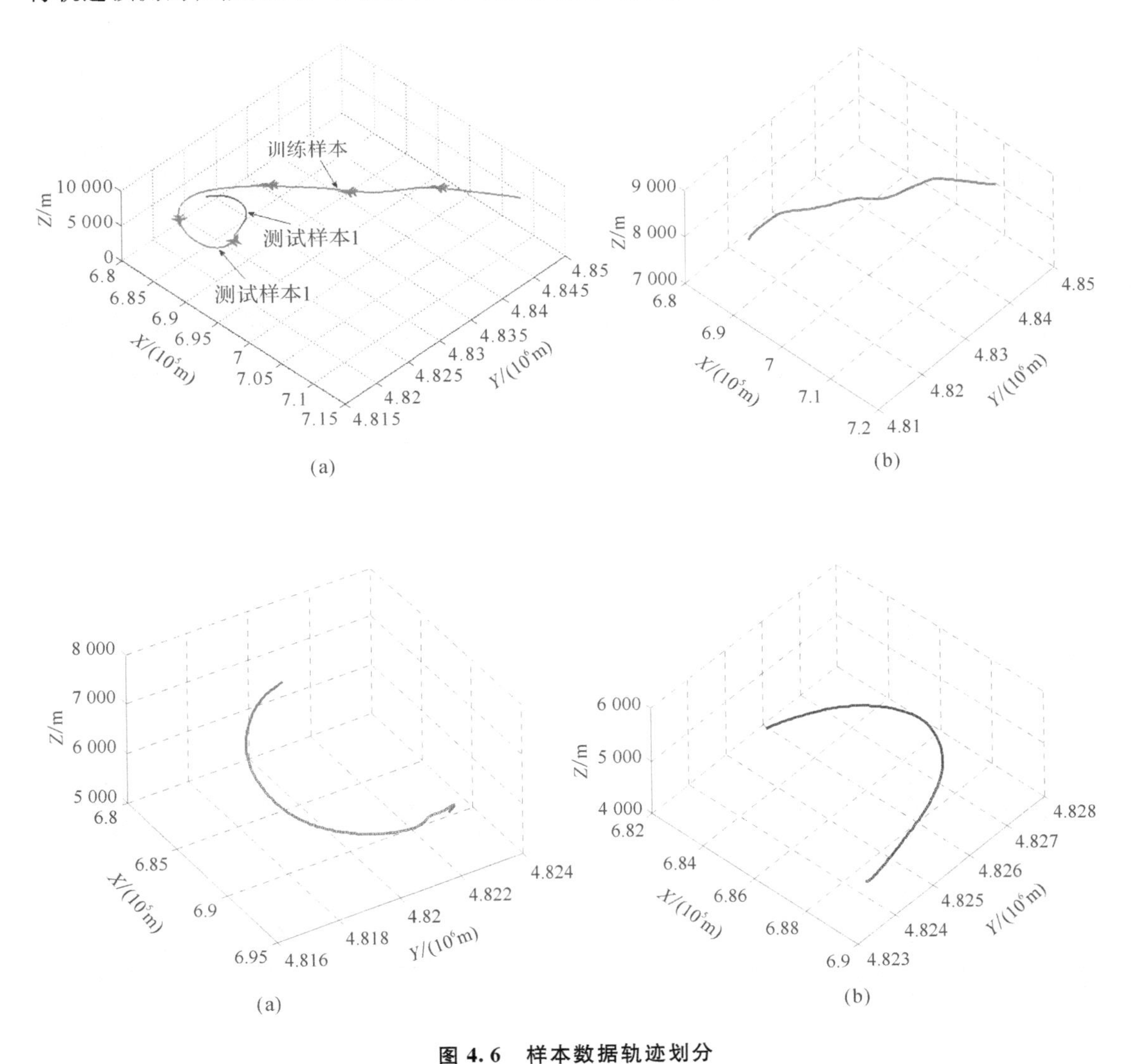


**图 4.6　样本数据轨迹划分**

(a)训练样本和测试样本轨迹划分；(b) 训练样本轨迹；

(c) 测试样本 1 轨迹；(d) 测试样本 2 轨迹

为了避免数据中变量取值范围不同造成的误差，对所有样本进行归一化处理。仿真实验在 PC 上进行，运行环境为：Intel(R) Core(TM) i5－4590 3.3 GHz 处理器，4 GB 内存，Win7 32 位操作系统，运行平台为 MATLAB 2010a。为了使实验更具说服力，以下仿真结果均为 30 次计算的平均值。

### 4.5.2　OIF－Elman 神经网络隐含层节点数设定

OIF－Elman 神经网络的隐含层节点数对网络的预测精度有较大影响。如果隐含层节点数过少，那么网络不能很好地学习，预测误差较大；如果节点数过多，那么网络训练时间增加，而且容易出现过拟合的现象。在实际应用中，最佳的隐含层节点数通常用测试实验的方法确定。由 Kolmogorov 定理可知，对于单隐含层神经网络而言，若输入层节点数为 $n$，则隐含层节点数至少应设定为 $2n+1$。为了兼顾网络的性能与训练成本，本章采用测试实验的方法，利用测试样本 1 在 [30,50] 区间内寻找使 OIF－Elman 神经网络预测精度相对较好的隐含层节点数 $L$。

网络初始值随机设定；最大迭代次数为 2 000；目标训练误差为 0.001；传递函数 $f(x)=\frac{1}{1+e^{-x}}$，$g(x)=x$。然后，用训练样本对具有不同隐含层节点数的网络进行训练，并对测试样本 1 的轨迹进行预测，输出 $X,Y,Z$ 3 个方向轨迹预测的均方误差 $E_{\text{mse}}$。实验结果如图 4.7 所示。

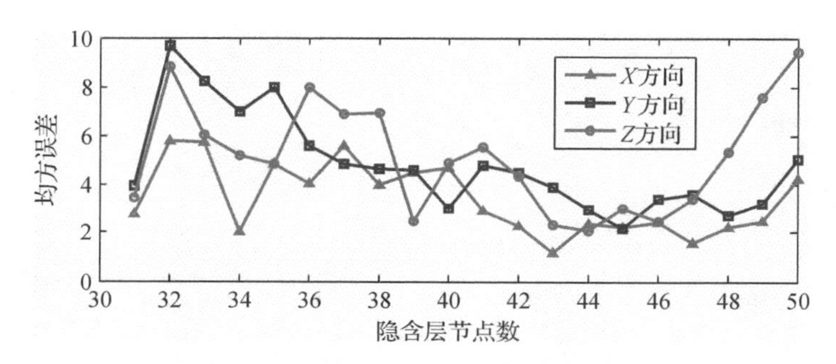


**图 4.7　OIF－Elman 神经网络测试实验结果**

由图 4.7 可以看出，在该区间内，当隐含层节点数为 45 时，OIF－Elman 神经网络在 3 个方向的预测均方误差都比较小，具有相对较好的预测精度。因此，设定隐含层节点数 $L=45$。

### 4.5.3　轨迹预测准确性分析

OIF－Elman 神经网络结构确定后，按照图 4.3 所示算法流程构造 GA－OIF－Elman 神经网络，GA 参数设定为：种群规模 $N=100$；最大进化次数 $G_{\max}=200$；交叉概率为 0.4；变异概率为 0.2。

利用训练样本对 GA－OIF－Elman 神经网络、OIF－Elman 神经网络和 BP 神经网络进行训练，并分别对测试样本 2 的轨迹进行预测，对比 3 种神经网络算法的轨迹预测性能。其中，BP 神经网络的隐含层节点数也采用测试实验的方法进行选择，设定为 37。实验结果如图 4.8 和图 4.9 所示。这里将测试样本 2 的 200 个位置点逐一编号，并以相对误差为指标衡量不同算法的预测效果。

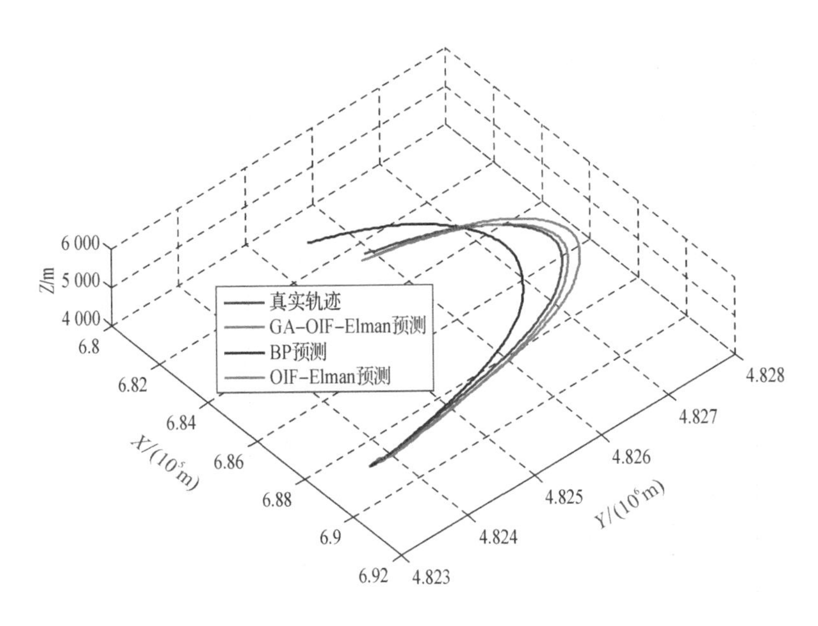


**图 4.8　测试样本 2 轨迹预测结果**

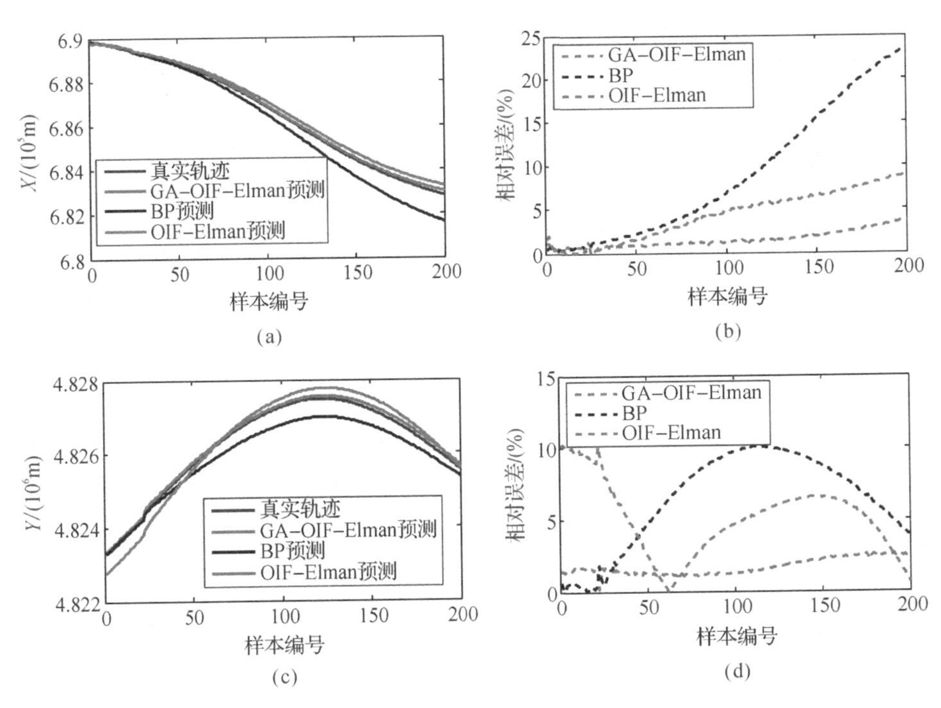


**图 4.9　不同方向轨迹预测结果**

(a) $X$ 方向轨迹预测结果；(b) $X$ 方向轨迹预测相对误差；

(c) $Y$ 方向轨迹预测结果；(d) $Y$ 方向轨迹预测相对误差

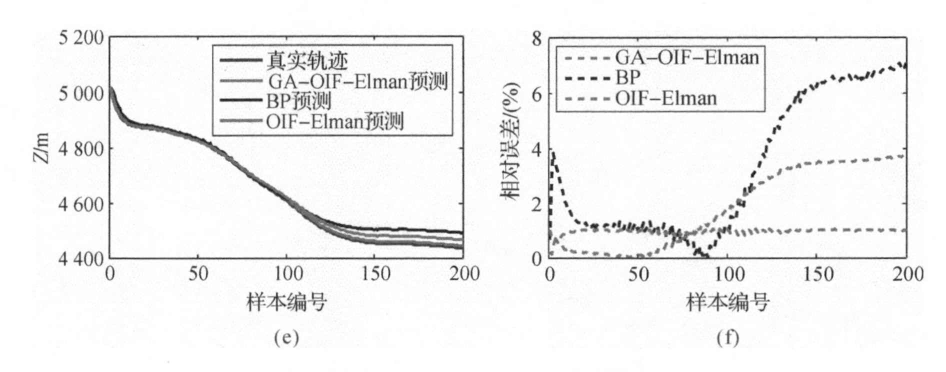


**续图 4.9　不同方向轨迹预测结果**

(e) $Z$ 方向轨迹预测结果；(f) $Z$ 方向轨迹预测相对误差

由图 4.8 和图 4.9 可知，3 种神经网络算法中：GA－OIF－Elman 神经网络的预测轨迹与真实轨迹最接近，预测误差最小，不超过±3%，可以取得最好的预测效果；OIF－Elman 神经网络也可以取得较好的预测效果，但是预测误差明显高于 GA－OIF－Elman 神经网络，这说明利用 GA 对 OIF－Elman 神经网络进行参数优化可以提高网络的预测精度；BP 神经网络的预测误差比较大，预测效果很不理想，这说明传统的前馈神经网络不具备反馈结构和动态记忆功能，不适合处理时间序列的预测问题。

进一步对比本章所用方法与现有典型模型化方法和数据化方法的轨迹预测性能，利用滤波算法和普通飞行数据训练的 GA－OIF－Elman 神经网络对测试样本 2 的轨迹进行预测，并与本章所用轨迹数据训练的 GA－OIF－Elman 神经网络进行比较，实验结果如图 4.10 和图 4.11 所示。

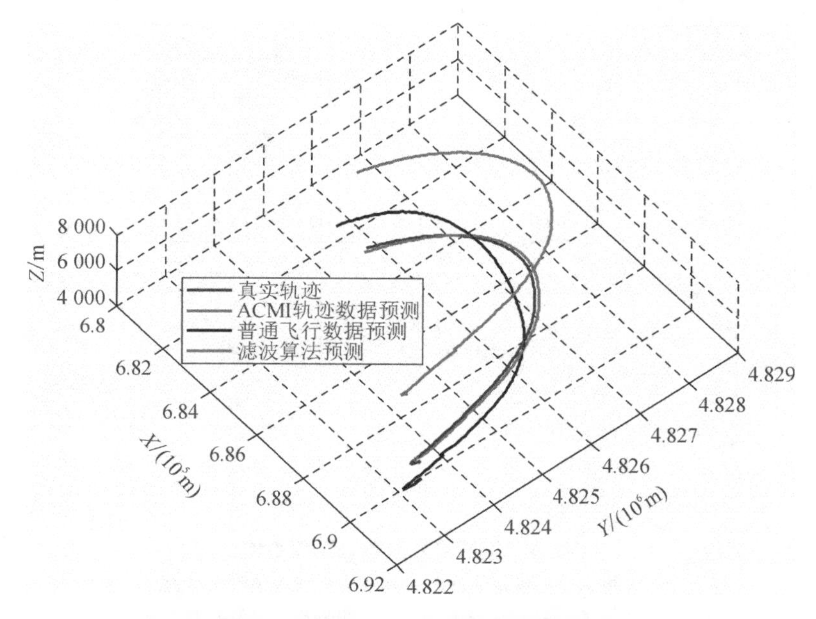


**图 4.10　测试样本 2 轨迹预测结果**

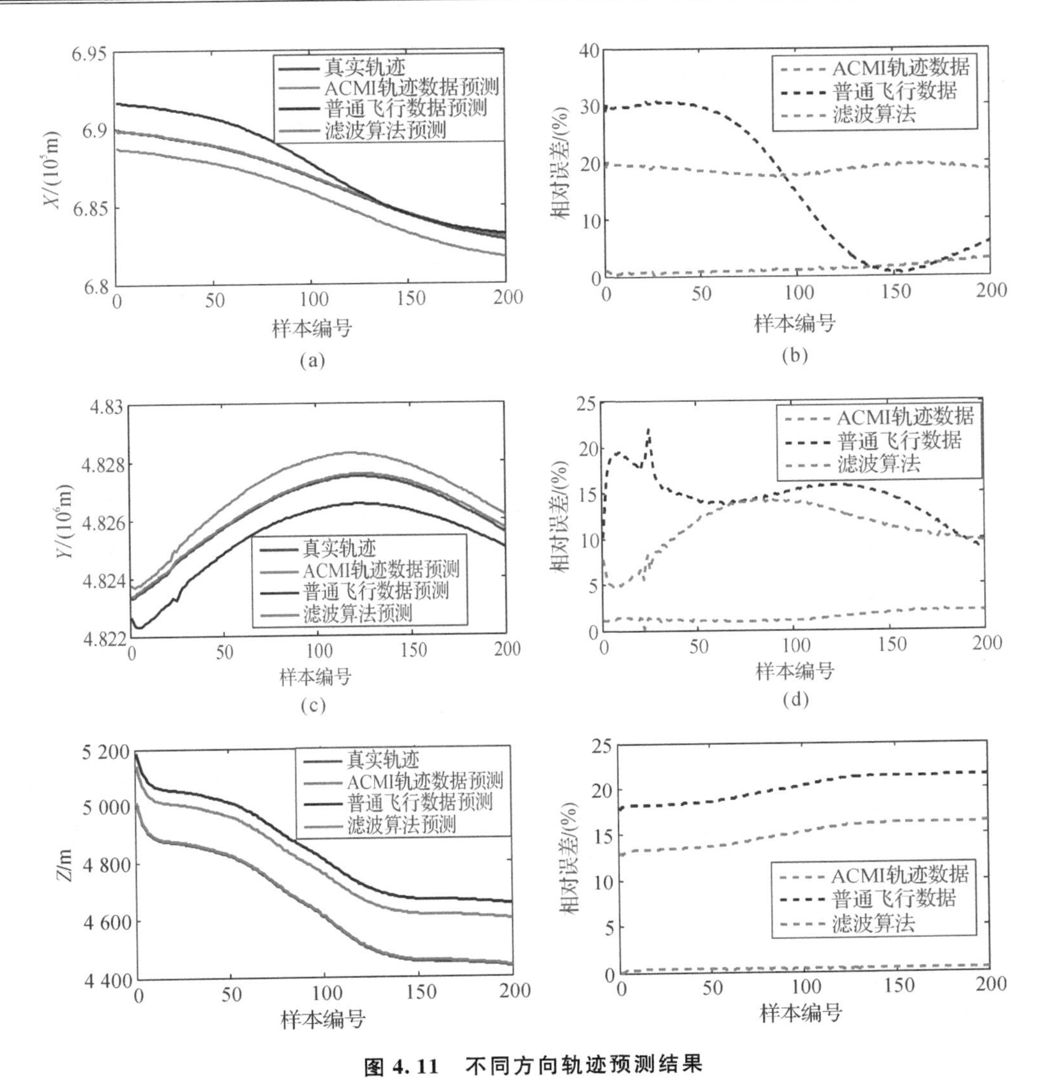


**图 4.11　不同方向轨迹预测结果**

(a) $X$ 方向轨迹预测结果；(b) $X$ 方向轨迹预测相对误差；(c) $Y$ 方向轨迹预测结果
(d) $Y$ 方向轨迹预测相对误差；(e) $Z$ 方向轨迹预测结果；(f) $Z$ 方向轨迹预测相对误差

由图 4.10 和图 4.11 可以看出：普通飞行数据训练的 GA－OIF－Elman 神经网络预测精度明显偏低，说明选用的轨迹数据可以使模型得到更好的训练，提高预测精度；滤波算法的轨迹预测效果也不理想，误差比较大，说明传统模型化方法不适用于运动规律不固定、机动方式多变的飞机进行轨迹预测。

### 4.5.4　轨迹预测实时性分析

对于模型化方法，模型不需要训练，算法的实时性完全由预测效率表征；对于数据化方法，模型需要训练，算法的实时性包括训练效率和预测效率。本章所用神经网络算法是经过离线训练后使用的，模型训练时间的长短并不影响后续轨迹预测的进行。因此，选取预测效率为指标分析算法进行轨迹预测，分别计算了 GA－OIF－Elman 神经网络、OIF－Elman 神经网络和 BP 神经网络完成不同次数预测的时间，并与典型滤波算法进行对比，实验结果如图 4.12 所示。

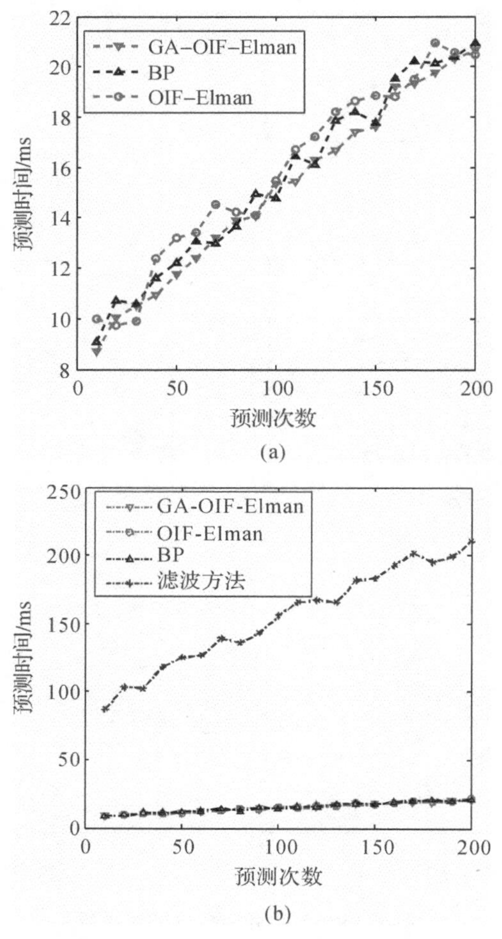


**图 4.12 不同算法预测时间比较**

(a)3 种神经网络预测时间；(b) 预测时间比较

由图 4.12(a)可以看出，3 种神经网络算法进行轨迹预测的效率都很高，GA－OIF－Elman 神经网络连续进行 200 次预测仅需 20 ms 左右，能够满足实时预测的需求。由图 4.12(b)可以看出，在一定预测次数下，3 种神经网络算法的预测时间都明显小于滤波算法，这说明相比传统模型化方法，本章提出的方法可以获得更好的预测效率。

# 4.6 本章小结

本章针对现有轨迹预测方法模型简化程度大、可用数据过少、预测精度偏低等问题，提出了基于 GA－OIF－Elman 神经网络的目标轨迹预测方法。利用 GA 对 OIF－Elman 神经网络的初始权值和阈值进行优化，构建 GA－OIF－Elman 神经网络，显著提高了算法的预测精度。将目标轨迹预测问题等效为时间序列的预测问题，建立了基于 GA－OIF－Elman 神经网络的预测模型。利用轨迹数据构建样本数据，拓展了数据选择的范围和数量，一定程度上克服了现有数据化方法样本数据过少、模型训练不充分等缺点。仿真结果表明，GA－OIF－Elman 神经网络进行轨迹预测的相对误差不超过±3%，连续进行 200 次预测仅需 20 ms左右，说明该方法具有很高的预测精度和实时性，可以对目标轨迹进行准确、快速的预测。

# 参 考 文 献


[1] PHAM D T, KARABOGA D. Training Elman and Jordan Networks for System Identification using Genetic Algorithms[J]. Artificial Intelligence Engineering, 1999(13): 107－117.

[2] LYMPEROPOULOS I, LYGEROS J. Sequential Monte Carlo Methods for Multi－Aircraft Trajectory Prediction in Air Traffic Management[J]. International Journal of Adaptive Control and Signal Processing, 2010, 24(10): 830－849.

[3] LI X R, JILKOV V P. Survey of Maneuvering Target Tracking, Part Ⅰ: Dynamic Models[J]. IEEE Transactions Aerospace and Electronic Systems, 2003, 39(4): 1333－1364.

[4] CIARLINI P, MANISCALCO U. Wavelets and Elman Neural Networks for Monitoring Environmental Variables[J]. Journal of Computational & Applied Mathematics, 2008, 221(2): 302－309.

[5] REN X M, CHEN J, GONG Z H, et al. Approximation Property of the Modified Elman network[J]. Journal of Beijing Institute of Technology, 2002, 11(1): 19－23.

[6] SHI X H. Improved Elman Networks and Applications for Controlling Ultrasonic Motors[J]. Applied Artificial Intelligence, 2004(18): 603－629.

[7] ZHANG L Y, LI R X, QIN Z M, et al. Elman Network using Simulated Annealing Algorithm and its Application in Thermal Process Modeling[J]. Proceedings of the CSEE, 2005, 11(7): 90－94.

[8] CUI A Q, XU H, JIA P F. An Elman Neural Network－Based Model for Predicting Anti－Germ Performances and Ingredient Levels with Limited Experimental Data[J]. Expert Systems with Applications, 2011, 38(7): 8186－8192.

[9] JIA H C, PAN D H, YUAN Y, et al. Using a BP Neural Network for Rapid Assessment of Populations with Difficulties Accessing Drinking Water because of Drought[J]. Human & Ecological Risk Assessment, 2015, 21(1): 100－116.

[10] LAMINI C, BENHLIMA S, ELBEKRI A. Genetic Algorithm Based Approach for Autonomous Mobile Robot Path Planning[J]. Procedia Computer Science, 2018 (127):180-189.

[11] 吕言，刘井泉，曾聿赟. 基于非劣排序遗传算法的核电厂维修决策多目标优化方法研究[J]. 核动力工程，2017，38(1)：120-125.

# 第5章　基于 Bi-LSTM 神经网络的目标意图识别研究

## 5.1　引　言

针对现有方法的不足，本章将目标意图识别问题等效为数据分类问题，提出采用双向长短时记忆(Bidirectional Long Short Term Memory, Bi-LSTM)神经网络进行意图识别。Bi-LSTM 神经网络是一种深度学习网络模型，对于时序特征具有很好的记忆功能。由意图识别的时序性可知，目标当前的意图既可能隐藏在过去时刻的状态信息中，也可能体现在未来时刻的状态信息中，该问题同时具有前向相关性和后向相关性，所以本章使用 Bi-LSTM 神经网络建立了目标意图识别模型，分别用前向和后向 LSTM 来充分抓取目标过去和将来时刻的状态信息，挖掘更多的意图特征，最大限度地理解目标真实的战术意图。仿真结果表明，该方法可以对目标意图进行准确、快速的识别。

## 5.2　目标意图识别问题描述

意图识别本质上属于模式识别问题，具有高度的对抗性、动态性和时序性。在对抗环境中，敌方目标会采取一系列的行动实现对抗意图，而行动又是通过一系列的机动动作实现的，而机动动作的执行导致目标状态的改变。因此，目标意图的实现最终表现为目标状态参数的变化，不同的意图对应着不同的状态参数变化规律，目标意图与状态参数之间存在着紧密联系，可以通过观测目标的状态参数，进行机动动作的识别，进而识别其行动，最终实现意图识别。目标意图识别的逻辑推理过程如图 5.1 所示。

根据以上分析可知，如果可以挖掘出飞机的对抗意图与特征状态参数之间的映射关系，那么就可以根据目标状态参数的变化识别其意图。这样，就可以把意图识别问题等效为数据分类问题进行处理。

在空中对抗过程中敌方目标通常会尽可能地隐藏真实的对抗意图，导致我方获取的单一时刻的状态信息具有隐蔽性和欺骗性。另外，目标意图是通过一系列的对抗行动和机动动作贯彻执行的，真实意图通常隐藏在动态、时序变化的状态信息中，仅依赖单一时刻目标的状态信息识别其对抗意图很容易导致识别结果的片面性，因此应从连续多个时刻的目标状态信息中识别其对抗意图。

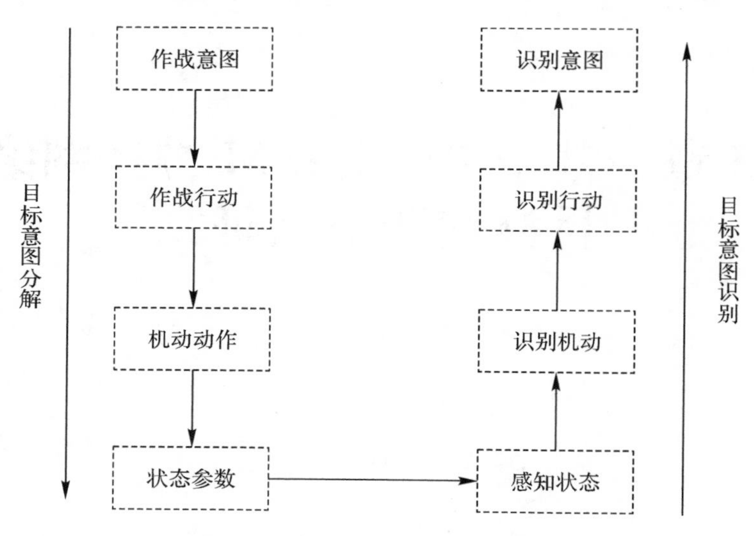


图 5.1　意图识别的逻辑推理过程

由此可见，目标意图识别需要在专家军事知识和实践经验的基础上，根据多源信息中提取的目标状态参数信息，通过逻辑推理、联想分析等高度复杂的思维活动来实现。这一问题不能显式地依靠数学公式进行描述和归纳，需要构建智能识别模型，而且建模的难点在于特征提取、知识表达和时序特征学习。

# 5.3　基于 Bi－LSTM 神经网络的目标意图识别

## 5.3.1　循环神经网络

循环神经网络（RNN）与传统前馈型神经网络的区别在于网络的隐含层增加了自连接和互连接，它的非线性和分布式状态使得网络能够利用之前学习的信息对当前的输出产生影响，从而获得短期记忆功能，对于时序序列数据具有较强的学习能力。基于这一优点，RNN 在语音识别、机器翻译和文本处理等序列识别领域取得了成功应用。它的时序展开结构如图 5.2 所示。

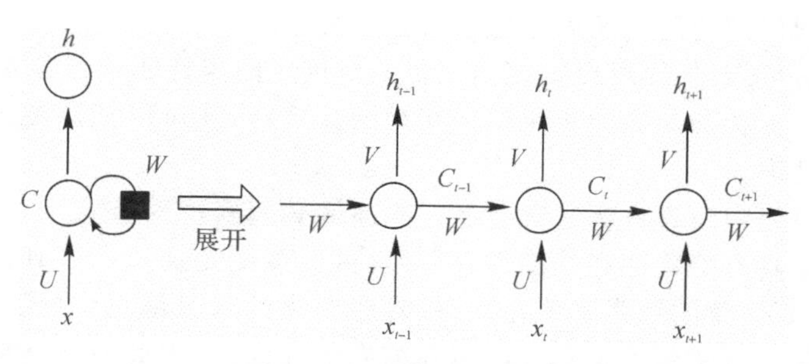


图 5.2　RNN 结构示意图

由图5.2可以看出:在$t$时刻,网络的输入由两部分组成——$t$时刻输入层的输入$\boldsymbol{x}_t$和$t-1$时刻隐含层的状态$\boldsymbol{C}_{t-1}$;而$t$时刻隐含层的状态$\boldsymbol{C}_t$,既作为当前时刻输出$\boldsymbol{h}_t$的输入,也被网络记忆作为$t+1$时刻隐含层状态$\boldsymbol{C}_{t+1}$的输入。基于这一原理,RNN实现了对序列数据的学习和处理。

然而,随着网络层数的增加,RNN在训练过程中后面节点对前面节点的记忆能力会越来越弱,一段时间后就会忘记之前的信息,出现梯度爆炸和梯度消失的问题,导致RNN无法有效解决序列数据长距离的影响。针对这一问题,相关文献提出了改进算法LSTM。

## 5.3.2　长短时记忆神经网络

与传统RNN相比,长短时记忆神经网络(LSTM)在结构上增加了一种用于保存历史信息的记忆单元,它通过引入门的机制对历史信息进行控制和更新,从而能够学习到长距离的依赖关系,克服了梯度爆炸和梯度消失的问题。LSTM由序列的记忆单元串联而成,其中记忆单元的结构如图5.3所示。

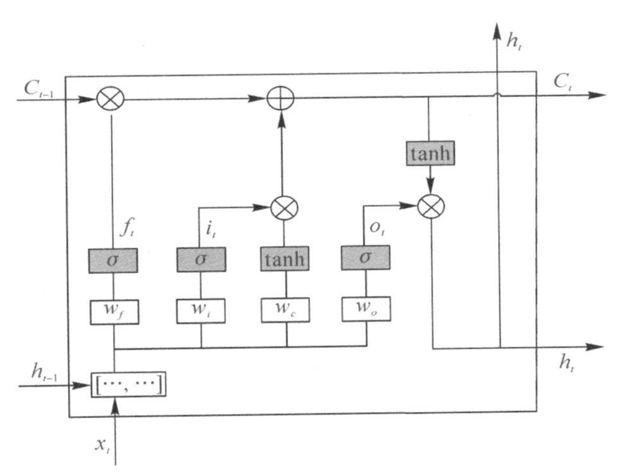


**图5.3　LSTM记忆单元结构图**

由图5.3可以看出,LSTM记忆单元主要由遗忘门$f_t$、输入门$i_t$和输出门$o_t$组成,门的实质是一个全连接层,它的输出是[0,1]区间内的实数向量。遗忘门$f_t$和输入门$i_t$的作用是控制记忆单元的输入$x_t$和上一时刻的状态$\boldsymbol{C}_{t-1}$;输出门$o_t$的作用是控制记忆单元当前时刻的状态$\boldsymbol{C}_t$输入当前时刻输出$h_t$的信息。LSTM在$t$时刻的状态更新公式为

$$f_t=\sigma(\boldsymbol{W}_f\cdot[\boldsymbol{h}_{t-1},\boldsymbol{x}_t]+\boldsymbol{b}_f) \tag{5.1}$$

$$i_t=\sigma(\boldsymbol{W}_i\cdot[\boldsymbol{h}_{t-1},\boldsymbol{x}_t]+\boldsymbol{b}_i) \tag{5.2}$$

$$o_t=\sigma(\boldsymbol{W}_o\cdot[\boldsymbol{h}_{t-1},\boldsymbol{x}_t]+\boldsymbol{b}_o) \tag{5.3}$$

$$\boldsymbol{C}_t=f_t\times\boldsymbol{C}_{t-1}+i_t\times\tanh(\boldsymbol{W}_c\cdot[\boldsymbol{h}_{t-1},\boldsymbol{x}_t]+\boldsymbol{b}_c) \tag{5.4}$$

$$\boldsymbol{h}_t=o_t\times\tanh(\boldsymbol{C}_t) \tag{5.5}$$

式中:$\sigma$表示sigmod激活函数;tanh表示反正切激活函数;$\boldsymbol{W}_f$,$\boldsymbol{W}_i$,$\boldsymbol{W}_o$和$\boldsymbol{W}_c$分别表示遗忘门、输入门、输出门和候选值的权重矩阵;$\boldsymbol{b}_f$,$\boldsymbol{b}_i$,$\boldsymbol{b}_o$和$\boldsymbol{b}_c$分别表示对应的偏置项。

式(5.2)～式(5.3)分别控制遗忘门、输入门和输出门的状态更新，实现信息的增加或删除；式(5.4)控制记忆单元的状态更新；式(5.5)控制当前时刻的最终输出结果。

## 5.3.3 Bi-LSTM

LSTM神经网络通过使用记忆单元代替RNN隐含层的神经元，一定程度上解决了长距离的依赖问题。但是它的本质仍然是单向神经网络，只能从前向后传递信息，而不能充分考虑后面信息对当前时刻状态的影响。相比于单向LSTM神经网络，Bi-LSTM神经网络可以从前向和后向两个方向将输入信息传递给LSTM神经网络，这样就能充分抓取每个记忆单元过去和将来的状态信息，具有明显的信息全面性优势。Bi-LSTM神经网络结构如图5.4所示。

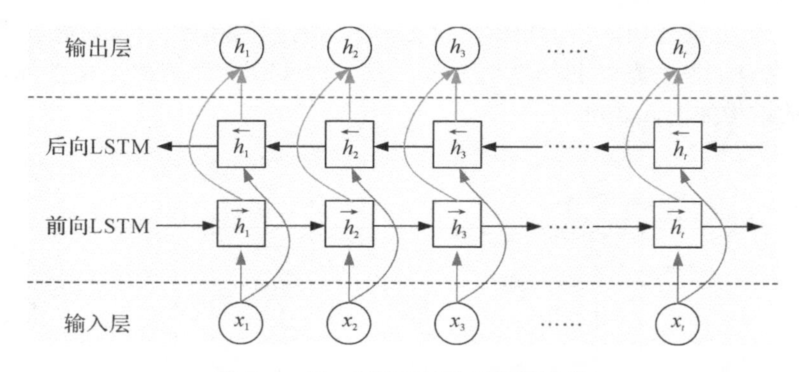


**图5.4 Bi-LSTM神经网络结构图**

由图5.4可以看出，Bi-LSTM神经网络由两个相反方向的LSTM神经网络组成，一个从前向后训练，另一个从后向前训练，而且两个网络连接相同的输入层和输出层。在$t$时刻，$\overrightarrow{\boldsymbol{h}_t}$是前向LSTM的输出，$\overleftarrow{\boldsymbol{h}_t}$是后向LSTM的输出，该时刻Bi-LSTM神经网络的最后输出$\boldsymbol{h}_t$由前向和后向的输出拼接得到，拼接公式为

$$\boldsymbol{h}_t = \overrightarrow{\boldsymbol{h}_t} \oplus \overleftarrow{\boldsymbol{h}_t} \tag{5.6}$$

## 5.3.4 目标意图识别模型

建立意图识别模型的前提是对目标的对抗意图类别有清晰的界定和描述，即确定意图空间。结合不同的任务背景、对抗方式和任务，敌方目标可能具备不同的意图，因此应根据具体的任务想定来定义目标的意图空间。例如：冷画屏等人以近岸空袭目标为研究对象，确立的目标意图空间为{侦察、监视、佯动、攻击、突防、诱敌、撤退}7类；王昊冉等人针对放空任务中的无人机侦察目标，确立的目标意图空间为{侦察、攻击、监视、掩护}4类；牛晓博等人针对海面舰艇编队目标，确立的目标意图空间为{攻击、侦察、突防、撤退}4类。本章研究1对1超视距空中对抗的目标意图识别问题，确立的意图空间为{突防、攻击、佯攻、侦察、撤退}5类。

根据领域专家知识和实践经验，不同的对抗意图主要与以下状态参数有关：目标飞行速

度 $V_T$、高度 $H$、航向角 $\varphi_s$、方位角 $\varphi_T$、相对距离 $R$ 和飞行加速度 $a_T$。表5.1～表5.4列举了目标飞行速度、高度、航向角和距离4个状态参数与目标意图的对应关系。另外，由于目标意图最终是通过机动动作贯彻执行的，机动动作类型 $M$ 可以反映目标的运动信息，与对抗意图紧密相关，表5.5列举了目标机动类型与目标意图的对应关系，其中未列出直飞、左转弯和右转弯这3类对各种对抗意图都适用的机动动作。

**表5.1　目标飞行速度与对抗意图的关系**

| 目标速度/($km \cdot h^{-1}$) | 最可能对抗意图 | 次可能对抗意图 |
| --- | --- | --- |
| 600～850 | 侦察 | 突防 |
| 850～950 | 突防 | 侦察 |
| 950～1 250 | 佯攻 | 侦察 |
| 1 250～1 470 | 攻击 | 撤退 |

**表5.2　目标高度与对抗意图的关系**

| 目标高度/m | 最可能对抗意图 | 次可能对抗意图 |
| --- | --- | --- |
| 50～200 | 突防 | 攻击 |
| 200～1 000 | 侦察 | 攻击 |
| 1 000～8 000 | 攻击 | 侦察 |
| 8 000～10 000 | 攻击 | 佯攻 |
| 10 000以上 | 侦察 | 突防 |

**表5.3　目标航向与对抗意图的关系**

| 目标航向角/(°) | 最可能对抗意图 | 次可能对抗意图 |
| --- | --- | --- |
| 0～20 | 突防 | 攻击 |
| 20～60 | 攻击 | 突防 |
| 60～90 | 侦察 | 攻击 |
| 90～180 | 撤退 | 侦察 |

**表5.4　目标距离与对抗意图的关系**

| 目标距离/km | 最可能对抗意图 | 次可能对抗意图 |
| --- | --- | --- |
| <100 | 突防 | 攻击 |
| 100～300 | 攻击 | 佯攻 |
| 300～500 | 侦察 | 攻击 |
| >500 | 撤退 | 侦察 |

**表 5.5　目标机动类型与对抗意图的关系**

| 目标机动类型 | 最可能对抗意图 | 次可能对抗意图 |
|---|---|---|
| 8 字形 | 侦察 | 佯攻 |
| 0 字形 | 侦察 | 佯攻 |
| 爬升 | 攻击 | 撤退 |
| 俯冲 | 攻击 | 突防 |
| 蛇型机动 | 侦察 | 佯攻 |
| 后置跟踪转弯 | 攻击 | 佯攻 |
| 水平剪刀机动 | 攻击 | 佯攻 |

本章利用 Bi－LSTM 神经网络进行意图识别，实质就是从时序、动态变化的态势数据中提取目标的特征信息，建立目标对抗意图与特征状态参数之间的映射关系，然后从连续多个时刻的状态参数信息中识别目标的对抗意图。识别模型如图 5.5 所示。

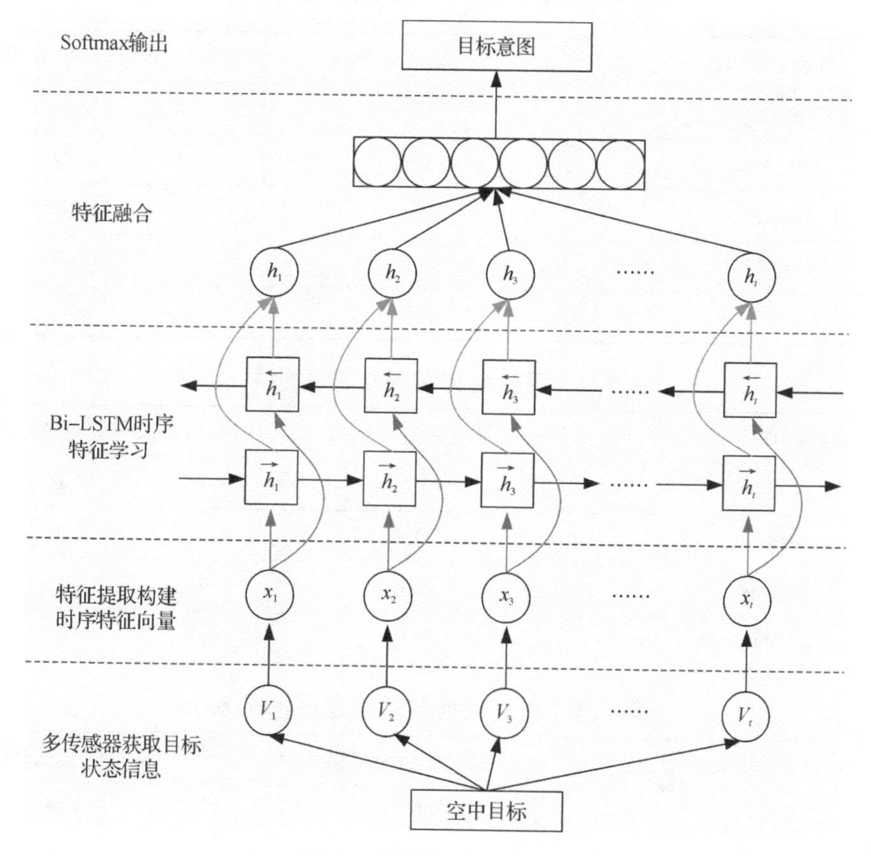


**图 5.5　意图识别模型图**

在该模型中：定义向量 $\boldsymbol{V}_t$ 表示多传感器获取的目标在 $t$ 时刻的状态信息，其中包括目标的速度、高度和方位等参数；定义向量 $\boldsymbol{x}_t$ 表示状态信息向量 $\boldsymbol{V}_t$ 经过特征提取后构建的意图识别特征向量；定义意图空间 $I=\{$突防，攻击，佯攻，侦察，撤退$\}$。那么则 Bi - LSTM 网络进行目标意图识别的过程就是确定时序特征向量与意图空间 $I$ 之间的映射函数：

$$I=f(\boldsymbol{x}_1,\boldsymbol{x}_2,\boldsymbol{x}_3,\cdots,\boldsymbol{x}_t) \tag{5.7}$$

式中：$\boldsymbol{x}_t=(V_{Tt},H_t,\varphi_{st},\varphi_{Tt},R_t,a_{Tt},M_t)$，其中 $V_{Tt}\sim M_t$ 为该时刻的 7 个特征状态参数。

本章基于 Bi - LSTM 神经网络的目标意图识别流程如下：

**Step 1**：选取各类别对抗意图的数据，构造目标意图识别样本数据。划分训练样本和测试样本，进行数据归一化处理。

**Step 2**：利用样本数据对 Bi - LSTM 神经网络模型进行训练和测试，调整网络结构参数，直至达到既定要求。

**Step 3**：在多传感器获取的目标连续多个时刻的状态参数信息中进行特征提取，构建意图识别特征向量。

**Step 4**：以连续多个时刻的时序特征向量作为待识别样本的模型输入，通过 Bi - LSTM 神经网络对目标时序特征的双向学习，挖掘目标隐藏在状态信息中的真实对抗意图。

**Step 5**：综合网络在连续多个时刻的输出进行特征融合，结合意图空间，通过 Softmax 分类器输出目标意图识别结果。

## 5.4　意图识别样本数据的构造

分别选取各类对抗意图的训练数据，采样间隔 0.25 s，在惯性坐标系中绘制各类数据的飞行轨迹，其中假定红机代表我机，蓝机代表目标机，具体如图 5.6～图 5.10 所示。

突防意图样本数据如图 5.6 所示。

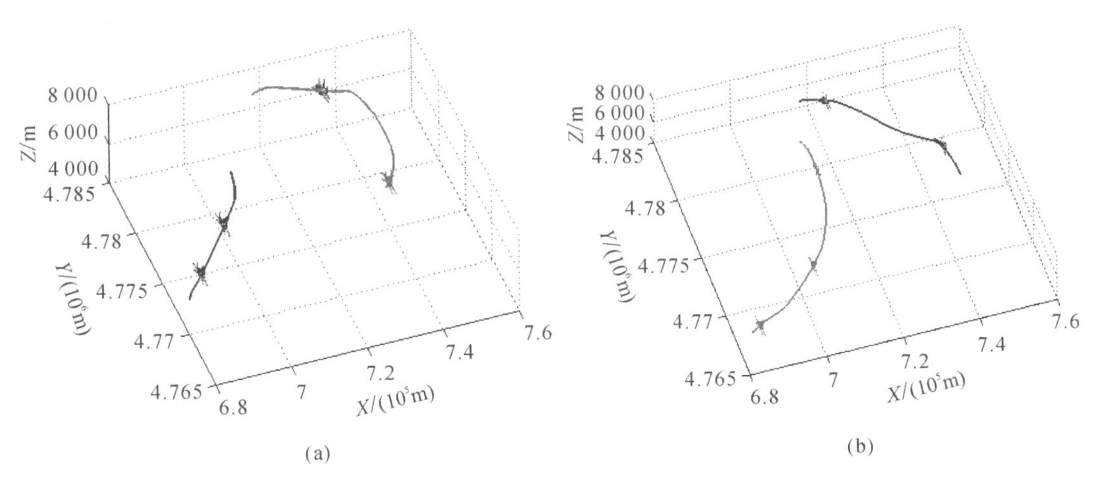


**图 5.6　突防意图数据轨迹图**

(a) 低空突防样本数据；(b) 高空突防样本数据

攻击意图样本数据如图 5.7 所示。

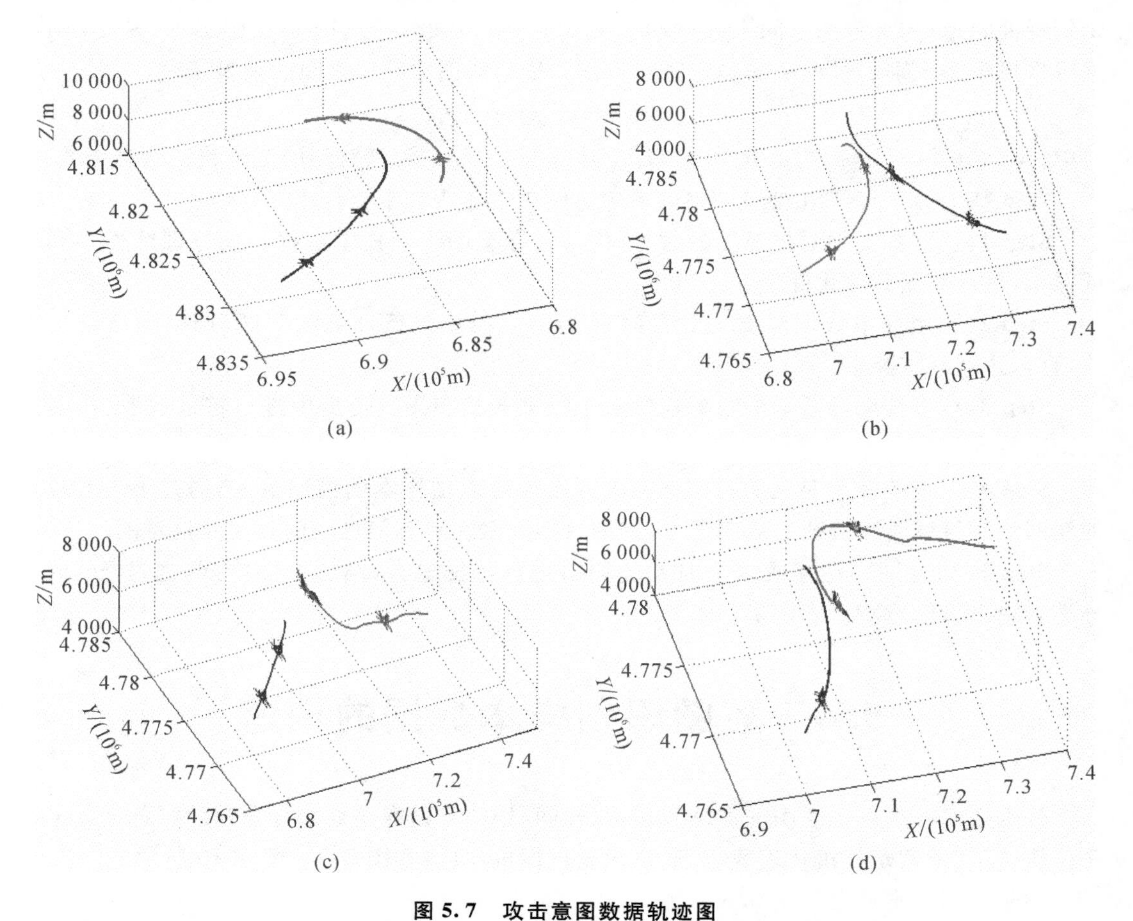


**图 5.7　攻击意图数据轨迹图**

(a) 尾后攻击样本数据；(b) 迎头攻击样本数据；(c) 右侧向攻击样本数据；(d) 左侧向攻击样本数据

佯攻意图样本数据如图 5.8 所示。

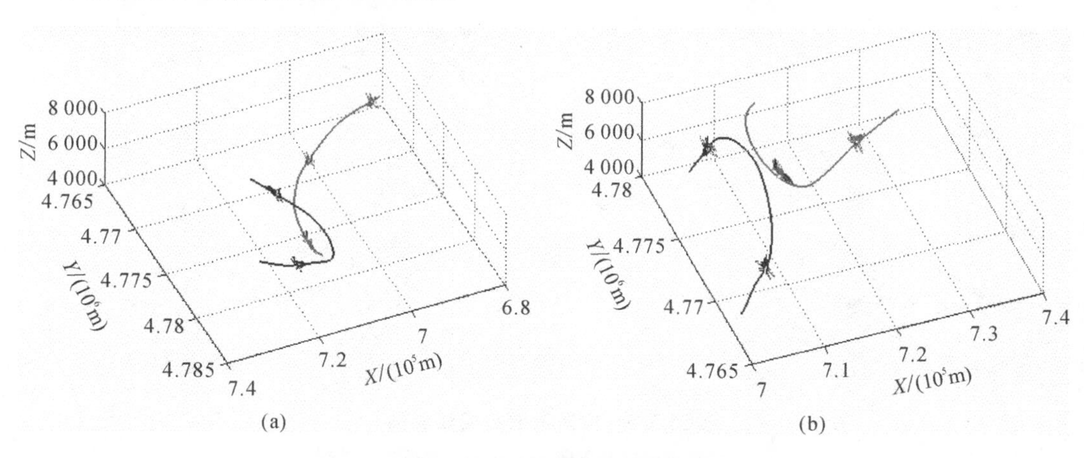


**图 5.8　佯攻意图数据轨迹图**

(a) 佯攻样本数据 1；(b) 佯攻样本数据 2

侦察意图样本数据如图 5.9 所示。

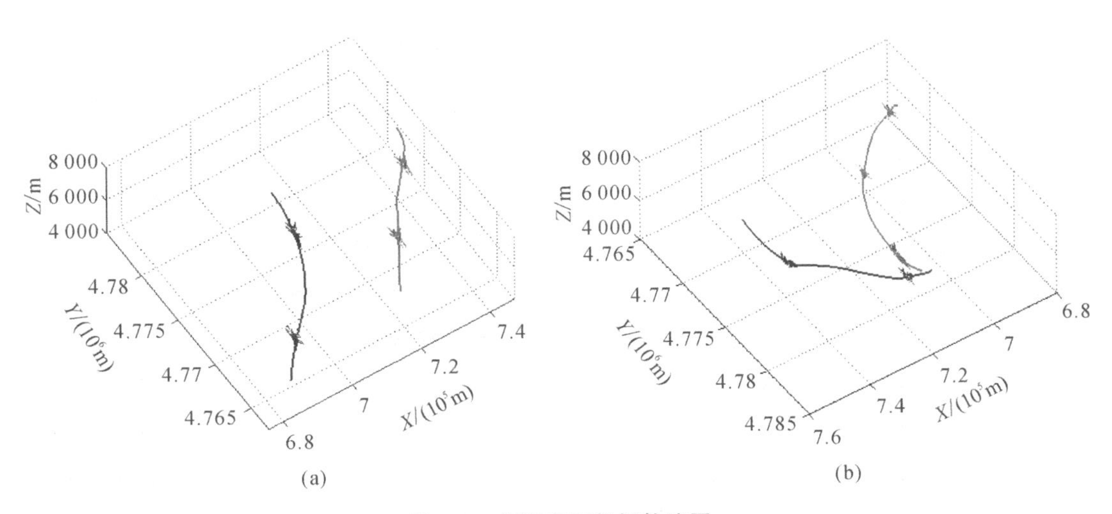


**图 5.9　侦察意图数据轨迹图**

(a)侦察样本数据 1；（b）侦察样本数据 2

撤退意图样本数据如图 5.10 所示。

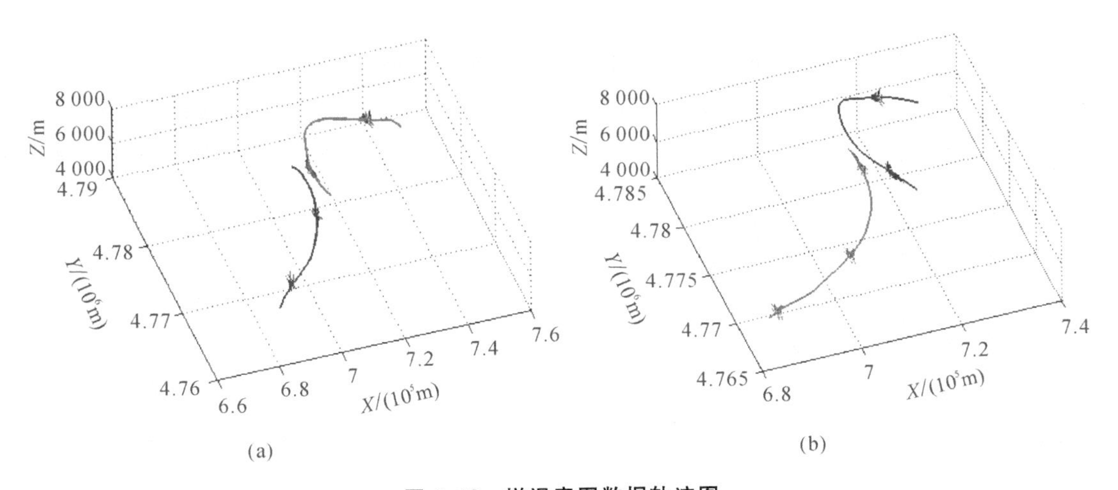


**图 5.10　撤退意图数据轨迹图**

(a)撤退样本数据 1；（b）撤退样本数据 2

根据每组数据中目标的方位和运动参数计算对应时刻的特征状态参数 $V_{Tt}$，$H_t$，$\varphi_{st}$，$\varphi_{Tt}$，$R_t$，$a_{Tt}$，再根据 3.3 节中的机动识别模型识别每组数据对应的目标机动类型 $M_t$，以参数 $V_{Tt} \sim M_t$ 构成 $t$ 时刻的意图识别特征向量 $\boldsymbol{x}_t$，然后以连续 10 个时刻的时序特征向量为输入，以当前对抗意图类别为输出，构建意图识别样本数据。本章按照这种方式构建各类对抗意图的样本数据共 6 015 组，其中突防意图样本 1 035 组，攻击意图样本 1 440 组，佯攻意图样本 1 032 组，侦察意图样本 1 247 组，撤退意图样本 1 261 组。

# 5.5 仿真实验与分析

## 5.5.1 实验设置

在样本数据中划分训练样本和测试样本，各类样本的划分情况如表 5.6 所示。为了避免数据中变量取值范围不同造成的误差，对所有样本进行归一化处理。

**表 5.6 意图识别样本数据划分**

| 意图类别 | 样本总数 | 训练样本数 | 测试样本数 |
| --- | --- | --- | --- |
| 突防 | 1 035 | 414 | 621 |
| 攻击 | 1 440 | 576 | 864 |
| 佯攻 | 1 032 | 413 | 619 |
| 侦察 | 1 247 | 499 | 748 |
| 撤退 | 1 261 | 504 | 757 |

模型训练过程中，样本输入向量的维度为 70，设定每 100 个样本为 1 个 batch，训练迭代次数 epoch 为 200。采用随机梯度下降学习算法 AdaGrad，学习率设定为 0.02，正则化参数为 $10^{-8}$。另外，为了防止过拟合现象的发生，在 Bi - LSTM 层增加了 Dropout。利用训练样本对模型进行多次训练，对比不同参数下的测试样本识别准确率，最终设定 LSTM 层节点数为 70，Dropout 数值为 0.5。

选取 2 段训练数据进行意图识别的实例仿真，2 段数据的飞行轨迹和不同类别对抗意图的分布如图 5.11 和图 5.12 所示。

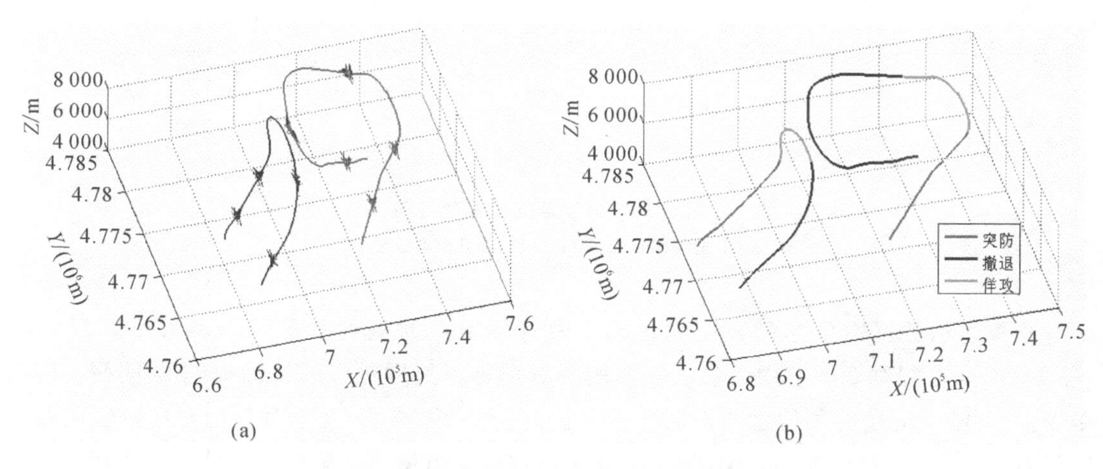


**图 5.11 仿真数据 1 飞行轨迹和意图分布**

(a)仿真数据 1 飞行轨迹；(b) 仿真数据 1 意图分布

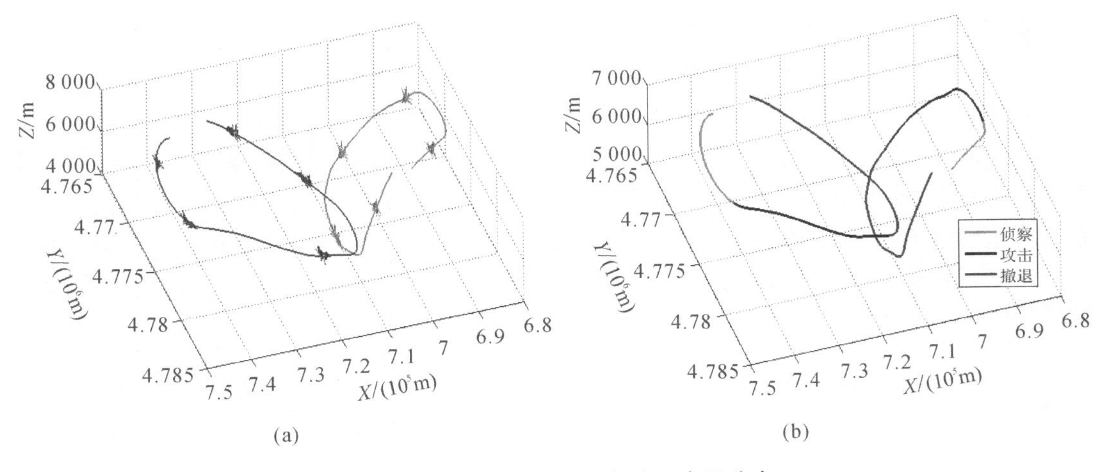


**图 5.12　仿真数据 2 飞行轨迹和意图分布**

(a)仿真数据 2 飞行轨迹；(b)仿真数据 2 意图分布

第 1 段数据共 1 232 组样本，该过程中目标机首先进行突防，在探测到我方飞机后，判断当前态势自身处于劣势地位，不适合进行攻击且我方对其构成攻击威胁，于是目标机进行佯攻机动意图迷惑我方创造逃离机会，之后进行快速撤退。该段数据包含了目标突防、佯攻和撤退 3 种对抗意图，其中突防样本 479 组，佯攻样本 226 组，撤退样本 527 组。第 2 段数据共 1 293 组样本，该过程中目标机首先进行高空侦察，在探测到我方飞机后，判断当前态势自身处于优势地位，适合向我方进行攻击，于是目标机利用高度和方位优势进行攻击，之后进行撤退。该段数据包含了目标侦察、攻击和撤退 3 种对抗意图，其中侦察样本 249 组，攻击样本 559 组，撤退样本 485 组。

选取的 2 段实例仿真数据包含了意图空间中的 5 类对抗意图，满足意图识别仿真的需求。对 2 段数据分别进行编号，不同意图类别的样本分布如图 5.13 所示。

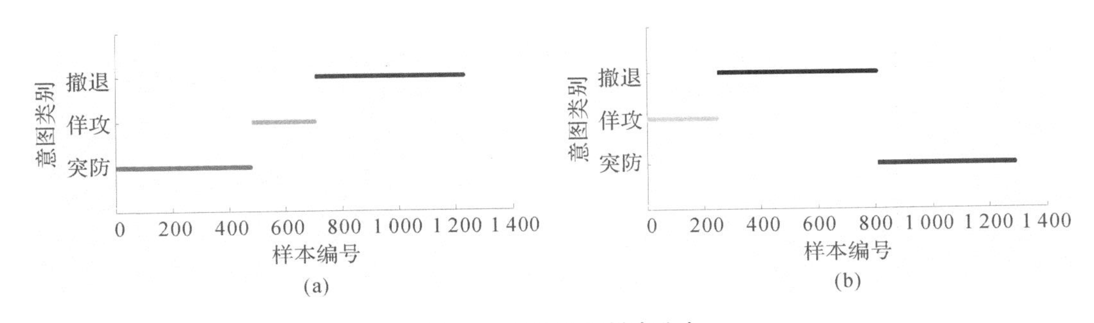


**图 5.13　仿真数据样本分布**

(a)仿真数据 1 样本分布；(b)仿真数据 2 样本分布

仿真实验在 PC 上进行，运行环境为：Intel(R) Core(TM) i5－4590 3.3 GHz 处理器，4 GB内存，Win7 32 位操作系统，运行平台为 MATLAB 2010a。为了使实验更具说服力，以下仿真结果均为 30 次计算的平均值。

### 5.5.2 意图识别准确性分析

利用本章建立的 Bi - LSTM 神经网络、前向 LSTM 神经网络(For - LSTM)、后向 LSTM 神经网络(Back - LSTM)和 BP 神经网络分别进行目标意图识别的仿真,比较不同算法的识别性能。其中 For - LSTM 神经网络和 Back - LSTM 神经网络是指在识别模型中只利用前向序列或后向序列进行特征学习的单向 LSTM 神经网络;BP 神经网络选用单隐含层网络,通过测试实验选取隐含层节点数为 124。不同算法对 2 段仿真数据的意图识别结果如图 5.14～图 5.17 所示。

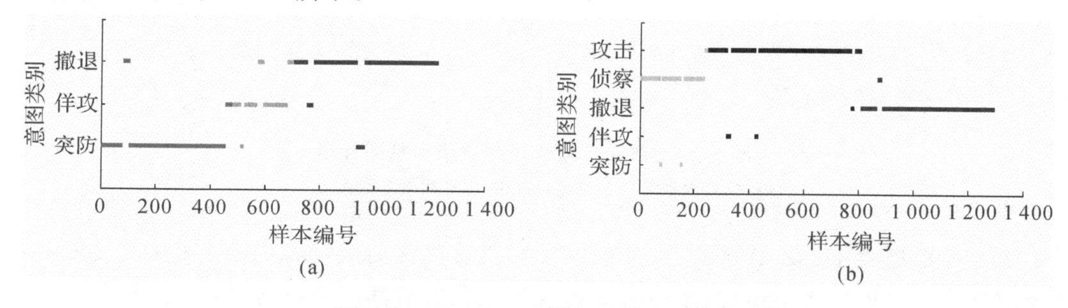


**图 5.14 Bi - LSTM 神经网络识别结果**

(a)仿真数据 1 识别结果； (b) 仿真数据 2 识别结果

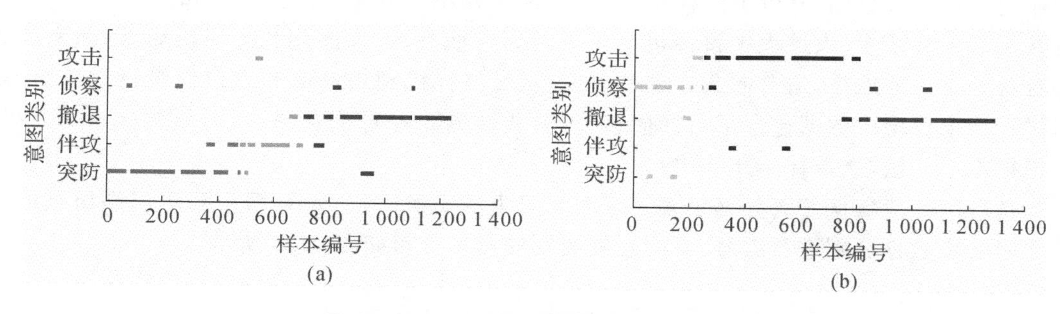


**图 5.15 For - LSTM 神经网络识别结果**

(a)仿真数据 1 识别结果； (b) 仿真数据 2 识别结果

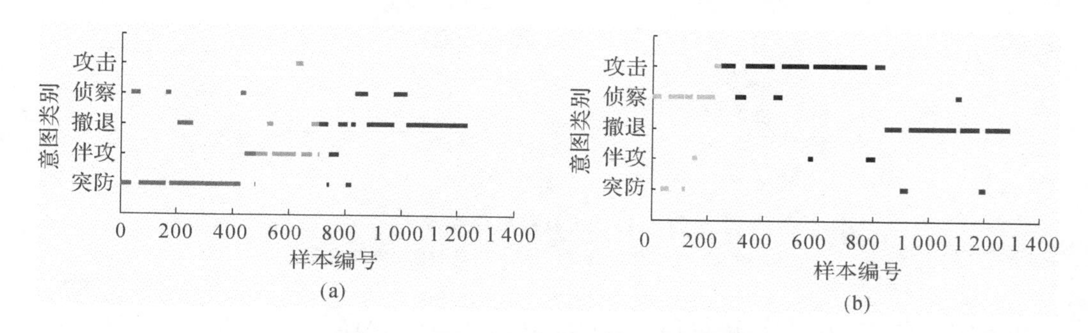


**图 5.16 Back - LSTM 神经网络识别结果**

(a)仿真数据 1 识别结果； (b) 仿真数据 2 识别结果

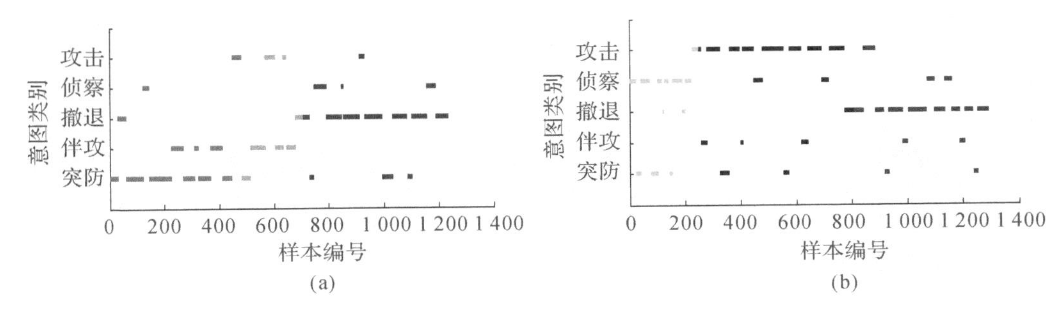


**图 5.17 BP 神经网络识别结果**

(a)仿真数据 1 识别结果； (b) 仿真数据 2 识别结果

将不同算法的识别结果与图 5.13 进行对比可以看出：Bi－LSTM 神经网络的意图识别效果最理想，对各类对抗意图的识别准确率都很高；For－LSTM 神经网络和 Back－LSTM 神经网络的识别准确性比较接近，识别效果一般，尤其在对抗意图转换交界处的错误样本较多；BP 神经网络的识别效果较差，对各类对抗意图都难以有效识别。

对以上识别结果进一步量化统计，具体如表 5.7 和图 5.18 所示。

**表 5.7 意图识别结果统计**

| 意图编号 | 意图类别 | 样本数量 | Bi－LSTM | | For－LSTM | | Back－LSTM | | BP | |
|---|---|---|---|---|---|---|---|---|---|---|
| | | | 错分数量 | 准确率/(%) | 错分数量 | 准确率/(%) | 错分数量 | 准确率/(%) | 错分数量 | 准确率/(%) |
| 1 | 突防 | 479 | 42 | 91.2 | 123 | 74.3 | 137 | 71.4 | 239 | 50.1 |
| 2 | 佯攻 | 226 | 21 | 90.7 | 69 | 69.5 | 76 | 66.4 | 117 | 48.2 |
| 3 | 撤退 | 1012 | 68 | 93.3 | 284 | 71.9 | 265 | 73.8 | 576 | 43.1 |
| 4 | 侦察 | 249 | 17 | 93.2 | 73 | 70.7 | 85 | 65.9 | 157 | 36.9 |
| 5 | 攻击 | 559 | 37 | 93.4 | 187 | 66.5 | 164 | 70.6 | 307 | 45.1 |

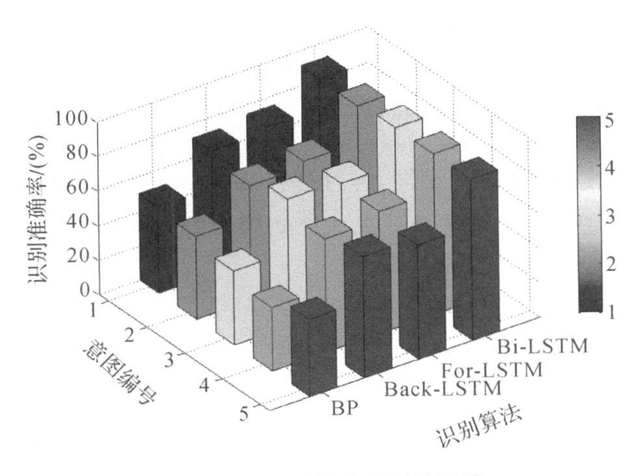


**图 5.18 不同算法识别准确率**

由表 5.7 和图 5.18 可知：Bi－LSTM 神经网络对各类对抗意图的识别准确率都很高，平均准确率达到 92.4%；For－LSTM 神经网络和 Back－LSTM 神经网络的识别准确率都不够高，平均准确率分别为 70.6%和 69.6%；BP 神经网络的识别准确率最低，平均准确率只有 44.7%。意图识别过程中：BP 神经网络作为典型的前馈型神经网络不能有效地学习样本中的时序信息和长时依赖关系，对时间序列的识别准确率很低，不适合处理意图识别问题；For－LSTM 神经网络和 Back－LSTM 神经网络作为单向的 LSTM 神经网络只能学习时序信息在一个方向上的特征，而不能充分考虑目标前后时刻的状态信息对当前时刻的影响，导致意图识别准确率不够高；Bi－LSTM 神经网络同时可以利用前向和后向的 LSTM 神经网络进行时序特征的学习，可以充分挖掘目标隐藏在前后时刻状态信息中的真实对抗意图，提高了意图识别的准确率。

### 5.5.3 意图识别实时性分析

比较不同算法意图识别的实时性，计算 Bi－LSTM 神经网络、For－LSTM 神经网络、Back－LSTM 神经网络和 BP 神经网络进行不同次数识别所需的时间，实验结果如图 5.19 所示。

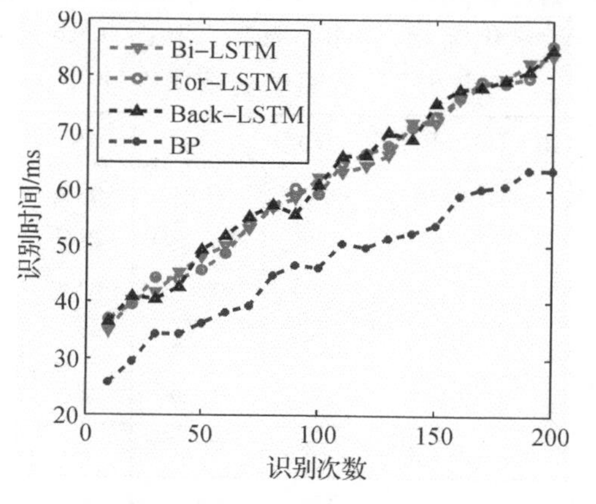


**图 5.19 不同算法识别时间**

由图 5.19 可知，BP 神经网络进行一定次数识别所需的时间要小于 3 种 LSTM 神经网络，具有最好的实时性。本章使用的 BP 单隐含层神经网络模型比较简单，而且在输出识别结果时不需要利用多个时刻的输出进行特征融合，对样本的分类效率要高于 3 种 LSTM 神经网络，所以具有更好的识别实时性。Bi－LSTM 神经网络、For－LSTM 神经网络和 Back－LSTM 神经网络的识别实时性基本相同，连续进行 200 次识别所需时间约为 90 ms，这说明相比单向 LSTM 神经网络，使用 Bi－LSTM 神经网络模型进行意图识别的效率并没有降低，同样可以获得很好的识别实时性。

## 5.6 本章小结

本章针对现有意图识别方法的不足，提出了一种基于 Bi－LSTM 神经网络的目标意图识别模型；阐述了目标意图分解为行动，再到机动动作，最终体现为状态参数变化的逻辑关系；把意图识别问题等效为数据分类问题，利用训练数据构造意图识别样本数据，利用Bi-LSTM神经网络对目标的时序特征进行学习，挖掘目标特征状态参数与对抗意图之间的映射关系；仿真实验结果表明，本章提出的意图识别模型对各类对抗意图都可以准确识别，平均准确率可达92.4%，而且连续进行200次识别所需时间约为90 ms，可以准确、快速地进行目标意图识别。

# 参考文献

[1] 伍之前，李登峰. 基于推理和多属性决策的空中目标攻击意图判断模型[J]. 电光与控制，2010，17(5)：10-13.

[2] CHEN Z G，WU X F. A Novel Multi-Timescales Layered Intention Recognition Method[J]. Applied Mechanics & Materials，2014(644/645/646/647/648/649/650):4607-4611.

[3] 笱程成，秦宇君，田甜，等. 一种基于RNN的社交消息爆发预测模型[J]. 软件学报，2017，28(11)：3030.

[4] PINEDA F J. Generalization of Back-Propagation to Recurrent Neural Networks [J]. Physical Review Letters，1987，59(19)：2229-2232.

[5] HOCHREITER S，SCHMIDHUBER J. Long Short-Term Memory[J]. Neural Computation，1997，9(8)：1735-1780.

[6] GREFF K，SRIVASTAVA R K，KOUTNÍK，et al. LSTM：A Search Space Odyssey[J]. IEEE Transactions on Neural Networks & Learning Systems，2015，28(10)：2222-2232.

[7] 王鑫，吴际，刘超，等. 基于LSTM循环神经网络的故障时间序列预测[J]. 北京航空航天大学学报，2018，44(4)：772-784.

[8] 贾苏元，徐金钰，王钰. 基于自适应神经网络模糊系统(ANFIS)的空中目标意图分类[J].电子测量技术，2016，39(12)：62-66.

[9] 冷画屏，吴晓锋，胡剑光.海上目标战术意图序贯识别技术研究[J].系统工程与电子技术，2008，30(3)：62-65.

[10] 王昊冉，老松杨，白亮，等.基于MEBN的战术级空中目标意图识别[J].火力与指挥控制，2012，37(10)：133-138.

[11] 牛晓博，赵虎，张玉册.基于决策树的海战场舰艇意图识别[J].兵工自动化，2010，29(6)：44-46.

[12] 陈浩，任卿龙，滑艺，等.基于模糊神经网络的海面目标战术意图识别[J]. 系统工程与电子技术，2016，38(8)：1847-1853.

[13] 欧微，柳少军，贺筱媛，等.基于时序特征编码的目标战术意图识别算法[J].指挥控制与仿真，2016，38(6)：36-41.

[14] NITISH S，GEOFFREY H，ALEX K，et al. Dropout：A Simple Way to Prevent Neural Networks from Overfitting[J]. Journal of Machine Learning Research，2013，33(14)：68-70.

# 第6章 基于模拟退火和比例分布策略的分解类改进多目标粒子群优化算法

## 6.1 引 言

大量的研究表明,算法的收敛性以及非支配解多样性的保持仍旧是静态多目标优化领域中面临的难点问题之一。本章提出一种基于模拟退火和比例分布的分解类多目标粒子群优化算法(Multi - objective Particle Swarm Optimization Algorithm Based on Decomposition, Simulated Annealing and Proportional Distribution),简称MOPSO - DSAPD算法。其主要思想如下:采用分解策略将多目标优化问题分解成多个单目标优化的子问题,并同时对其进行优化,以此来提高算法的收敛速度,将模拟退火策略作为一种局部搜索算子融入算法之中,以此来改善粒子群优化(Particle Swarm Optimization,PSO)P算法的搜索性能,比例分布策略用于维持新搜索到的非支配解集的多样性。采用3种经典的静态多目标优化算法MOEA/D,NSGA - Ⅱ和MOPSO - Colleo算法作为对比算法,并选取13种静态多目标优化测试函数进行性能测试。实验结果表明,本章提出的MOPSO - DSAPD算法具有一定的竞争性。

## 6.2 MOPSO - DSAPD算法

本节着重描述MOPSO - DSAPD算法,先阐述分解策略,再剖析模拟退火局部搜索策略,然后描述比例分布策略,最后给出MOPSO - DSAPD算法的基本框架。

### 6.2.1 粒子群优化

粒子群优化P算法是群智能优化算法中的优秀代表,是最新的群智能优化技术,由学者Eberhart和Kennedy在1995年共同提出。该算法的灵感来源于鸟群的觅食活动,将鸟群中的每只鸟抽象成单个粒子,该粒子无质量,也无体积,将鸟群的飞行空间看作是所求解问题的搜索空间,鸟群在飞行空间中寻找食物觅食的过程等价于对所求问题的最优解进行搜索的过程,以此构建出一个简化的数学模型,用于求解各种不同的优化问题。该数学模型

的表达式通常为

$$\left.\begin{aligned} X_{i+1} &= X_i + V_{i+1} \\ V_{i+1} &= wV_i + c_1 r_1 (\text{Pbest}_i - X_i) + c_2 r_2 (\text{Gbest}_i - X_i) \end{aligned}\right\} \tag{6.1}$$

式中：$X_{i+1}$ 为粒子下一时刻所在位置；$X_i$ 为粒子当前时刻所在位置；$V_{i+1}$ 为粒子下一时刻速度；$V_i$ 为粒子当前时刻速度；$c_1$ 和 $c_2$ 为学习因子；$r_1$ 和 $r_2$ 是取值在 0～1 之间的随机数；$\text{Pbest}_i$ 表示第 $i$ 代粒子搜索到的个体最优解；$\text{Gbest}_i$ 则表示第 $i$ 代种群搜索到的全局最优解；$w$ 表示惯性权重因子，一般可不为常数，表征了粒子当前时刻的速度对下一时刻的影响，表达式如下：

$$w = w_{\max} - \frac{w_{\max} - w_{\min}}{\text{max\_itera}} * \text{itera} \tag{6.2}$$

式中：$w_{\max}$ 和 $w_{\min}$ 分别为惯性权重因子的最大值和最小值；itera 为当前种群迭代次数；max_itera为种群迭代次数最大值。$w$ 值的大小对粒子的全局和局部搜索能力有很大的影响：大的 $w$ 值对应粒子具备较强的全局搜索能力；反之，较小的 $w$ 值对应粒子的局部搜索能力较强。

式(6.1)称为 PSO 算法中粒子的位置、速度更新公式。

式(6.1)中粒子速度更新的表达式由三部分构成：第一部分 $wV_i$ 表示粒子对当前速度的保持程度，表征了粒子的“记忆”能力；第二部分 $c_1 r_1(\text{Pbest}_i - X_i)$ 则表示粒子对自身进行的思考，表征了粒子的自我“认知”能力；第三部分 $c_2 r_2(\text{Gbest}_i - X_i)$ 则表示粒子之间进行的信息分享和相互配合，表征了粒子的“社会”能力。学习因子 $c_1$ 和 $c_2$ 则表征了自我认知和社会知识对粒子影响程度的大小。

对于学习因子 $c_1$ 和 $c_2$：若 $c_1$ 为 0，则意味着粒子只具备“社会经验”，全局收敛性较好，收敛的速度也快，但是容易陷入局部搜索的状态；若 $c_2$ 为 0，则种群中的粒子只具备“自身经验”，各个粒子之间的信息无法进行共享，原本是一个整体的种群由此变得分散；若 $c_1$ 和 $c_2$ 均为 0，由于无法获取已有的历史经验信息，粒子的运动将变得无序没有规则。在 PSO 算法迭代搜索的过程中，某些粒子可能由于速度变化过快而越过给定的边界区域，因此在 PSO 算法中必须对粒子速度的最大值 $V_{\max}$ 和最小值 $V_{\min}$ 进行限定。一般速度的最小值 $V_{\min}$ 可取最大值 $V_{\max}$ 的相反数，因此算法设计人员只需对速度最大值 $V_{\max}$ 进行限定，该值设置大或小会影响到粒子的全局搜索能力。

PSO 算法由于工程实现容易，并且鲁棒性强，因此在天线阵列设计、路径优化、数据挖掘、电路设计、电力系统优化等领域取得了广泛应用。算法最大的优点表现在如下几个方面：

(1)算法描述简单，便于理解；

(2)对所求解优化问题定义是否连续没有特别要求；

(3)所需调整的参数少，算法实现容易且收敛速度快；

(4)与其他的演化算法相比，所需的种群规模较小；

(5)种群中个体的故障不会对整个问题的求解造成影响，因此系统的鲁棒性很强。

### 6.2.2 分解策略

分解策略的主要思想是将一个多目标优化问题分解为多个单目标优化的子问题并同时

对这些子目标进行优化，对每个子问题进行优化时仅通过与其相邻的子问题来进行操作，这样算法的复杂度也能有效降低。本章的分解方法采用了 MOEA/D 算法(基于分解的多目标进化算法)中典型的切比雪夫分解策略，该方法中分解后的单目标子问题可用下式来描述：

$$\left.\begin{aligned} &g^{te}(x \mid \lambda_j^i, \boldsymbol{z}^*) = \max_{1 \leqslant j \leqslant n}\{\lambda_j^i \mid f_j(x) - z_j^* \mid\} \\ &x \in \Omega \end{aligned}\right\} \tag{6.3}$$

式中：$\boldsymbol{z}^* = (z_1^*, z_2^*, z_3^* \cdots, z_n^*)^{\mathrm{T}}$ 为参考点，对于最小化多目标优化问题一般可设 $z_j^* = \min\{f_j(x), x \in \Omega\}$，$j = 1,2,3,\cdots,n$，反之对于最大化多目标优化问题一般可设 $z_j^* = \max\{f_j(x), x \in \Omega\}$，$j = 1,2,3,\cdots,n$，$\lambda^i$ 为权向量集，$i$ 的取值范围为 $1 \sim N$，$N$ 为种群数量，也是分解后的单目标子问题个数，$\lambda^i$ 分布均匀，其邻居一般取权向量集中与 $\lambda^i$ 距离最近的 $T$ 个权向量，第 $i$ 个子问题邻居记为 $B(i)$。

### 6.2.3 模拟退火局部搜索策略

PSO 算法的全局搜索能力很强，但是局部搜索能力较差，易陷入局部最优，局部搜索技术可对算法当前获得的解的邻域实施更加精细的搜索来搜寻更优的解。局部搜索策略通常有简化二次逼近法、禁忌搜索、爬山搜索、梯度下降法、单纯形、贪婪算法等，这些局部搜索策略各有优、缺点，而且通常在求解单目标优化问题中应用比较多。在多目标优化问题中的应用也有，但是较少，例如将模拟退火算法作为一种局部搜索机制引入多目标优化算法中用于求解飞行器气动布局设计的多目标优化问题，但是只是单一地考虑对单个目标的邻域进行局部搜索，而未同时考虑另一个目标，忽视了多目标优化中各个目标之间的矛盾性，因此，此种方法显然存在一定的问题。

本章将模拟退火(Simulated Annealing, SA)策略作为局部搜索算子引入 MOPSO - DSAPD 算法中，用于提高算法的搜索性能。SA 源于模拟自然界中的物理退火过程，包括加温、等温和冷却 3 个过程，退火过程中能量的变化对应着目标函数的变化，若要获得最优解，则必须使能量降到最低状态。Metropolis 准则是 SA 的关键所在，其允许算法以一定概率接受较差的解，促使算法易于跳出局部最优。以最小化问题为例，设当前解的目标函数值为 $f(x_{\mathrm{cur}})$，新解的目标函数值为 $f(x_{\mathrm{new}})$，目标函数差值 $\Delta f = f(x_{\mathrm{new}}) - f(x_{\mathrm{cur}})$，可得 Metropolis 准则的数学表达式如下：

$$p = \begin{cases} 1, & \Delta f < 0 \\ \exp\left(-\dfrac{\Delta f}{T_{\mathrm{en}}}\right), & \Delta f \geqslant 0 \end{cases} \tag{6.4}$$

式中：$T_{\mathrm{en}}$ 表示当前温度值。该表达式的含义为：若 $\Delta f < 0$，则用以概率 1 将当前解用新解替换掉；若 $\Delta f > 0$，则以概率 $\exp\left(-\dfrac{\Delta f}{T_{\mathrm{en}}}\right)$ 将当前解用新解替换掉，并且需满足 $\exp\left(-\dfrac{\Delta f}{T_{\mathrm{en}}}\right) > \varepsilon$，$\varepsilon$ 为 0～1 之间的随机数，反之，则拒绝接受新解。不断地将该过程重复进行，从表达式中可以看出，初始阶段 $T_{\mathrm{en}}$ 较大，算法接受较差新解的概率也比较大，容易跳出局部最优，但是随着不断地重复迭代（退火），$T_{en}$ 值逐渐变小，算法接受较差新解的概率也随之慢慢变小。

SA 不需要导数信息，搜索方便，模型的参数也较少，计算量也不大，并且能够充分利用已搜索出的目标函数值信息，因此，SA 非常适宜作为一种启发式的局部搜索算子融入本章的 MOPSO－DSAPD 算法中，以提高 MOPSO－DSAPD 算法的性能。SA 在以往的研究中通常是作为一种局部搜索策略用于求解单目标优化问题，而本章是将 SA 作为局部搜索算子来求解多目标优化问题，因此直接在 Metropolis 准则中进行目标函数值的比较显然不可取，为此必须进行调整。又因为本章提出的 MOPSO－DSAPD 算法在采用分解策略之后将一个多目标优化问题分解为多个单目标优化的子问题，每一个子问题的目标函数是一个聚合函数，融入了多目标优化问题中的各个目标函数，因此在局部搜索中将 SA 融入分解后的子问题之中，在 Metropolis 准则中以子问题的目标函数值进行比较，以提升算法的局部搜索性能。将 SA 作为局部搜索算子之后需要考虑 Metropolis 准则中的当前解以及新解这两个点如何选取。新解以及当前解的选取对于 SA 的局部搜索效果非常关键，本章借鉴了启发式选择方法中思想，对于每一个待优化的子问题，将子问题当前的最优解作为当前解，新解则从子问题的邻居中选择与其关系最近的，在选取新解时为了更进一步对新解邻域进行搜索，采用类似遗传算法中的基本位变异方式对新解进行变异操作，最后再用 Metropolis 准则进行判定。SA 局部搜索算子搜索过程如表 6.1。

**表 6.1　模拟退火局部搜索算子实现过程**

| 算法 1：SA 局部搜索算子 |
| --- |
| 输入：子问题 $i$，当前温度 $T_{en}$，马尔可夫链长度 $l_{markov}$，降温系数 $\xi$。 |
| 步骤 1：当 $a = 1,2,3,\cdots,l_{markov}$ 时，计算 $g^{te}(x^{i_T} \mid \lambda^i, z^*)$，$i_T \in B(i)$。 |
| 步骤 2：从 $g^{te}(x^{i_T} \mid \lambda^i, z^*)$ 中选择值最小的两个点，将值最小的点记为当前解 $x_{cur}$，另一个记为新解 $x_{new}$，对 $x_{new}$ 进行基本位变异操作。 |
| 步骤 3：采用 Metropolis 准则进行判断，若 $\Delta f = g^{te}(x_{new} \mid \lambda^i, z^*) - g^{te}(x_{cur} \mid \lambda^i, z^*) < 0$，则接受新解为当前解，即 $x_{cur} = x_{new}$，若 $\Delta f = g^{te}(x_{new} \mid \lambda^i, z^*) - g^{te}(x_{cur} \mid \lambda^i, z^*) > 0$，进一步判断 $\Delta f >$ rand，若是则接受新解为当前解，即 $x_{cur} = x_{new}$，反之，则拒绝接受新解。 |
| 步骤 4：判断 $a > l_{markov}$，若是，则循环结束，反之转到步骤 1。 |
| 步骤 5：采用 $T_{en} = \xi * T_{en}$ 表达式进行降温操作。 |
| 输出：当前解 $x_{cur}$。 |

### 6.2.4　比例分布策略

在基于粒子群的多目标优化算法中，从新搜索到的非支配解中选择合适的局部引导个体是非常重要的一个问题，如果在一个搜索区域中仅存在少量的非支配解，那么更多的粒子应当被分配到该区域，并且以已存在的非支配解作为向导进行最优解的搜索。反之，如果在一个搜索区域中出现了很多非支配解，那么应分配少量的粒子对该区域进行搜索以避免相似的解在该区域聚集。为了保持新搜索到的非支配解的多样性和提高种群的搜索能力，本章引入比例分布策略，以二目标优化问题为例，如图 6.1 所示。

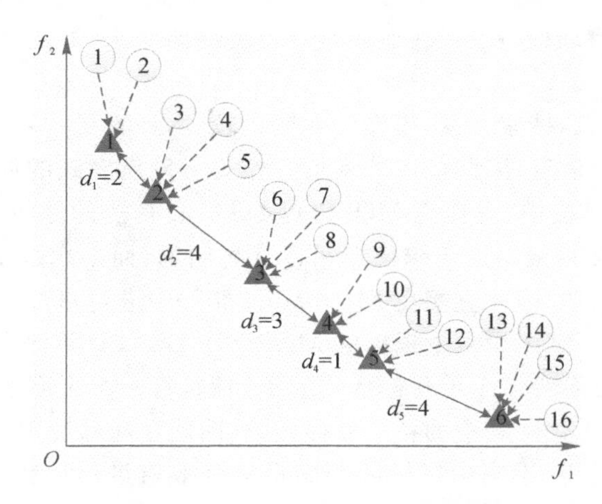


**图 6.1 粒子的局部引导分布示意图**

首先,基于坐标轴对已存在的非支配解和所有粒子进行编号,编号结果如图 6.1 所示,$d$ 为编号相邻的两个非支配解之间的欧氏距离。计算解空间中每一个非支配解的密度参数 $C_i$,$C_i$ 的计算表达式如下:

$$C_i=\begin{cases}[d(x_i,x_{i+1})+d(x_i,x_{i-1})]/2, & i\neq n_{\mathrm{PF}},i\neq 1\\ d(x_i,x_{i+1}), & i=1\\ d(x_i,x_{i-1}), & i=n_{\mathrm{PF}}\end{cases}\tag{6.5}$$

式中:$x_i$ 是非支配解 $i$ 的坐标;$n_{\mathrm{PF}}$ 为已获得的非支配解总数。

然后,将每一个非支配解作为粒子分布的向导(相当于粒子位置更新公式中的 Gbest),每一个非支配解可以引导的粒子总数的计算表达式如下:

$$\mathrm{Gbest}N_i=\mathrm{integer}\left(\frac{C_i\times N}{\sum_{i=1}^{n_{\mathrm{PF}}}C_i}\right)\tag{6.6}$$

式中:$N$ 为粒子总数;$C_i$ 和 $n_{\mathrm{PF}}$ 的定义与式(6.3)中相同。此处举例说明 $\mathrm{Gbest}N_i$ 的计算过程,例如 $\mathrm{Gbest}N_1=C_2*N/(C_1+C_2+C_3+C_4+C_5+C_6)=3\times16/(2+3+3.5+2+2.5+4)=3$,计算结果表明在进化过程中编号为 2 的非支配解可以引导的粒子总数为 3。比例分布策略中,在进化进行过程中所有的 $\mathrm{Gbest}N_i$ 总和应与粒子总数 $N$ 相等。

最后,依次计算出剩下的 $\mathrm{Gbest}N_2$,$\mathrm{Gbest}N_3$,$\mathrm{Gbest}N_4$,$\mathrm{Gbest}N_5$ 和 $\mathrm{Gbest}N_6$,非支配解引导粒子分布的最终结果如图 6.1 所示。比例分布策略给出了粒子向下一代的进化搜索方向,可增强种群的搜索能力及维持生成的非支配解集的多样性。具体的比例分布策略实现过程如表 6.2 所示。

**表 6.2 比例分布策略实现过程**

| 算法 2:比例分布策略算子 |
| --- |
| 输入:新生成的非支配解集,当前种群。<br>步骤 1:根据解空间坐标分别对新生成的非支配解和当前种群中的粒子进行编号。<br>步骤 2:计算解空间中各非支配解的密度参数 $C_k$,$k=1,2,3,\cdots,n_{\mathrm{PF}}$。 |

续 表

步骤 3：计算所有的 Gbest$N_k$。

步骤 4：配置非支配解和相关的粒子。

步骤 5：计算 Gbest$N_k$ 总和，设为 $\text{Sum}_{\text{Gbest}N}$，若 $\text{Sum}_{\text{Gbest}N} > N$，则 $\text{Sum}_{\text{Gbest}N} = \text{Sum}_{\text{Gbest}N} - 1$，反之，若 $\text{Sum}_{\text{Gbest}N} < N$，则 $\text{Sum}_{\text{Gbest}N} = \text{Sum}_{\text{Gbest}N} + 1$。

输出：配置好的非支配解集。

### 6.2.5　MOPSO－DSAPD 算法框架

MOPSO－DSAPD 算法的具体框架如表 6.3 所示。

**表 6.3　MOPSO－DSAPD 算法框架**

算法 3：MOPSO－DSAPD 算法框架

参数：种群规模 $N$，惯性权重 $w$，学习因子 $c_1$ 和 $c_2$，最大迭代次数：max_itera，当前温度 $T_{\text{en}}$，马尔可夫链长度 $l_{\text{markov}}$，降温系数 $\xi$。

输入：多目标优化函数和约束条件，算法停止准则。

输出：Pareto 最优解。

步骤 1）参数初始化：

步骤 1.1：随机生成初始种群 $\boldsymbol{P} = (x_1, x_2, x_3, \cdots, x_N)^{\mathrm{T}}$。

步骤 1.2：速度初始化 $\boldsymbol{V} = (v_1, v_2, v_3, \cdots, v_N)^{\mathrm{T}}$。

步骤 1.3：个体最优位置初始化 **Pbest**$=(\text{pbest}_1, \text{pbest}_2, \text{pbest}_3, \cdots, \text{pbest}_N)^{\mathrm{T}}$，$\text{pbest}_i = x_i$。

步骤 1.4：计算出每一个权向量与其余权向量之间的欧氏距离，根据欧氏距离的大小为每一个权向量筛选出与其最近的 $T$ 个邻居，设邻居 $B(i) = (i_1, i_2, i_3, \cdots, i_T)$，$i = 1, 2, 3, \cdots, N$，$\lambda^{i_1}, \lambda^{i_2}, \lambda^{i_3}, \cdots, \lambda^{i_T}$ 表示与 $\lambda^i$ 欧式距离最近的 $T$ 权向量。

步骤 1.5：初始化参考点 $\boldsymbol{z}^* = (z_1^*, z_2^*, z_3^*, \cdots z_n^*)$。

步骤 2）主循环：当 $i = 1, 2, 3, \cdots, N$ 时，

步骤 2.1：从比例分布算子配置好的非支配解中为粒子选择全局最优解 gbest。

步骤 2.2：根据式(6.1)计算第 $i$ 个粒子的新位置 $X_i$。

步骤 2.3：根据式(6.1)计算第 $i$ 个粒子的新速度 $V_i$。

步骤 2.4：根据目标函数评价 $X_i$。

步骤 2.5：更新参考点 $\boldsymbol{z}^*$。

步骤 2.6：更新邻居，对于 $j \in \boldsymbol{B}(i)$，若 $g(X_i \mid \lambda^j, \boldsymbol{z}^*) \leqslant g(x^j \mid \lambda^j, \boldsymbol{z}^*)$，则 $x^j = X_i$，$\text{Fit}(x^j) = \text{Fit}(X_i)$。

步骤 2.7：更新生成的非支配解集。

步骤 2.8：更新个体最优解 $\text{pbest}_i$。

步骤 2.9：模拟退火局部搜索算子，详见表 6.1 算法 1。

步骤 2.10：实施比例分布算子，详见表 6.1 中。

步骤 3）终止准则：若满足算法终止准则，则算法停止运行并输出最终获得的 Pareto 最优解，反之，则跳到步骤 2)。

### 6.2.6 算法性能分析

本节主要对 MOPSO－DSAPD 算法的性能进行分析，包括算法特点分析以及收敛性分析。

**1. 算法特点分析**

(1)算法采用了切比雪夫分解策略的分解思想，将多目标优化问题分解为多个单目标优化的子问题，加快算法的收敛速度。

(2)模拟退火局部搜索策略融入 PSO 算法中，改善了 PSO 算法的局部搜索能力。

(3)比例分布策略为种群中每一个个体选择合适的引导个体，降低了个体盲目搜索的概率，提高了算法进行合理精细搜索的能力，有利于保持生成的非支配解集的均匀性和多样性。

**2. 收敛性分析**

MOPSO－DSAPD 算法是一种运用群种搜索机理的算法，种群中个体状态从当前代向下一代进行转变时仅与当前代的状态密切相关，与先前的状态无任何关系，这种特性称为无后效性。为此，可采用马尔可夫(Markov)链对 MOPSO－DSAPD 算法的种群进化过程的收敛性进行分析，马尔可夫过程最重要的特点就是无后效性。

**定义 6.1**：若是 $M$ 表示一个有限集，$\{X_k:k \in K\}$ 是 $M$ 中取的一个随机序列，该随机序列具有的性质特点如下：

$$P\{X_{k+1}=j \mid X_k=i, X_{k-1}=i_{k-1}, \cdots, X_0=i_0\}=P\{X_{k+1}=j \mid X_k=i\}=p_{ij} \tag{6.7}$$

若对于所有 $k \geqslant 0$ 和 $(i,j) \in M \times M$ 均能使式(6.7)成立，则 $\{X_k:k \in K\}$ 称之为齐次有限 Markov 链，其状态空间为 $M$。

**定义 6.2**：令 $\rho^*$ 表示多目标优化算法的 Pareto 最优解集，$E_k$ 表示算法的精英集，$X_k$ 表示算法在第 $k$ 次迭代时的种群，$X_k=\{X_1(t), X_2(t), \cdots, X_N(t) \mid X_i(t) \in S\}$，$N$ 表示种群规模。若满足下式中的条件，则可认为该多目标优化算法是收敛的。

$$\lim_{k \to \infty} p(\{E_k\} \subset \rho^*)=1 \tag{6.8}$$

定义 6.2 表明判断一个多目标优化算法是否收敛的依据是种群中的非支配个体包含于 Pareto 前沿的概率为 1，前提条件是算法经过了足够多的迭代次数。

**定义 6.3**：若 $\boldsymbol{P}^{n \times n}$ 是非负的方阵，并且经过相同的行和列初等变换后可转化为

$$\begin{pmatrix} \boldsymbol{Q} & \boldsymbol{0} \\ \boldsymbol{R} & \boldsymbol{P}_1 \end{pmatrix}$$

表达式中 $\boldsymbol{Q}$ 和 $\boldsymbol{P}_1$ 均是方阵，则 $\boldsymbol{P}$ 称为归约矩阵。

**定义 6.4**：若方阵 $\boldsymbol{P}$ 是非负且不归约的矩阵，则称 $\boldsymbol{P}$ 为不可约的。

**引理 6.1**：在有限状态的齐次有限 Markov 链中，若其状态转移矩阵是不可约矩阵，则不管该 Markov 链的初始状态如何，均可以概率 1 无穷次地访问其状态空间中的每一个状态。

**引理 6.2**：若 MOPSO－DSAPD 算法迭代过程中所产生的随机序列 $\{X_k : k \in K\}$ 是一

个齐次有限 Markov 链，并且其状态转移矩阵是不可约矩阵，则 $\lim_{k\to\infty} p(\{E_k\}\not\subset \rho^*)=0$ 依概率1成立。

**证明**：本章提出的 MOPSO－DSAPD 算法中，精英集 $E_k$ 为随机序列 $X_k$ 的一个子集，由于齐次有限 Markov 链的不可约特性，由上述引理1可知，MOPSO－DSAPD 算法会以概率1无限次地产生 Pareto 最优解；又因为该算法每次迭代时都是将最差的个体舍弃掉，表明精英集 $E_k$ 中的劣解一定会被 Pareto 最优解替换掉，因此当 Pareto 最优解集 $\rho^*$ 中的一个解进入精英集 $E_k$ 中后，将会永远的保留在精英集 $E_k$ 中。因此 $\lim_{k\to\infty} p(\{E_k\}\not\subset \rho^*)=0$ 依概率1成立。

接下来将采用以上定理及引理对基于模拟退火和比例分布策略的改进多目标粒子群优化算法的收敛性进行讨论，具体分析如下：

1)状态空间 $M$ 是有限的。

在多目标优化问题中，决策变量的决策空间中元素总是一定的，即有限的，决策向量的取值一般是在一个闭区间内，并且取值满足一定的精度需求，则认为状态空间 $M$ 是有限的。

2)序列 $X_k=\{X_1(k),X_2(k),\cdots,X_N(k)\mid X_i(k)\in S\}$ 是齐次 Markov 链。

在 MOPSO－DSAPD 算法的迭代进化算子中，一部分由模拟退火局部最优搜索算子决定，另一部分由 PSO 算法本身决定，其不随时间的变化而产生改变，具备显著的无后效性，因此由定义1可知，该序列 $X_k$ 的 Markov 链是齐次的。

3)状态转移概率矩阵是不可约矩阵。

MOPSO－DSAPD 算法的 Markov 链可用下式描述：

$$X_{k+1}=\boldsymbol{T}_N\cdot\boldsymbol{T}_{\mathrm{SA}}(X_n) \tag{6.9}$$

式中：$X_n$ 为第 $n$ 代种群粒子；$\boldsymbol{T}_N$ 为粒子群中粒子速度、位置更新算子；$\boldsymbol{T}_{\mathrm{SA}}$ 为模拟退火局部搜索算子。

上述几种算子所产生的状态转移矩阵可用 $\boldsymbol{T}_N$ 和 $\boldsymbol{T}_{\mathrm{SA}}$ 来表示，整个算法的状态转移概率矩阵 $\boldsymbol{P}$ 可表示为 $\boldsymbol{T}_N\cdot\boldsymbol{T}_{\mathrm{SA}}$。

(1)PSO 算法计算过程中，粒子的位置和速度都是由公式计算而得，表征粒子一定可以从状态 $i$ 转移到下一个状态 $j$，状态转移概率可为 $\sum kp_{ij}=1$，因此 $\boldsymbol{T}_N$ 是一个随机矩阵。

(2)在模拟退火局部搜索算子中，从一个状态 $i$ 转移到下一个状态 $j$ 的概率为可用下式表示：

$$p_{\mathrm{SA}}=\begin{cases}1, & \Delta f<0\\ \exp\left(-\dfrac{\Delta f}{T_{\mathrm{en}}}\right), & \Delta f\geqslant 0\end{cases} \tag{6.10}$$

由式(6.10)可以看出 $\boldsymbol{T}_{\mathrm{SA}}$ 一定是非负的。

综上所述，MOPSO－DSAPD 算法的状态转移概率 $P=P_{(T_N\cdot T_{\mathrm{SA}})}$ 大于0，又因为一个正矩阵一定具有不可约性质。由引理2可得，$\lim_{k\to\infty} P(\{E_k\}\not\subset \rho^*)=0$ 依概率1成立，则可有如下表达式成立：

$$\lim_{k\to\infty} P(\{E_k\}\subset \rho^*)=\lim_{k\to\infty} P(1-\{E_k\}\not\subset \rho^*)=1-\lim_{k\to\infty} P(\{E_k\}\not\subset \rho^*)=1-0=1 \tag{6.11}$$

由上述分析可得，本章提出的 MOPSO－DSAPD 算法可以收敛到多目标优化问题的 Pareto 最优前沿，且依概率 1 收敛。

# 6.3 性能度量和测试函数

多目标优化算法的最终解算目标是能够找到与真实 Pareto 前沿最接近的非支配解集，并且非支配解集的分布是均匀、多样的，因此在对一个多目标优化算法进行评价时可以主要从算法收敛性和均匀性两个方面来考虑，收敛性主要评价算法所求得的非支配解集与真实 Pareto 前沿的逼近程度，而均匀性主要评价算法所求得的非支配解集在目标空间中的分布是否均匀。因此，本章分别采用了两种性能度量指标来对 MOPSO－DSAPD 算法进行评价，测试函数则选取了 13 种经典的测试函数，下面将详细进行介绍。

## 6.3.1 性能度量

两种性能度量指标分别为世代距离（Generational Distance，GD）和空间均匀性度量指标（Spacing，SP）。

**1. 世代距离**

多目标优化算法的进化过程是一个不断逼近真实 Pareto 前沿的过程，在实际应用中多目标优化算法很难找到真实的 Pareto 前沿，而是尽可能地找到一组逼近真实 Pareto 前沿的非支配解。GD 用于评价已搜索到的非支配解与真实 Pareto 前沿之间的距离，描述了二者之间的逼近程度，同时也反映出了多目标优化算法的收敛性。GD 的数学表达式如下：

$$\mathrm{GD}=\frac{\left(\sum_{i=1}^{n_{\mathrm{PF}}} d_i^2\right)1/2}{n_{\mathrm{PF}}} \tag{6.12}$$

式中：$d_i$ 表示已搜索出的非支配解集中的第 $i$ 个向量与真实 Pareto 前沿之间的最小欧式距离；$n_{\mathrm{PF}}$ 的定义与式(6.5)中相同。收敛性指标 GD 值越小，多目标优化算法的收敛性能越好，越逼近真实的 Pareto 前沿，当 GD 取值为 0 时，则说明已获得的非支配解都是真实的 Pareto 最优解，这是一种最理想情形。

**2. 空间均匀性度量指标**

SP 指标用于评价多目标优化算法搜索到的非支配解集在目标空间中的均匀程度。SP 指标的定义如下：

$$\mathrm{SP}=\sqrt{\frac{\sum_{i=1}^{n_{\mathrm{PF}}}(\bar{d}-d_i)^2}{n_{\mathrm{PF}}-1}} \tag{6.13}$$

式中：$d_i$ 表示多目标优化算法已搜索到的非支配解集中的第 $i$ 个解与该解集中的最近的解之间的欧式距离；$\bar{d}$ 为所有 $d_i$，$i=1,2,3,\cdots,n_{\mathrm{PF}}$ 的平均值。若 SP 指标值为 0，则表明算法求得的非支配解集在目标空间中呈均匀分布。

### 6.3.2　测试函数

本章选取的 13 种经典的多目标优化算法测试函数分别为 3 种两目标的测试函数(KUR,SCH,DEB),5 种两目标 ZDT 系列测试函数和 5 种三目标 DTLZ 系列测试函数。这些测试函数涵盖了非凸面、凸面、非连续和连续 Pareto 前沿多种不同类型的多目标优化问题,在多目标优化问题领域应用很广泛。这 13 种测试函数相应的真实 Pareto 前沿如图 6.2 所示。

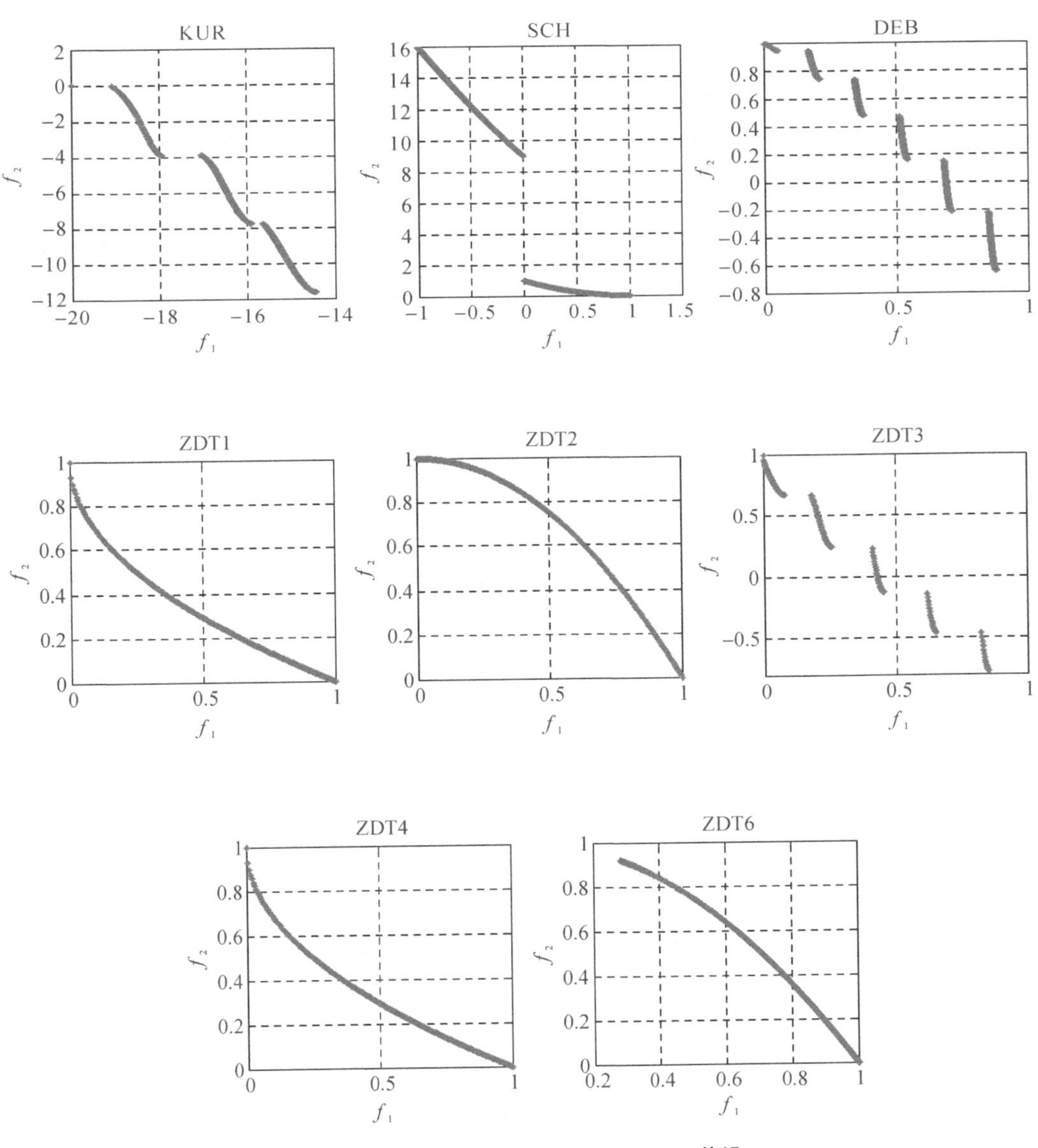


**图 6.2　13 种测试函数的真实 Pareto 前沿**

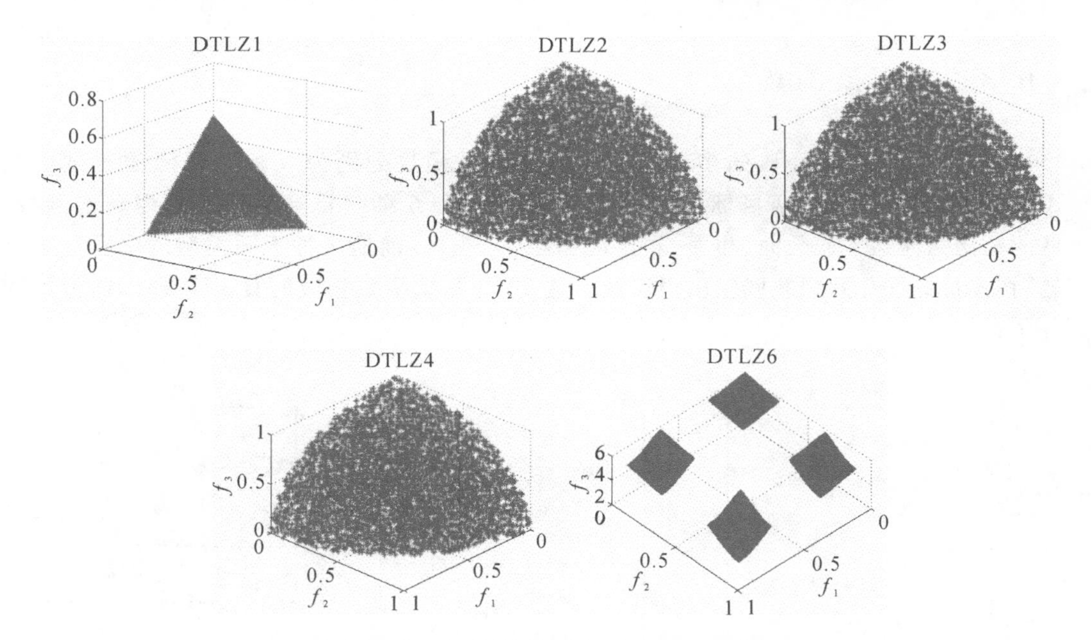


**续图 6.2　13 种测试函数的真实 Pareto 前沿**

这 13 种测试函数的数学表达式如下。

**1. KUR**

$$f_1(\boldsymbol{x}) = \sum_{i=1}^{\text{Dim}-1} \left(-10\mathrm{e}^{-0.2\sqrt{x_i^2 + x_{i+1}^2}}\right)$$

$$f_2(\boldsymbol{x}) = \sum_{i=1}^{\text{Dim}} \left[\,|x_i|^{0.8} + 5\sin(x_i)^3\right]$$

式中：$\boldsymbol{x} = (x_1, x_2, \cdots, x_{\text{Dim}})^{\mathrm{T}} \in [0,1]$，决策变量空间维数 Dim = 3。

**2. SCH**

$$f_1(\boldsymbol{x}) = \begin{cases} -x, & x \leqslant 1 \\ x-2, & 1 < x < 3 \\ 4-x, & 3 < x \leqslant 4 \\ x-4, & x > 4 \end{cases}$$

$$f_2(\boldsymbol{x}) = (x-5)^2$$

式中：$\boldsymbol{x} = (x_1, x_2, \cdots, x_{\text{Dim}})^{\mathrm{T}} \in [-5,10]$，决策变量空间维数 Dim = 1。

**3. DEB**

$$\begin{cases} f_1(\boldsymbol{x}) = x_1 \\ f_2(\boldsymbol{x}) = (1+10x_2)\left[1 - \left(\dfrac{x_1}{1+10x_2}\right)^2 - \dfrac{x_1}{1+10x_2}\sin(8\pi x_1)\right] \end{cases}$$

式中：$\boldsymbol{x} = (x_1, x_2, \cdots, x_{\text{Dim}})^{\mathrm{T}} \in [0,1]$，决策变量空间维数 Dim = 2。

**4. ZDT1**

$$\begin{cases} f_1(\boldsymbol{x}) = x_1 \\ f_2(\boldsymbol{x}) = g(\boldsymbol{x})\left[1 - \sqrt{x_1/g(\boldsymbol{x})}\right] \end{cases}$$

式中：$g(\boldsymbol{x}) = 1 + 9\sum_{i=2}^{\mathrm{Dim}} x_i/(\mathrm{Dim} - 1)$，$\boldsymbol{x} = (x_1, x_2, \cdots, x_{\mathrm{Dim}})^{\mathrm{T}} \in [0,1]$，决策变量空间维数 Dim＝30。

**5. ZDT2**

$$\begin{cases} f_1(\boldsymbol{x}) = x_1 \\ f_2(\boldsymbol{x}) = g(\boldsymbol{x})\{1 - [x_1/g(\boldsymbol{x})]^2\} \end{cases}$$

式中：$g(\boldsymbol{x}) = 1 + 9\sum_{i=2}^{\mathrm{Dim}} x_i/(\mathrm{Dim} - 1)$，$\boldsymbol{x} = (x_1, x_2, \cdots, x_{\mathrm{Dim}})^{\mathrm{T}} \in [0,1]$，决策变量空间维数 Dim＝30。

**6. ZDT3**

$$\begin{cases} f_1(\boldsymbol{x}) = x_1 \\ f_2(\boldsymbol{x}) = g(\boldsymbol{x})\left[1 - \sqrt{\dfrac{x_1}{g(\boldsymbol{x})}} - \dfrac{x_1}{g(\boldsymbol{x})}\sin(10\pi x_1)\right] \end{cases}$$

式中：$g(\boldsymbol{x}) = 1 + 9\sum_{i=2}^{\mathrm{Dim}} x_i/(\mathrm{Dim} - 1)$，$\boldsymbol{x} = (x_1, x_2, \cdots, x_{\mathrm{Dim}})^{\mathrm{T}} \in [0,1]$，决策变量空间维数 Dim＝30。

**7. ZDT4**

$$\begin{cases} f_1(\boldsymbol{x}) = x_1 \\ f_2(\boldsymbol{x}) = g(\boldsymbol{x})\left[1 - \sqrt{x_1/g(\boldsymbol{x})}\right] \end{cases}$$

式中：$g(\boldsymbol{x}) = 1 + 10(\mathrm{Dim} - 1) + \sum_{i=2}^{\mathrm{Dim}}[x_i^2 - 10\cos(4\pi x_i)]$，$x_1 \in [0,1]$，$x_2, x_3, \cdots, x_{\mathrm{Dim}} \in [-5, 5]$，决策变量空间维数 Dim＝10。

**8. ZDT6**

$$\begin{cases} f_1(\boldsymbol{x}) = 1 - \exp(-4x_1)\sin^6(6\pi x_1) \\ f_2(\boldsymbol{x}) = g(\boldsymbol{x})\{1 - [x_1/g(\boldsymbol{x})]^2\} \end{cases}$$

式中：$g(\boldsymbol{x}) = 1 + 9\left[\sum_{i=2}^{\mathrm{Dim}} x_i/(\mathrm{Dim} - 1)\right]^{0.25}$，$\boldsymbol{x} = (x_1, x_2, \cdots, x_{\mathrm{Dim}})^{\mathrm{T}} \in [0,1]$，决策变量空间维数 Dim ＝ 10。

**9. DTLZ1**

$$\begin{cases} f_1(\boldsymbol{x}) = \dfrac{1}{2}[1 + g(\boldsymbol{x})]x_1 x_2 \\ f_2(\boldsymbol{x}) = \dfrac{1}{2}[1 + g(\boldsymbol{x})]x_1(1 - x_2) \\ f_3(\boldsymbol{x}) = \dfrac{1}{2}[1 + g(\boldsymbol{x})](1 - x_1) \end{cases}$$

式中：$g(\boldsymbol{x}) = 100\left(5 + \sum_{i=3}^{\text{Dim}} \{(x_i - 0.5)^2 - \cos[20\pi(x_i - 0.5)]\}\right)$，$\boldsymbol{x} = (x_1, x_2, \cdots, x_{\text{Dim}})^{\text{T}} \in [0, 1]$，决策变量空间维数 Dim=12。

**10. DTLZ2**

$$\begin{cases} f_1(\boldsymbol{x}) = [1 + g(\boldsymbol{x})]\cos\dfrac{x_1\pi}{2}\cos\dfrac{x_2\pi}{2} \\ f_2(\boldsymbol{x}) = [1 + g(\boldsymbol{x})]\cos\dfrac{x_1\pi}{2}\sin\dfrac{x_2\pi}{2} \\ f_3(\boldsymbol{x}) = [1 + g(\boldsymbol{x})]\sin\dfrac{x_1\pi}{2} \end{cases}$$

式中：$g(\boldsymbol{x}) = \sum_{i=3}^{\text{Dim}} (x_i - 0.5)^2$，$\boldsymbol{x} = (x_1, x_2, \cdots, x_{\text{Dim}})^{\text{T}} \in [0, 1]$，决策变量空间维数 Dim=12。

**11. DTLZ3**

$$\begin{cases} f_1(\boldsymbol{x}) = [1 + g(\boldsymbol{x})]\cos\dfrac{x_1\pi}{2}\cos\dfrac{x_2\pi}{2} \\ f_2(\boldsymbol{x}) = [1 + g(x)]\cos\dfrac{x_1\pi}{2}\sin\dfrac{x_2\pi}{2} \\ f_3(\boldsymbol{x}) = [1 + g(\boldsymbol{x})]\sin\dfrac{x_1\pi}{2} \end{cases}$$

式中：$g(\boldsymbol{x}) = 100\left(10 + \sum_{i=3}^{\text{Dim}} \{(x_i - 0.5)^2 - \cos[20\pi(x_i - 0.5)]\}\right)$，$\boldsymbol{x} = (x_1, x_2, \cdots, x_{\text{Dim}})^{\text{T}} \in [0, 1]$，决策变量空间维数 Dim=12。

**12. DTLZ4**

$$\begin{cases} f_1(\boldsymbol{x}) = [1 + g(\boldsymbol{x})]\cos\dfrac{x_1^{100}\pi}{2}\cos\dfrac{x_2^{100}\pi}{2} \\ f_2(\boldsymbol{x}) = [1 + g(\boldsymbol{x})]\cos\dfrac{x_1^{100}\pi}{2}\sin\dfrac{x_2^{100}\pi}{2} \\ f_3(\boldsymbol{x}) = [1 + g(\boldsymbol{x})]\sin\dfrac{x_1^{100}\pi}{2} \end{cases}$$

式中：$g(\boldsymbol{x}) = \sum_{i=3}^{\text{Dim}} (x_i - 0.5)^2$，$\boldsymbol{x} = (x_1, x_2, \cdots, x_{\text{Dim}})^{\text{T}} \in [0, 1]$，决策变量空间维数 Dim=12。

**13. DTLZ6**

$$\begin{cases} f_1(\boldsymbol{x}) = x_1 \\ f_2(\boldsymbol{x}) = x_2 \\ f_3(\boldsymbol{x}) = [1 + g(\boldsymbol{x})]h(f) \\ h(f) = 3 - \sum_{i=1}^{2} \dfrac{f_i(\boldsymbol{x})}{1 + g(\boldsymbol{x})}\{1 + \sin[3\pi f_i(x)]\} \end{cases}$$

式中：$g(\boldsymbol{x}) = 1 + \frac{9}{20}\sum_{i=3}^{\mathrm{Dim}} x_i, \boldsymbol{x} = (x_1, x_2, \cdots, x_{\mathrm{Dim}})^{\mathrm{T}} \in [0,1]$，决策变量空间维数 Dim＝22。

# 6.4　仿真实验与分析

本章实验选取 MOEA/D，NSGA－Ⅱ和 MOPSO－Coello 算法作为对比算法，与 MOPSO－DSAPD 算法进行比较，在多目标优化领域中这 3 种算法是非常典型的多目标优化算法。在本实验中，对于选取的 13 种多目标优化测试问题，实验结果通过 4 种算法的 30 次独立实验获得。算法的参数设置如下：4 种算法的种群大小均为 100，对于一个多目标优化算法，很难给出最优的算法终止准则，国内外绝大多数学者通过设置算法最大迭代次数或目标函数的评价次数作为算法的停止条件。本章采用最大迭代次数作为算法停止条件，设最大迭代次数为 max_itera＝500，3 种对比算法的其他参数尽量与原始文献中保持一致，MOPSO－DSAPD 算法的邻居大小 $T = 20$，当前温度值 $T_{\mathrm{en}} = 80$，马尔可夫链长度 $l_{\mathrm{markov}} = 30$，降温系数 $\xi = 0.95$，剩余相关参数与 MOPSO－Coello 算法一致。仿真实验平台为 Windows 7 32 位操作系统，处理器为 Intel(R) Core(TM) i5－4590 CPU，3.3 GHz，内存为 4 GB，编程语言采用 MATLAB。

盒图是统计分析中的一个非常重要的工具，它反映了数据的统计分布情况，本章实验采用盒图来展现每一种算法对每一种测试函数的解算统计结果。盒子中间的水平线表示数据样本的中位数，数据样本的上、下四分位数分别位于盒子的上、下两条线，盒子的上、下虚线代表数据样本的剩余部分，但是野值不包含在内，顶端虚线表示数据样本最大值，底端虚线则表示最小值，“＋”表示野值。

## 6.4.1　收敛性分析

30 次独立实验后的收敛性指标 GD 的统计盒图如图 6.3 所示，图 6.3(a)～(c)分别为 KUR，SCH，DEB 测试问题的统计结果。从图中可以看出：对于 KUR 测试问题，MOPSO－DSAPD，MOEA/D 以及 NSGA－Ⅱ算法的收敛性表现最好，MOPSO－Coello 算法表现最差；对于 SCH 测试问题，MOEA/D 算法的收敛性没有其他 3 种算法好，NSGA－Ⅱ，MOPSO－Coello 和 MOPSO－DSAPD 算法的收敛性基本一致；在 DEB 测试问题上，MOPSO－DSAPD 算法的收敛性与 MOEAD 算法接近，好于 NSGA－Ⅱ和 MOPSO－Coello 算法。

图 6.3(d)～(h)给出了 ZDT 系列测试问题的统计结果：对于 ZDT1，ZDT2 和 ZDT3 测试问题，MOPSO－DSAPD 算法的收敛性明显要优于 MOEA/D，NSGA－Ⅱ和 MOPSO－Coello 算法；在 ZDT4 和 ZDT6 测试问题上，MOPSO－DSAPD 算法和 MOEA/D 算法的收敛性较为接近，并且要好于 NSGA－Ⅱ和 MOPSO－Coello 算法。

在本实验中，DTLZ 系列测试问题作为三目标优化问题用于测试 MOPSO－DSAPD，MOEA/D，NSGA－Ⅱ和 MOPSO－Coello4 种算法的收敛性能。图 6.3(i)展现了 4 种算法在 DTLZ1 测试问题上的收敛性统计结果。从该图中可以看出：MOEA/D，NSGA－Ⅱ和MOPSO－DSAPD 算法的收敛结果没有太大的不同，MOEA/D 算法的收敛性更稳定，但是 3 种算法收敛性明显优于 MOPSO－Coello 算法；MOPSO－DSAPD 算法在 DTLZ2 测试问题上的收敛性表现最好，如图 6.3(j)所示；4 种算法在 DTLZ3 测试问题上的收敛性如图 6.3(k)所示。从图中可以看出：MOPSO－Coello 算法无法收敛，与 MOPSO－DSAPD 算法相比，MOEA/D 算法的收敛性和 NSGA－Ⅱ算法的稳定性要相对较好一些；对于 DTLZ4 测试问题，如图 6.3(l)所示，MOEA/D，NSGA－Ⅱ和 MOPSO－DSAPD 算法的收敛效果基本一致，MOEA/D 算法的收敛性更加稳定，MOPSO－Coello 算法的收敛效果最差。图 6.3(m)为 4 种算法在 DTLZ6 测试问题上的收敛性统计结果。从图中可以看出：MOEA/D 算法的收敛效果差于其他 3 种算法，MOPSO－DSAPD 算法和 MOPSO－Coello 算法的收敛效果比 NSGA－Ⅱ算法稍好。

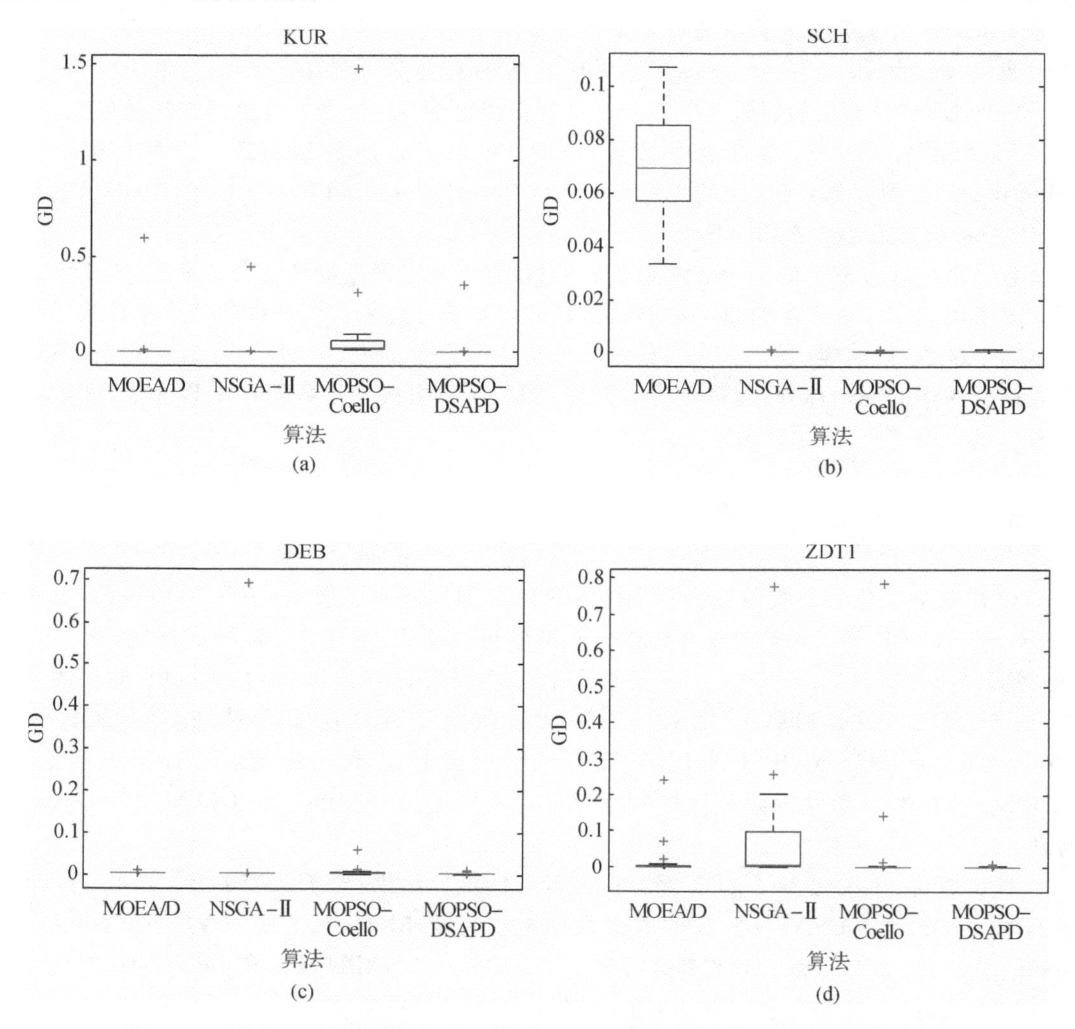


**图 6.3　4 种算法分别解算 13 种测试函数 30 次独立实验后的 GD 指标统计盒图**

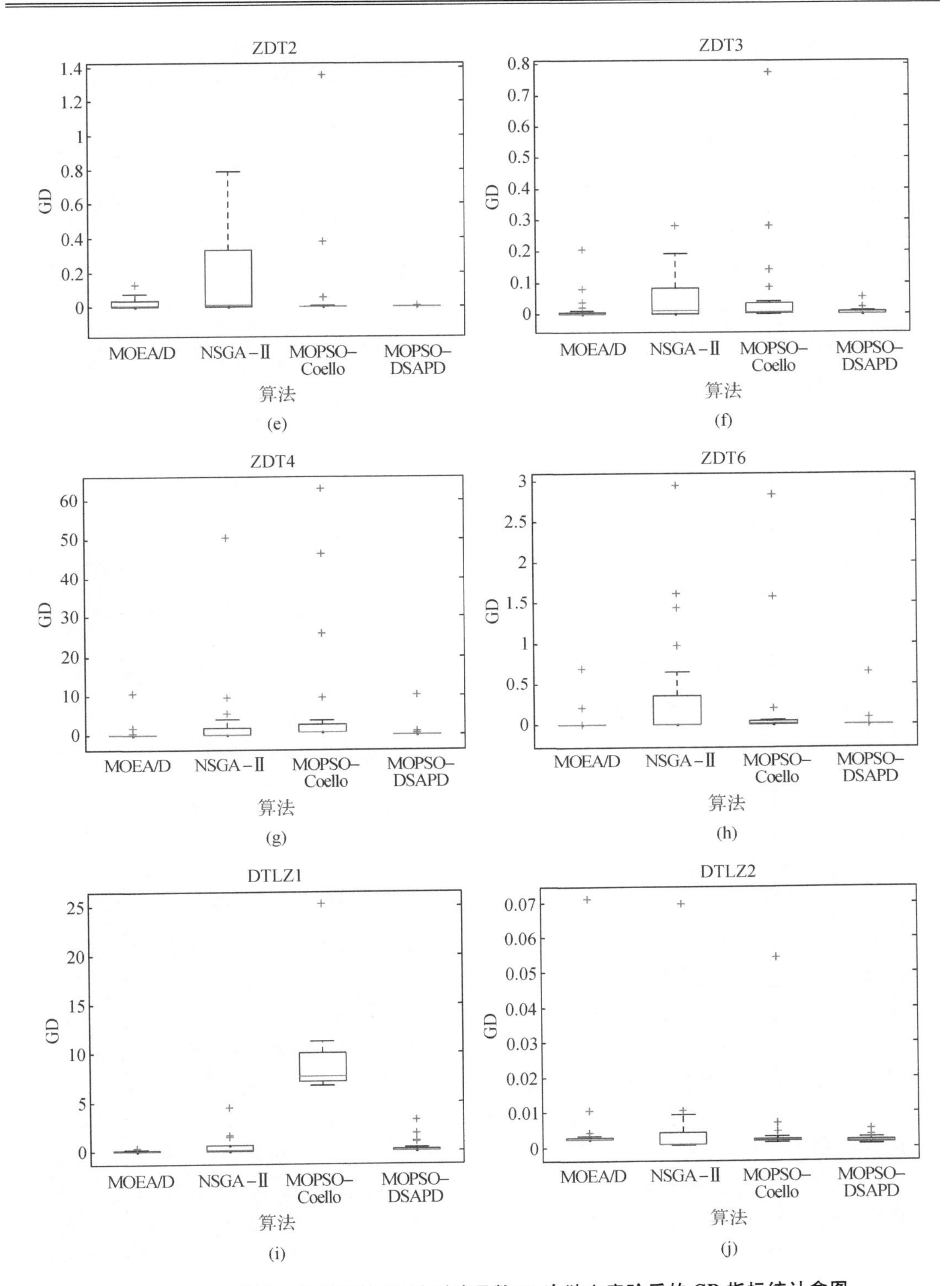


**续图 6.3　4 种算法分别解算 13 种测试函数 30 次独立实验后的 GD 指标统计盒图**

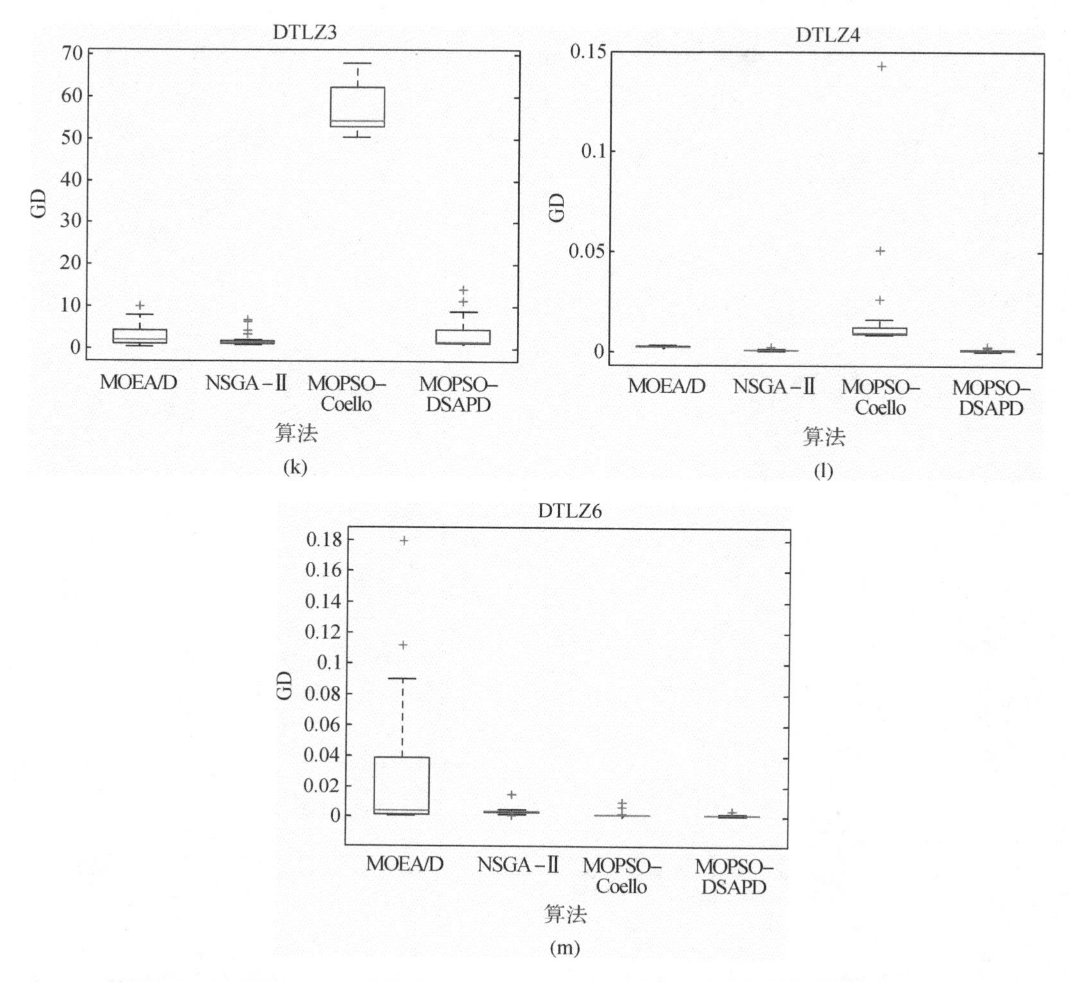


**续图 6.3　4 种算法分别解算 13 种测试函数 30 次独立实验后的 GD 指标统计盒图**

为了进一步分析 4 种算法 MOPSO－DSAPD，MOPSO－Coello，MOEA/D 和 NSGA－Ⅱ的收敛速度，以 KUR，ZDT3 和 DTLZ1 测试函数为例，图 6.4(a)(b)分别给出了 4 种算法收敛性指标 GD 随迭代次数变化曲线。

由图 6.4(a)～(c)中可以看出：对于二目标 KUR 问题，MOPSO－DSAPD、MOEA/D 以及 NSGA－Ⅱ算法的收敛速度最快，迭代 25 次就可以收敛，而 MOPSO－Coello 算法收敛速度最慢，大约需要 300 次迭代才能收敛；在二目标 ZDT3 测试问题中，MOPSO－DSAPD 和 MOEA/D 算法均需要在 150 次迭代才能达到收敛，而 MOPSO－Coello 和 NSGA－Ⅱ算法均需要 325 次，因此在该问题上 MOPSO－DSAPD 和 MOEA/D 算法的收敛速度最快；针对三目标 DTLZ1 测试问题，MOPSO－Coello 算法的收敛效果很差，几乎无法收敛，而 MOEA/D 算法收敛前所需迭代次数为 100 次，NSGA－Ⅱ算法为 225 次，MOPSO－DSAPD 算法为 150 次。综上所述，本章提出的 MOPSO－DSAPD 算法在解决二目标 KUR，ZDT 测试问题以及三目标 DTLZ 测试问题时，在收敛速度方面与经典的 MOEA/D，NSGA－Ⅱ算法相比具备较强的竞争能力，与 MOPSO－Coello 算法相比始终占据优势。

### 6.4.2　均匀性分析

30 次独立实验后 4 种算法的 SP 指标结果统计盒图如图 6.5 所示。图 6.5(a)～(c)分别为 KUR，SCH，DEB 测试问题的 SP 指标统计结果。对于 KUR 测试问题，可以看出：MOPSO－DSAPD 算法的均匀性效果最好，MOPSO－Coello 算法表现最差；在 SCH 测试问题上，MOEA/D 算法的均匀性没有其他 3 种算法好，MOPSO－DSAPD 算法则表现最好；MOPSO－DSAPD 算法在 DEB 测试问题上的均匀性效果与 NSGA－Ⅱ算法接近，好于 MOEA/D 和 MOPSO－Coello 算法。

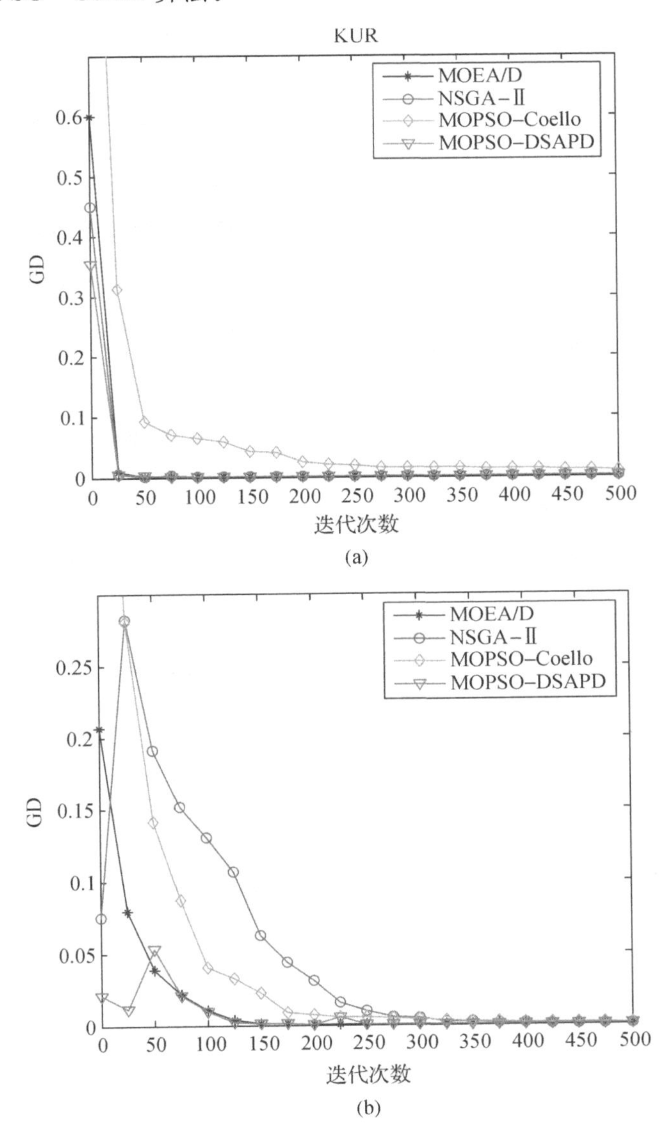


**图 6.4　4 种算法收敛性指标 GD 随迭代次数变化曲线**

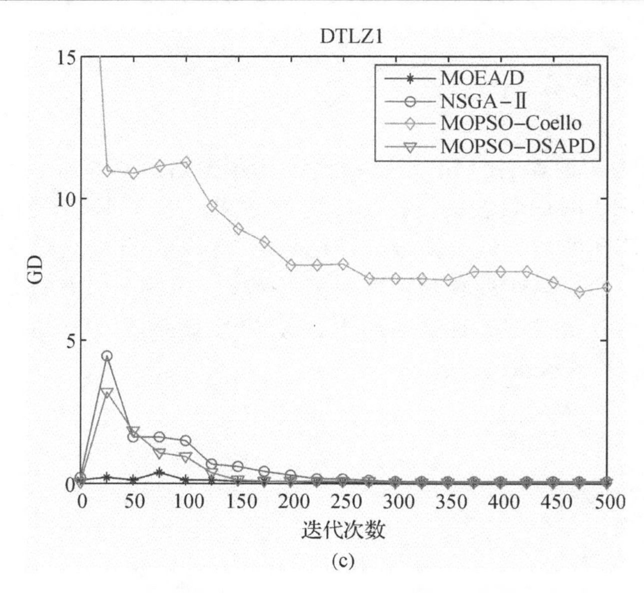


(c)

**续图 6.4　4 种算法收敛性指标 GD 随迭代次数变化曲线**

图 6.5(d)～(h)给出了 ZDT 系列测试问题的均匀性指标 SP 的统计结果：对于 ZDT1，ZDT2，ZDT3 和 ZDT4 测试问题，MOPSO－DSAPD 算法的均匀性效果明显好于 MOEA/D，NSGA－Ⅱ和 MOPSO－Coello 算法；在 ZDT6 测试问题上，MOPSO－DSAPD 和 MOEA/D 算法的均匀性效果基本一致，并且好于 NSGA－Ⅱ和 MOPSO－Coello 算法。

图 6.5(i)～(m)展现了 DTLZ 系列测试问题的 SP 指标统计结果：对于 DTLZ1 和 DTLZ3 测试问题，MOPSO－DSAPD 和 NSGA－Ⅱ算法的均匀性基本一致，MOEA/D 算法表现适中，而 MOPSO－Coello 算法则表现最差；从图 6.5(j)可以看出 MOPSO－DSAPD 算法的在 DTLZ2 测试问题上的均匀性效果表现最好；对于 DTLZ4 测试问题，MOPSO－DSAPD 算法的均匀性效果最优并且也最稳定。图 6.5(m)给出了 DTLZ6 测试问题的均匀性效果统计结果。可以看出，MOPSO－DSAPD 算法表现最好，MOPSO－Coello 次之，MOEA/D 和 NSGA－Ⅱ算法则表现最差。

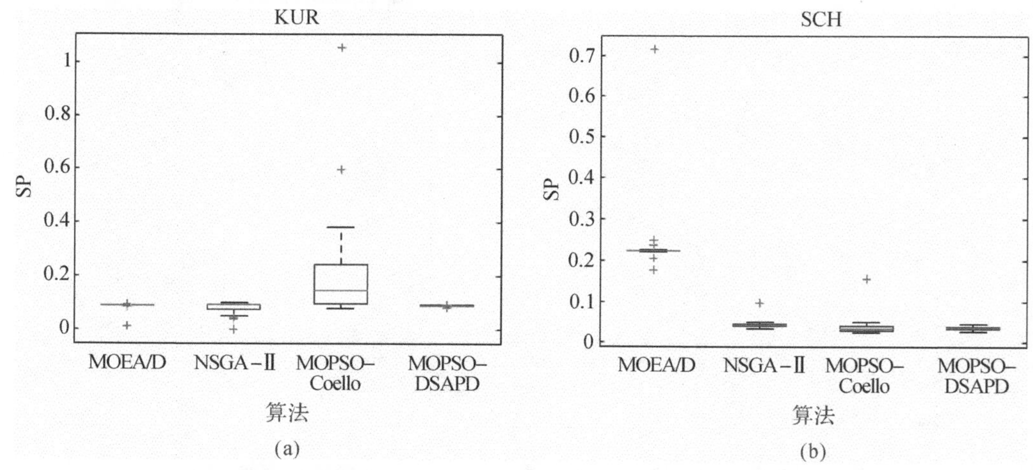


**图 6.5　4 种算法分别解算 13 种测试函数 30 次独立实验后的 SP 指标统计盒图**

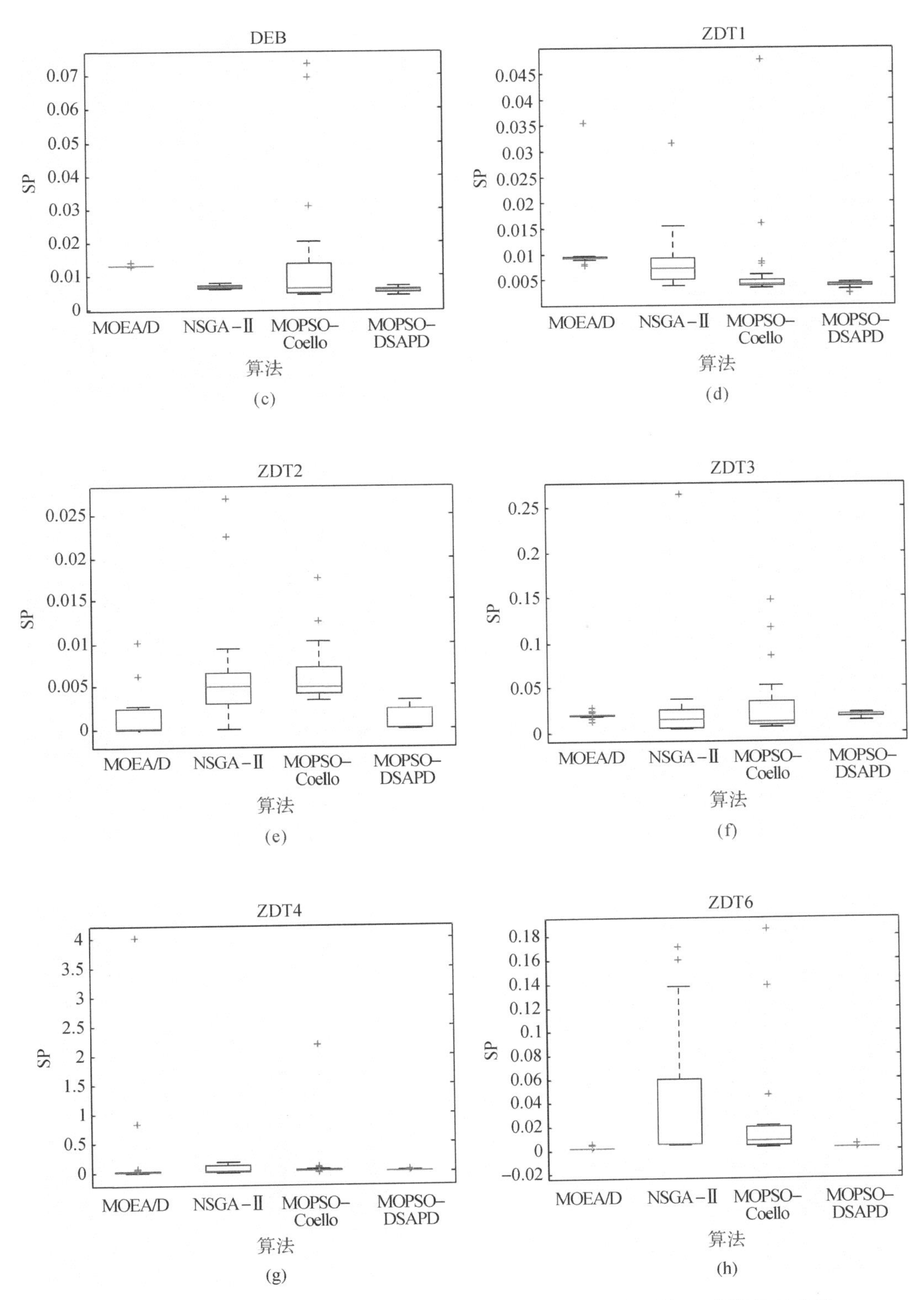


**续图 6.5　4 种算法分别解算 13 种测试函数 30 次独立实验后的 SP 指标统计盒图**

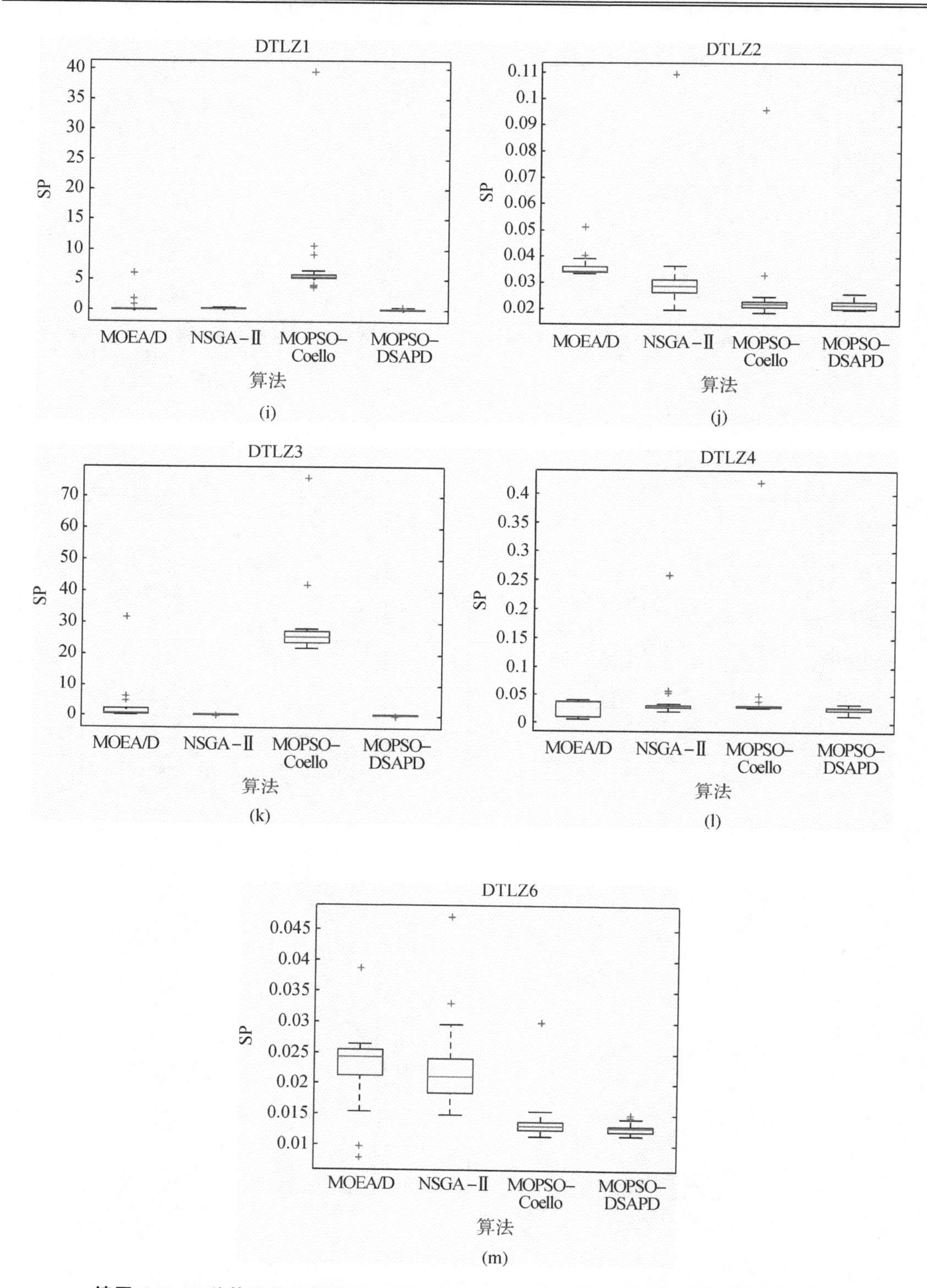


**续图 6.5　4 种算法分别解算 13 种测试函数 30 次独立实验后的 SP 指标统计盒图**

### 6.4.3　Pareto 前沿分析

4 种算法求解 KUR,SCH 和 DEB 测试问题后获得的 Pareto 前沿分别如图 6.6～图 6.8 所示。从图中可以看出,4 种算法在这 3 种测试问题上获得了较好的 Pareto 前沿,但是与 MOPSO - DSAPD 算法相比,MOPSO - Coello 算法在这 3 种测试问题上或多或少都存在解的缺失,MOEA/D 算法在 SCH 测试问题上的非支配解缺失最严重,NSGA - Ⅱ 算法在 SCH 测试问题上存在部分非支配的缺失,然而,MOPSO - DSAPD 算法在这 3 种测试问题上都保持了较好的解的均匀性和多样性。

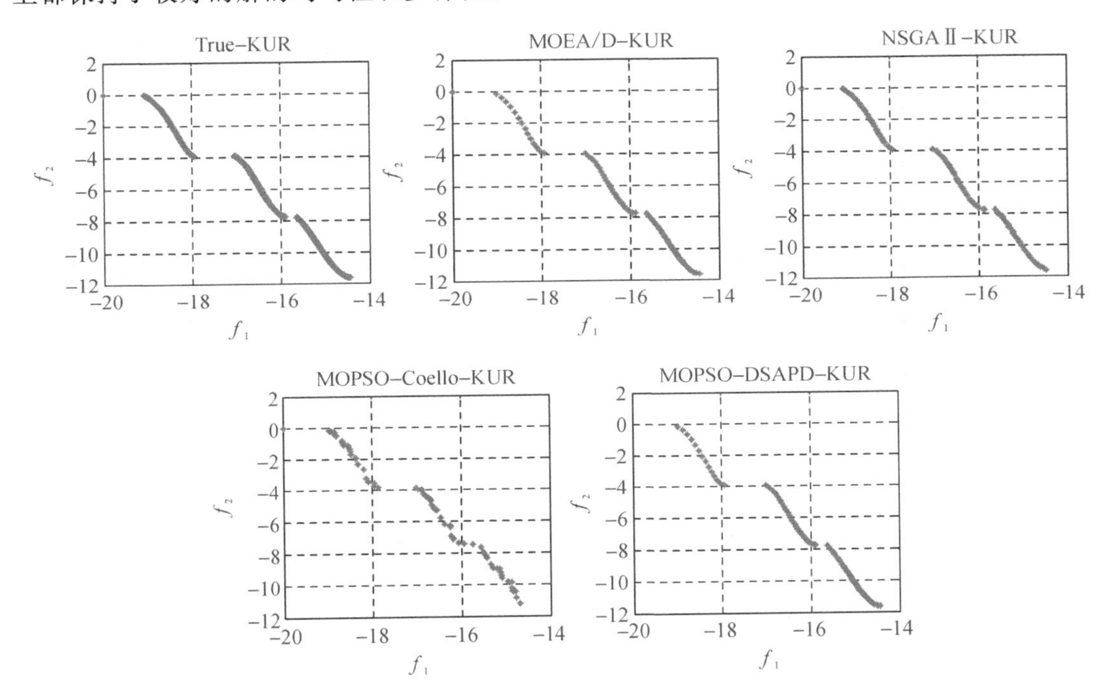


**图 6.6　4 种算法分别求解 KUR 测试问题获得的 Pareto 前沿**

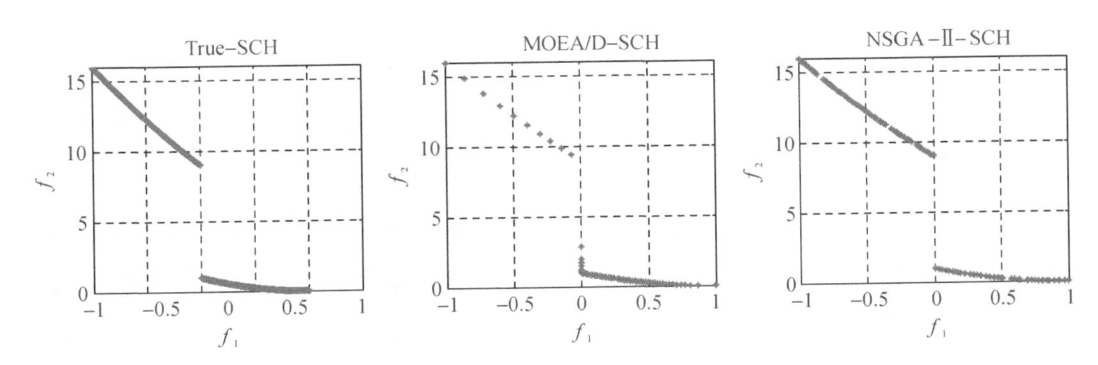


**图 6.7　4 种算法分别求解 SCH 测试问题获得的 Pareto 前沿**

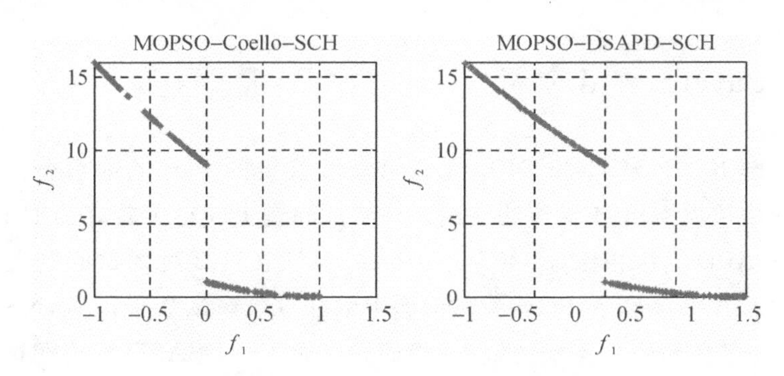


续图 6.7　4 种算法分别求解 SCH 测试问题获得的 Pareto 前沿

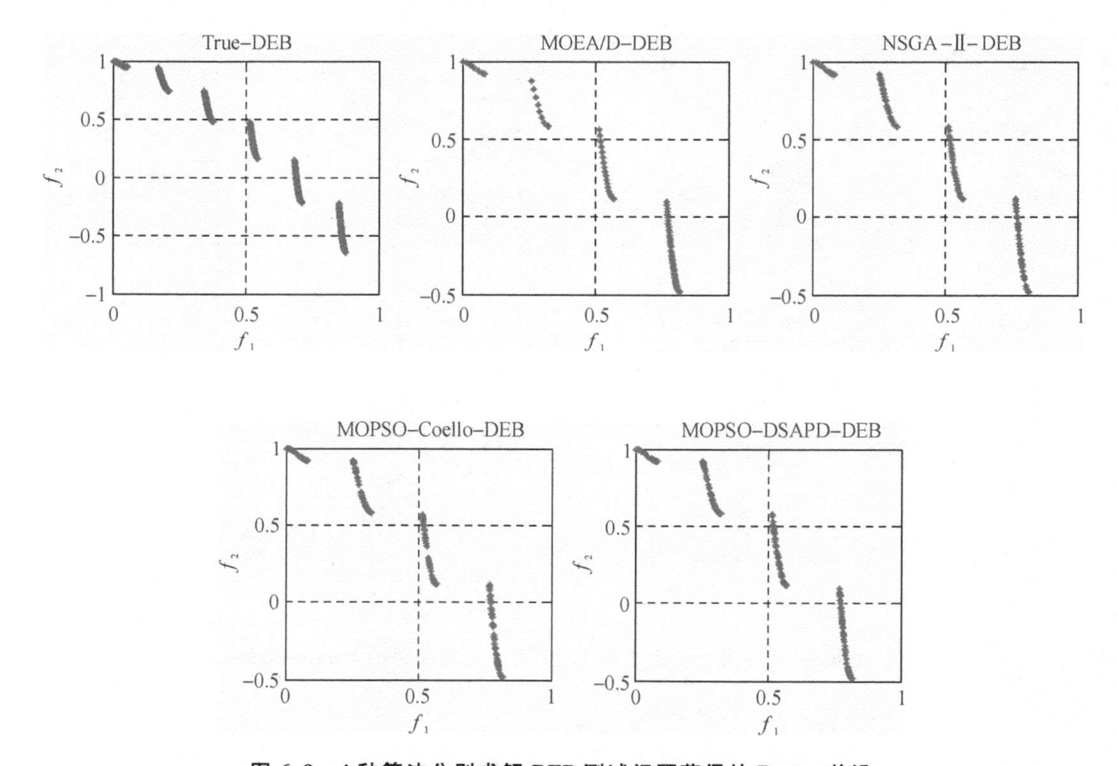


图 6.8　4 种算法分别求解 DEB 测试问题获得的 Pareto 前沿

图 6.9～图 6.13 给出了 4 种算法分别求解 ZDT 系列测试问题后生成的 Pareto 前沿，从图中可以看出 4 种算法均能获得较好的 Pareto 前沿，与 MOPSO－DSAPD 算法相比，MOEA/D 算法在 ZDT1，ZDT2，ZDT3 和 ZDT4 问题上获得的非支配解集中存在部分解的缺失，MOPSO－Coello 算法在整个 ZDT 系列测试问题上获得的非支配解集或多或少都存在解的缺失，NSGA－Ⅱ算法与 MOPSO－Coello 算法一样，尤其是在 ZDT3 测试问题上的 Pareto 前沿存在一段解的缺失，然而，MOPSO－DSAPD 算法在整个 ZDT 系列测试问题中获得的 Pareto 前沿都保持了较好的均匀性和多样性。

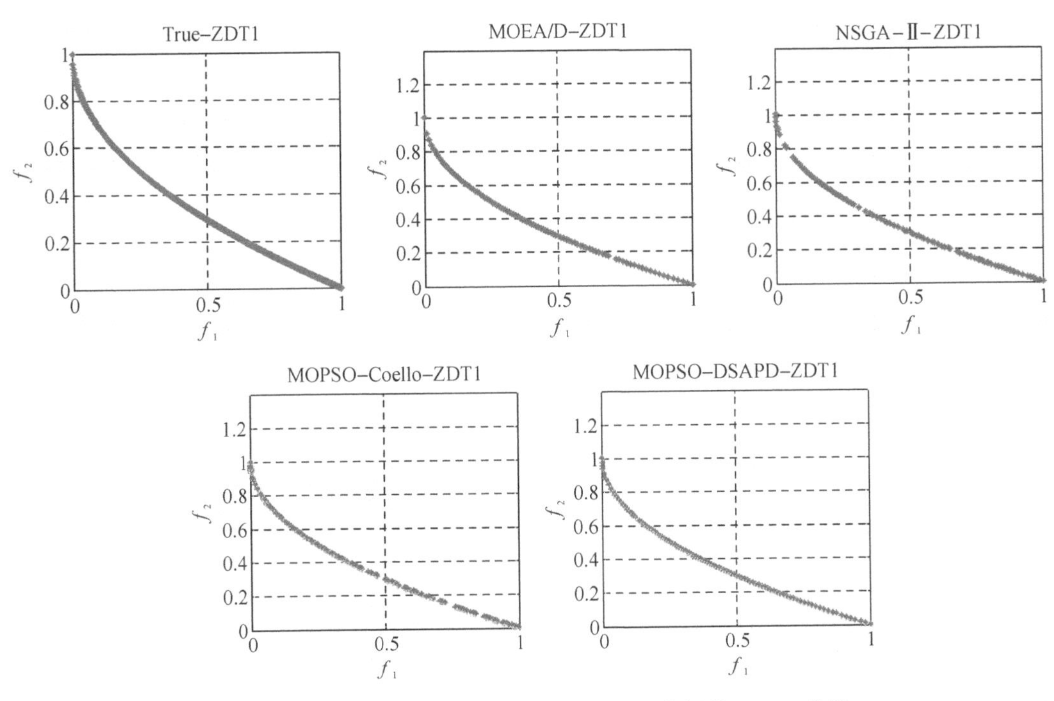


**图 6.9　4 种算法分别求解 ZDT1 测试问题获得的 Pareto 前沿**

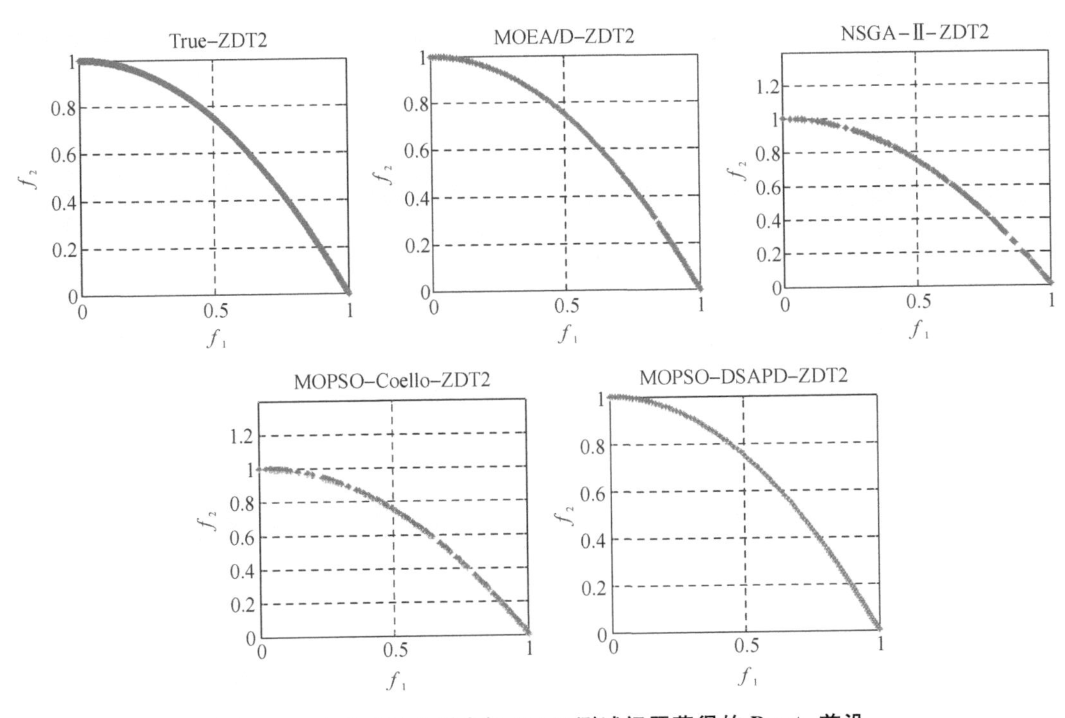


**图 6.10　4 种算法分别求解 ZDT2 测试问题获得的 Pareto 前沿**

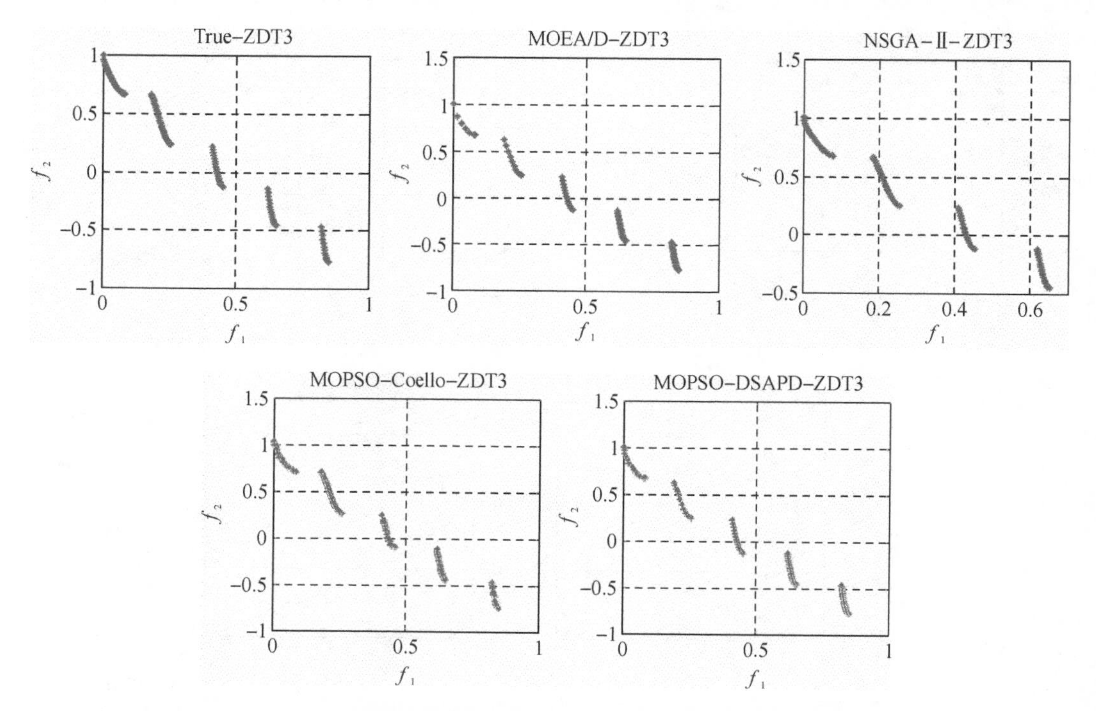


**图 6.11　4 种算法分别求解 ZDT3 测试问题获得的 Pareto 前沿**

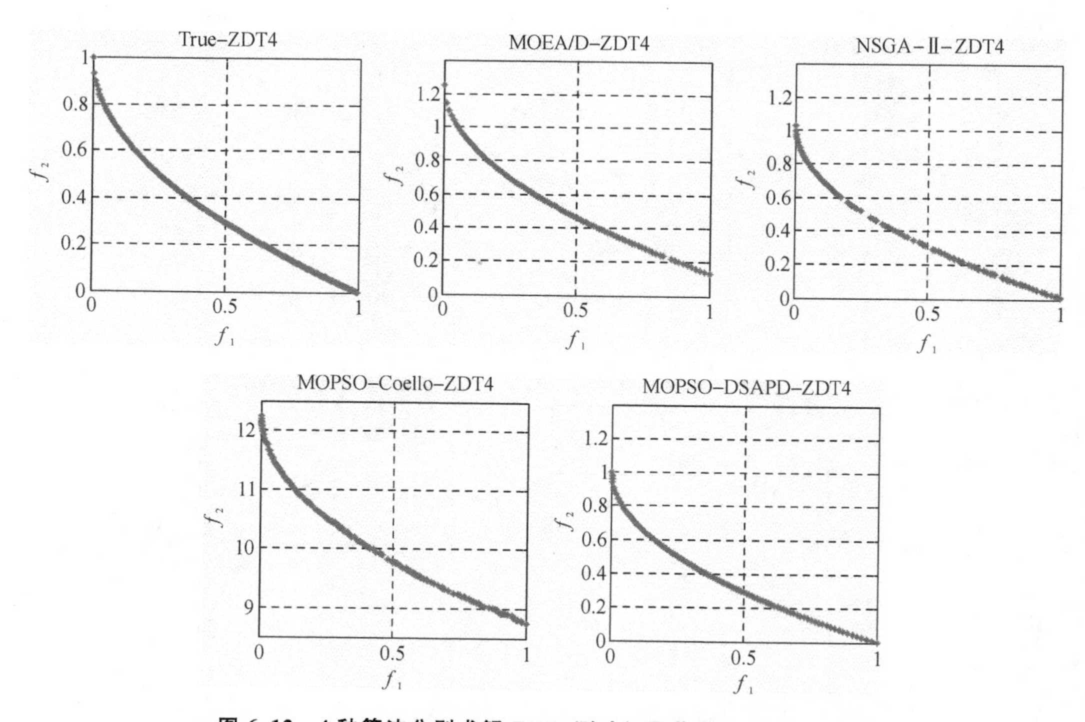


**图 6.12　4 种算法分别求解 ZDT4 测试问题获得的 Pareto 前沿**

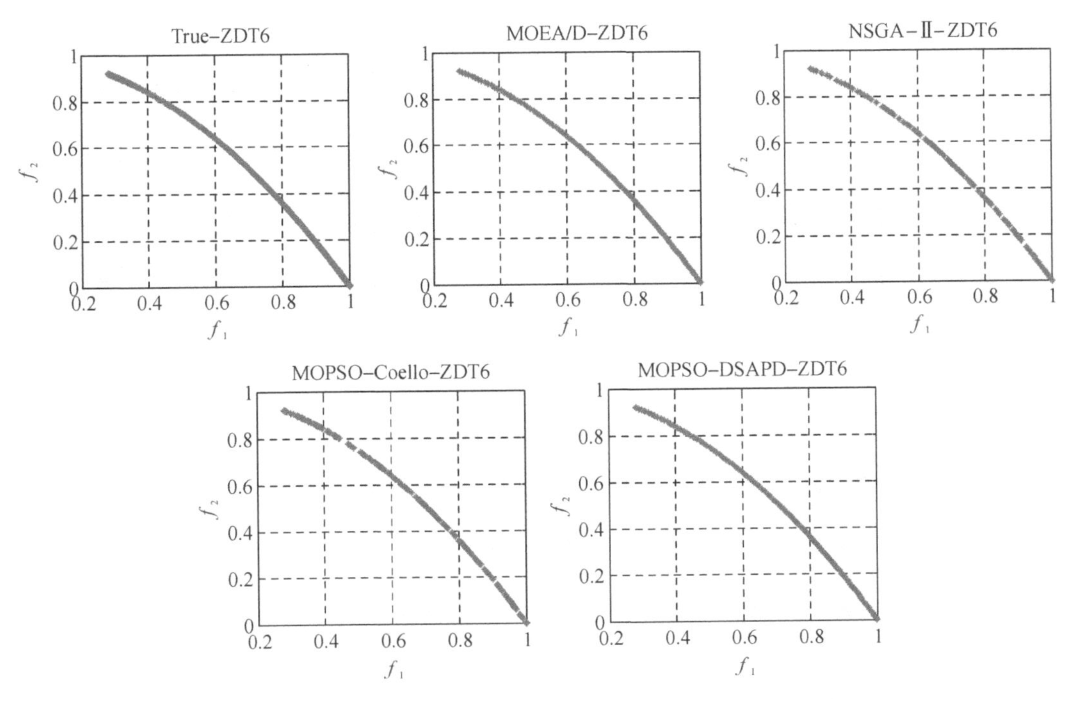


**图 6.13　4 种算法分别求解 ZDT6 测试问题获得的 Pareto 前沿**

图 6.14～图 6.18 展示了 4 种算法分别求解 DTLZ 系列测试问题后获得的 Pareto 前沿：对于 DTLZ1 测试问题，MOPSO - DSAPD，MOEA/D 和 NSGA - Ⅱ可以较好地逼近真实的 Pareto 前沿，但是 MOPSO - Coello 算法则无法收敛到真实 Pareto 前沿；从图 6.15 可以看出，在 DTLZ4 测试问题上 4 种算法都能较好的逼近真实的 Pareto 前沿；对于 DTLZ3 测试问题，MOPSO - Coello 算法无法收敛到真实的 Pareto 前沿，而 MOPSO - DSAPD，MOEA/D 和 NSGA - Ⅱ算法的逼近真实 Pareto 前沿的效果也不是很理想；图 6.17 所示 4 种算法在 DTLZ4 测试问题上都能较好的逼近真实的 Pareto 前沿，但与 MOPSO - DSAPD 算法相比，MOEA/D 和 NSGA - Ⅱ算法获得非支配解集分布不是很均匀，而 MOPSO - Coello 算法获得的解的收敛性和均匀性则更差一些。

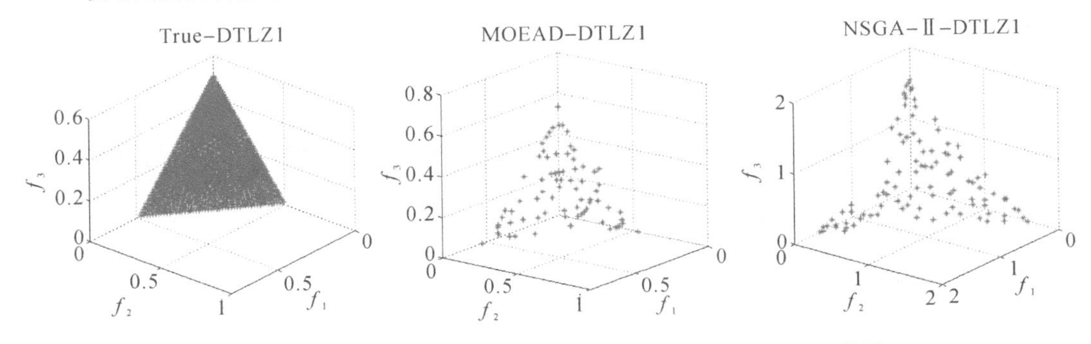


**图 6.14　4 种算法分别求解 DTLZ1 测试问题获得的 Pareto 前沿**

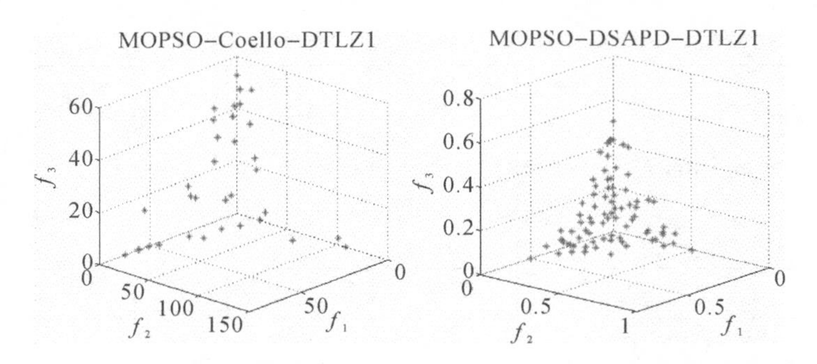


续图 6.14　4 种算法分别求解 DTLZ1 测试问题获得的 Pareto 前沿

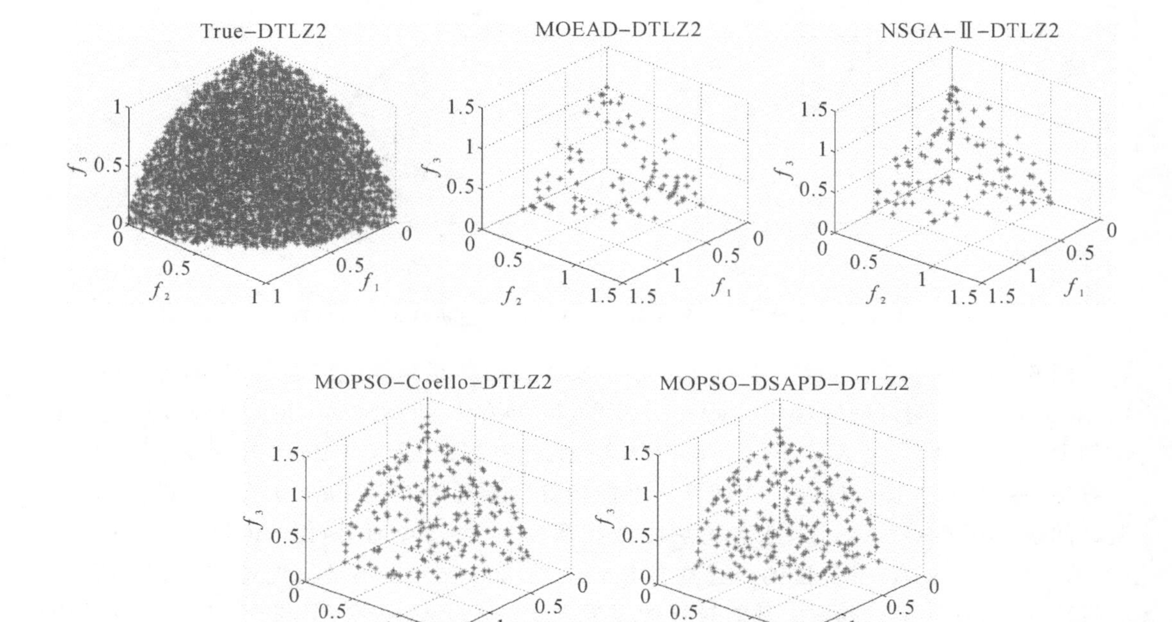


图 6.15　4 种算法分别求解 DTLZ2 测试问题获得的 Pareto 前沿

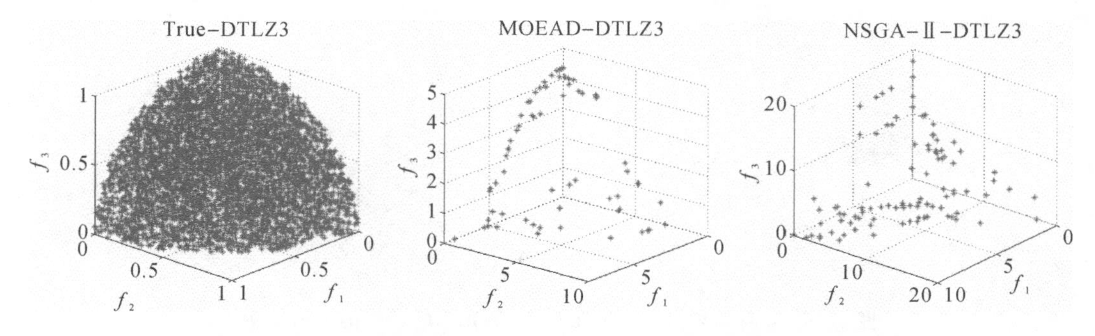


图 6.16　4 种算法分别求解 DTLZ3 测试问题获得的 Pareto 前沿

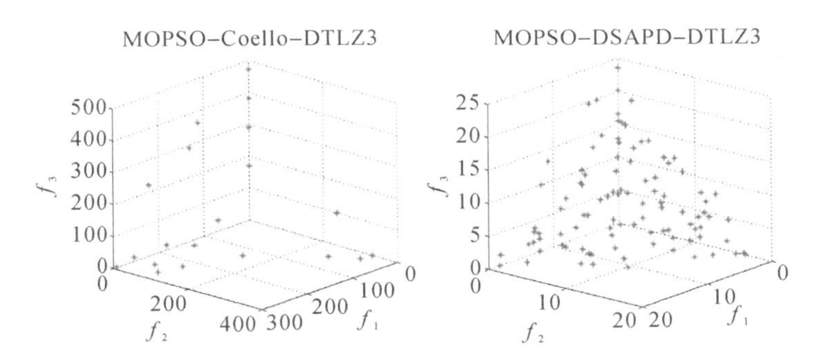


**续图 6.16 4 种算法分别求解 DTLZ3 测试问题获得的 Pareto 前沿**

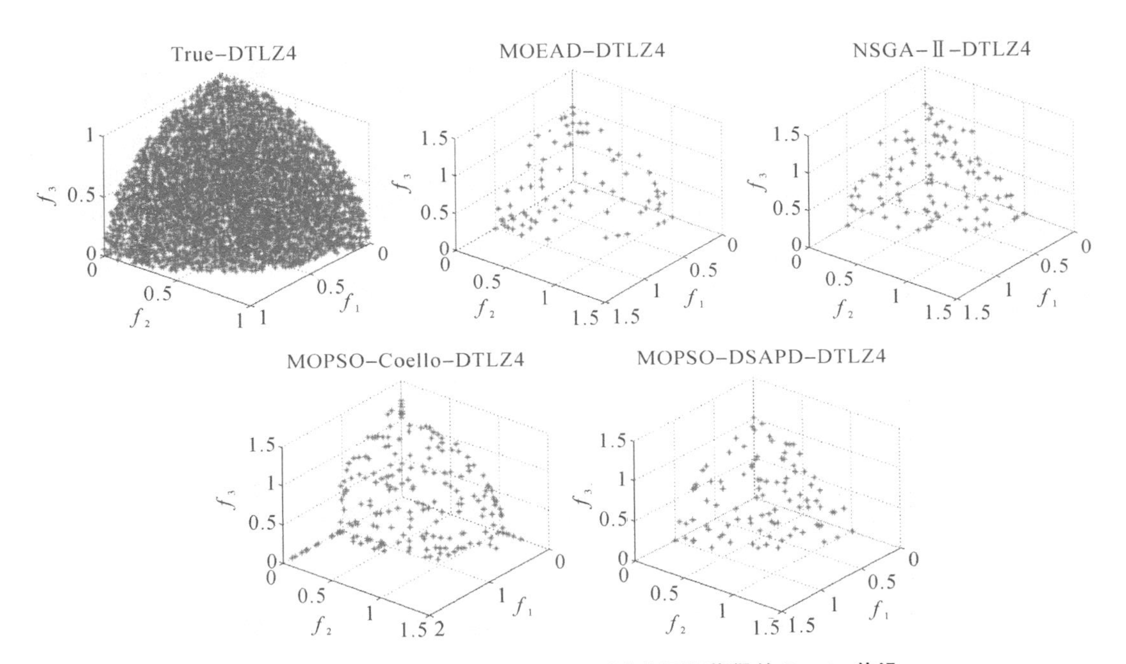


**图 6.17 4 种算法分别求解 DTLZ4 测试问题获得的 Pareto 前沿**

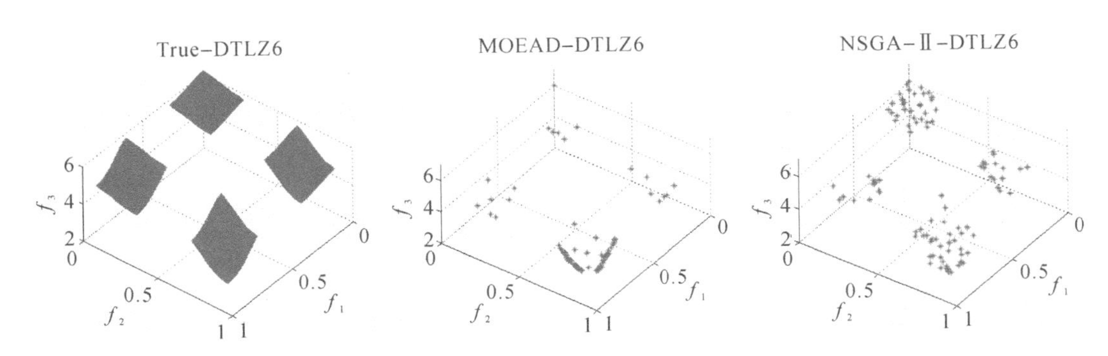


**图 6.18 4 种算法分别求解 DTLZ6 测试问题获得的 Pareto 前沿**

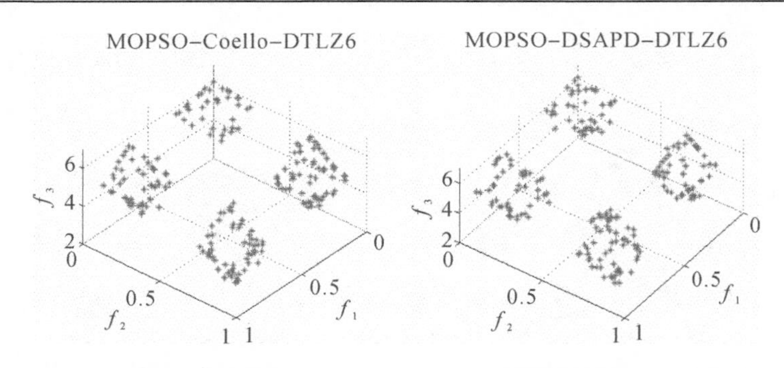


**续图 6.18　4 种算法分别求解 DTLZ6 测试问题获得的 Pareto 前沿**

综上所述,本章提出的 MOPSO - DSAPD 算法较好地解决了 13 种静态多目标优化测试问题,并且无论是在收敛效果、获得的非支配解集的均匀效果以及对真实 Pareto 前沿的逼近效果方面都展现出了较大的优势,原因在于 MOPSO - DSAPD 算法采用切比雪夫分解策略、模拟退火局部搜索策略以及比例分布策略,提高了算法的收敛速度、收敛效果、局部搜索能力以及对获得的非支配解多样性保持的能力,除了在 DTLZ3 测试问题中表现不太理想之外,与其余 3 种对比算法相比具备了一定的竞争优势。DTLZ3 测试问题用于测试多目标优化算法收敛到全局最优 Pareto 前沿的能力,测试函数里含有许多局部最优 Pareto 前沿,可以吸引算法对这些局部最优区域进行搜索,从而使得算法陷入局部最优。相关文献中采用 NSGA - Ⅱ 算法来求解该测试问题,但是收敛效果却没有达到预期。

# 6.5　本章小结

本章对静态环境下多目标优化问题进行了研究,主要工作及结论如下:

(1)提出了一种基于模拟退火和比例分布策略的分解类 MOPSO - DSAPD 算法,分解策略旨在将多目标优化问题分解为多个单目标优化的子问题,并同时对这些子问题进行优化,结合模拟退火策略的局部搜索优点,将其融合进算法之中进一步改善算法的搜索性能,比例分布策略用于保持算法获得的非支配解集沿 Pareto 前沿分布的均匀性。

(2)采用 13 种典型的多目标优化测试问题来验证 MOPSO - DSAPD 的性能,3 种经典的多目标优化算法 MOEA/D,NSGA - Ⅱ 和 MOPSO - Coello 作为对比算法,收敛性指标 GD 和均匀性指标 SP 用于对算法的性能进行评价,

(3)通过与 MOPSO - DSAPD 算法在获得的非支配解集的收敛效果、均匀效果以及对真实 Pareto 前沿的逼近程度 3 个方面进行对比,仿真实验结果表明本章提出的 MOPSO - DSAPD 算法可以更好地解决如 KUR,SCH,DEB,ZDT 系列和 DTLZ 系列的多目标优化问题,除了 DTLZ3 测试问题之外,展现出了较强的竞争性。

# 参考文献

[1]　雷雨. 面向考试时间表问题的启发式进化算法研究[D]. 西安：西安电子科技大学，2015.

[2] JIAO Y C, DANG C, LEUNG Y, et al. A Modification to the New Version of the Price's Algorithm for Continuous Global Optimization Problems[J]. Journal of Global Optimization, 2006, 36(4): 609 - 626.

[3] LI H, JIAO Y C, ZHANG L. Hybrid Differential Evolution with a Simplified Quadratic Approximation for Constrained Optimization Problems[J]. Engineering Optimization, 2011, 43(2): 115 - 134.

[4] FAN S K S, ZAHARA E. A Hybrid Simplex Search and Particle Swarm Optimization for Unconstrained Optimization[J]. European Journal of Operational Research, 2007, 181(2): 527 - 548.

[5] ZAHARA E, KAO Y T. Hybrid Nelder - Mead Simplex Search and Particle Swarm Optimization for Constrained Engineering Design Problems[J]. Expert Systems with Applications, 2009, 36(2): 3880 - 3886.

[6] 王允良，李为吉．基于混合多目标粒子群算法的飞行器气动布局设计[J]．航空学报，2008(5)，1202 - 1206.

[7] KIRKPATRICK S, GELATT C D, VECCHI M P. Optimization by Simulated Annealing[J]. Science, 1983, 220(4598): 671 - 680.

[8] ALI M M, TORN A, VIITANEN S. Anumerical Comparison of Some Modified Controlled Random Search Algorithms[J]. Journal of Global Optimization, 1997 (11): 377 - 385.

[9] 汪荣鑫．随机过程[M]．西安：西安交通大学出版社，2006.

[10] 程云鹏，张凯院，徐仲．矩阵论[M]．西安：西北工业大学出版社，2006.

[11] IOSIFESCU M. Finite Markov Processes and Their Applications[M]. Chichester: Wiley, 1980.

[12] SCHOTT J R. Fault Tolerant Design using Single and Multicriteria Genetic Algorithm Optimization[D]. Cambridge: Massachusetts Institute of Technology, 1995.

[13] DEB K. Multi - objective Genetic Algorithms: Problem Difficulties and Construction of Test Problems[J]. Evolutionary Computation, 1999, 7(3): 205 - 230.

[14] ZITZLER E, DEB K, THIELE L. Comparison of Multiobjective Evolutionary Algorithms: Empirical Results[J]. Evolutionary Computation, 2000, 8(2): 173 - 195.

[15] MCGILL R, TUKEY J W, LARSEN W A. Variations of Boxplots[J]. The American Statistician, 1978, 32(1): 12 - 16.

# 第7章　基于定向预测策略的改进动态多目标粒子群优化算法

## 7.1　引　　言

动态多目标优化问题存在于真实生活中的很多方面，其主要特点是目标函数会随着时间的推移而不断发生变化，使得算法求出的 Pareto 最优解集或 Pareto 前沿也发生改变，从而给问题的求解带来很大挑战。动态多目标优化最关键的问题就是要适应环境变化，面对变化的环境能够高效、正确地判断出该变化，以及如何做出调整来适应环境的变化。本章将探究一种采用定向预测策略的动态多目标粒子群优化算法(Dynamic Multi - objective Particle Swarm Optimization Algorithm Based on Directed Prediction Strategy)，简称 DMOPSO - DP 算法。首先，给出一种环境变化判断规则，用于快速检测当前环境是否发生改变；其次，若环境已发生改变，则采用定向预测策略对种群中一半个体的位置进行预测，另一半个体则采用随机初始化和经过特定的变异算子变异后的方式生成新的个体位置，采用随机初始化是为了增加种群的多样性，经过特定变异算子(采用多项式变异算子，与 DNSGA - Ⅱ - B 算法保持一致)后可继承原有种群的部分历史信息，用新生成的个体替换原有种群；最后，采用经典的数据分析测试函数(Functional Data Analysic，FDA)系列函数对动态多目标优化 DMOPSO - DP 算法进行仿真实验分析，并与经典的 DNSGA - Ⅱ - A 算法、DNSGA - Ⅱ - B 算法和 DMOPSO - Coello 算法进行对比，验证 DMOPSO - DP 算法在解决动态多目标优化问题方面的有效性。

## 7.2　DMOPSO - DP 算法

### 7.2.1　环境变化判断规则

动态多目标优化中的一个很重要问题是算法如何感知环境已经发生变化，以此对 Pareto 最优解的轨迹继续进行跟踪。换言之，当环境出现变化时，算法能检测出此变化并转到另一个新的环境进行寻优。这里给出一种可以对环境变化进行检测的环境变化判断规则：随着时间的不断推移，若动态多目标优化问题中的决策变量的空间维数值产生变化，则认定当前算法迭代的环境已发生改变；反之，若问题中决策变量的空间维数值未产生变化，则需要进一步对问题中的目标函数值进行重新评价。为了提高算法的计算效率，不应对种群中所有个体的目标函数进行重新评价，而是从中随机地选取 $N_0$ 个个体。环境变化判断规则的数学化描述如下：

$$\mathrm{Tsd}(t,t-1)=\frac{\sum_{j}^{N_0}\|f_n(x_j,t)-f_n(x_j,t-1)\|}{N_0\max\{\|f_n(x_j,t)-f_n(x_j,t-1)\|\}} \tag{7.1}$$

式中：$n$ 为动态多目标优化问题的目标空间维数；$N_0$ 为随机选取的样本个体的数量；$t$ 为当前时刻，设定环境变化阈值为 $\delta$，$\delta$ 的取值应根据具体问题而定。当满足 $\mathrm{Tsd}(t,t-1)>\delta$ 时，认定当前环境已发生变化。具体的环境变化判断规则实现过程如表 7.1 所示。

**表 7.1　环境变化判断规则实现过程**

| 算法 1：环境变化判断算子 |
| --- |
| 输入：当前种群，当前时刻 $t$，环境变化阈值 $\delta$，环境变化标志 flag=0。<br>步骤 1：计算当前时刻 $t$ 决策变量空间维数，并与前一时刻 $t-1$ 的维数值进行比较，若不相等，则环境发生变化，flag=1，跳转输出环境变化标志 flag，反之，继续进行步骤 2。<br>步骤 2：从当前种群中随机选取 $N_0$ 个个体，分别计算当前时刻 $t$ 这些个体的目标函数值。<br>步骤 3：分别与前一时刻 $t-1$ 这些个体的目标函数值进行比较，计算出相应的欧式距离。<br>步骤 4：找出其中最大的欧式距离，根据式(7.1)计算出 $\mathrm{Tsd}(t,t-1)$。<br>步骤 5：比较 $\mathrm{Tsd}(t,t-1)$ 与 $\delta$ 的大小，若 $\mathrm{Tsd}(t,t-1)>\delta$，则环境已发生改变，flag=1，反之，环境未发生改变。<br>输出：环境变化标志 flag。 |

### 7.2.2　定向预测策略

在检测到当前环境发生改变之后，如何快速地响应该变化对于动态多目标优化算法来说非常重要，传统的应对环境变化方式通常为将整个种群随机初始化，但这样的方式无法利用到已有的历史信息，并且对于保持非支配解的多样性方面存在较大缺陷。基于记忆的方法能够存储已有的最优解信息，当下一时刻环境发生改变时，能够利用这些历史信息快速做出响应。本章提出的定向预测策略就是一种基于记忆的方法，当环境发生改变时，采用定向预测策略对种群中一半个体的新位置进行预测，另一半个体分成两部分，其中一部分仍采用随机初始化策略，剩余一部分则通过多项式变异算子进行变异计算之后完成初始化。定向预测策略假定 Pareto 最优解集下一时刻的移动方向是可以通过当前时刻的非支配解与前一时刻的非支配解的变化来进行估计的。设 $C^t$ 为时刻 $t$ 时算法获得非支配解集构成的 Pareto 最优前沿的几何中心，$C^t$ 的计算表达式如下：

$$C^t=\frac{1}{|\mathrm{POS}(t)|}\sum_{x_i\in\mathrm{POS}(t)}x_i,\quad i=1,2,3,\cdots,\mathrm{Dim} \tag{7.2}$$

根据 $C^t$ 可以计算出时刻 $t$ 时非支配解的移动方向，记为 $\mathrm{Direc}^t$，表达式如下：

$$\mathrm{Direc}^t = C^t - C^{t-1} \tag{7.3}$$

当环境发生改变时，可根据 $\mathrm{Direc}^t$ 来对下一时刻新的个体位置进行预测，表达式如下：

$$x^{t+1} = x^t + \mathrm{Direc}^t + \varepsilon * \mathrm{Sig}^t \tag{7.4}$$

式中：$\mathrm{Sig}^t$ 为符号函数，表达式为 $\mathrm{sgn}(\mathrm{Direc}^t)$；$\varepsilon$ 为高斯噪声，服从 $\varepsilon \sim N(0, d)$ 分布；$d$ 为几何中心 $C^t$ 与 $C^{t-1}$ 之间的欧氏距离。定向预测策略具体实现过程如表 7.2 所示。

**表 7.2　定向预测策略实现过程**

| 算法 2：定向预测策略算子 |
| --- |
| 输入：当前种群，当前时刻 $t$，变异分布指数 $\eta_m$，环境变化标志 flag=1。 |
| 步骤 1：根据式(7.2)分别计算当前时刻 $t$ 和前一时刻 $t-1$ 算法获得非支配解集构成的 Pareto 最优前沿的几何中心 $C^t$ 与 $C^{t-1}$。 |
| 步骤 2：根据式(7.3)计算当前时刻 $t$ 非支配解集的移动方向 $\mathrm{Direc}^t$。 |
| 步骤 3：计算 $C^t$ 与 $C^{t-1}$ 之间的欧式距离 $d$。 |
| 步骤 4：根据式(7.4)计算种群中一半个体下一时刻 $t+1$ 的新的位置。 |
| 步骤 5：将另一半个体中的一半粒子位置随机初始化，另一半采用多项式变异算子进行变异后生成新的位置。 |
| 步骤 6：用新生成的个体位置替换掉当前时刻种群中所有个体位置。 |
| 输出：新的种群，环境变化标志 flag=0。 |

### 7.2.3　算法框架

DMOPSO－DP 算法框架如表 7.3 所示。

**表 7.3　DMOPSO－DP 算法框架**

| 算法 3：DMOPSO－DP 算法框架 |
| --- |
| 参数：种群规模 $N$，惯性权重 $w$，学习因子 $c_1$ 和 $c_2$，环境变量最大值 $T$，环境变化阈值 $\delta$。 |
| 输入：动态多目标优化函数和约束条件，算法停止准则。 |
| 输出：Pareto 最优解。 |
| 步骤 1)参数初始化，令当前环境 $t=0$，环境变化标志 flag=0，有 |
| 步骤 1.1：随机生成初始种群 $\boldsymbol{P} = (x_1, x_2, x_3, \cdots, x_N)^{\mathrm{T}}$。 |
| 步骤 1.2：速度初始化 $\boldsymbol{V} = (v_1, v_2, v_3, \cdots, v_N)^{\mathrm{T}}$。 |
| 步骤 1.3：个体最优位置初始化 $\mathbf{Pbest} = (\mathrm{pbest}_1, \mathrm{pbest}_2, \mathrm{pbest}_3, \cdots, \mathrm{pbest}_N)^{\mathrm{T}}$，$\mathrm{pbest}_i = x_i$。 |
| 步骤 1.4：初始化自适应栅格。 |
| 步骤 2)主循环：当 $i = 1, 2, 3, \cdots, N$ 时，有 |
| 步骤 2.1：从解较少的栅格中随机选取一个粒子作为 Gbest。 |
| 步骤 2.2：根据式(6.1)计算第 $i$ 个粒子的新位置 $X_i$。 |
| 步骤 2.3：根据式(6.1)计算第 $i$ 个粒子的新速度 $V_i$。 |
| 步骤 2.4：根据目标函数评价 $X_i$。 |
| 步骤 2.7：更新生成的非支配解集。 |
| 步骤 2.8：调整自适应栅格和存储器中解的数量。 |

续 表

| |
|---|
| 步骤 2.9:更新个体最优解 $pbest_i$。 |
| 步骤 2.10:判断环境是否发生变化,详见表 7.3 算法 1;若环境已发生改变,则继续进行步骤 2.11,若未发生改变,则跳到步骤 3)。 |
| 步骤 2.11:实施定向预测策略算子,详见表 7.4 算法 2。 |
| 步骤 3)终止准则:如果满足算法终止准则,则算法终止并输出 Pareto 最优解,反之,则跳到步骤 2)。 |

## 7.2.4　算法性能分析

本节主要对 DMOPSO-DP 算法的性能进行分析,包括算法特点分析以及收敛性分析。

**1. 算法特点分析**

(1)采用定向预测策略对种群中一部分的个体位置进行预测,通过预测的方式可提前获得这些个体下一时刻新的位置,进而可快速应对环境的变化。

(2)当环境发生改变时,经过多项式变异算子进行变异计算之后可使种群中一部分个体继承原有的历史信息,确保了种群特点的继承性。

(3)当环境发生改变时,采用随机初始化的方式增加了种群的多样性。

(4)以上 3 点融合后提高了算法的收敛速度、搜索效果以及应对环境变化的能力。

**2. 收敛性分析**

DMOPSO-DP 算法虽然是一种动态多目标优化算法,但同时也是一种运用种群搜索机理的算法,种群中个体状态从当前代向下一代进行转变时仅与当前代的状态密切相关,与先前的状态无任何关系,这种特性称之为无后效性。为此,本章仍旧可采用马尔可夫(Markov)链对 DMOPSO-DP 算法的种群进化过程的收敛性进行分析,马尔可夫过程最重要的特点就是无后效性。

**定义 7.1:**若是 $M$ 表示一个有限集,$\{X_k:k\in K\}$ 是 $M$ 中取的一个随机序列,该随机序列具有的性质特点如下:

$$P\{X_{k+1}=j\mid X_k=i,X_{k-1}=i_{k-1},\cdots,X_0=i_0\}=P\{X_{k+1}=j\mid X_k=i\}=p_{ij} \tag{7.5}$$

若对于所有 $k\geqslant 0$ 和 $(i,j)\in M\times M$ 均能使式(7.5)成立,则 $\{X_k:k\in K\}$ 称为齐次有限 Markov 链,其状态空间为 $M$。

**定义 7.2:**令 $\rho^*$ 表示多目标优化算法的 Pareto 最优解集,$E_k$ 表示算法的精英集,$X_k$ 表示算法在第 $k$ 次迭代时的种群,$X_k=\{X_1(t),X_2(t),\cdots,X_N(t)\mid X_i(t)\in S\}$,$N$ 表示种群规模。若满足下式中的条件,则可认为该多目标优化算法是收敛的:

$$\lim_{k\to\infty}p(\{E_k\}\subset\rho^*)=1 \tag{7.6}$$

定义 7.2 表明判断一个多目标优化算法是否收敛的依据是种群中的非支配个体包含于 Pareto 前沿的概率为 1,前提条件是算法经过了足够多的迭代次数。

**定义 7.3:**若 $\boldsymbol{P}^{n\times n}$ 是非负的方阵,并且经过相同的行和列初等变换后可转化为

$$\begin{pmatrix} \boldsymbol{Q} & \boldsymbol{0} \\ \boldsymbol{R} & \boldsymbol{P}_1 \end{pmatrix}$$

表达式中 $\boldsymbol{Q}$ 和 $\boldsymbol{P}_1$ 均是方阵，则 $\boldsymbol{P}$ 称为归约矩阵。

**定义 7.4**：若方阵 $\boldsymbol{P}$ 是非负且不归约的矩阵，则称 $\boldsymbol{P}$ 为不可约的。

**引理 7.1**：在有限状态的齐次有限 Markov 链中，若其状态转移矩阵是不可约矩阵，则不管该 Markov 链的初始状态如何，均可以概率 1 无穷次地访问其状态空间中的每一个状态。

**引理 7.2**：若 DMOPSO－DP 算法迭代过程中所产生的随机序列 $\{X_k : k \in K\}$ 是一个齐次有限 Markov 链，并且其状态转移矩阵是不可约矩阵，则 $\lim\limits_{k\to\infty} p(\{E_k\} \not\subset \rho^*) = 0$ 依概率 1 成立。

**证明**：本章提出的 DMOPSO－DP 算法中，精英集 $E_k$ 为随机序列 $X_k$ 的一个子集，由于齐次有限 Markov 链的不可约特性，由上述引理 1 可知，DMOPSO－DP 算法会以概率 1 无限次地产生 Pareto 最优解；又因为该算法每次迭代时都是将最差的个体舍弃掉，表明精英集 $E_k$ 中的劣解一定会被 Pareto 最优解替换掉，因此当 Pareto 最优解集 $\rho^*$ 中的一个解进入精英集 $E_k$ 中后，将会永远地保留在精英集 $E_k$ 中。因此 $\lim\limits_{k\to\infty} p(\{E_k\} \not\subset \rho^*) = 0$ 依概率 1 成立。

下面采用以上定理及引理对基于定向预测策略的改进动态多目标粒子群优化算法的收敛性进行讨论，具体分析如下：

1）状态空间 $M$ 是有限的。

在多目标优化问题中，决策变量的决策空间中元素总是一定的，即有限的，决策向量的取值一般是在一个闭区间内，并且取值满足一定的精度需求，则认为状态空间 $M$ 是有限的。

2）序列 $X_k = \{X_1(k), X_2(k), \cdots, X_N(k) \mid X_i(k) \in S\}$ 是齐次 Markov 链。

在 DMOPSO－DP 算法的迭代进化算子中，一部分由模拟退火局部最优搜索算子决定，另一部分由 PSO 算法本身决定，其不随时间的变化而产生改变，具备显著的无后效性，因此由定义 1 可知，该序列 $X_k$ 的 Markov 链是齐次的。

3）状态转移概率矩阵是不可约矩阵。

DMOPSO－DP 算法的 Markov 链可用下式描述：

$$X_{k+1} = \boldsymbol{T}_{\mathrm{N}} \cdot \boldsymbol{T}_{\mathrm{DP}} \cdot \boldsymbol{T}_{\mathrm{mutate}} \cdot \boldsymbol{T}_{\mathrm{rand}}(X_n) \tag{7.7}$$

式中：$X_n$ 为第 $n$ 代种群粒子；$\boldsymbol{T}_{\mathrm{N}}$ 为粒子群中粒子速度、位置更新算子；$\boldsymbol{T}_{\mathrm{DP}}$ 为模拟退火局部搜索算子。

上述几种算子所产生的状态转移矩阵可分别用 $\boldsymbol{T}_{\mathrm{N}}$，$\boldsymbol{T}_{\mathrm{DP}}$，$\boldsymbol{T}_{\mathrm{mutate}}$ 和 $\boldsymbol{T}_{\mathrm{rand}}$ 来表示，整个算法的状态转移概率矩阵 $\boldsymbol{P}$ 可表示为 $\boldsymbol{T}_{\mathrm{N}} \cdot \boldsymbol{T}_{\mathrm{DP}} \cdot \boldsymbol{T}_{\mathrm{mutate}} \cdot \boldsymbol{T}_{\mathrm{rand}}$。

（1）PSO 算法计算过程中，粒子的位置和速度都由公式计算而得，表征粒子一定可以从状态 $i$ 转移到下一个状态 $j$，状态转移概率可为 $\sum kp_{ij} = 1$，因此 $\boldsymbol{T}_{\mathrm{N}}$ 是一个随机矩阵。

（2）在定向预测策略算子中，个体新的位置由公式计算而得，表征粒子一定可以从状态 $i$ 转移到下一个状态 $j$，状态转移概率可为 $\sum kp_{ij}^{\mathrm{DP}} = 1$，因此 $\boldsymbol{T}_{\mathrm{DP}}$ 是一个随机矩阵。

（3）多项式变异算子中，粒子从状态 $i$ 转移到下一个状态 $j$ 的概率为

$$\beta_q(j)=\begin{cases}(2\varepsilon)^{\frac{1}{\eta_m+1}},\\ 1-[2(1-\varepsilon)]^{\frac{1}{\eta_m+1}},\end{cases} \tag{7.8}$$

由式(7.8)可以看出 $T_{\text{mutate}}$ 一定为非负的。

(4)在随机初始化算子中,个体新的位置是随机产生的,表征粒子一定可以从状态 $i$ 转移到下一个状态 $j$,其状态转移概率为 $\sum kp_{ij}^{\text{rand}}=1$,因此 $T_{\text{rand}}$ 为一个随机矩阵。

综上所述,DMOPSO－DP 算法的状态转移概率 $P=P_{(T_{\text{N}}\cdot T_{\text{PD}}\cdot T_{\text{mutate}}\cdot T_{\text{rand}})}$ 大于 0,又因为一个正矩阵一定具有不可约性质。由引理 2 可得,$\lim\limits_{k\to\infty}P(\{E_k\}\not\subset\rho^*)=0$ 依概率 1 成立,则可有如下表达式成立:

$$\lim_{k\to\infty}P(\{E_k\}\subset\rho^*)=\lim_{k\to\infty}P(1-\{E_k\}\not\subset\rho^*)=1-\lim_{k\to\infty}P(\{E_k\}\not\subset\rho^*)=1-0=1 \tag{7.9}$$

由上述分析可得,本章提出的 DMOPSO－DP 算法可以收敛到多目标优化问题的 Pareto 最优前沿,且依概率 1 收敛。

# 7.3　性能度量指标与测试函数

## 7.3.1　性能度量指标

为了更好地描述本章提出的 DMOPSO－DP 算法的性能,必须要考虑到所得 Pareto 最优解的收敛性和多样性,在这里采用 Favina 等人提出的用于衡量动态多目标优化算法收敛性的度量指标,表达式如下:

$$e_{\text{f}}(t)=\frac{1}{n_{\text{p}}}\sum_{j=1}^{\text{np}}\min_{i=1:n_{\text{h}}}\|S_{p,i}(t)-f_j^{\text{sol}}(t)\| \tag{7.10}$$

式中:$f_j^{\text{sol}}$ 为在目标空间计算所得到的非支配解;算子 $\|\cdot\|$ 代表欧式距离;$n_{\text{p}}$ 为算法获得的非支配解的数量;$n_{\text{h}}$ 为用于标记已知 $S_{\text{p}}$ 采样的数目。$e_{\text{f}}(t)$ 指标值越小,表明算法的收敛性越好。

关于所得 Pareto 最优解多样性的度量,则采用 Liu 等人提出的最大伸展(Maximum Spread,MS)指标。MS 指标是目标函数最大值和最小值通过一定的模型运算形成的超立方体,该指标用于评价算法所求得的非支配解集对真实 Pareto 最优解集的覆盖程度,同时也对所得非支配解集的多样性进行度量,MS 值越大表明覆盖程度越好,具体数学表达式如下:

$$\text{MS}(t)=\left(\frac{1}{n}\sum_{i=1}^{n}\left\{\frac{\min[f_i^{\max}(t),F_i^{\max}(t)]-\max[f_i^{\min}(t),F_i^{\min}(t)]}{F_i^{\max}(t)-F_i^{\min}(t)}\right\}^2\right)^{\frac{1}{2}} \tag{7.11}$$

式中:$F_i^{\min}$ 和 $F_i^{\max}$ 分别为真实 Pareto 最优解集在第 $i$ 维目标空间中的最小值和最大值;$f_i^{\min}$ 和 $f_i^{\max}$ 分别为算法所求得的非支配解集在第 $i$ 维目标空间中的最小值和最大值;$n$ 为目标空间维数。

### 7.3.2 测试函数

本章采用的测试问题是由学者 Farina 提出的 FDA 系列测试函数，这是当前使用最为广泛的动态多目标优化问题测试函数。该测试函数集的优点是函数构建简便，决策变量的个数修改起来也较容易，尤其是对于 FDA4 和 FDA5 测试函数来说，可对其目标函数的个数进行调整。FDA 系列测试函数涵盖了动态多目标优化问题分类中的前 3 种类型，Pareto 前沿变化有凸、非凸等，符合动态多目标优化问题测试函数所应有的特性，具体表达式如下。

**1. FDA1**

FDA1 测试函数如下：

$$\begin{cases} f_1(X_{\mathrm{I}}) = x_1,\ f_2 = gh \\ g(X_{\mathrm{II}}) = 1 + \sum\limits_{x_i \in X_{\mathrm{II}}} [x_i - G(t)]^2 \\ h(f_1, g) = 1 - \sqrt{f_1/g},\ G(t) = \sin(0.5\pi t) \\ t = \dfrac{1}{n_t}\left(\dfrac{\tau}{\tau_{\mathrm{T}}}\right) \\ X_{\mathrm{I}} = (x_1) \in [0,\ 1] \\ X_{\mathrm{II}} = (x_2, \cdots, x_{\mathrm{Dim}}) \in [-1,\ 1] \end{cases}$$

FDA1 测试函数的决策变量空间中 Pareto 最优解集 POS($t$) 随着时间的变化而变化，但 Pareto 最优前沿 POF($t$) 则保持不变，因此 FDA1 属于动态多目标优化问题分类中的第一类问题。任意时刻 Pareto 最优前沿是凸的，均为 $f_2 = 1 - \sqrt{f_1}$，在决策变量空间中对应的最优解集为 $x_i(t) = G(t) = \sin(0.5\pi t)$。决策变量空间维数一般取 Dim $= 20$，$\tau_{\mathrm{T}}$ 为环境每变化一次算法进行的迭代次数，表征了环境变化的频率，其值越大，表明环境变化的频率越小；$n_{\mathrm{T}}$ 为环境变化强度，其值越小，表明环境变化的幅度很大；$\tau$ 为算法当前已进行的迭代次数或者也可为目标函数的评价次数。图 7.1 所示为 FDA1 测试函数的 POS($t$) 和 POF($t$)，当 $\tau_{\mathrm{T}} = 5$，$n_{\mathrm{T}} = 10$ 时。

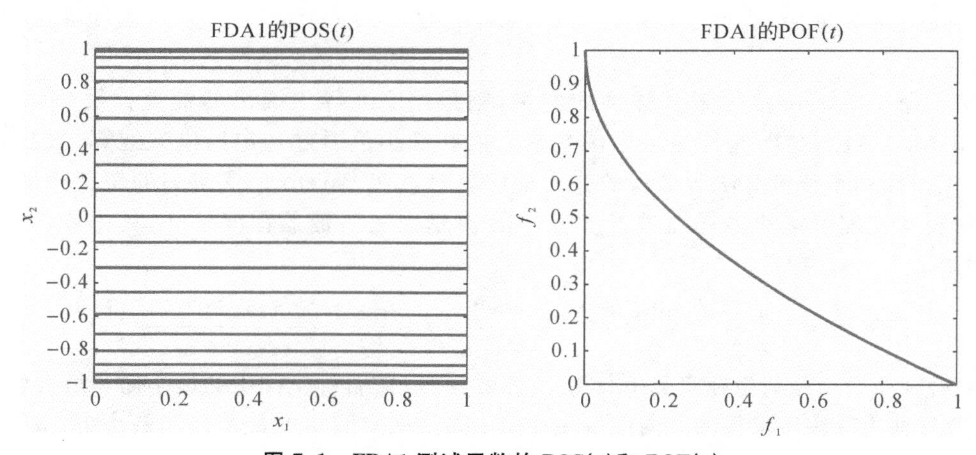


**图 7.1 FDA1 测试函数的 POS($t$)和 POF($t$)**

**2. FDA2**

FDA2 测试函数如下：

$$
\begin{cases}
f_1(X_{\mathrm{I}}) = x_1,\ f_2 = gh \\
g(X_{\mathrm{II}}) = 1 + \sum_{x_i \in X_{\mathrm{II}}} x_i^2 \\
h(X_{\mathrm{III}}, f_1, g) = 1 - \left(\dfrac{f_1}{g}\right)^{\{H(t) + \sum_{x_i \in X_{\mathrm{III}}} [x_i - H(t)]^2\}^{-1}} \\
H(t) = 0.75 + 0.7\sin(0.5\pi t),\ t = \dfrac{1}{n_{\mathrm{T}}}\left(\dfrac{\tau}{\tau_{\mathrm{T}}}\right) \\
X_{\mathrm{I}} = (x_1) \in [0,\ 1] \\
X_{\mathrm{II}}, X_{\mathrm{III}} \in [-1,\ 1]
\end{cases}
$$

FDA2 测试函数 Pareto 最优前沿 POF($t$) 随着时间的变化而变化，但 Pareto 最优解集 POS($t$) 保持不变，因此 FDA2 属于动态多目标优化问题分类中的第三类问题。Pareto 最优前沿为 $f_2 = 1 - f_1^{\{H(t) + |X_{\mathrm{III}}| \times [1 + H(t)]^2\}^{-1}}$，任意时刻决策变量空间中对应的最优解集为 $x_i(t) = 0$，决策变量空间维数一般取 Dim=31，$|X_{\mathrm{II}}| = |X_{\mathrm{III}}| = 15$。图 7.2 所示为 FDA2 测试函数的 POS($t$) 和 POF($t$)，当 $\tau_{\mathrm{T}} = 5, n_{\mathrm{T}} = 10$ 时。

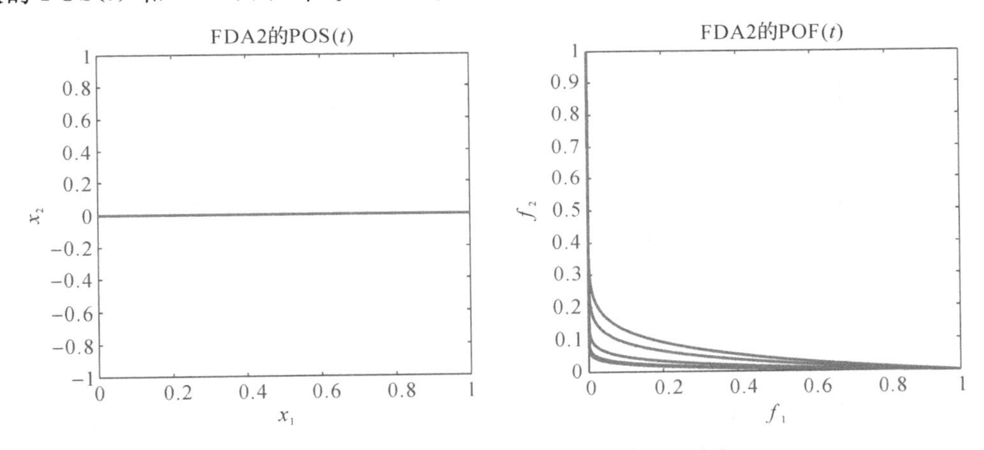


**图 7.2　FDA2 测试函数的 POS($t$)和 POF($t$)**

**3. FDA3**

FDA3 测试函数如下：

$$
\begin{cases}
f_1(X_{\mathrm{I}}) = \sum_{x_i \in X_I} x_i^{F(t)},\ f_2 = gh \\
g(X_{\mathrm{II}}) = 1 + G(t) + \sum_{x_i \in X_{\mathrm{II}}} [x_i - G(t)]^2 \\
h(f_1, g) = 1 - \sqrt{\dfrac{f_1}{g}},\ G(t) = |\sin(0.5\pi t)| \\
F(t) = 10^{2\sin(0.5\pi t)},\ t = \dfrac{1}{n_t}\left[\dfrac{\tau}{\tau_{\mathrm{T}}}\right] \\
X_{\mathrm{I}} = (x_1) \in [0,\ 1] \\
X_{\mathrm{II}} = (x_2, \cdots, x_{\mathrm{Dim}}) \in [-1,\ 1]
\end{cases}
$$

FDA3 测试函数 Pareto 最优前沿 POF($t$) 和 Pareto 最优解集 POS($t$) 均随时间的变化而变化，因此 FDA3 属于动态多目标优化问题分类中的第二类问题。任意时刻 Pareto 最优前沿为 $f_2 = [1+G(t)] \times (1-\sqrt{f_1})$，决策变量空间中对应的最优解集为 $x_i(t) = G(t) = |\sin(0.5\pi t)|$，决策变量空间维数一般取 Dim = 30。图 7.3 所示为 FDA3 测试函数的 POS($t$) 和 POF($t$)（当 $\tau_T = 5, n_T = 10$ 时）。

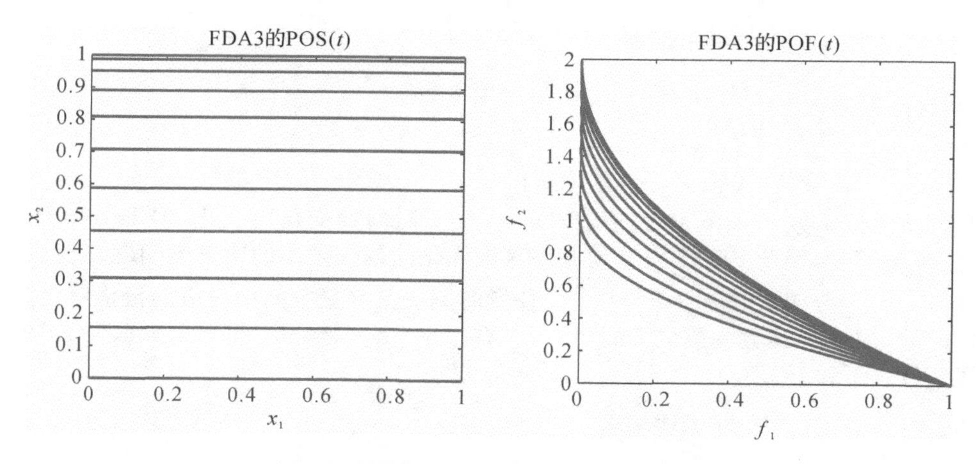


**图 7.3　FDA3 测试函数的 POS($t$)和 POF($t$)**

**4. FDA4**

FDA4 测试函数如下：

$$\begin{cases} \min\limits_{X} f_1(X) = [1+g(X_{\text{II}})]\prod\limits_{i=1}^{M-1}\cos\dfrac{x_i\pi}{2} \\ \min\limits_{X} f_k(X) = [1+g(X_{\text{II}})]\prod\limits_{i=1}^{M-k}\cos\dfrac{x_i\pi}{2}\sin\dfrac{x_{M-k+1}\pi}{2},\ k=2:M-1 \\ \min\limits_{X} f_M(X) = [1+g(X_{\text{II}})]\sin\dfrac{x_1\pi}{2} \\ \text{where } g(X_{\text{II}}) = \sum\limits_{x_i\in X_{\text{II}}}[x_i - G(t)]^2 \\ G(t) = |\sin(0.5\pi t)| \\ t = \dfrac{1}{n_T}\left(\dfrac{\tau}{\tau_T}\right) \\ X_{\text{I}} \in [0,1],\ i=1,2,\cdots,\text{Dim} \\ X_{\text{II}} = (x_M,\cdots,x_{\text{Dim}}) \end{cases}$$

FDA4 测试函数的决策变量空间中 Pareto 最优解集 POS($t$) 随着时间的变化而变化，但 Pareto 最优前沿 POF($t$) 保持不变，因此 FDA4 属于动态多目标优化问题分类中第一类问题。任意时刻 Pareto 最优前沿为 $\sum\limits_{i=1}^{M} f_i = 1 + G(t)$，决策变量空间中对应的最优解集为

$x_i(t)=G(t)=|\sin(0.5\pi t)|$，决策变量空间维数一般取 Dim=12。图 7.4 所示为三目标的 FDA4 测试函数的 POS($t$) 和 POF($t$)（当 $\tau_T=5, n_T=10$ 时）。

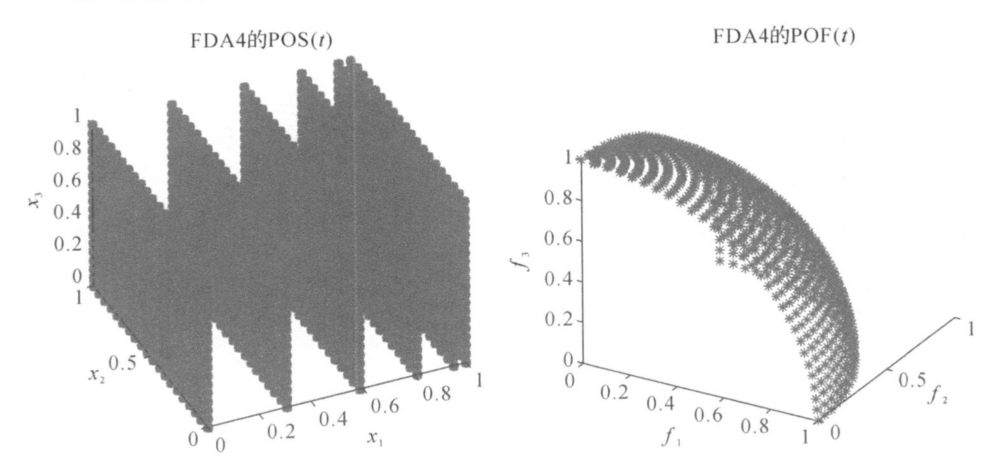


**图 7.4　FDA4 测试函数的 POS($t$)和 POF($t$)**

**5. FDA5**

FDA5 测试函数如下：

$$\begin{cases}\min\limits_X f_1(X)=[1+g(X_{\text{II}})]\prod\limits_{i=1}^{M-1}\cos\dfrac{y_i\pi}{2}\\ \min\limits_X f_k(X)=[1+g(X_{\text{II}})]\prod\limits_{i=1}^{M-k}\cos\dfrac{y_i\pi}{2}\sin\dfrac{y_{M-k+1}\pi}{2},\ k=2:M-1\\ \min\limits_X f_M(X)=[1+g(X_{\text{II}})]\sin\dfrac{y_1\pi}{2}\\ \text{where } g(X_{\text{II}})=G(t)+\sum\limits_{x_i\in X_{\text{II}}}[x_i-G(t)]^2\\ G(t)=|\sin(0.5\pi t)|, F(t)=1+100\sin^4(0.5\pi t)\\ y_i=x_i^{F(t)},\ i=1,\cdots,(M-1),\ t=\dfrac{1}{n_T}\left(\dfrac{\tau}{\tau_T}\right)\\ X_{\text{I}}\in[0,\ 1],\ i=1,2,\cdots,\text{Dim}\\ X_{\text{II}}=(x_M,\cdots,x_{\text{Dim}})\end{cases}$$

FDA5 测试函数也属于动态多目标优化问题分类中的第二类问题，即当时间 $t$ 发生改变时，Pareto 最优前沿 POF($t$) 和 Pareto 最优解集 POS($t$) 均是变化的。对于任意时刻 $t$ 来说，Pareto 最优前沿可用表达式 $\sum\limits_{i=1}^{M}f_i^2=1+G(t)$ 来表示，决策变量空间中对应的最优解集为 $x_i(t)=G(t)=|\sin(0.5\pi t)|$，决策变量空间维数一般取 Dim=12。图 7.5 所示为三目标的 FDA5 测试函数的 POS($t$) 和 POF($t$)（当 $\tau_T=5, n_T=10$ 时）。

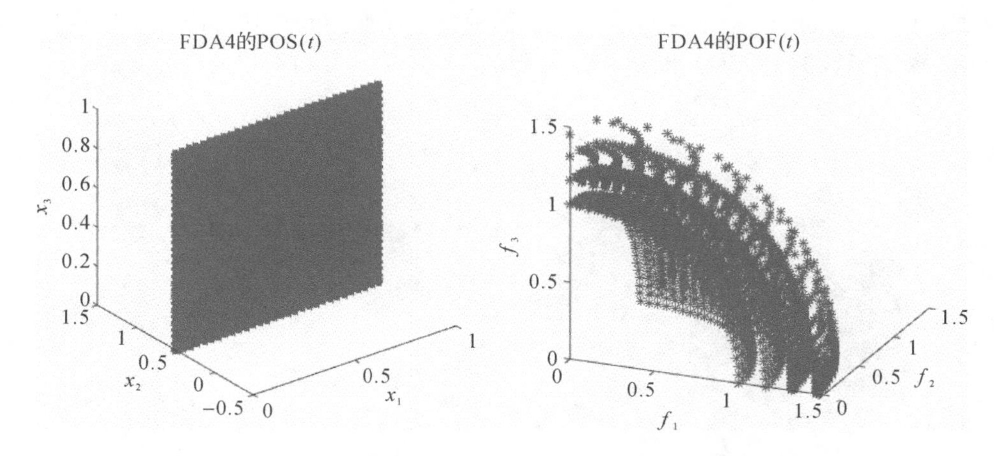


**图 7.5 FDA5 测试函数的 POS($t$)和 POF($t$)**

# 7.4 仿真实验与分析

## 7.4.1 参数设置

为了更好地验证本章提出的 DMOPSO - DP 算法的性能，仿真实验选取了 3 种典型的动态多目标优化算法作为对比算法，分别是 DNSGA - Ⅱ - A 算法、DNSGA - Ⅱ - B 算法和 DMOPSO - Coello 算法。3 种算法的参数设置都尽量依据原文献中的设置，其中一些关键的参数设置如下。

(1)种群规模：4 种算法种群规模均为 $N = 100$。

(2) DMOPSO - DP 算法：学习因子 $c_1 = c_2 = 0.75$，惯性权重因子最大值和最小值分别为 $w_{\max} = 1.1$，$w_{\min} = 0.2$，非支配解集存储器的容量大小与种群大小一致，监测环境变化的粒子数 $N_0 = 10$。

(3)算法终止条件：当前时刻 $t > T$ 时，$T$ 为环境变化最大值，实验中设为 80 次。

(4)测试问题参数：环境变化强度 $n_T = 10$，环境每变化一次种群进行的迭代次数 $\tau_T = 50$。

(5)真实 Pareto 前沿上最优解的采样点个数为 500 和 900，其中 500 针对二目标的 FDA1，FDA2 和 FDA3 测试函数，900 针对三目标 FDA4 和 FDA5 测试函数。

(6)对 5 种 FDA 测试问题 4 种算法分别进行 30 次独立运算。

仿真实验平台为 Windows 7 32 位操作系统，处理器为 Intel(R) Core(TM) i5 - 4590 CPU，3.3 GHz，内存为 4 GB，编程语言采用 MATLAB。

### 7.4.2 结果与分析

本节将给出 4 种算法对 5 种 FDA 测试问题的仿真实验结果。80 次环境下 4 种算法独立进行 30 次运算后获得的收敛性指标 $e_f(t)$ 和多样性指标 MS($t$) 统计结果如表 7.4 和表 7.5 所示。

表 7.4 中给出了 4 种算法求解五种测试问题获得的 $e_f(t)$ 指标的均值和均方差，对于一个多目标优化算法来说，收敛性指标值越小意味着算法的收敛性越好。由表中数据可以看出：本章提出的 DMOPSO－DP 算法在 5 种测试问题中获得的 $e_f(t)$ 指标的均值和均方差都是最小，因此收敛性表现最好；DMOPSO－Coello 算法在 FDA4 和 FDA5 测试问题中的收敛程度表现最差，但是在 FDA5 测试问题中由于其均方差值相对于 DNSGA－Ⅱ－A 和 DNSGA－Ⅱ－B 算法较小，因此收敛的稳定性相对较好，在 FDA2 测试问题中的收敛性优于 DNSGA－Ⅱ－A 和 DNSGA－Ⅱ－B 算法，在 FDA1 测试问题中的收敛性与 DNSGA－Ⅱ－A 和 DNSGA－Ⅱ－B 算法基本接近，在 FDA3 测试问题中的收敛性与 DNSGA－Ⅱ－B 算法相比，虽然 $e_f(t)$ 指标均值略小于 DNSGA－Ⅱ－B 算法，但是由于其均方差值较大，因此稳定性不如后者；DNSGA－Ⅱ－A 和 DNSGA－Ⅱ－B 算法在 FDA2 测试问题中的收敛性表现基本一致，在 FDA1 和 FDA3 测试问题中 DNSGA－Ⅱ－B 算法的收敛性要略优于 DNSGA－Ⅱ－A 算法，但在 FDA4 和 FDA5 测试问题中 DNSGA－Ⅱ－A 算法的收敛性要优于 DNSGA－Ⅱ－B 算法。

**表 7.4 80 次环境下 4 种算法独立进行 30 次运算后获得的 $e_f(t)$ 指标统计结果**

| 测试函数 | 算法 | $e_f(t)$ | |
|---|---|---|---|
| | | 均值 | 均方差 |
| FDA1 | DNSGA－Ⅱ－A | 0.135 9 | 0.110 2 |
| | DNSGA－Ⅱ－B | 0.109 1 | 0.087 9 |
| | DMOPSO－Coello | 0.113 0 | 0.087 9 |
| | DMOPSO－DP | $7.330\,5\times10^{-4}$ | $6.680\,5\times10^{-5}$ |
| FDA2 | DNSGA－Ⅱ－A | 0.348 1 | 0.178 3 |
| | DNSGA－Ⅱ－B | 0.340 5 | 0.157 0 |
| | DMOPSO－Coello | 0.073 9 | 0.020 9 |
| | DMOPSO－DP | $5.395\,0\times10^{-4}$ | $6.701\,7\times10^{-5}$ |
| FDA3 | DNSGA－Ⅱ－A | 0.507 4 | 0.237 9 |
| | DNSGA－Ⅱ－B | 0.471 0 | 0.185 2 |
| | DMOPSO－Coello | 0.345 6 | 0.235 0 |
| | DMOPSO－DP | $6.544\,1\times10^{-4}$ | $5.215\,0\times10^{-4}$ |

续 表

| 测试函数 | 算法 | $e_f(t)$ | |
|---|---|---|---|
| | | 均值 | 均方差 |
| FDA4 | DNSGA-Ⅱ-A | 0.243 9 | 0.130 2 |
| | DNSGA-Ⅱ-B | 0.378 5 | 0.282 3 |
| | DMOPSO-Coello | 3.980 0 | 0.488 6 |
| | DMOPSO-DP | 0.017 5 | $6.785\,4\times10^{-4}$ |
| FDA5 | DNSGA-Ⅱ-A | 0.689 4 | 0.393 1 |
| | DNSGA-Ⅱ-B | 0.851 5 | 0.474 4 |
| | DMOPSO-Coello | 1.524 1 | 0.171 0 |
| | DMOPSO-DP | 0.036 8 | 0.016 0 |

为了展示出 4 种算法实时运行的收敛性能，图 7.6～图 7.10 给出了 4 种算法求解 5 种测试问题时 $e_f(t)$ 指标随时间 $t$ 变化曲线，为了方便显示纵坐标 $e_f(t)$ 取以 10 为底的对数。

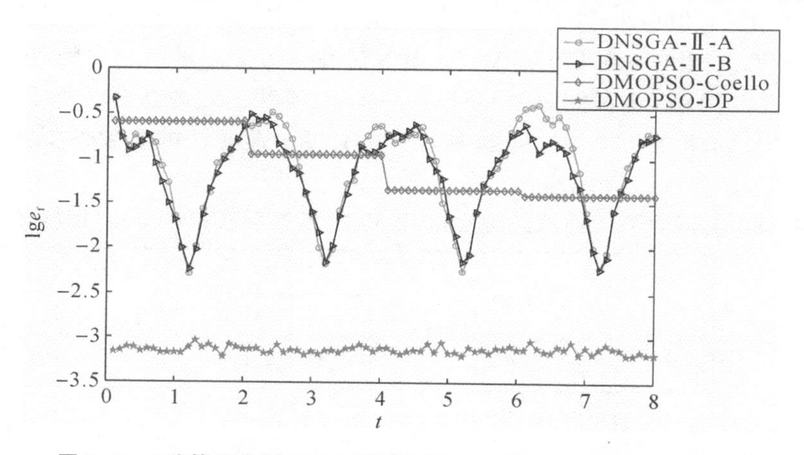


图 7.6　4 种算法求解 FDA1 测试问题 $e_f(t)$ 指标随时间 $t$ 变化曲线

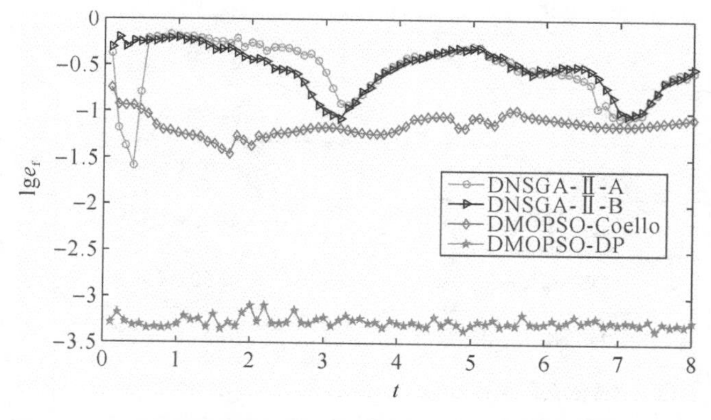


图 7.7　4 种算法求解 FDA2 测试问题 $e_f(t)$ 指标随时间 $t$ 变化曲线

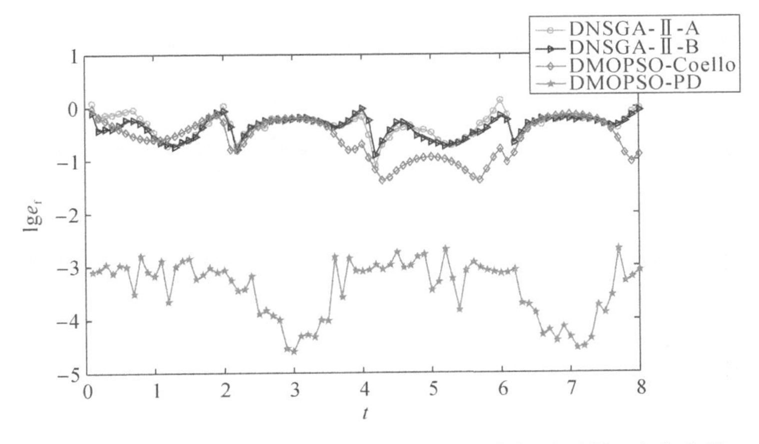


**图 7.8　4 种算法求解 FDA3 测试问题 $e_f(t)$ 指标随时间 $t$ 变化曲线**

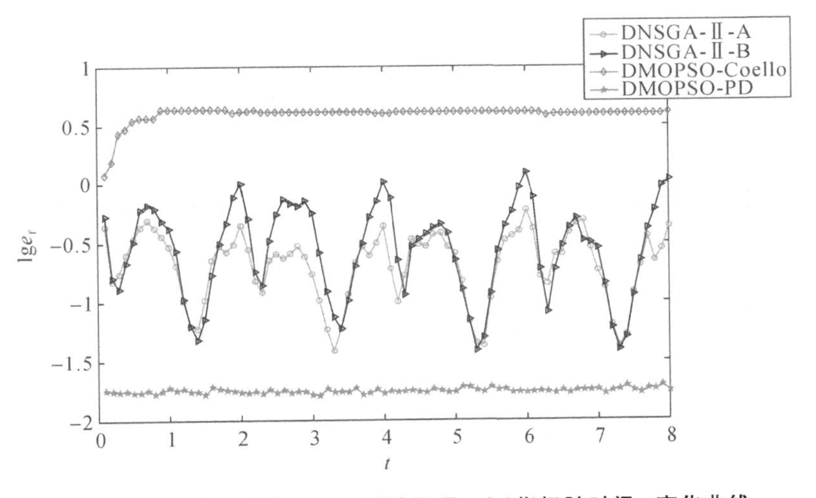


**图 7.9　4 种算法求解 FDA4 测试问题 $e_f(t)$ 指标随时间 $t$ 变化曲线**

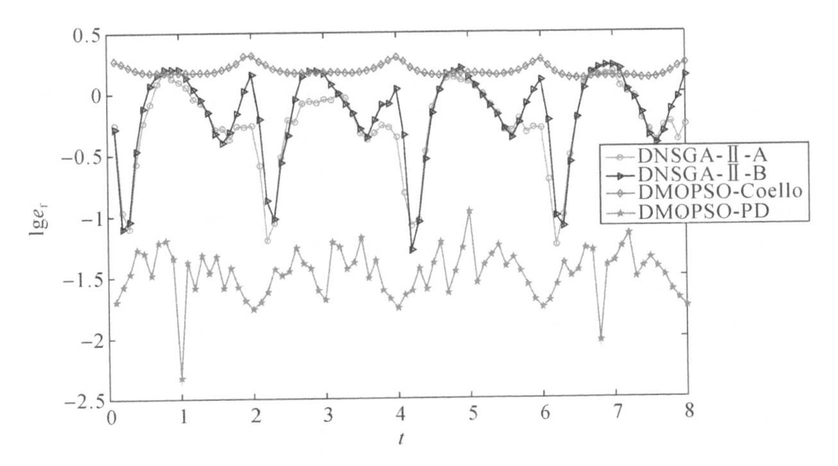


**图 7.10　4 种算法求解 FDA5 测试问题 $e_f(t)$ 指标随时间 $t$ 变化曲线**

由图7.6～图7.10可以看出，在FDA1测试问题中随着环境 $t$ 的不断改变，DMOPSO－DP算法获得的 $e_f(t)$ 指标的曲线始终位于下方，并且曲线的波动性也很小，而DNSGA－Ⅱ－A算法、DNSGA－Ⅱ－B算法和DMOPSO－Coello算法获得的 $e_f(t)$ 指标的曲线波动性都比较大，因此可以得出DMOPSO－DP算法在FDA1测试问题中对真实Pareto前沿的跟踪效果是最优的。在FDA2测试问题中在初始时刻[0.2，0.5]时间段内DMOPSO－Coello算法的获得的 $e_f(t)$ 指标的曲线位于DNSGA－Ⅱ－A算法的上方，但是随着环境 $t$ 不断地发生改变，DMOPSO－Coello算法的 $e_f(t)$ 指标的曲线始终位于DNSGA－Ⅱ－A算法的下方，并且曲线的波动也相对较小，因此可得出在FDA2测试问题上DMOPSO－Coello算法对真实Pareto前沿的跟踪效果优于DNSGA－Ⅱ－A算法，并且也优于DNSGA－Ⅱ－B算法，而本章提出的DMOPSO－DP算法对真实Pareto前沿的跟踪效果相比于其他三者是最好的。在FDA3测试问题中DMOPSO－DP算法对真实Pareto前沿的跟踪效果相比于其他3种算法仍旧最好，但是唯一不足的是 $e_f(t)$ 指标的曲线存在一定波动。在FDA4和FDA5测试问题中DNSGA－Ⅱ－A和DNSGA－Ⅱ－B算法获得的 $e_f(t)$ 指标的曲线始终位于DMOPSO－Coello算法的下方，因此对真实Pareto前沿的跟踪效果优于DMOPSO－Coello算法，而DNSGA－Ⅱ－A算法获得的 $e_f(t)$ 指标的曲线或是在DNSGA－Ⅱ－B算法的下方，或是与之接近重合，因此DNSGA－Ⅱ－A算法对真实Pareto前沿的跟踪效果较优于DNSGA－Ⅱ－B算法，而本章提出的DMOPSO－DP算法在这两种测试问题上获得的 $e_f(t)$ 指标的曲线始终位于其他3种算法获得的曲线的下方，唯一不足的是FDA5测试问题中获得的曲线存在一定的波动性，但仍旧可以得出DMOPSO－DP算法在FDA4和FDA5测试问题上对真实Pareto前沿的跟踪效果是最好的。

表7.5给出了4种算法求解5种测试问题的多样性指标MS($t$)的均值和均方差，对于一个多目标优化算法来说，多样性指标值越大意味着算法获得Pareto前沿对真实Pareto前沿的覆盖程度越高，解的多样性也越好。从表中数据可以看出，对于FDA1～FDA4 4个测试问题，由于DMOPSO－DP算法的MS($t$)指标均值和均方差都是最小的，因此可以得出随着环境 $t$ 的不断改变，在这4个测试问题中相比于其他3种算法，DMOPSO－DP算法获得的非支配解的多样性表现最好。在FDA1测试问题中，DNSGA－Ⅱ－A算法和DNSGA－Ⅱ－B算法的多样性指标的均值和均方差都优于DMOPSO－Coello算法，因此解的多样性好于后者。对于FDA2测试问题，DNSGA－Ⅱ－B算法的多样性指标均值和均方差都优于DNSGA－Ⅱ－A算法，因此，解的多样性也较好，而虽然DMOPSO－Coello算法的多样性指标均值小于DNSGA－Ⅱ－A算法和DNSGA－Ⅱ－B算法，但是由于其均方差值更小，因此算法的稳定性更优一些。

DMOPSO－Coello算法、DNSGA－Ⅱ－A算法和DNSGA－Ⅱ－B算法在FDA3测试问题中多样性指标均值较接近，但是由于DNSGA－Ⅱ－B算法的均方差值更小，因此稳定性较好一些。对于FDA4测试问题，DMOPSO－Coello算法由于多样性指标均值与其他3种算法相差很多，因此解的多样性表现最差，DNSGA－Ⅱ－A算法和DNSGA－Ⅱ－B算法基本接近。而对于FDA5测试问题，DNSGA－Ⅱ－B算法解的多样性表现要略优于DMOPSO－DP算法，由于DNSGA－Ⅱ－A算法的多样性指标均方差值最小，而均值又略小于DMOPSO－DP算法，因此二者的多样性表现各有千秋，而DMOPSO－Coello算法由于其多样性指标均值相比于其他 3 种算法相差很多，因此解的多样性表现最差。

**表 7.5　80 次环境下 4 种算法独立进行 30 次运算后获得的 MS(*t*)指标统计结果**

| 测试函数 | 算法 | MS(*t*) | |
|---|---|---|---|
| | | 均值 | 均方差 |
| FDA1 | DNSGA－Ⅱ－A | 0.9175 | 0.0994 |
| | DNSGA－Ⅱ－B | 0.938 3 | 0.057 4 |
| | DMOPSO－Coello | 0.827 0 | 0.191 6 |
| | DMOPSO－DP | 0.941 3 | 0.028 1 |
| FDA2 | DNSGA－Ⅱ－A | 0.859 8 | 0.216 2 |
| | DNSGA－Ⅱ－B | 0.920 1 | 0.113 6 |
| | DMOPSO－Coello | 0.844 7 | 0.030 0 |
| | DMOPSO－DP | 0.941 6 | 0.015 6 |
| FDA3 | DNSGA－Ⅱ－A | 0.767 7 | 0.120 9 |
| | DNSGA－Ⅱ－B | 0.788 4 | 0.095 9 |
| | DMOPSO－Coello | 0.748 5 | 0.217 5 |
| | DMOPSO－DP | 0.929 4 | 0.050 4 |
| FDA4 | DNSGA－Ⅱ－A | 0.843 8 | 0.082 9 |
| | DNSGA－Ⅱ－B | 0.851 3 | 0.114 1 |
| | DMOPSO－Coello | 0.338 9 | 0.091 6 |
| | DMOPSO－DP | 0.938 9 | 0.018 4 |
| FDA5 | DNSGA－Ⅱ－A | 0.821 9 | 0.099 5 |
| | DNSGA－Ⅱ－B | 0.860 5 | 0.104 6 |
| | DMOPSO－Coello | 0.480 2 | 0.117 8 |
| | DMOPSO－DP | 0.857 8 | 0.194 5 |

为了展示出 4 种算法实时运行时保持多样性的性能，图 7.11～图 7.15 给出了 4 种算法求解 5 种测试问题时 MS(*t*) 指标随时间 *t* 变化曲线。

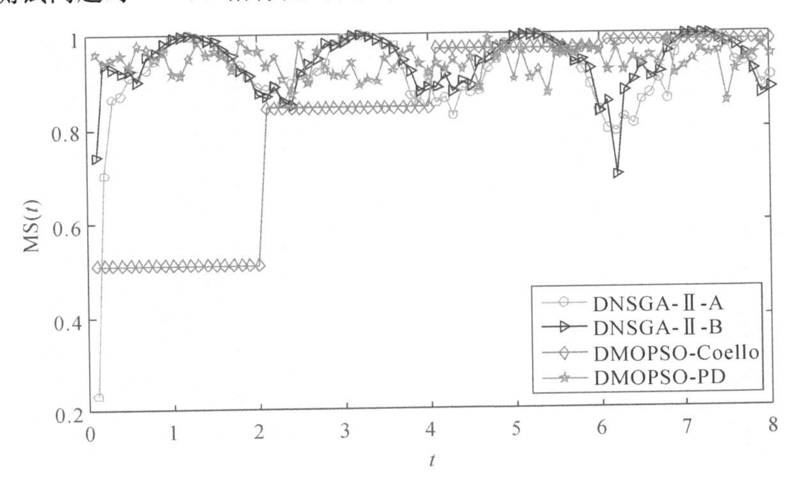


**图 7.11　4 种算法求解 FDA1 测试问题 MS(*t*)指标随时间 *t* 变化曲线**

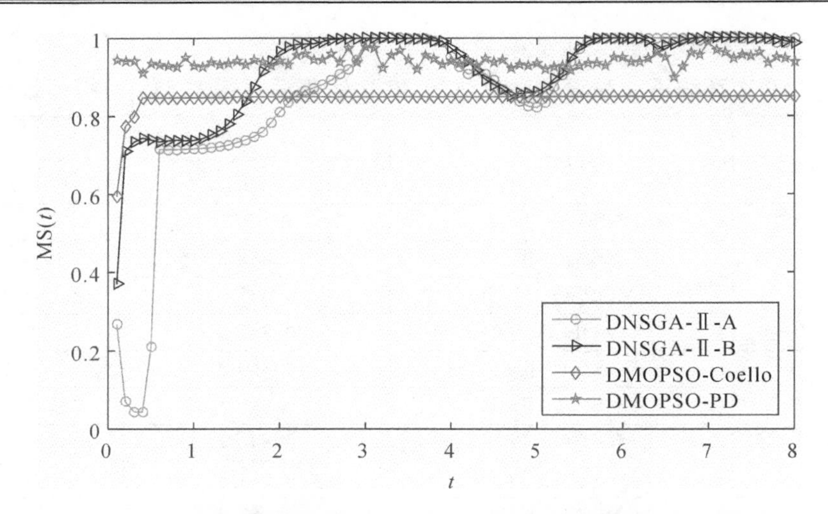


**图 7.12　4 种算法求解 FDA2 测试问题 MS($t$)指标随时间 $t$ 变化曲线**

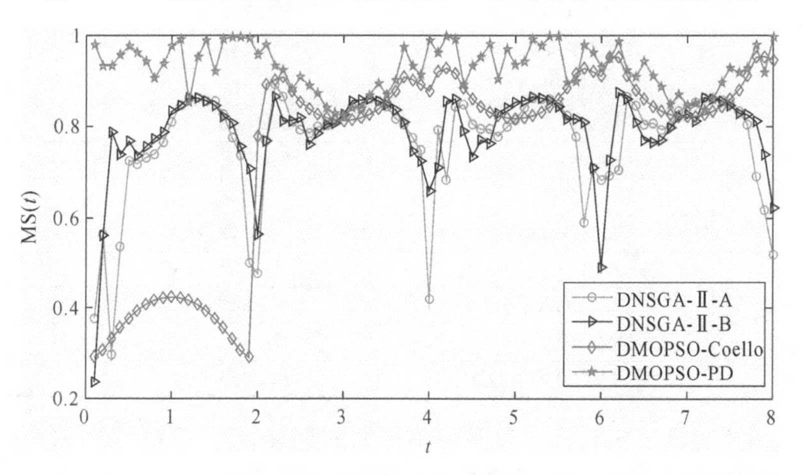


**图 7.13　4 种算法求解 FDA3 测试问题 MS($t$)指标随时间 $t$ 变化曲线**

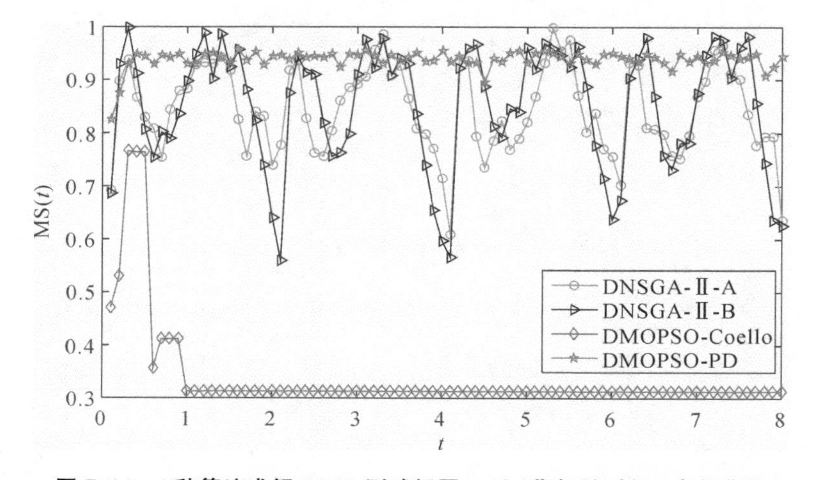


**图 7.14　4 种算法求解 FDA4 测试问题 MS($t$)指标随时间 $t$ 变化曲线**

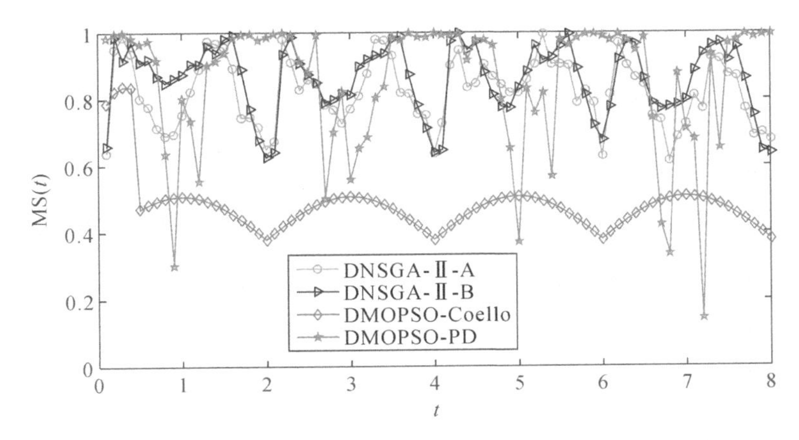


**图 7.15　4 种算法求解 FDA5 测试问题 MS(t)指标随时间 t 变化曲线**

由图 7.11～图 7.15 可以看出，随着环境 $t$ 的不断改变，在 FDA1～FDA4 4 个测试问题中 DMOPSO－DP 算法获得的多样性 MS($t$) 指标曲线呈现了良好的跟踪发展态势，虽然在某几个时间段内位于 DNGSA－Ⅱ－A 算法、DNSGA－Ⅱ－B 算法获得的 MS($t$) 指标曲线的下方，如 FDA1 测试问题的[1，1.4]和[2.8，3.8]时间段，FDA2 测试问题的[2，4]时间段，FDA4 测试问题中的几个细微时间段等，但是曲线的波动性都较小，尤其是 FDA2 和 FDA4 测试问题获得的多样性指标曲线波动性很小，FDA3 测试问题获得的多样性指标曲线波动性较大一些，但是与其他 3 种算法相比曲线的波动性仍较小。在 FDA5 测试问题中，DMOPSO－DP 算法获得的多样性指标曲线时好时坏，而 DNSGA－Ⅱ－A 算法和 DNSGA－Ⅱ－B 算法获得的收敛性指标曲线同样也是时好时坏，三者的曲线都存在较大波动。DMOPSO－Coello 算法在 FDA4 和 FDA5 测试问题中获得的多样性指标曲线几乎始终位于其他 3 种算法获得的曲线的下方，因此在这两种测试问题上的多样性表现最差。

为了进一步分析 4 种算法每个阶段获得的非支配解的质量，接下来将分别绘制出 4 种算法求解 5 种测试问题获得的 Pareto 最优前沿。

**1. FDA1 问题**

FDA1 测试问题的真实 Pareto 前沿是凸的，图 7.16 展示了 4 种算法 8 个环境下获得的 Pareto 最优前沿，8 个环境分别为 $t_1=1$，$t_2=2$，$t_3=3$，$t_4=4$，$t_5=5$，$t_6=6$，$t_7=7$ 和 $t_8=8$。由于 FDA1 测试问题的真实 Pareto 前沿不随时间的变化而变化，因此，一个性能优良的动态多目标优化算法应能保证无论当前环境如何发生改变，都能确保搜索到相同的 Pareto 最优前沿。鉴于此本实验为了易于观察，将 $f_1$ 和 $f_2$ 在 $x$ 轴和 $y$ 轴分别平移 $t/20$。

由图 7.16 可以看出，随着时间的不断变化，相比于其他 3 种算法，DMOPSO－DP 算法在各个时间步骤都能获得较好的 Pareto 前沿，Pareto 前沿上的非支配解分布更加的均匀和宽广，解的多样性上整体相对更好一些。DMOPSO－Coello 算法在一些环境下存在较为严重的解的缺失，而 DNSGA－Ⅱ－A 算法和 DNSGA－Ⅱ－B 算法则存在少部分解的缺失，因此 DMOPSO－Coello 算法获得的解的多样性相对于 DNSGA－Ⅱ－A 算法和 DNSGA－Ⅱ－B 算法来说更差一些。

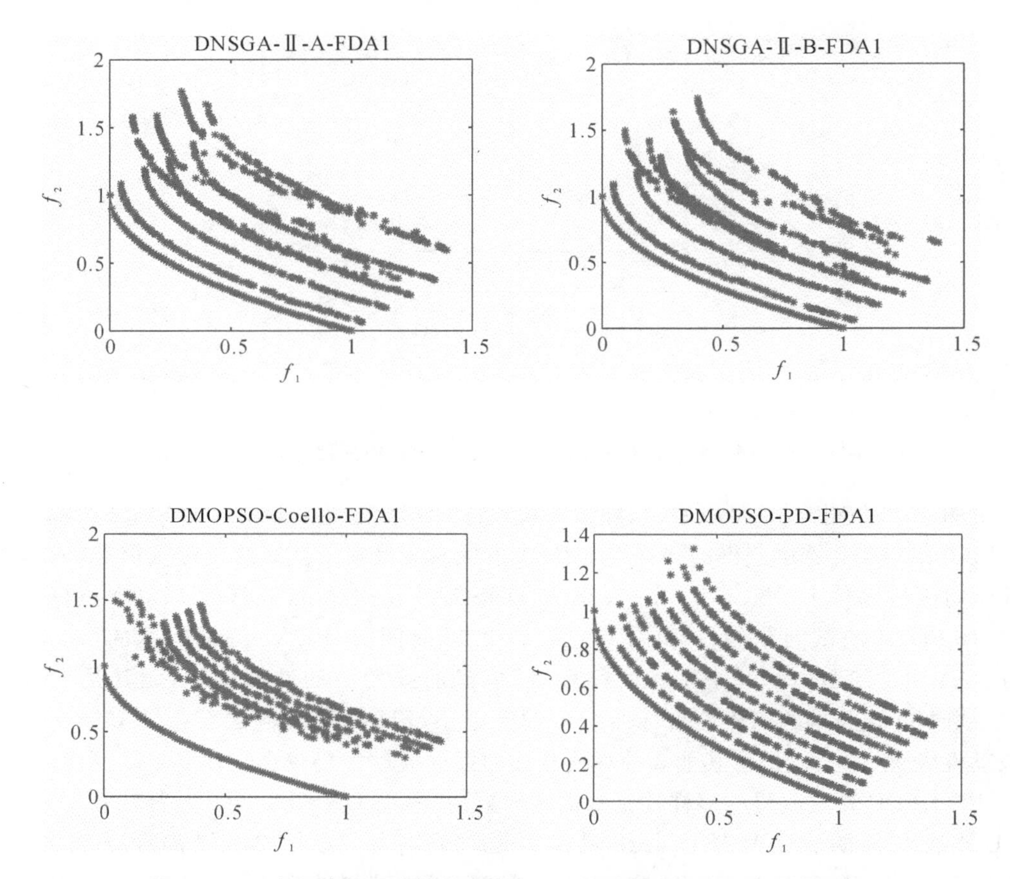


**图 7.16 8 个环境下 4 种算法求解 FDA1 问题获得的 Pareto 最优前沿**

### 2. FDA2 问题

FDA2 测试问题的真实 Pareto 前沿随时间的变化而变化。图 7.17 展示了 4 种算法 8 个环境下获得的 Pareto 最优前沿，8 个环境分别为 $t_1=1, t_2=2, t_3=3, t_4=4, t_5=5, t_6=6, t_7=7$ 和 $t_8=8$。为了观察实验结果的便利，将 $f_1$ 和 $f_2$ 分别平移 $t/30$。

由图 7.17 中实验结果可看出，无论哪一时刻 DMOPSO－Coello 算法获得 Pareto 前沿都在 DNSGA－Ⅱ－A 算法和 DNSGA－Ⅱ－B 算法获得的 Pareto 前沿的下方，由于 FDA2 测试问题是一个二目标的最小化问题，所以 DMOPSO－Coello 算法获得的非支配解支配着 DNSGA－Ⅱ－A 算法和 DNSGA－Ⅱ－B 算法获得的非支配解。DNSGA－Ⅱ－B 算法获得的 Pareto 前沿上非支配解的多样性优于 DNSGA－Ⅱ－A 算法。而本章提出的 DMOPSO－DP 算法获得 Pareto 前沿分布最宽广，多样性最好。这是因为 DMOPSO－DP 算法采用的定向预测策略可以在环境变化时对潜在最优解进行快速预测，增加了种群的多样性，所以算法所得的 Pareto 前沿上解的分布性更好。

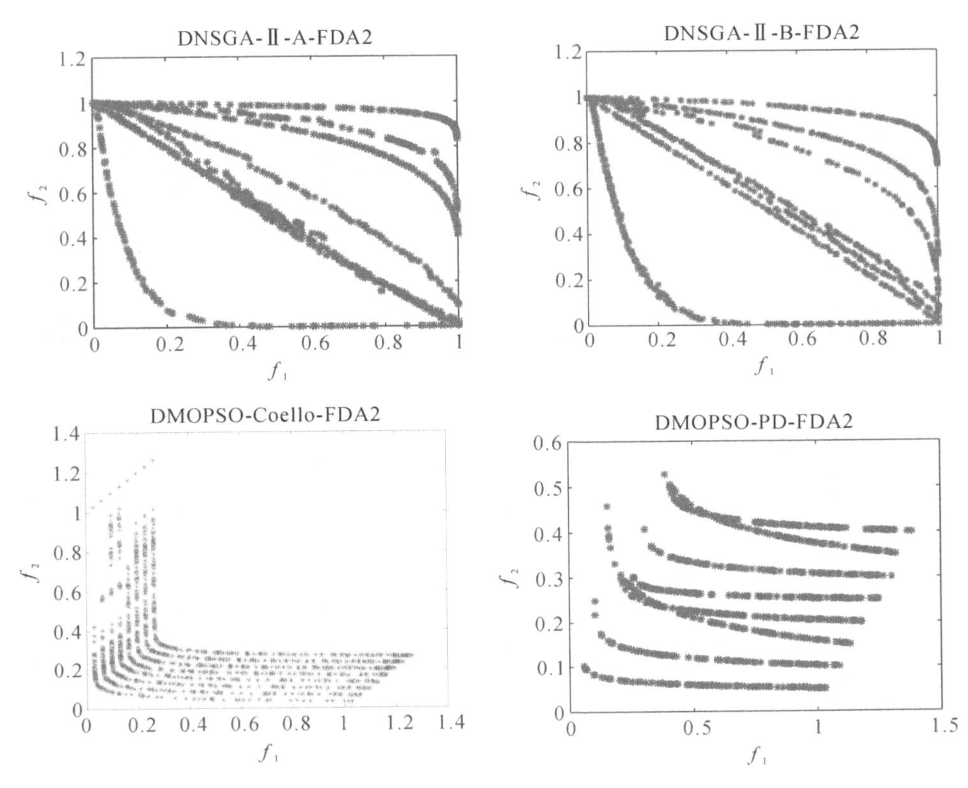


**图 7.17　8 个环境下 4 种算法求解 FDA2 问题获得的 Pareto 最优前沿**

### 3. FDA3 问题

FDA3 测试问题的真实 Pareto 前沿随时间的变化而变化。图 7.18 展示了 4 种算法 4 个环境下获得的 Pareto 最优前沿，4 个环境分别为 $t_1 = 1, t_2 = 3, t_3 = 5, t_8 = 8$。为了观察实验结果的便利，将 $f_1$ 和 $f_2$ 分别平移 $t/30$。

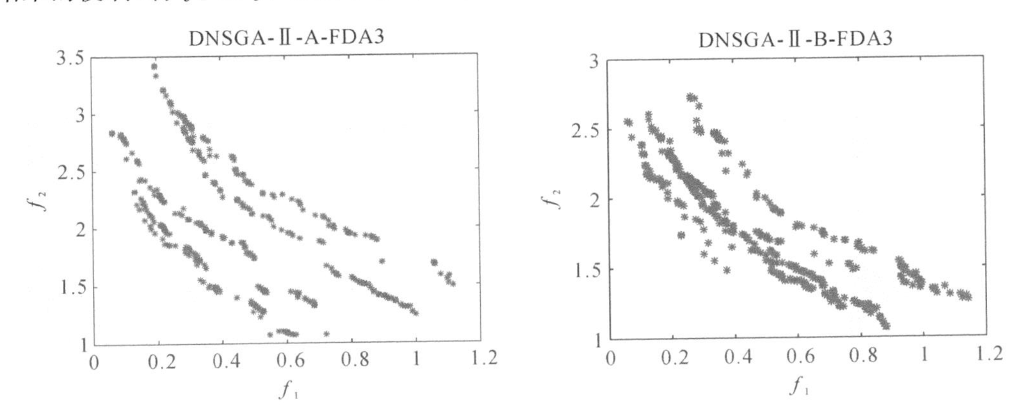


**图 7.18　4 个环境下 4 种算法求解 FDA3 问题获得的 Pareto 最优前沿**

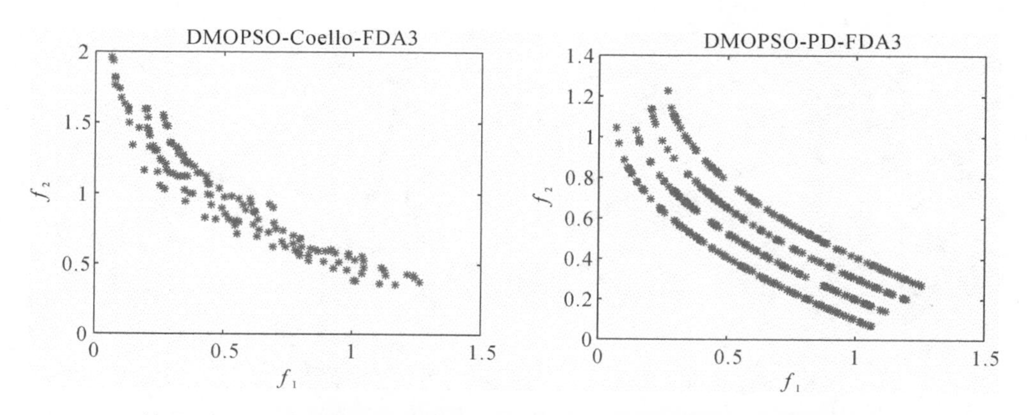


续图 7.18　4 个环境下 4 种算法求解 FDA3 问题获得的 Pareto 最优前沿

由图 7.18 可以看出，本章提出的 DMOPSO－DP 算法获得 Pareto 前沿相比于前三者分布最宽广，最均匀，多样性最好。DMOPSO－Coello 算法获得的非支配解的分布性相比于 DNSGA－Ⅱ－A 算法和 DNSGA－Ⅱ－B 算法较差，解的多样性不好。

**4. FDA4 问题**

FDA4 测试问题的真实 Pareto 前沿不随时间的变化而变化。图 7.19～图 7.22 展示了 4 种算法 4 个环境下获得的 Pareto 最优前沿，4 个环境分别为 $t_1 = 1, t_2 = 3, t_3 = 5$ 和 $t_4 = 7$。

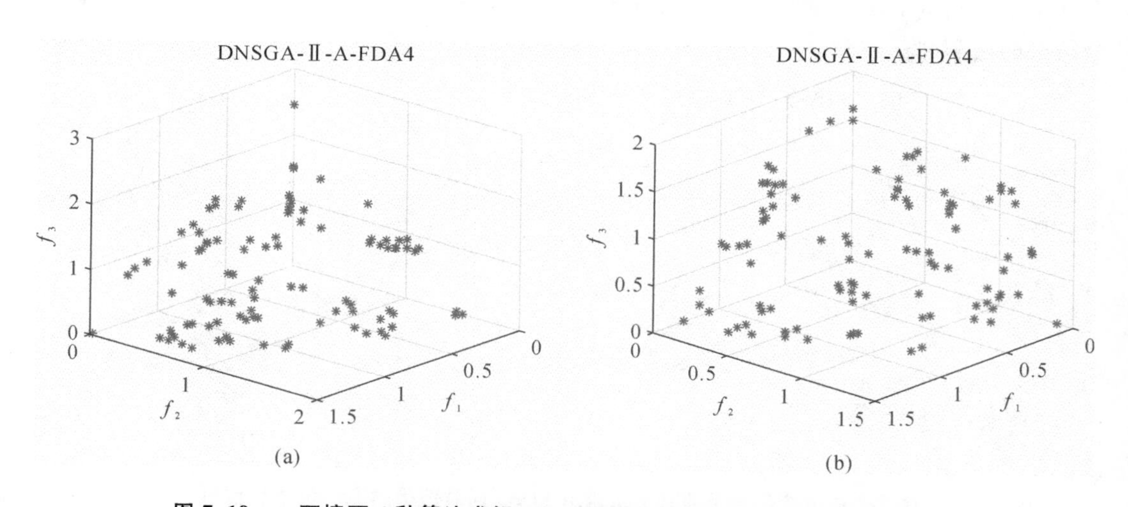


图 7.19　$t_1$ 环境下 4 种算法求解 FDA4 问题获得的 Pareto 最优前沿（$t_1 = 1$）

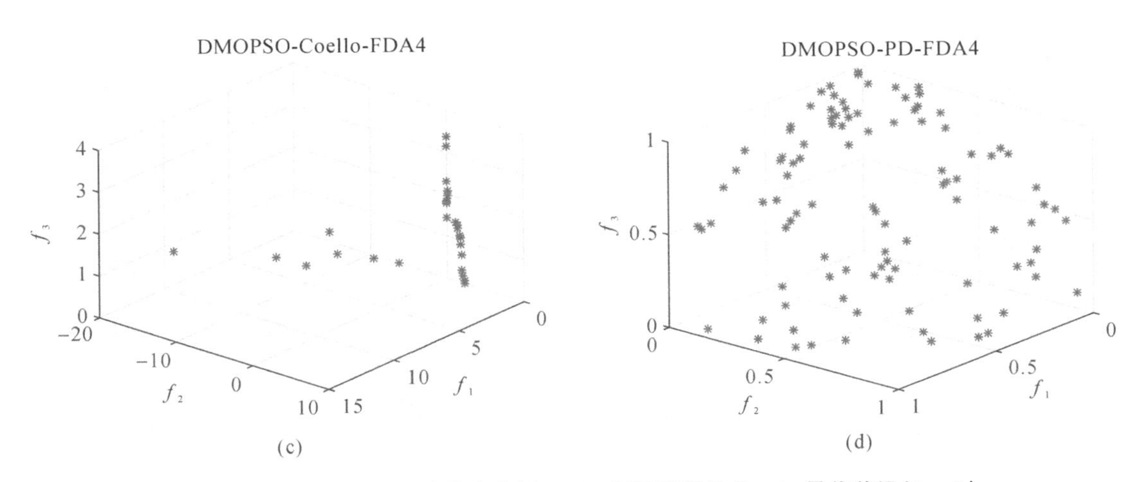


续图 7.19 $t_1$ 环境下 4 种算法求解 FDA4 问题获得的 Pareto 最优前沿($t_1=1$)

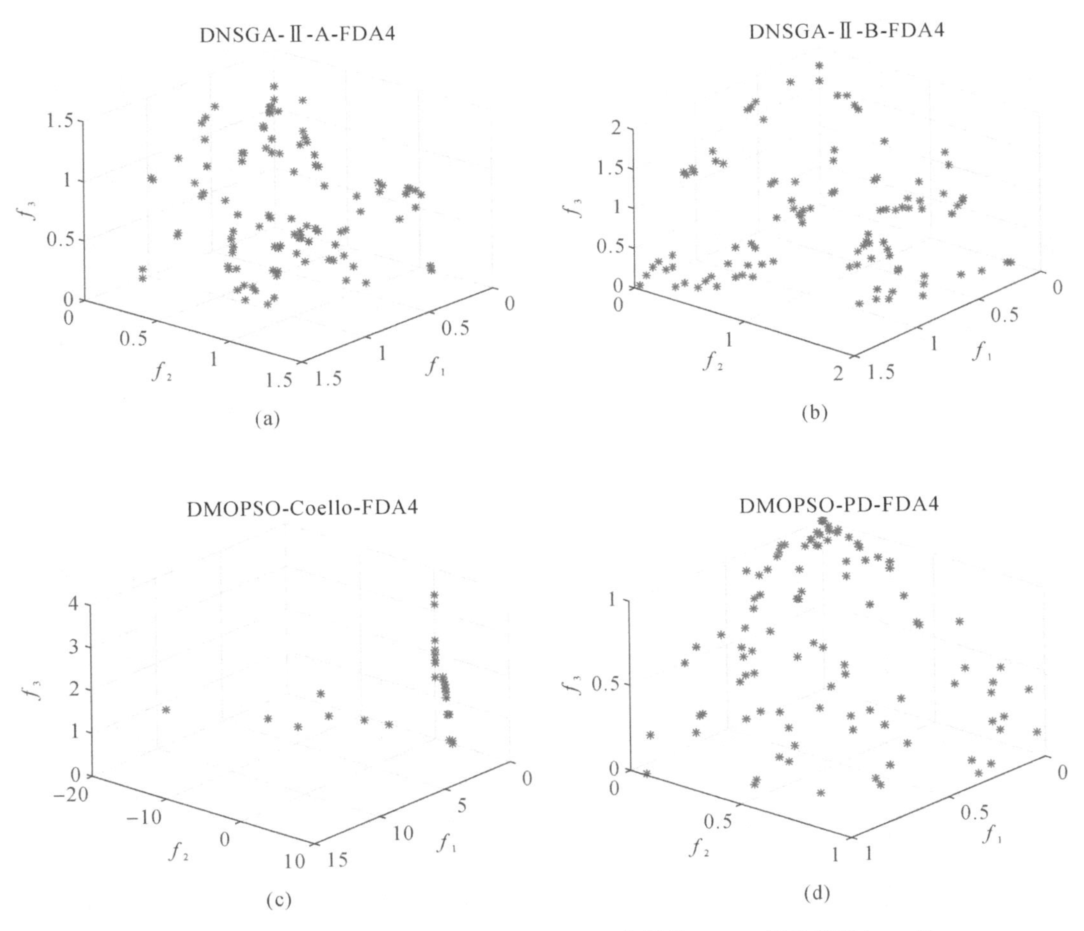


图 7.20 $t_2$ 环境下 4 种算法求解 FDA4 问题获得的 Pareto 最优前沿($t_2=3$)

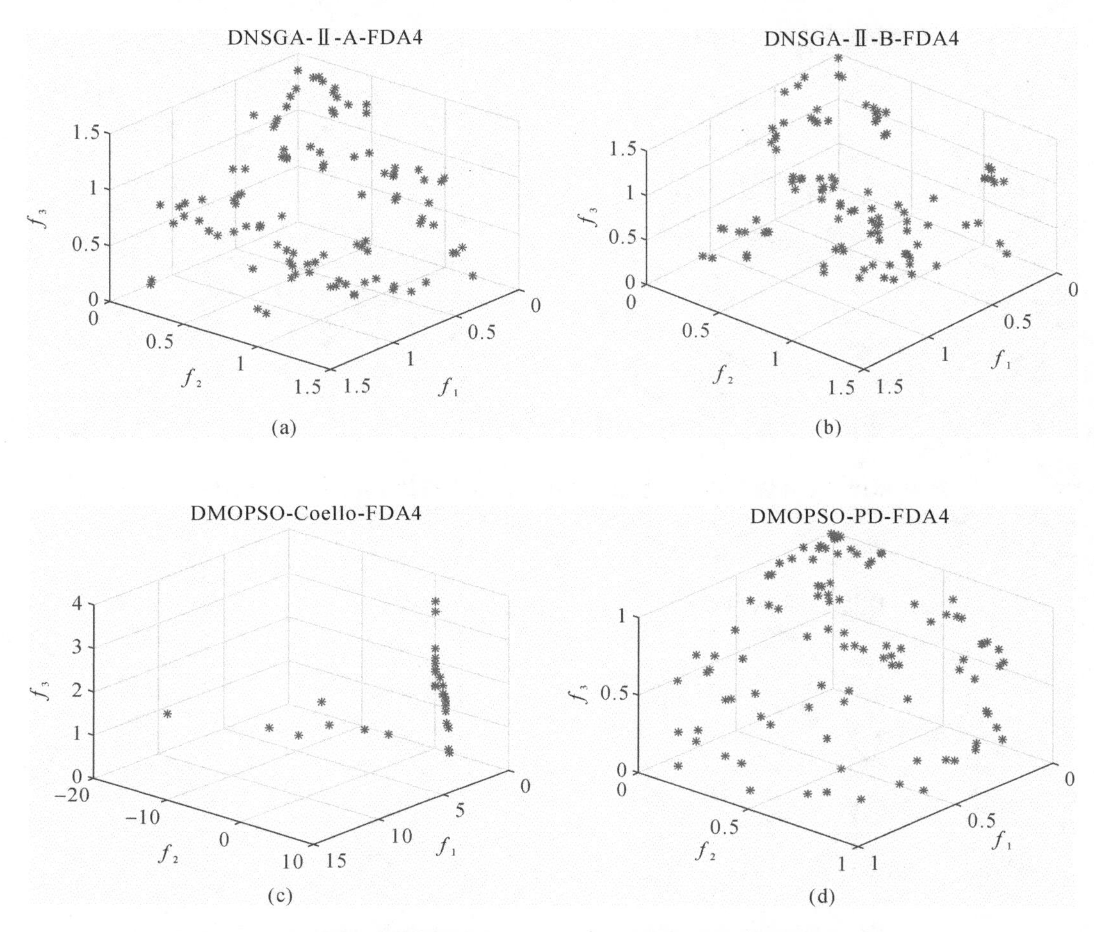


图 7.21　$t_3$ 环境下 4 种算法求解 FDA4 问题获得的 Pareto 最优前沿($t_3=5$)

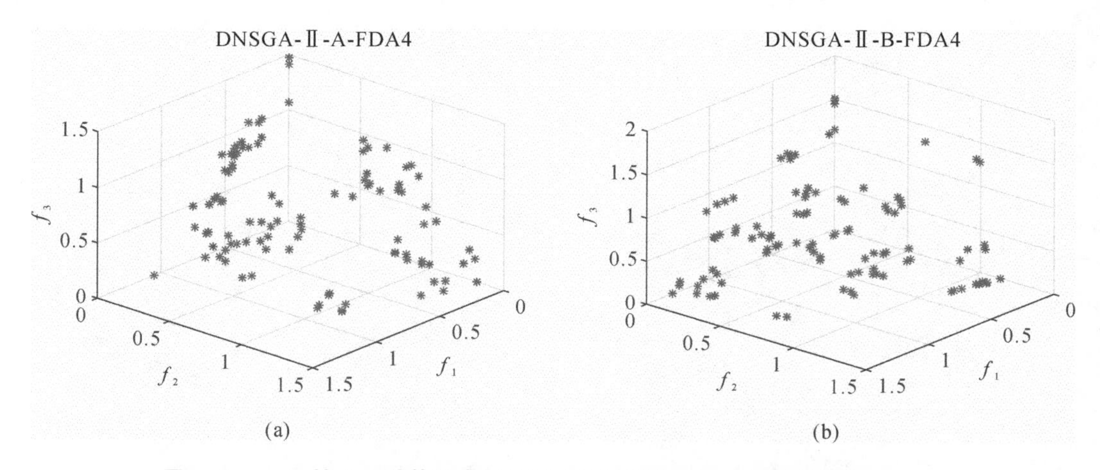


图 7.22　$t_4$ 环境下 4 种算法求解 FDA4 问题获得的 Pareto 最优前沿($t_4=7$)

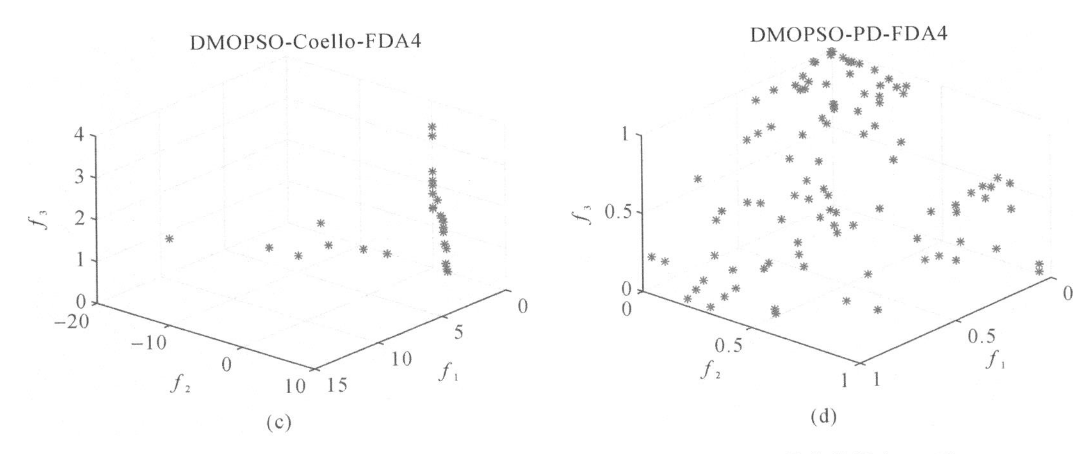


续图 7.22　$t_4$ 环境下 4 种算法求解 FDA4 问题获得的 Pareto 最优前沿($t_4=7$)

由图 7.19～图 7.22 可以看出，4 种环境下 DNSGA－Ⅱ－A 算法和 DNSGA－Ⅱ－B 算法获得非支配解均能保持较好的均匀性和多样性，但是在 $t_1$ 环境下，如图 7.19(a)(b)所示，DNSGA－Ⅱ－B 算法获得的非支配解的均匀性相比于 DNSGA－Ⅱ－A 算法更好一些，而在 $t_3$ 环境下，如图 7.21(a)(b)所示，DNSGA－Ⅱ－A 算法获得的非支配解的均匀性相较于 DNSGA－Ⅱ－B 算法更好一些。DMOPSO－Coello 算法则在 4 种环境下获得的 Pareto 前沿上都存在严重的解的缺失，解的多样性差，并且收敛性也不好。图 7.19(d)、图 7.20(d)、图 7.21(d)和图 7.22(d)表明 4 种环境下 DMOPSO－DP 算法仍能获取一个分布较好的 Pareto 前沿，Pareto 前沿的收敛性要好于 DNSGA－Ⅱ－A 算法和 DNSGA－Ⅱ－B 算法，解的均匀性也相对较优，并且保持了解较好的多样性。

**5. FDA5 问题**

FDA5 测试问题的真实 Pareto 前沿随时间的变化而变化。图 7.23～图 7.26 展示了 4 种算法 4 个环境下获得的 Pareto 最优前沿，4 个环境分别为 $t_1=1$，$t_2=3$，$t_3=5$ 和 $t_4=7$。

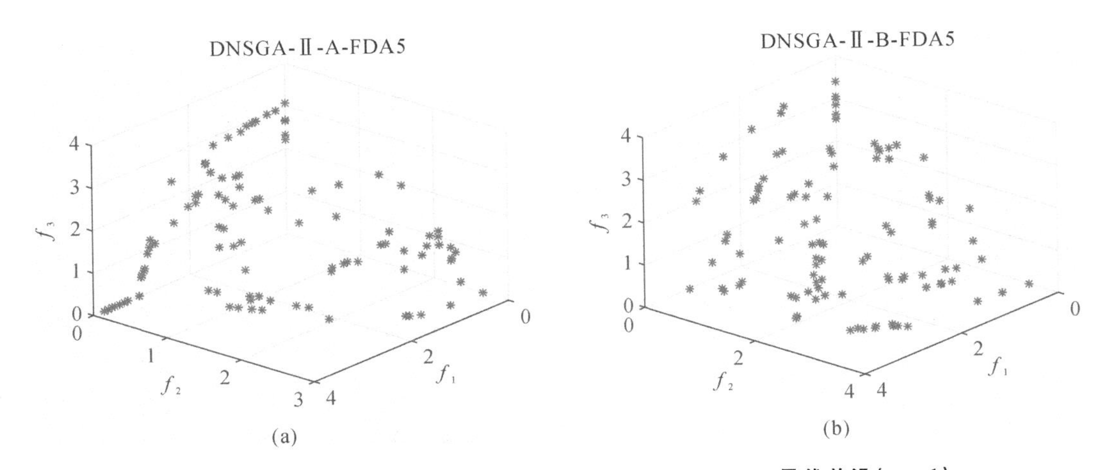


图 7.23　$t_1$ 环境下 4 种算法求解 FDA5 问题获得的 Pareto 最优前沿($t_1=1$)

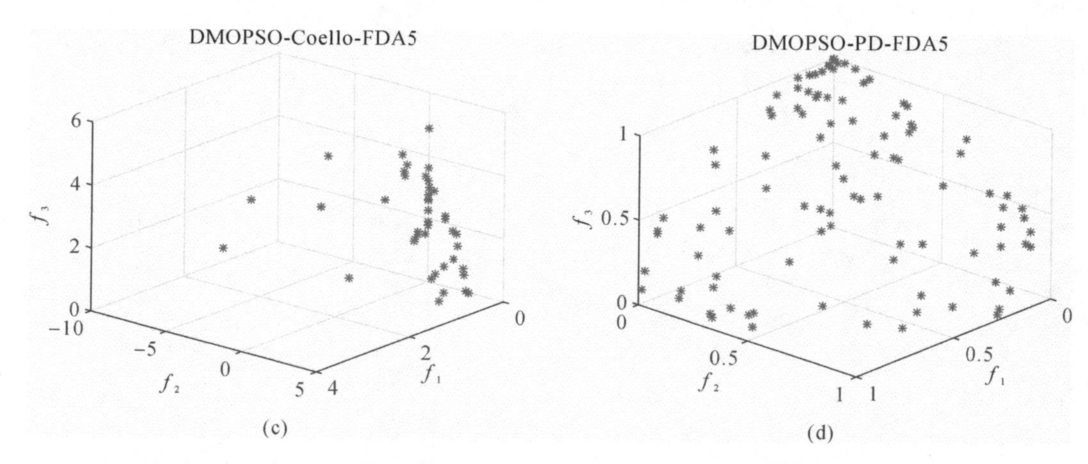


续图 7.23　$t_1$ 环境下 4 种算法求解 FDA5 问题获得的 Pareto 最优前沿($t_1=1$)

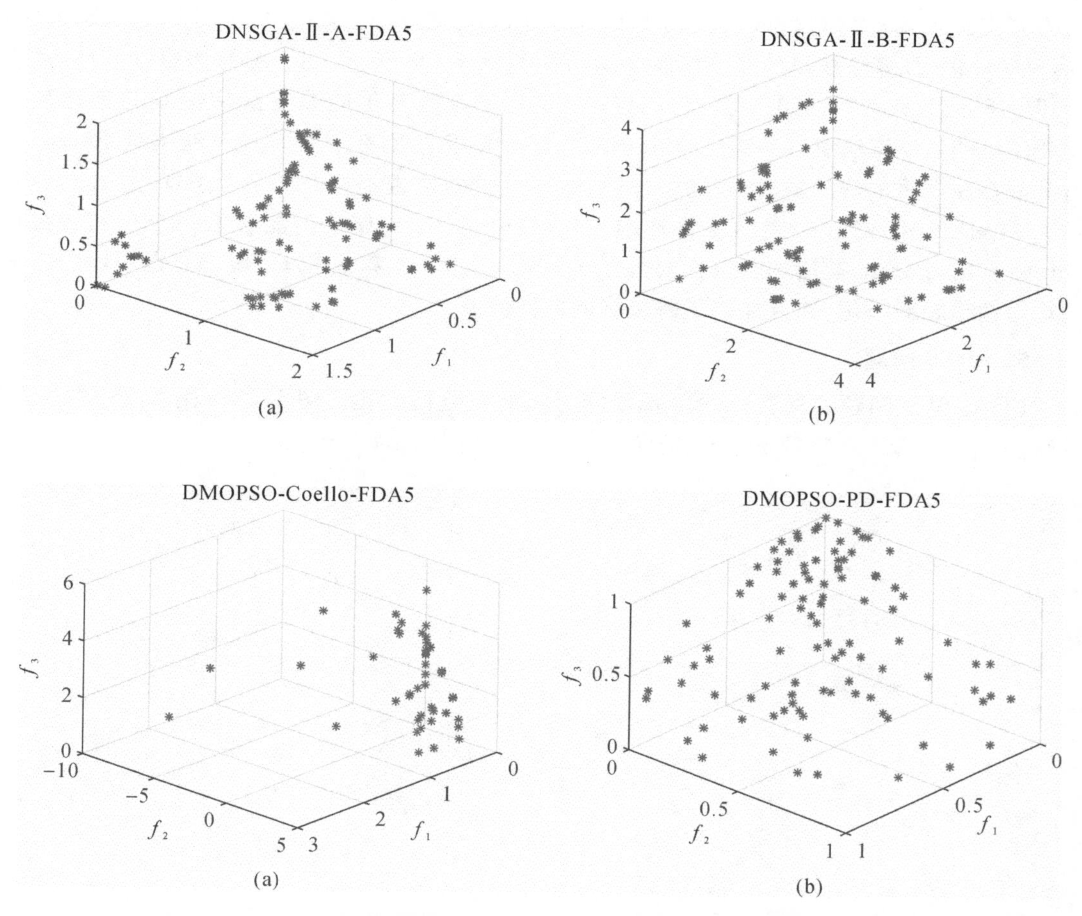


图 7.24　$t_2$ 环境下 4 种算法求解 FDA5 问题获得的 Pareto 最优前沿($t_2=3$)

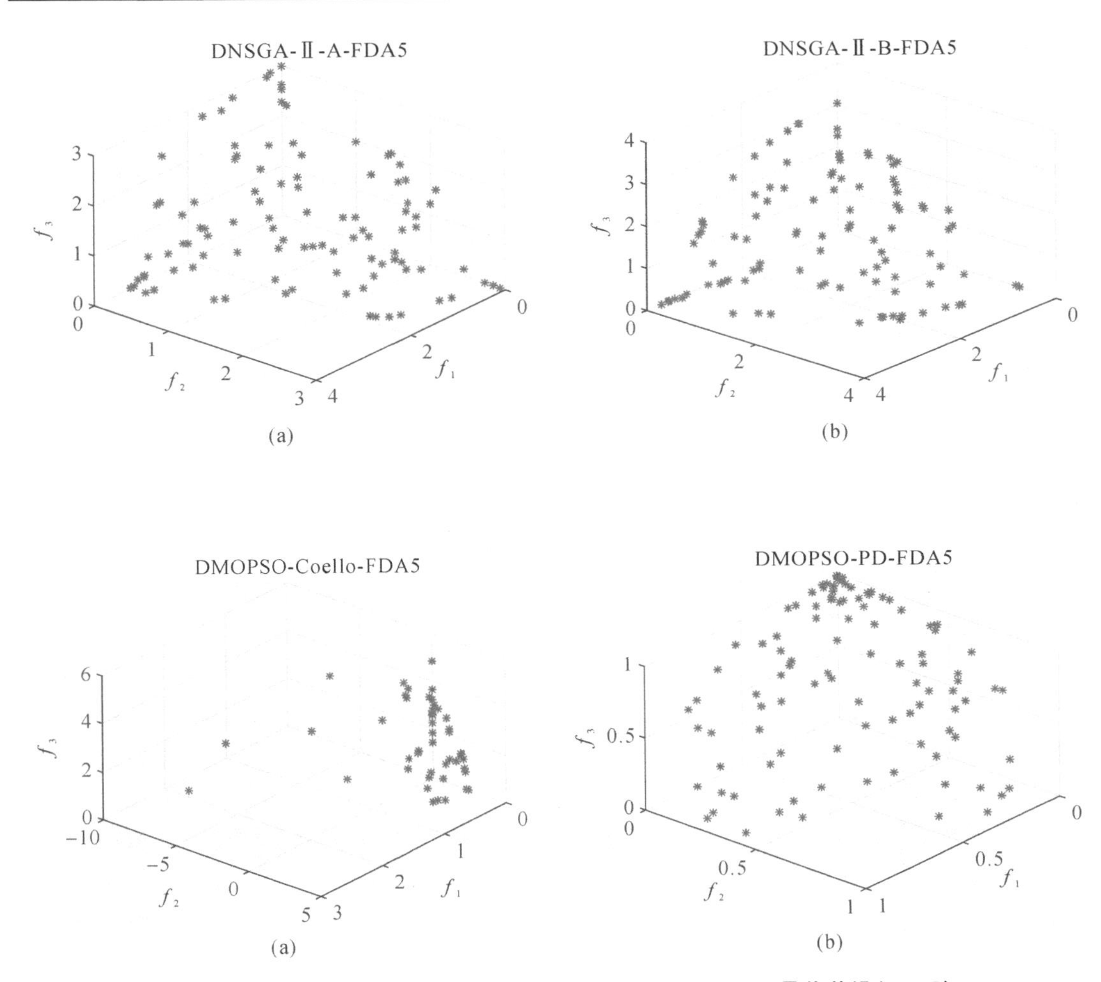


**图 7.25　$t_3$ 环境下 4 种算法求解 FDA5 问题获得的 Pareto 最优前沿($t_3=5$)**

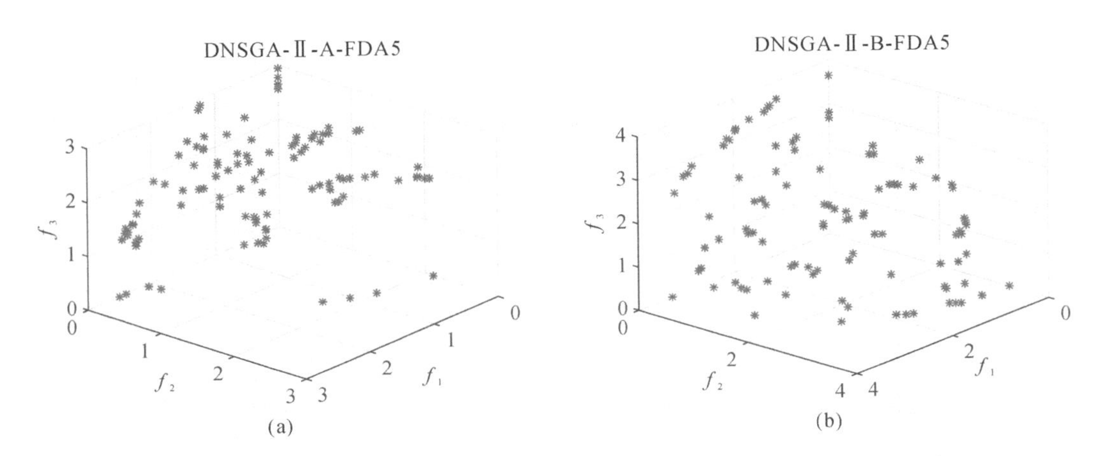


**图 7.26　$t_4$ 环境下 4 种算法求解 FDA5 问题获得的 Pareto 最优前沿($t_4=7$)**

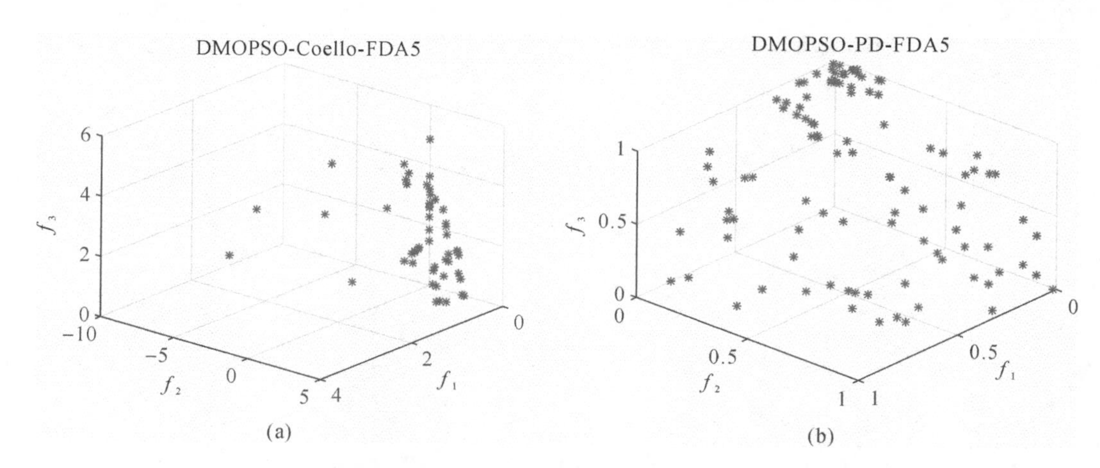


**续图 7.26　$t_4$ 环境下 4 种算法求解 FDA5 问题获得的 Pareto 最优前沿($t_4=7$)**

由图 7.23～图 7.26 可以看出 4 种环境下 DMOPSO - Coello 算法获得 Pareto 前沿上解的缺失最严重，解的多样性最差，而 DNSGA -Ⅱ- A 算法和 DNSGA -Ⅱ- B 算法获得的解的均匀性和多样性大致相当，但是在 $t_2$ 环境下，如图 7.24(a)和图 7.25(b)所示，DNSGA - Ⅱ - A 算法获得的 Pareto 前沿的左上半部分存在部分解缺失，在 $t_4$ 环境下，如图 7.26(a)(b)所示，DNSGA - Ⅱ - A 算法获得的 Pareto 前沿下半部分存在部分解缺失，因此该环境下解的多样性稍差于 DNSGA - Ⅱ - B 算法。而本章提出的 DMOPSO - DP 算法在 4 种环境下均能保持较好的多样性和均匀性。

综上所述，本章提出的 DMOPSO - DP 算法在 5 种 FDA 系列测试问题上均取得了良好的搜索效果，获得最优解分布均能保持较好的多样性，算法的收敛性也良好，对真实 Pareto 前沿的跟踪效果也较好，原因在于 DMOPSO - DP 算法采用定向预测略对种群中一半个体的位置进行预测，从而可提前判断个体下一时刻的位置，而另一半个体中又分别采用随机初始化和多项式变异的混合方式，既确保了新的个体能够继承种群的部分历史信息，又能维持新的个体的多样性，与 3 种经典动态多目标优化算法 DNSGA - Ⅱ - A 算法、DNSGA - Ⅱ - B 算法和 DMOPSO - Coello 算法相比展现出了较强的竞争力。

## 7.5　本章小结

本章主要对动态环境下的多目标优化问题进行了研究，主要工作及结论如下：

(1)提出了一种基于定向预测策略的 DMOPSO - DP 算法：首先，给出了一种环境变化判断规则，用于快速检测当前环境是否发生改变；其次，若环境已发生改变，则采用定向预测策略对种群中一半个体的位置进行预测，另一半个体则采用随机初始化和经过多项式变异算子变异后的方式生成新的个体位置，采用随机初始化是为了增加种群的多样性，经过多项式变异算子变异后可继承原有种群的部分历史信息，用新生成的个体替换原有种群；最后，给出了 DMOPSO - DP 算法的框架。

(2)为了对提出的 DMOPSO-DP 算法的性能进行分析,选取了收敛性度量指标 $e_f(t)$ 和多样性度量指标 MS($t$),$e_f(t)$ 指标用于对算法的收敛效果进行衡量,MS($t$) 指标用于对算法获得的非支配解的多样性进行衡量,选取经典的 FDA 系列动态多目标优化测试函数对 DMOPSO-DP 算法进行测试,并与经典的 DNSGA-Ⅱ-A 算法、DNSGA-Ⅱ-B 算法和 DMOPSO-Coello 算法 3 种动态多目标优化算法进行对比。

(3)通过 30 次独立的仿真实验验证了 DMOPSO-DP 算法在解决动态多目标优化问题方面的有效性,与 DNSGA-Ⅱ-A 算法、DNSGA-Ⅱ-B 算法和 DMOPSO-Coello 算法 3 种算法相比具有较强的竞争力。

# 参考文献


[1] 汪荣鑫. 随机过程[M]. 西安:西安交通大学出版社,2006.

[2] 程云鹏,张凯院,徐仲. 矩阵论[M]. 西安:西北工业大学出版社,2006.

[3] IOSIFESCU M. Finite Markov Processes and Their Applications[M]. Chichester: Wiley, 1980.

[4] FARINA M, DEB K, AMATO P. Dynamic Multiobjective Optimization Problems: Test Cases, Approximations, and Applications [J]. IEEE Transactions on Evolutionary Computation, 2004, 8(5): 425-442.

[5] LIU D, TAN K, GOH C, et al. A Multiobjective Memetic Algorithm Based on Particle Swarm Optimization[J]. Systems, Man, and Cybernetics, Part B: IEEE Transactions on Cybernetics, 2007, 37(1): 42-50.

[6] 张欢. 群智能多目标优化算法及其在多机协同压制干扰中的应用研究[D]. 西安:空军工程大学,2018.

# 第8章　基于MOPSO-DSAPD算法的静态多机协同压制干扰布阵研究

## 8.1　引　　言

本章主要研究静态环境条件下的多机协同压制干扰最优布阵问题，首先给出地形遮蔽下敌方防空雷达探测范围计算方法，构建有源电子战干扰模型，提出航迹规划安全区的概念，采用基于数学形态学方法求解航迹规划安全区最小宽度，充分考虑电子干扰布阵的多目标优化问题特点，以航迹规划安全区最小宽度和各部干扰机距敌防空雷达网中心距离之和作为目标函数，构建电子干扰布阵的静态多目标优化模型，基于PSO的多目标优化算法以其算法简便、收敛速度快、工程实现容易等特点，在多目标优化领域获得广泛应用本章将采用第3章提出的MOPSO-DSAPD算法求解多机协同压制干扰布阵静态多目标优化模型，通过仿真实例验证，解算出满足航迹规划安全区最小宽度限制以及保证各部干扰机自身安全的最优干扰布阵方案。

## 8.2　静态多机协同压制干扰布阵优化建模

本节主要构建地形遮蔽下雷达威胁探测模型、有源电子战干扰模型、航迹规划安全区计算模型以及多机协同压制干扰布阵静态多目标优化模型。

### 8.2.1　地形遮蔽下雷达威胁探测模型

**1. 数字高程模型**

数字高程模型(Digital Elevation Model, DEM)是指利用数字化技术将地面高程信息以特定数据形式存储起来，DEM有两种最常见的表示方法，分别是栅格网grid结构和等高线图两种，本章采用栅格网grid结构。

**2. 雷达探测模型**

雷达探测模型一般用雷达方程来表征：

$$R=\left[\frac{P_{t}G^{2}\sigma\lambda^{2}}{(4\pi)^{3}(S/N)F_{n}kT_{o}B_{n}L}\right]^{1/4} \tag{8.1}$$

式中：$R$ 为雷达探测距离(m)；$P_t$ 为雷达发射峰值功率(W)；$G$ 为雷达天线增益；$\sigma$ 为目标雷达截面积($m^2$)；$\lambda$ 为雷达波长(m)；$S/N$ 为雷达接收机信噪比；$F_n$ 为噪声系数；$k$ 为波尔兹曼常数($1.38\times10^{-23}$ J/K)；$T_o$ 为雷达工作环境温度(K)；$B_n$ 为噪声带宽(Hz)；$L$ 为系统损耗。

**3. 地形遮蔽条件下雷达探测范围计算**

地形遮蔽条件下雷达探测范围计算示意图如图 8.1 所示。图中雷达观测点所处位置高度为 $h_r$，目标点(飞机)所处高度为 $h_f$，极坐标栅格 $P_{(\alpha,3)}$ 为 $\alpha$ 方向上雷达探测范围最远边界点，$h_{(\alpha,3)}$ 为该点处的高程值。

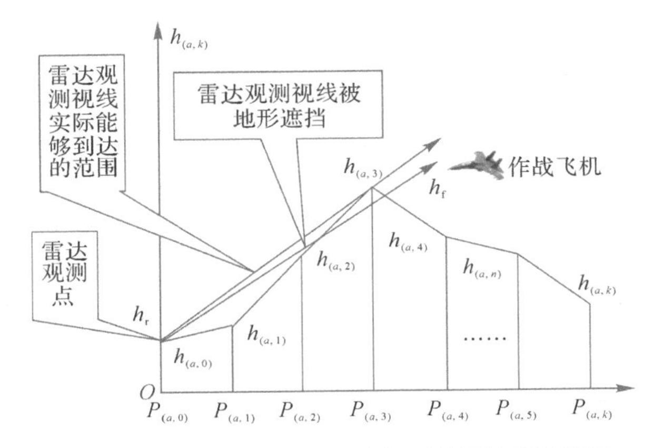


**图 8.1　地形遮蔽条件下雷达探测范围计算示意图**

由图 8.1 可求出 $\alpha$ 方向上极坐标栅格 $P_{(\alpha,k)}$ 到雷达观测点的高度角 $\varepsilon_{P_{(\alpha,k)}}$ 和目标点到雷达观测点的高度角 $\varepsilon_o$：

$$\varepsilon_{P_{(\alpha,k)}}=\arctan\frac{h_{(\alpha,k)}-h_r}{P_{(\alpha,k)}-P_{(\alpha,0)}} \tag{8.2}$$

$$\varepsilon_o=\arctan\frac{h_f-h_r}{P_{(\alpha,n)}-P_{(\alpha,0)}} \tag{8.3}$$

依次计算出 $\alpha$ 方向上 $\varepsilon_{P_{(\alpha,k)}}$ $(k=0,1,2,\cdots,k)$ 的大小，并比较高度角 $\varepsilon_o$ 和 $\varepsilon_{P_{(\alpha,k)}}$ 的大小。若存在一栅格 $P_{(\alpha,k)}$ 满足 $\varepsilon_{P_{(\alpha,k)}}>\varepsilon_o$，则目标点在雷达的地形遮蔽盲区以内，雷达探测不到目标。

## 8.2.2　有源电子战干扰模型

有源电子战设备干扰信号功率 ($P_{rj}$) 表达式如下：

$$P_{rj}=\frac{P_jG_jG(\varphi)r_jB_r}{(4\pi)^2R_j^2L_jB_j} \tag{8.4}$$

式中：$P_j$ 为干扰机发射功率(W)；$G_j$ 为干扰机天线增益；$G(\varphi)$ 为敌方雷达天线在干扰机干

扰方向上的增益；$\varphi$ 为敌方雷达天线主瓣方向与干扰机之间的夹角，$r_j$ 为干扰机极化损失；$B_j$ 为干扰机干扰信号带宽(Hz)；$B_r$ 为敌方雷达接收机的信号带宽(Hz)；$R_j$ 为敌方雷达与干扰机之间的距离(m)；$L_j$ 为干扰机干扰信号综合损耗。

目标回波信号功率表达式为

$$P_{rt}=\frac{P_t G^2\sigma\lambda^2}{(4\pi)^3R^4L} \tag{8.5}$$

式中:各参数意义见式(8.1),其中参数 $P_{rt}$ 与式(8.1)中参数 $S$ 等价。

敌方雷达天线在干扰机干扰方向上的增益 $G(\varphi)$ 的表达式如下：

$$G(\varphi)=\begin{cases}G, & 0\leqslant|\varphi|<\varphi_{0.5}\\ K\left[2(\varphi_{0.5}/\varphi)\right]^2G, & \varphi_{0.5}\leqslant|\varphi|<90^\circ\\ K\left[2(\varphi_{0.5}/90^\circ)\right]^2G, & 90^\circ\leqslant|\varphi|\leqslant180^\circ\end{cases} \tag{8.6}$$

式中：$\varphi_{0.5}$ 为敌方雷达天线在半功率点处的波瓣宽度；$K$ 为常数，一般取(0.04,0.1)；$G$ 为敌方雷达天线增益。

综合式(8.1)～式(8.5)可得出敌方雷达在有单个干扰机干扰情况下的探测距离表达式，即

$$R=\left[\frac{P_tG^2\sigma\lambda^2}{(4\pi)^3LF_nkT_oB_nK_j+\dfrac{4\pi LP_jG_jG(\varphi)r_jB_r}{R_j^2L_jB_j}}\right]^{1/4} \tag{8.7}$$

式中：$K_j$ 为敌方雷达最小压制系数;其余参数与式(8.1)、式(8.4)以及式(8.5)相同。

当考虑有多个干扰机对敌方雷达实施干扰压制时，所接收的干扰总功率为各个干扰机干扰功率之和，表达式如下：

$$P_{rj\_total}=\sum_{i=1}^{n}\frac{P_{ji}G_{ji}G(\varphi_i)r_{ji}B_r}{(4\pi)^2R_{ji}^2L_{ji}B_{ji}} \tag{8.8}$$

进而求出多个干扰机协同压制后的敌方雷达探测距离表达式：

$$R=\left[\frac{P_tG^2\sigma\lambda^2}{(4\pi)^3LF_nkT_oB_nK_j+\displaystyle\sum_{i=1}^{n}\frac{4\pi LP_{ji}G_{ji}G(\varphi_i)r_{ji}B_r}{R_{ji}^2L_{ji}B_{ji}}}\right]^{1/4} \tag{8.9}$$

### 8.2.3 航迹规划安全区计算模型

**1. 航迹规划安全区概念**

电子干扰飞机对敌防空雷达网实施有源压制干扰，其目的是压制敌防空雷达的探测范围，扩大航迹规划安全区的空间范围，为后续飞机进行最优航迹规划提供更加安全、可靠的规划空间。这里给出航迹规划安全区的定义：航迹规划安全区是指一定宽度、高度范围内的飞机可飞行航迹空间，构成飞机后续最优航迹规划搜索空间。为方便起见，本章主要计算飞机在一定高度层范围内的航迹规划安全区宽度，该宽度是指整个安全区内的最小宽度。

**2. 基于数学形态学求解航迹规划安全区宽度**

由于敌防空雷达探测范围在受地形遮蔽影响和电子压制干扰后探测边界呈不规则形

状，模型构建比较困难，若采用传统几何方法来计算安全区宽度，计算过程将十分复杂，不利于工程实践。因此，本章将从数学形态学角度出发，对航迹规划安全区宽度进行求解。这里先简要介绍下数学形态学。

数学形态学的核心思想是采用一个探针结构元素对给定图像进行探测，获取图像的相关信息，从而对图像进行分析和处理。数学形态学涉及的基本运算有闭运算、开运算、腐蚀、膨胀等。其中：腐蚀和膨胀作用相反，腐蚀可使某一给定区域同时向内缩小，而膨胀则可让该区域向四周扩大；闭运算和开运算这两种基本的运算方法是由腐蚀、膨胀进行一定的结合而构成的，闭运算首先需要将图像做膨胀处理，再做腐蚀处理，结果可填平给定图像上的狭窄断裂，除掉图像中的小孔等；开运算则是先腐蚀图像，再做膨胀运算，通常对给定图像轮廓具有平滑作用，消除轮廓上的小毛刺，等等。

本章将基于图像膨胀和压缩的原理，先将地形遮蔽、电子干扰条件下雷达探测范围图像做二值化处理，图像二值化的处理机制原理就是将给定图像上像素点的灰度值变为 255 或 0，所呈现出的效果就是将整幅图像黑白化，二值化后的图像中的数据量减少许多，从而能更好地显现出目标边界曲线的轮廓，因此，图像二值化在图像处理中具有非常重要的意义。对二值化后的图像进行开运算，再做膨胀运算，在对该图像进行膨胀运算的同时不断地做连通性检查，进一步求解出其中的图形元素数量，判断满足最小宽度限制的航迹规划安全区是否形成并求解出安全区最小宽度。具体解算流程如图 8.2 所示。

### 8.2.4　多机协同压制干扰布阵静态多目标优化模型

多机协同压制干扰布阵的最终目标是实现干扰机位置合理分布，达到对敌防空雷达的压制效果最好，并且干扰机自身安全也未受到威胁。因此，多机协同压制干扰布阵是一个多目标优化的问题，构建单个目标函数表达式如下：

$$f_1 = \sum_{i=1}^{N_{\mathrm{ECM}}} \left[ (x_i - x_{\mathrm{tc}})^2 + (y_i - y_{\mathrm{tc}})^2 + (z_i - z_{\mathrm{tc}})^2 \right]^{1/2} \tag{8.10}$$

$$f_2 = \mathrm{Width}_{\mathrm{safe}} \tag{8.11}$$

式中：$f_1$ 为目标函数表示我方各干扰机距敌方雷达网中心距离之和，物理意义则为我方干扰机自身安全；$N_{\mathrm{ECM}}$ 为干扰机数量；$f_2$ 为目标函数表示航迹规划安全区最小宽度，物理意义则为我方干扰机对敌方雷达网的干扰压制效果；$(x_i, y_i, z_i)$ 为我方第 $i$ 部干扰机的坐标位置；$(x_{\mathrm{tc}}, y_{\mathrm{tc}}, z_{\mathrm{tc}})$ 为敌方雷达网中心坐标；$\mathrm{Width}_{\mathrm{safe}}$为安全区最小宽度。

多机协同压制干扰布阵时，必须考虑如下几项约束条件和干扰原则：各干扰机位置须在敌方各雷达最大探测范围之外；各干扰机所处高度应在给定的安全高度范围内；干扰原则采用传统的“多对一”“一对一”原则。将约束条件数学化，表达式如下：

$$\left.\begin{array}{l} \mathrm{sqrt}\left[ (x_i - x_{\mathrm{t}j})^2 + (y_i - y_{\mathrm{t}j})^2 + (z_i - z_{\mathrm{t}j})^2 \right] > R_j ,(i = 1,2,\cdots,N_{\mathrm{ECM}} ; j = 1,2,\cdots,N_{\mathrm{radar}}) \\ z_{\min} \leqslant z_i \leqslant z_{\max} \end{array}\right\} \tag{8.12}$$

式中：$z_{\max}$ 和 $z_{\min}$ 分别为给定的高度范围上下界；$(x_i, y_i, z_i)$ 为我方第 $i$ 部干扰机的坐标位置；$N_{\mathrm{ECM}}$ 为干扰机数量；$(x_{\mathrm{t}j}, y_{\mathrm{t}j}, z_{\mathrm{t}j})$ 为敌方第 $j$ 部雷达坐标位置，$N_{\mathrm{radar}}$ 为敌方雷达数量；

$R_j$ 为敌方第 $j$ 部雷达的最大探测距离。

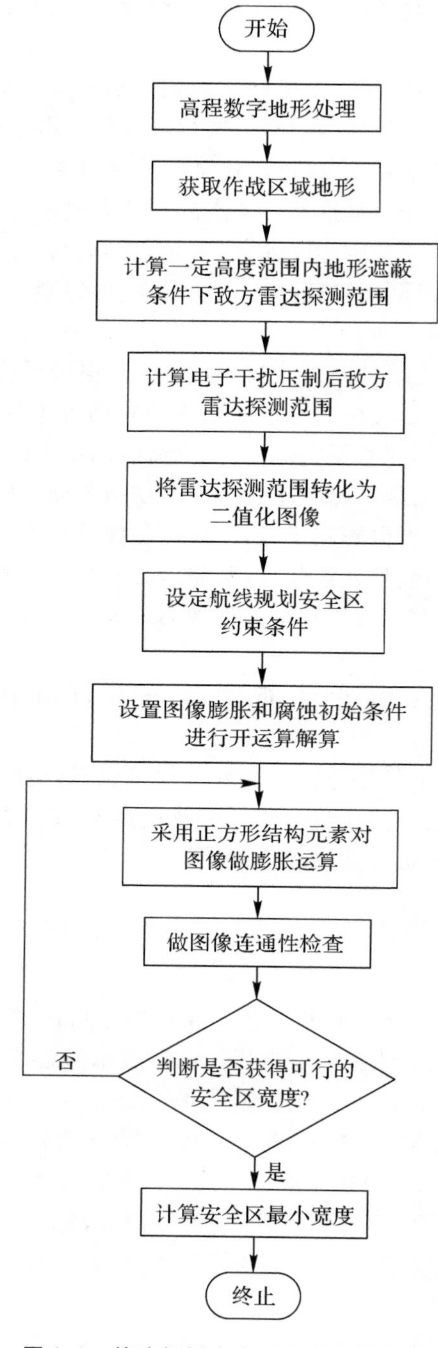


**图 8.2　航迹规划安全区宽度解算流程**

由式(8.10)、式(8.12)构成了带有约束条件下的多机协同压制干扰布阵静态多目标优化模型。

## 8.3　仿真实验与分析

仿真平台在 Windows 7 32 位操作系统下，选用的处理器为 Intel(R) Core(TM) i5－4590 CPU @ 3.3 GHz，编程语言采用 MATLAB。实验选取了一片 432 km×432 km 大小的区域作为任务场景，该区域的栅格网 grid 结构 DEM 显示如图 8.3 所示，DEM 数据分辨率为 360 m。

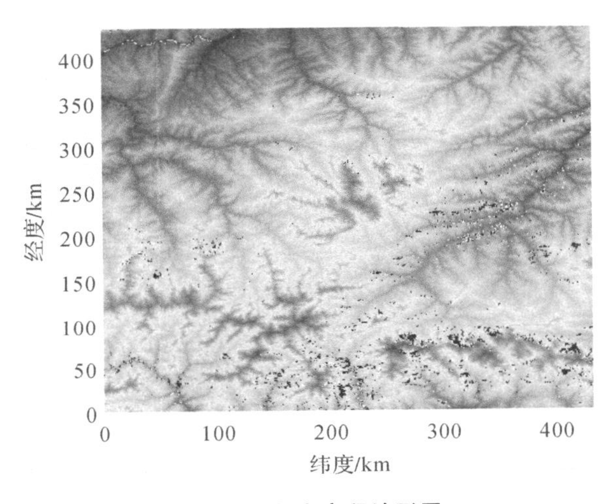


图 8.3　数字高程地形图

假设该区域内部署了 4 部敌方防空雷达，这 4 部雷达的最小压制系数 $K_j=5$，性能参数如表 8.1 所示。4 部雷达的坐标位置分别为(240 km，100 km)(150 km，120 km)(300 km，250 km)(180 km，280 km)。为了获取至少 20 km 的航迹规划安全区宽度，我方采用 3 架电子干扰飞机对敌方防空雷达实施协同有源压制干扰，3 架干扰机所处高度均为 2.1 km，性能参数如表 8.2 所示。我方采用“一对一”的干扰原则对敌方雷达网实施协同干扰。

表 8.1　4 部防空雷达性能参数列表

| 雷达 | $P_t$/kW | $G$ | $\lambda$/m | $L$ | $F_n$ | $T_o$/K | $B_n$/Hz |
|---|---|---|---|---|---|---|---|
| 1 号 | 4 000 | 50 | 0.6 | 2.5 | 3 | 291 | $2\times10^5$ |
| 2 号 | 3 900 | 45 | 0.8 | 4 | 2.5 | 291 | $2.1\times10^5$ |
| 3 号 | 3 100 | 70 | 0.75 | 3 | 4 | 291 | $3\times10^5$ |
| 4 号 | 2 600 | 100 | 0.5 | 3 | 6 | 291 | $1.5\times10^5$ |

表 8.2　3 架干扰机参数列表

| 干扰机 | $P_j$/kW | $G_j$ | $r_j$ | $L_j$ | $B_j$/Hz |
|---|---|---|---|---|---|
| 干扰机 1 | $1\times10^3$ | 4 | 2 | 20 | $2\times10^6$ |
| 干扰机 2 | $2\times10^3$ | 2 | 2 | 20 | $2\times10^6$ |
| 干扰机 3 | $2\times10^3$ | 6 | 1 | 30 | $2\times10^6$ |

结合前文中地形遮蔽条件下雷达探测范围计算方法，求解出4部敌方防空雷达2 100 m高度下受地形遮蔽影响后的探测范围如图8.4所示。

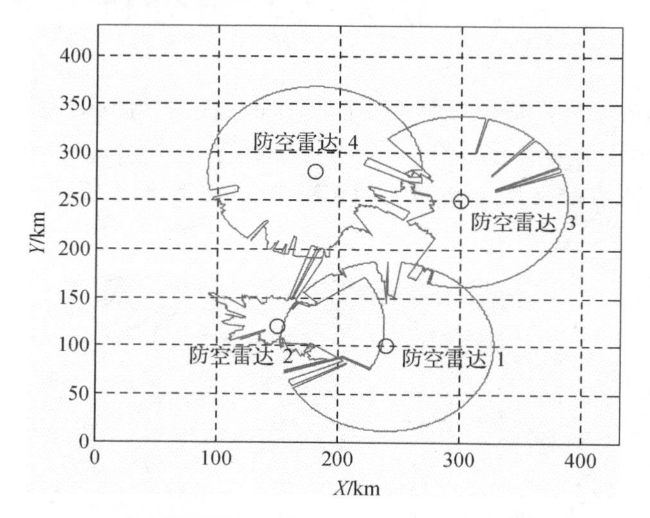


**图8.4　4部敌防空雷达受地形遮蔽后探测范围**

从图8.4中可以看出4部雷达探测范围相互重叠，因此我方飞机很难安全突防过去，必须借助电子干扰飞机对雷达网实施压制干扰。雷达网探测范围二值化后的图像如图8.5所示。

**图8.5　雷达网探测范围二值化图像**

MOPSO－DSAPD算法的初始参数设置如下：Dim＝6，种群个数 $x$Size＝50，学习因子 $c_1=c_2=0.8$，惯性权重因子最大值和最小值分别为 $w_{max}=1.2$、$w_{min}=0.1$，最大迭代次数Max_itera＝100，邻居规模 $T=20$，当前温度值 $T_{en}=80$，马尔可夫链长度 $l_{markov}=30$，降温系数 $\xi=0.95$。

为了便于比较，MOPSO－Coello算法的部分初始参数设置与MOPSO－DSAPD算法的参数设置相同。仿真实验采用MATLAB语言编程，解算出的非支配解分布如图8.6所示。

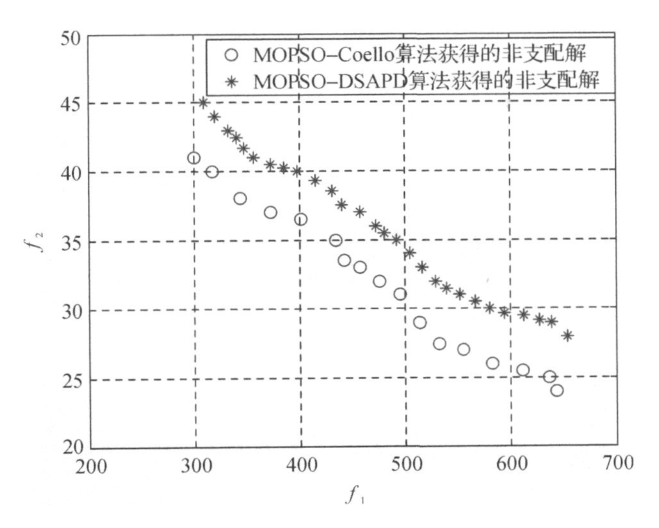


**图 8.6　获得的非支配解分布图**

从图 8.6 中可以看出，MOPSO-DSAPD 算法解算出的非支配解集，无论是在解的数量上还是在构成的 Pareto 前沿平滑程度上都明显优于 MOPSO-Coello 算法，因此可以得出 MOPSO-DSAPD 算法获得了一个更好的搜索结果。

对于 MOPSO-DSAPD 算法来说，由于获得了 28 个 Pareto 最优解，因此对应有 28 种干扰机干扰布阵方案可以选择，但是选取哪种方案将需要决策者根据实际情况进行抉择。这里给出其中 3 种典型情况。

第一种：当决策者需要各架干扰机距离敌方雷达网中心距离之和最小且安全区最小宽度最大时，即更侧重于对敌方防空雷达网压制干扰效果时，干扰机最优干扰布阵方案（设为方案 1）如图 8.7 所示，3 架干扰机距敌方雷达网中心都比较近。

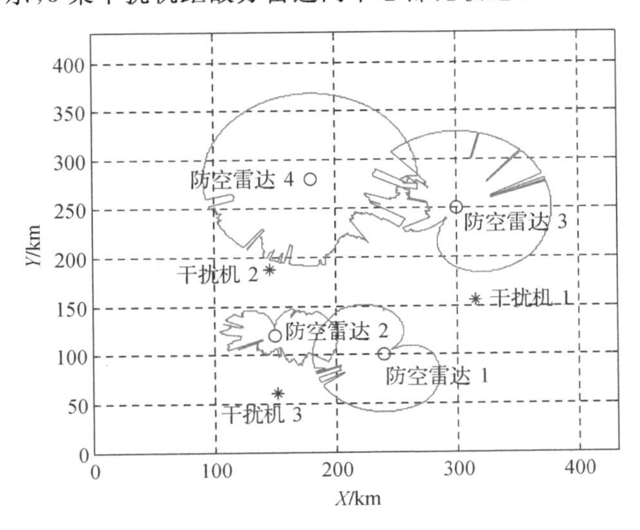


**图 8.7　总距离最小、安全区最小宽度最大时干扰机最优干扰布阵方案（MOPSO-DSAPD 算法）**

图 8.8 为该方案下各架干扰对敌方防空雷达网压制效果二值化图像，获得的安全区最小宽度为 45 km。图 8.9 是相同条件下 MOPSO－Coello 算法对应的干扰机最优干扰布阵方案，图 8.10 是相应的压制效果二值化图像，获得的安全区最小宽度为 41 km，小于 MOPSO－DSAPD 算法获得的安全区最小宽度，再次验证了 MOPSO－DSAPD 算法优于 MOPSO－Coello 算法。

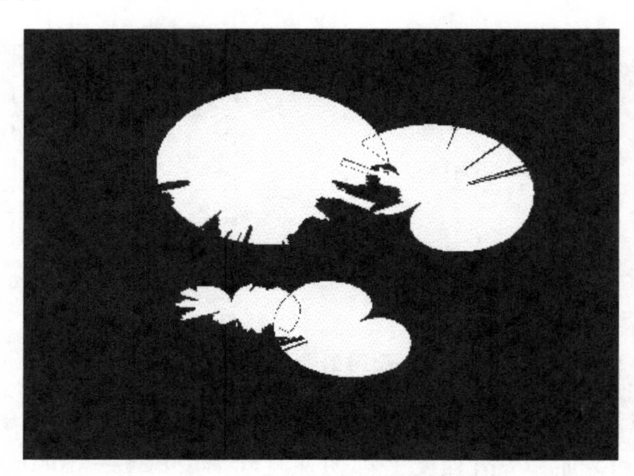

**图 8.8　方案 1 下 MOPSO－DSAPD 算法获得的各架干扰对敌雷达网压制效果二值化图像**

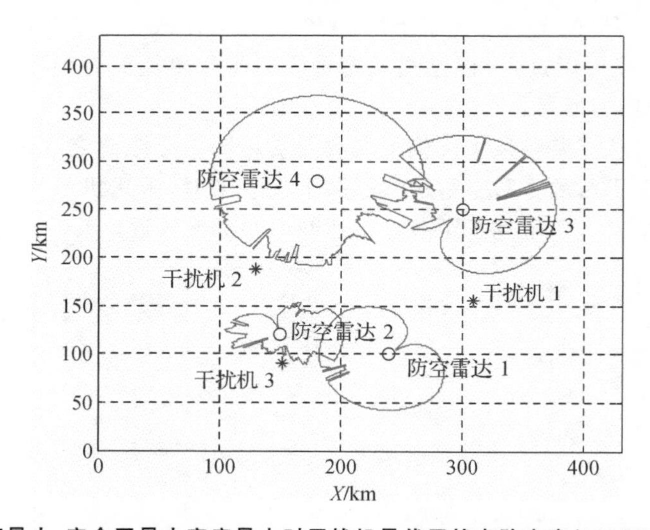


**图 8.9　总距离最小、安全区最小宽度最大时干扰机最优干扰布阵方案(MOPSO－Coello 算法)**

第二种：当决策者需要各架干扰机距离敌方防空雷达网中心距离之和最大且安全区最小宽度最小时，即更侧重于各架干扰机自身安全时，干扰机最优干扰布阵方案(设为方案 2)如图 8.11 所示，3 架干扰机均远离敌方防空雷达网中心。图 8.12 为该方案下各架干扰机对敌雷达网压制效果二值化图像，获得安全区最小宽度为 28 km，没有方案 1 压制干扰效果好。相同条件下 MOPSO－Coello 算法对应的干扰机最优干扰布阵方案如图 8.13 所示，图 8.14 是相应的压制效果二值化图像，获得的安全区最小宽度为 24 km，小于 MOPSO－DSAPD 算法获得的安全区最小宽度，再次验证了 MOPSO－DSAPD 算法优于 MOPSO－

Coello 算法。

**图 8.10　MOPSO－Coello 算法获得的各架干扰对敌雷达网压制效果二值化图像**

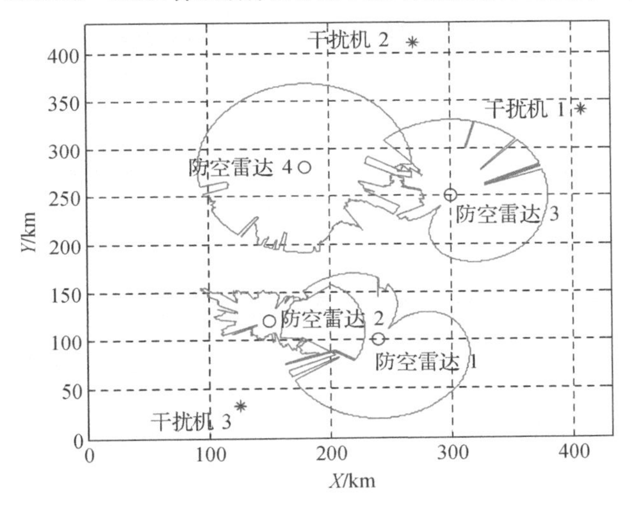


**图 8.11　总距离最大、安全区最小宽度最小时干扰机最优干扰布阵方案(MOPSO－DSAPD 算法)**

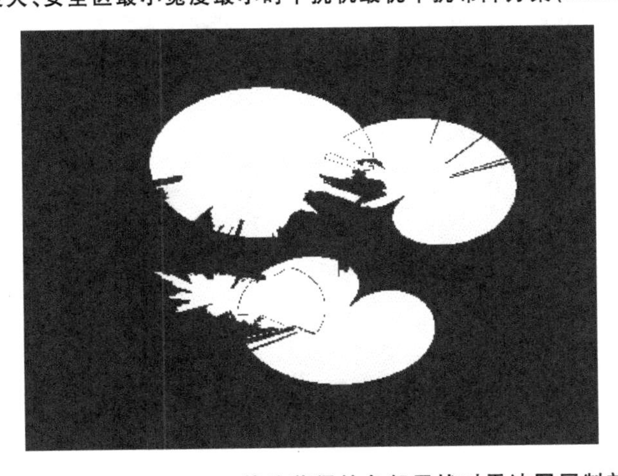

**图 8.12　方案 2 下 MOPSO－DSAPD 算法获得的各架干扰对雷达网压制效果二值化图像**

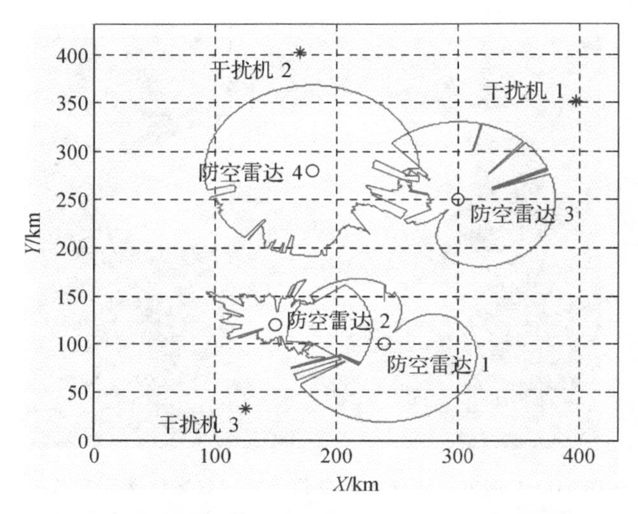


图 8.13　总距离最大、安全区最小宽度最小时干扰机最优干扰布阵方案(MOPSO－Coello 算法)

第三种:当决策者既要考虑各架干扰机自身安全,同时又要达到良好的压制干扰效果时,可选取如图 8.15 中所示的总距离适中、安全区最小宽度适中时干扰机最优干扰布阵方案(设为方案 3)。图 8.16 为该方案下各架干扰对敌雷达网压制效果二值化图像,获得安全区最小宽度为 35.5 km,压制干扰效果比方案 1 差,好于方案 2。图 8.17 是相同条件下 MOPSO－Coello 算法对应的干扰机最优干扰布阵方案,图 8.18 是相应的压制效果二值化图像,获得安全区最小宽度为 32 km,小于 MOPSO－DSAPD 算法获得的安全区最小宽度,再次验证了 MOPSO－DSAPD 算法优于 MOPSO－Coello 算法。

图 8.14　MOPSO－Coello 算法获得的各架干扰对雷达网压制效果二值化图像

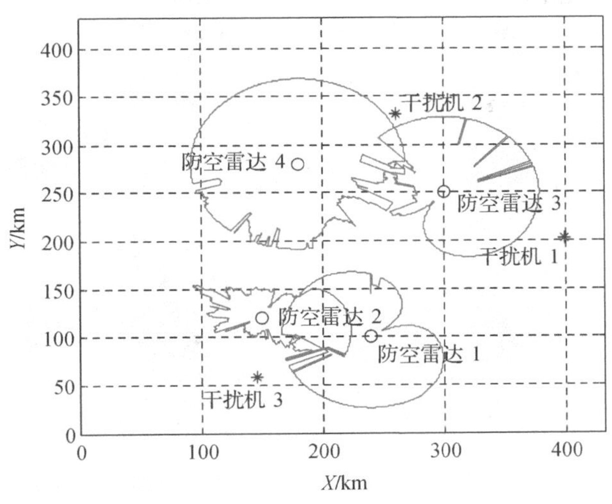


图 8.15　总距离适中、安全区最小宽度适中时干扰机最优干扰布阵方案（MOPSO－Coello 算法）

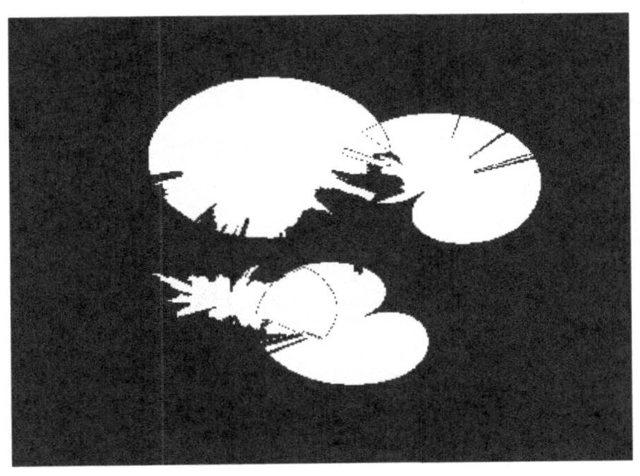

图 8.16　总距离适中、安全区最小宽度适中时干扰机最优干扰布阵方案（MOPSO－DSAPD 算法）

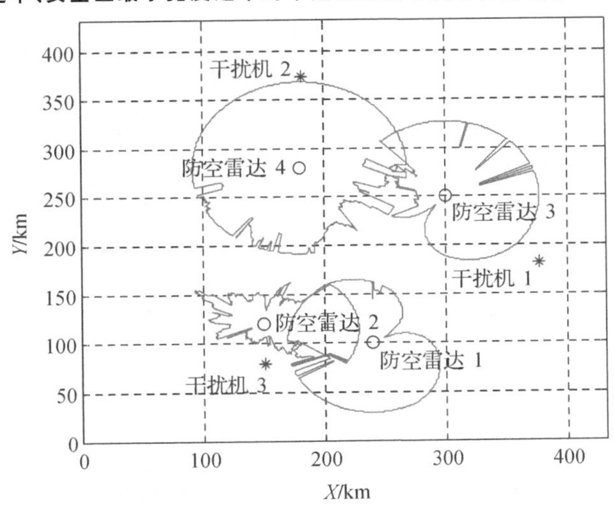


图 8.17　MOPSO－Coello 算法获得的各架干扰对雷达网压制效果二值化图像

图 8.18 方案 3 下 MOPSO - DSAPD 算法获得的各架干扰对雷达网压制效果二值化图像

由上可知，MOPSO - DSAPD 算法获得的 3 种干扰机最优干扰布阵方案均达到了给定的压制干扰效果，形成了满足给定要求的航迹规划安全区，验证了所建多机协同压制干扰布阵静态多目标优化模型的正确性，同时也表明了 MOPSO - DSAPD 算法在求解静态多机协同压制干扰布阵优化问题是可行的、有效的，并且优于 MOPSO - Coello 算法。

## 8.4 本章小结

本章对静态条件下多机协同压制敌防空雷达网干扰布阵优化问题进行了研究，主要工作及结论如下：

(1)提出了航迹规划安全区概念，给出了基于数学形态学求解航迹规划安全区最小宽度的方法，构建了多机协同压制干扰布阵静态多目标优化模型。

(2)采用第 3 章提出的 MOPSO - DSAPD 算法对构建的干扰布阵静态多目标优化模型进行求解，解算出了满足航迹规划安全区最小宽度限制和干扰机自身安全的最优干扰布阵方案，同时验证了所建模型及所用方法的可行性和有效性。

(3)本章研究的多机协同压制干扰布阵优化问题主要考虑静态条件下，为第 9 章动态多机协同压制干扰布阵优化问题的研究打下基础，为后续飞机进行突防航迹规划提供了安全、可靠的规划空间。

## 参考文献

[1] 公茂果，焦李成，杨咚咚，等. 进化多目标优化算法研究[J]. 软件学报，2009，20(2)：271 - 289.

[2] MACIELA R, ROSAB M, MIRANDAB V, et al. Multi-objective Evolutionary Particle Swarm Optimization in the Assessment of the Impact of Distributed Generation[J]. Electric Power Systems Research, 2012, 89(1): 100-108.

[3] 何利，刘永贤，谢华龙，等. 基于粒子群算法的车间调度与优化[J]. 东北大学学报(自然科学版)，2008，29(4)：565-568.

[4] VERMA A, KAUSHAL S. A Hybrid Multi-objective Particle Swarm Optimization for Scientific Workflow Scheduling[J]. Parallel Computing, 2017(62): 1-19.

[5] ZHONG Y G, AI B, ZHAN Y. A PSO Algorithm for Multi-objective Hull Assembly Line Balancing using the Stratified Optimization Strategy[J]. Computers & Industrial Engineering, 2016(98): 53-62.

[6] ZHANG P P, CHEN H M, LIU X G, et al. An Iterative Multi-objective Particle Swarm Optimization-based Control Vector Parameterization for State Constrained Chemical and Biochemical Engineering Problems[J]. Biochemical Engineering Journal, 2015(103): 138-151.

[7] LIU D Q, WANG Y N, SHEN Y P. Electric Vehicle Charging and Discharging Coordination on Distribution Network using Multi-objective Particle Swarm Optimization and Fuzzy Decision Making[J]. Energies, 2016, 9(3): 1-17.

[8] DANESHJOU K, MOHAMMADI-DEHABADI A A, BAKHTIARI M. Mission Planning for On-orbit Servicing Through Multiple Servicing Satellites: A New Approach[J]. Science Direct, 2017, 60(6): 1148-1162.

[9] HASSANI K, LEE W. Multi-objective Design of State Feedback Controllers using Reinforced Quantum-behaved Particle Swarm Optimization[J]. Applied Soft Computing, 2016(41): 66-76.

[10] MASON K, DUGGAN J, HOWLEY E. Multi-objective Dynamic Economic Emission Dispatch using Particle Swarm Optimisation Variants [J]. Neurocomputing, 2017(270): 188-197.

[11] YANG H, LIU H G, FU Y T. Multi-objective Operation Optimization for Electric Multiple Unit-based on Speed Restriction Mutation[J]. Neurocomputing, 2015(169): 383-391.

[12] XU L, YOU J X, YU H D, et al. Optimization Design for Dynamic Characters of Electromagnetic Apparatus Based on Niche Sorting Multi-objective Particle Swarm Algorithm[J]. Journal of Magnetics, 2016, 21(4): 660-665.

[13] DENG W, ZHAO H M, YANG X H, et al. Study on an Improved Adaptive PSO Algorithm for Solving Multi-objective Gate Assignment[J]. Applied Soft Computing, 2017(59): 288-302.

[14] DUAN H B, LI P, YU Y X. A Predator-prey Particle Swarm Optimization Approach to Multiple UCAV Air Combat Modeled by Dynamic Game Theory[J]. IEEE/CAA Journal of Automatica Sinica, 2015, 2(1): 11-18.

[15] KOULINAS G, KOTSIKAS L, ANAGNOSTOPOULOS K. A Particle Swarm Optimization Based Hyper - heuristic Algorithm for the Classic Resource Constrained Project Scheduling Problem[J]. Information Sciences, 2014(277): 680 - 693.
[16] 周启鸣,刘学军. 数字地形分析[M]. 北京:科学出版社,2006.
[17] 张明友,汪学刚. 雷达系统[M]. 北京:电子工业出版社,2011.
[18] 朱松,王燕,常晋聃. EW104:应对新一代威胁的电子战[M]. 北京:电子工业出版社,2017.
[19] 张德丰. MATLAB数字图像处理[M]. 北京:机械工业出版社,2012.

# 第9章　基于DMOPSO－DP算法的动态多机协同压制干扰布阵研究

## 9.1　引　言

第8章主要对静态环境下的多机协同压制干扰布阵优化问题进行了研究，但在实际中随着时间的推移，环境要素可能是发生变化的，因此本章将在第8章研究的基础上，进一步对动态环境下的多机协同压制干扰布阵优化进行研究。动态多机协同压制干扰布阵优化是一个典型的动态多目标优化问题，本章仍以多架干扰机距敌防空雷达网中心距离之和和航迹规划安全区最小宽度作为目标函数，从贴近真实任务环境的角度出发，将对抗环境的动态变化简化为两种情况：一种是敌防空雷达的位置是可移动的但数量保持不变；另一种是敌防空雷达的数量是可变的但原有位置保持不变，以此为依据，在充分考虑动态多机协同压制干扰布阵动态多目标优化特性的基础上，构建两种动态多机协同压制干扰布阵动态多目标优化模型，并采用第7章提出的DMOPSO－DP算法分别对两种模型进行解算，通过仿真实验解算出两种情况下满足给定压制干扰效果限制和确保干扰机自身安全的最优干扰布阵方案，验证所建动态多目标优化模型的正确性，以及DMOPSO－DP算法在解算动态多机协同压制干扰布阵优化问题的可行性和有效性。

## 9.2　动态多机协同压制干扰布阵优化建模

### 9.2.1　动态多机协同压制干扰布阵动态多目标优化模型

动态多机协同压制干扰布阵优化的最终目标是当环境发生改变时仍能实现干扰机位置的合理分布，达到对敌防空雷达的压制效果最好并确保干扰机自身安全的目的。由此可得到两种环境变化情况下动态多机协同压制干扰布阵动态多目标优化模型如下：

第一种情况：敌防空雷达的位置是可移动的，但数量保持不变。

$$
\left.\begin{array}{l}
f_1 = \sum_{i=1}^{N_{\mathrm{ECM}}} \{[x_i - x_{tc}(t)]^2 + [y_i - y_{tc}(t)]^2 + [z_i - z_{tc}(t)]^2\}^{\frac{1}{2}} \\
f_2 = \mathrm{Width}_{\mathrm{safe}} \\
\mathrm{sqrt}\{[x_i - x_{tj}(t)]^2 + [y_i - y_{tj}(t)]^2 + [z_i - z_{tj}(t)]^2\} > R_j \\
i = 1,2,\cdots,N_{\mathrm{ECM}};\ j = 1,2,\cdots,N_{\mathrm{radar}} \\
z_{\min} \leqslant z_i \leqslant z_{\max}
\end{array}\right\} \tag{9.1}
$$

式中：$f_1,f_2,\mathrm{Width}_{\mathrm{safe}},z_{\max},z_{\min},N_{\mathrm{ECM}},R_j,N_{\mathrm{radar}}$ 和 $(x_i,y_i,z_i)$ 的定义详见式(8.11)～式(8.13)；$(x_{tc}(t),y_{tc}(t),z_{tc}(t))$ 表示敌防空雷达网中心坐标，第一种情况中由于敌防空雷达的位置是可移动的，因此雷达网中心坐标是可变的，为时间 $t$ 的函数；$(x_{tj}(t),x_{tj}(t),x_{tj}(t))$ 表示敌方第 $j$ 部雷达的坐标，为时间 $t$ 的函数。

第二种情况：敌防空雷达的数量是可变的，但原有位置保持不变。

在第二种情况中由于敌防空雷达的数量是可变的，所以我方的干扰机数量也会也会发生相应的变化，敌防空雷达网中心位置也是变化的。

$$
\left.\begin{array}{l}
f_1 = \sum_{i=1}^{N_{\mathrm{ECM}}(t)} \{[x_i - x_{tc}(t)]^2 + [y_i - y_{tc}(t)]^2 + [z_i - z_{tc}(t)]^2\}^{\frac{1}{2}} \\
f_2 = \mathrm{Width}_{\mathrm{safe}} \\
\mathrm{sqrt}\ [(x_i - x_{tj})^2 + (y_i - y_{tj})^2 + (z_i - z_{tj})^2] > R_j \\
i = 1,2,\cdots,N_{\mathrm{ECM}}(t);\ j = 1,2,\cdots,N_{\mathrm{radar}}(t) \\
z_{\min} \leqslant z_i \leqslant z_{\max}
\end{array}\right\} \tag{9.2}
$$

式中：$N_{\mathrm{ECM}}(t)$ 表示干扰机的数量，为时间 $t$ 的函数；$N_{\mathrm{radar}}(t)$ 表示敌防空雷达数量，为时间 $t$ 的函数；其余参数的含义均与式(9.1)相同。

### 9.2.2 DMOPSO - DP 算法解算该模型流程

构建出两种情况下的多机协同压制干扰布阵动态多目标优化模型之后，接下来将采用第 4 章提出的 DMOPSO - DP 算法对两种模型进行求解。①根据实际问题的特点对 DMOPSO - DP 算法的初始参数进行设置，包括种群大小、学习因子、环境变化最大值、环境变化频率、环境变化阈值、惯性权重因子等；②对种群位置、速度进行初始化，计算粒子个体最优解，初始化自适应栅格；③进入主循环迭代，从存储的非支配解中随机选取一个粒子作为全局最优解，更新种群中各个粒子的位置和速度，更新生成的非支配解集，调整自适应栅格，更新个体最优；④判断环境是否发生变化，并做出相应的响应；⑤判断是否达到算法结束条件，若达到则输出 Pareto 最优解，若未达到，则继续进行迭代。具体解算流程图如图 9.1 所示。

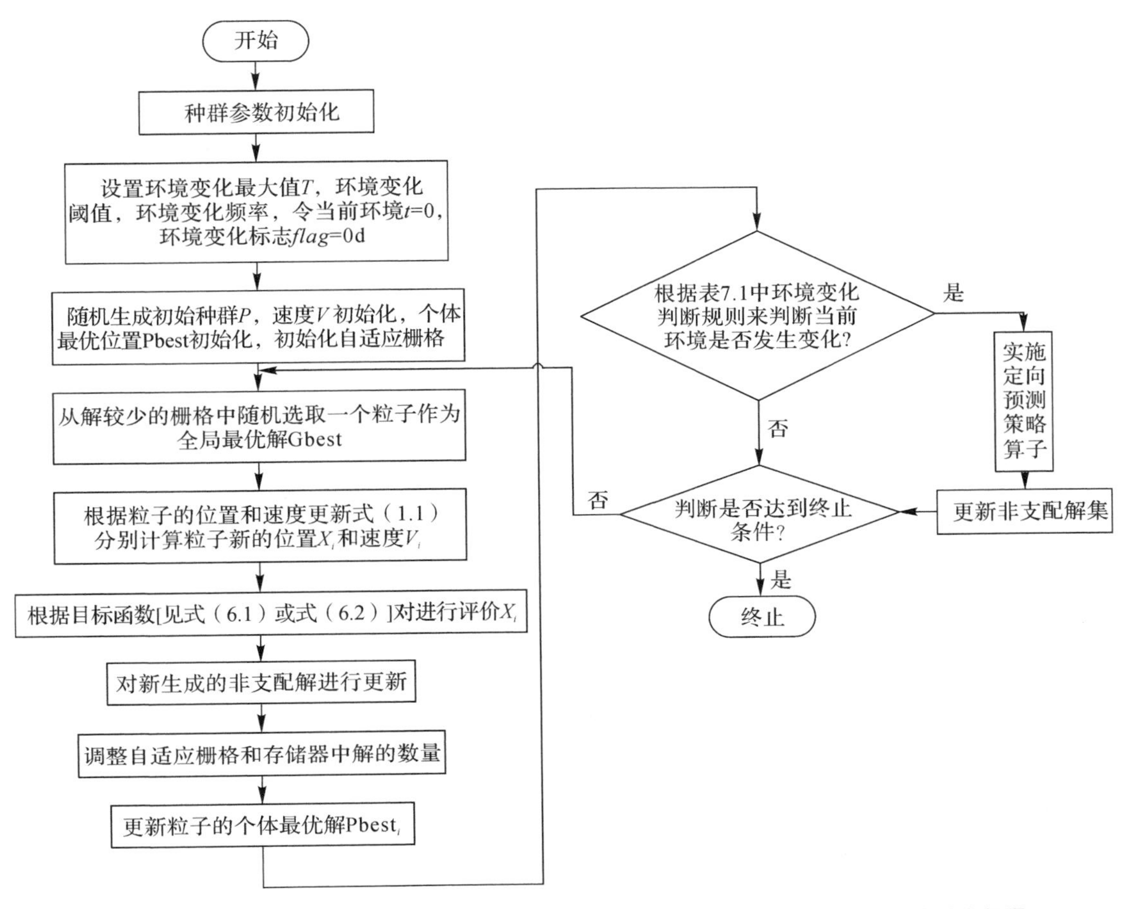


**图 9.1　DMOPSO－DP 算法解算动态多机协同压制干扰布阵动态多目标优化模型流程图**

# 9.3　仿真实验与分析

仿真平台在 Windows 7 32 位操作系统下，选用的处理器为 Intel(R) Core(TM) i5－4590 CPU @ 3.3 GHz，编程语言采用 MATLAB。实验场景选取了一片 432 km×432 km 大小的区域作为仿真实验的场景，该区域内数字高程显示如图 9.2 所示，仍采用栅格网 Grid 结构，高程数据分辨率为 360 m。

第一种情况：敌防空雷达的位置是可移动的，但数量保持不变。

假定该区域内部署了 4 部敌防空雷达，4 部敌方雷达的最小压制系数 $K_j$ 均为 5，4 部敌防空雷达的性能参数列表详如表 8.1 所示。4 部敌防空雷达的初始坐标位置分别为 (240 km，100 km)(150 km，120 km)(300 km，250 km)(180 km，280 km)。

初始时 4 部敌防空雷达 2.1 km 的高度下受地形遮蔽影响后的探测范围如图 9.2 所示，

图中的4部敌防空雷达探测范围相互重叠，我方飞机若想安全突防过去难度很大，此时必须借助电子支援干扰飞机预先对敌防空雷达网进行压制干扰，以获取满足给定限制条件的航迹规划安全区宽度。设航迹规划安全区最小宽度限制为20 km，我方拟派出3架电子支援干扰飞机对敌防空雷达网进行协同有源压制干扰，3架干扰机均处于2.1 km高度上，其性能参数列表详如表8.2所示。

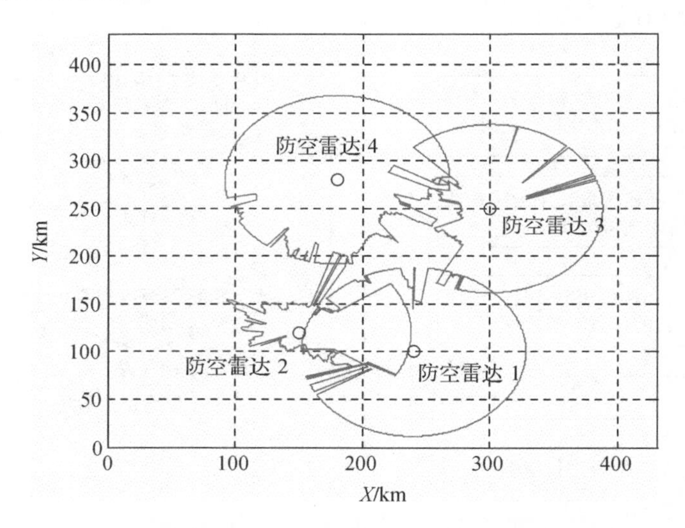


**图 9.2　初始时4部敌防空雷达受地形遮蔽后探测范围**

DMOPSO - DP 算法初始参数设置如下：种群个数 $x\text{Size} = 100$，$\text{Dim} = 6$，学习因子 $c_1 = c_2 = 0.75$，惯性权重因子最大值和最小值分别为 $w_{\max} = 1.1$，$w_{\min} = 0.2$，最大迭代次数 Max_itera=500。设定环境的变化次数 $T = 3$，每次环境变化时算法的迭代次数为150次，环境变化的阈值 $\delta = 0.5$，令初始环境 $t = 0$。由于敌防空雷达的移动规律难以获取，所以，为简化研究起见，设定3次环境变化后的敌防空雷达坐标如表9.1所示。

**表 9.1　3次环境变化后敌防空雷达坐标**　　单位：km

| 雷达 | 第1次环境变化后 | 第2次环境变化后 | 第3次环境变化后 |
| --- | --- | --- | --- |
| 1号 | (240, 100) | (230, 100) | (240, 105) |
| 2号 | (150, 120) | (160, 130) | (160, 120) |
| 3号 | (300, 250) | (300, 250) | (300, 220) |
| 4号 | (170, 270) | (170, 270) | (180, 250) |

这里给出第3次环境变化后4部防空雷达受地形遮蔽后探测范围，如图9.3所示。

实验结果由算法独立运行30次选取最优值得出，解算出的非支配解分布图如图9.4所示。

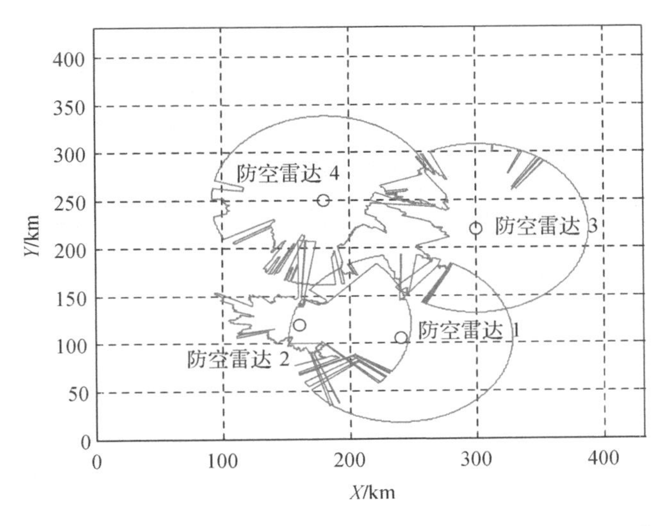


图 9.3　第 3 次环境变化后 4 部敌防空雷达受地形遮蔽后探测范围

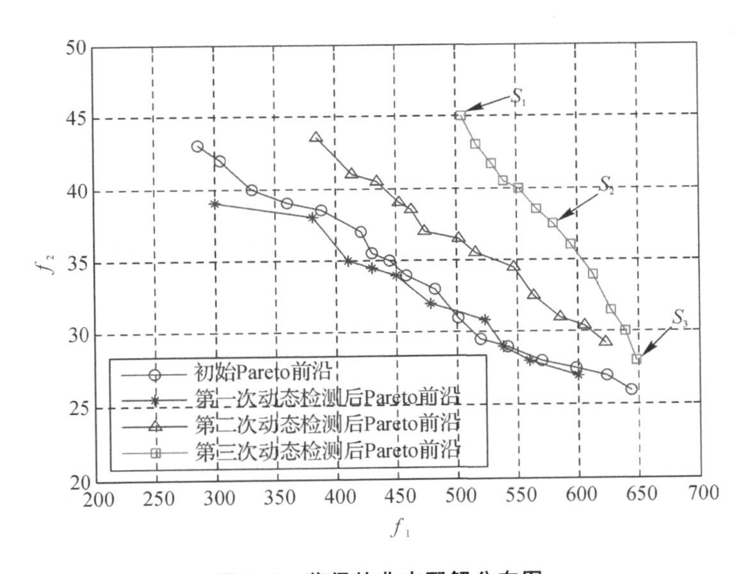


图 9.4　获得的非支配解分布图

从图 9.4 中可以看出，DMOPSO – DP 算法解算出的非支配解集分布比较均匀，分别构成了 4 个 Pareto 前沿，由此可得出当环境发生变化时，DMOPSO 算法的搜索效果仍旧比较良好。本章以第 3 次环境变化后生成的 Pareto 前沿为例，为了方便决策者做出决策，在 Pareto 前沿上选取了 3 个点，分别为中间点（$S_2$）和两个端点（$S_1$、$S_3$）。其中 $S_1$ 偏向优化 $f_2$ 目标，而 $S_3$ 偏向优化 $f_1$ 目标，$S_2$ 同时兼顾了两个目标 $f_1$ 和 $f_2$。3 个点对应的最优布阵方案如图 9.5～图 9.7 所示。

当制订计划的决策者需要各架干扰机距敌防空雷达网中心距离之和最小且航迹规划安全区最小宽度最大时，即侧重点在于对敌防空雷达网的压制干扰效果时，可以选择 $S_1$ 对应的干扰布阵方案，如图 9.5 所示，该方案下 3 架干扰机距敌防空雷达网中心位置都比较近；当制订计划的决策者需要各架干扰机距敌防空雷达网中心距离之和最大且航迹规划安全区最小宽度最小时，即侧重点在于各干扰机的自身安全时，可以选择 $S_3$ 对应的干扰布阵方案，如图 9.6 所示，该方案下 3 架干扰机均远离敌防空雷达网中心位置；当制订计划的决策者既需要考虑各架干扰机自身安全，同时又需要达到给定的压制干扰效果时，可以选择 $S_2$ 对应的干扰布阵方案，如图 9.7 所示，此时 3 架干扰机距敌防空雷达网中心距离适中。

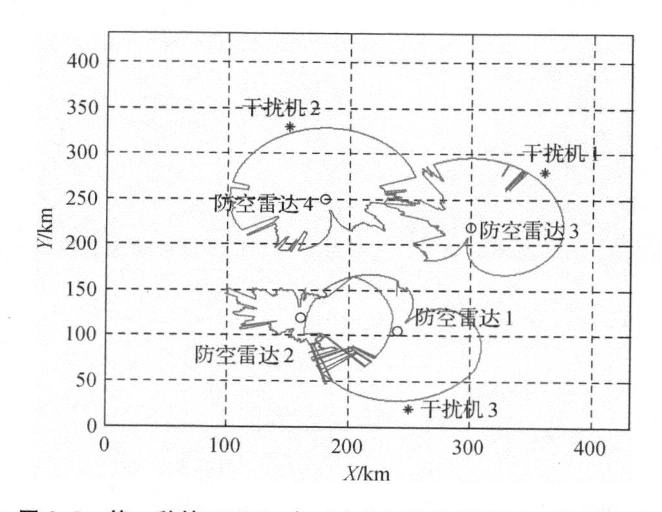


**图 9.5　第一种情况下 $S_1$ 点对应的干扰机最优干扰布阵方案**

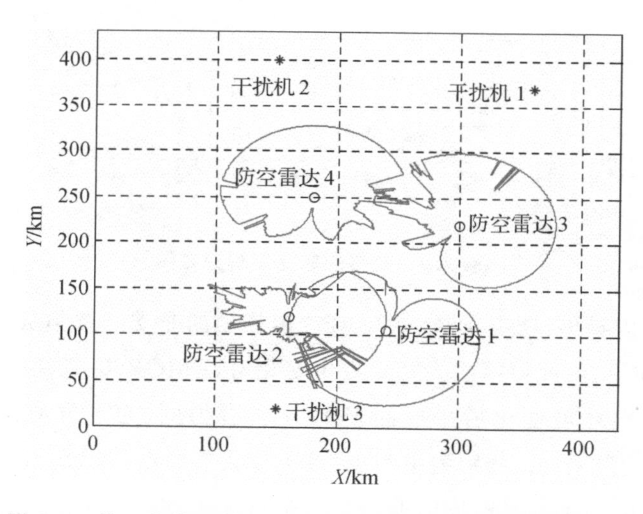


**图 9.6　第一种情况下 $S_3$ 点对应的干扰机最优干扰布阵方案**

图 9.8～图 9.10 分别为 3 种方案下各干扰机对敌防空雷达网压制效果的二值化图像，获得的安全最小宽度分别为 45 km，28 km 和 37.5 km。

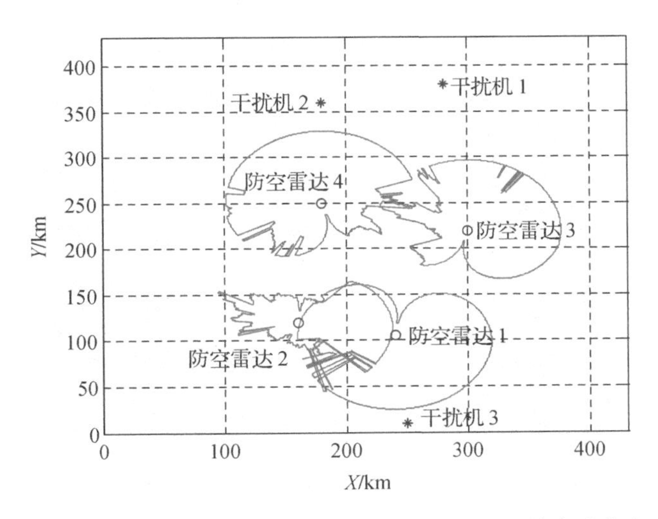


图 9.7　第一种情况下 $S_2$ 点对应的干扰机最优干扰布阵方案

第二种情况：敌防空雷达的数量是可变的，但原有位置保持不变。

假定初始时该环境区域内部署了 3 部敌防空雷达，3 部敌方雷达的最小压制系数 $K_j$ 均为 5，性能参数列表与表 8.1 中的 1 号、2 号、3 号雷达相同。3 部敌方雷达的初始坐标位置分别为(240 km，100 km)(300 km，250 km)(180 km，280 km)。

初始时 3 部敌防空雷达 2.1 km 高度下受地形遮蔽影响后的探测范围如图 9.11 所示，图中 3 部敌防空雷达探测范围相互重叠，我方飞机若想安全突防过去难度很大，此时必须借助电子支援干扰飞机预先对敌防空雷达网进行压制干扰，以获取满足给定限制条件的航迹规划安全区宽度。设航迹规划安全区最小宽度限制为 20 km，初始阶段我方拟派出两架电子支援干扰飞机对敌防空雷达网进行协同有源压制干扰，两架干扰机均处于 2.1 km 高度上，其性能参数列表与表 9.1 中的 1 号、2 号干扰机相同。

图 9.8　第一种情况下 $S_1$ 点对应的各干扰机对防空雷达网压制效果的二值化图像

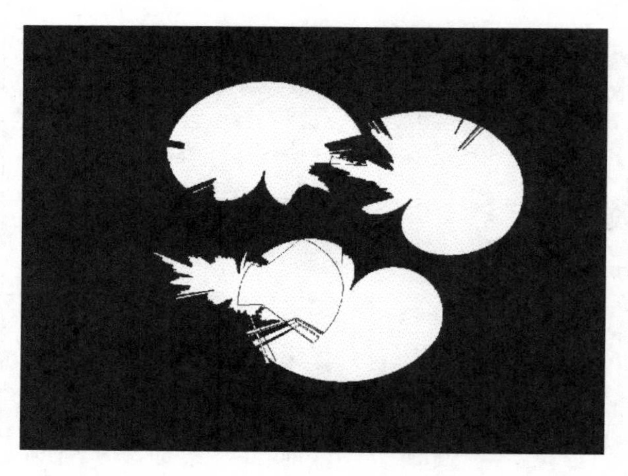

图 9.9　第一种情况下 $S_3$ 点对应的各干扰机对防空雷达网压制效果的二值化图像

图 9.10　第一种情况下 $S_2$ 点对应的各干扰机对防空雷达网压制效果的二值化图像

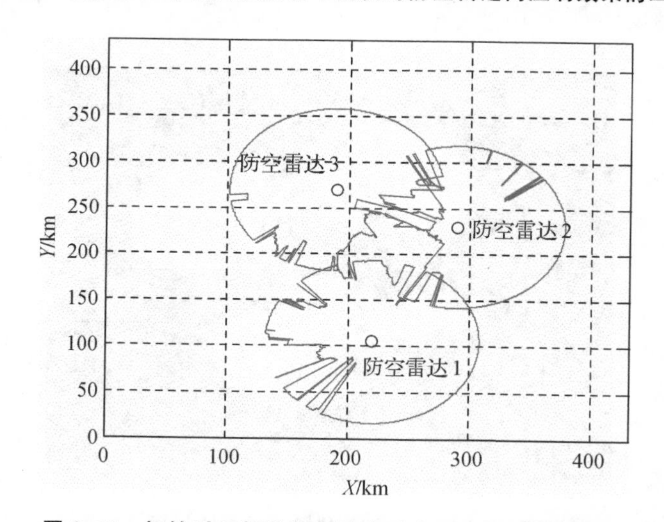


图 9.11　初始时 3 部敌防空雷达受地形遮蔽后探测范围

DMOPSO－DP 算法的初始参数设置如下：最大迭代次数 Max_itera＝800，设定环境变化次数为 2 次，每次环境变化时算法的迭代次数为 250 次，环境变化的阈值 $\delta=0.6$，其余参数与第一种情况中保持一致。为简化研究起见同时也更加符合真实的环境，限定敌防空雷达的数量范围为 3～5，且在环境变化过程中敌防空雷达的数量是依次增加的，设定两次环境变化后增加的敌防空雷达的坐标分别为(150 km，210 km)(300 km，130 km)。这里给出第 2 次环境变化后敌防空雷达网受地形遮蔽后探测范围，如图 9.12 所示。

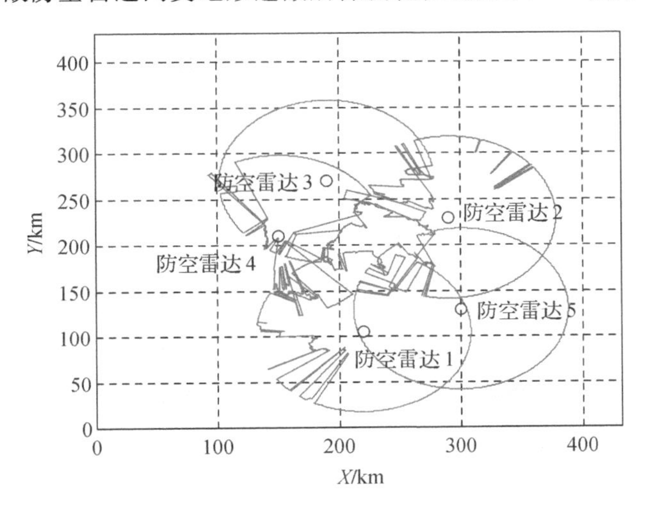


**图 9.12　第 2 次环境变化后敌防空雷达网受地形遮蔽后探测范围**

实验结果由算法独立运行 30 次选取最优值得出，解算出的非支配解分布图如图 9.13 所示。

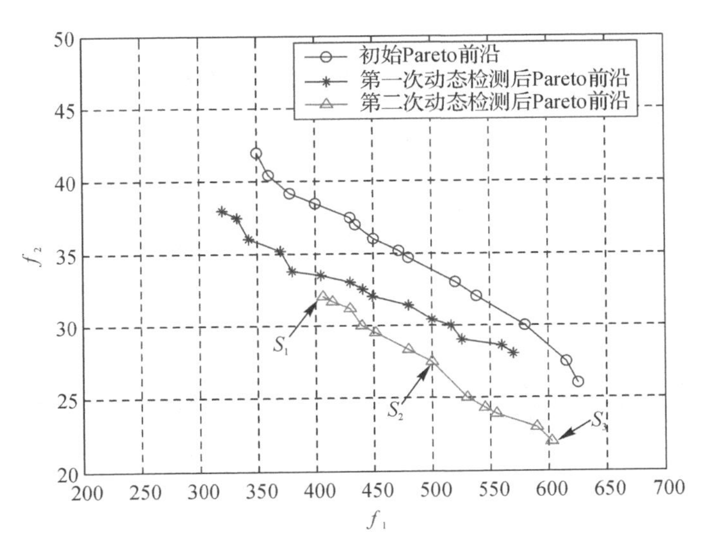


**图 9.13　获得的非支配解分布图**

从图 9.13 中可以看出，当环境发生变化时，DMOPSO－DP 算法的搜索效果仍旧比较良好，获得了3个较为均匀的Pareto前沿。接下来以第二次环境变化后生成的Pareto前沿为例，同样为了方便决策者做出决策，在Pareto前沿上选取了$S_1$，$S_2$，$S_3$ 3个点，3个点对应的干扰机最优干扰布阵方案如图9.14～图9.16所示。

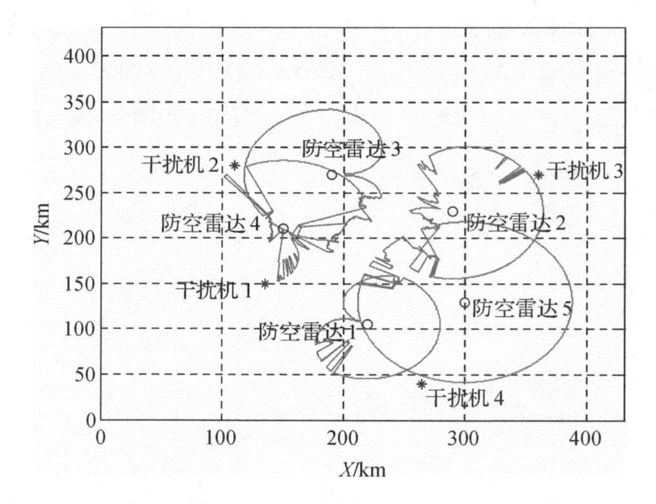


图9.14　第二种情况下$S_1$对应的干扰机最优干扰布阵方案

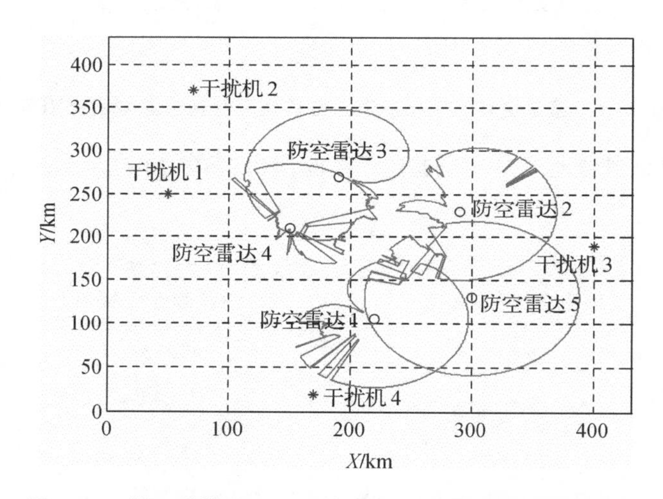


图9.15　第二种情况下$S_3$对应的干扰机最优干扰布阵方案

如图9.14所示，该方案下各架干扰机距敌防空雷达网中心都比较近，距离之和最小且航迹规划安全区最小宽度最大，选择$S_1$对应的方案意味着更加侧重于对敌防空雷达网的压制干扰效果；图9.15所示的4架干扰机均远离敌防空雷达网中心，对应的各架干扰机距敌防空雷达网中心距离之和最大且航迹规划安全区最小宽度最小，若侧重点在于各干扰机自身安全，则可以选择$S_3$对应的干扰布阵方案；图9.16所示的4架干扰机距敌防空雷达网中心距离适中，则当决策者既需要考虑各架干扰机自身安全，同时又要达到给定的压制干扰效果时，可以选择$S_2$对应的干扰布阵方案。

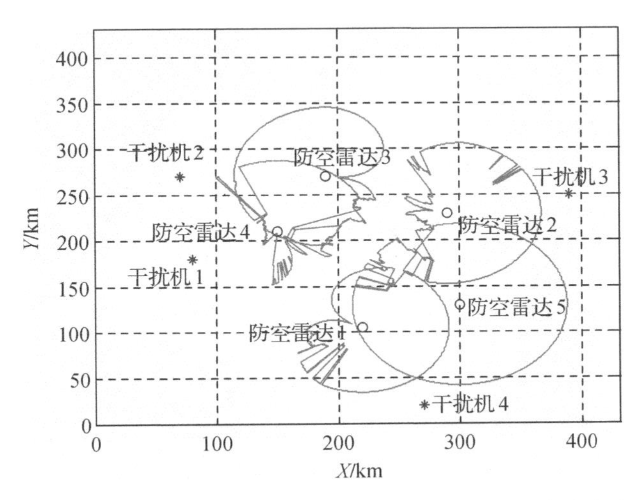


图 9.16　第二种情况下 $S_2$ 对应的干扰机最优干扰布阵方案

图 9.17～图 9.19 分别为 3 种方案下各干扰机对敌防空雷达网压制效果的二值化图像，获得的安全最小宽度分别为 32 km，22 km 和 27.5 km。

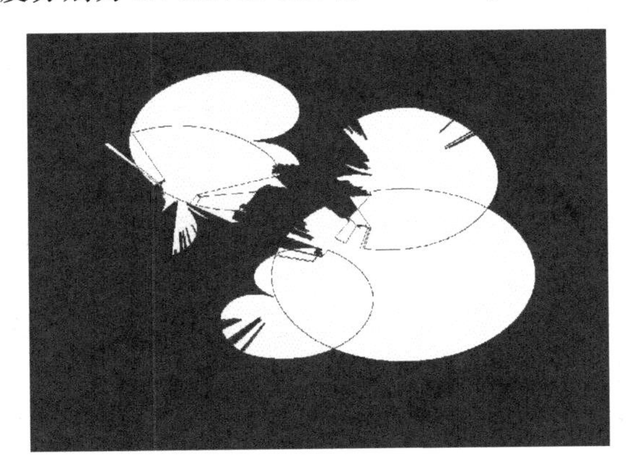

图 9.17　第二种情况下 $S_1$ 点对应的各干扰机对防空雷达网压制效果的二值化图像

图 9.18　第二种情况下 $S_3$ 点对应的各干扰机对防空雷达网压制效果的二值化图像

图 9.19　第二种情况下 $S_2$ 点对应的各干扰机对防空雷达网压制效果的二值化图像

由上述仿真实验可知，两种情况下 6 种干扰机最优干扰布阵方案均达到了良好的压制干扰效果，形成了满足限制条件的航迹规划安全区并确保了干扰机自身安全，制订计划的决策者可根据自己的实际需求来选取相应的干扰布阵方案。

## 9.4　本章小结

本章在第 8 章研究的基础上对动态环境条件下多机协同压制干扰布阵优化问题进行了研究，主要工作及结论如下：

(1)根据两种不同的环境变化情况(第一种是敌防空雷达的位置是可移动的，但数量保持不变；第二种是敌防空雷达的数量是可变的，但原有位置保持不变)，分别以多架干扰机距敌防空雷达网中心距离之和和航迹规划安全区最小宽度作为目标函数，构建了两种动态环境条件下多机协同压制干扰布阵动态多目标优化模型。

(2)采用第 4 章中提出的 DMOPSO - DP 算法对这两种动态多目标优化模型进行解算，通过仿真实验解算出了两种情况下各部干扰机压制敌防空雷达网的最优干扰布阵方案，验证了所建动态多目标优化模型以及 DMOPSO - DP 算法解决动态多机协同压制干扰布阵优化问题的可行性、有效性。

(3)本章所研究内容是任务规划中进行动态规划的关键部分，当对抗环境发生变化时为决策者的决策提供了一定的依据。

## 参考文献

[1]　FARINA M, DEB K, AMATO P. Dynamic Multiobjective Optimization Problems: Test Cases, Approximations, and Applications [J]. IEEE Transactions on

Evolutionary Computation, 2004, 8(5): 425-442.
[2] LIU D, TAN K, GOH C, et al. A Multiobjective Memetic Algorithm Based on Particle Swarm Optimization[J]. Systems, Man, and Cybernetics, Part B: IEEE Transactions on Cybernetics, 2007, 37(1): 42-50.
[3] 张欢. 群智能多目标优化算法及其在多机协同压制干扰中的应用研究[D]. 西安：空军工程大学，2018.

# 第 10 章 基于 MOPSO-DSAPD 算法的多机协同压制最优航迹规划研究

## 10.1 引 言

前文对多机协同压制干扰中的静态干扰机最优干扰布阵以及动态干扰机最优干扰布阵进行了研究，这是后续进行飞机最优航迹规划的基础，为后续飞机进行最优航迹规划提供了一片安全、可靠的规划空间，因此，本章将在前几章研究的基础上对多机协同压制干扰中飞机最优航迹规划进行研究。

首先，本章分析多机协同电子支援干扰下飞机航迹规划需要考虑的因素。其次，在考虑的要素基础上构建以航迹总长度、高度代价、雷达威胁 3 个目标作为目标函数的多机电子支援干扰下飞机航迹规划多目标优化模型，给出一种新的电子干扰条件下雷达威胁代价值计算方法，仍旧采用第 3 章提出的 MOPSO-DSAPD 算法对该模型进行求解。最后，通过仿真实验解算出电子支援干扰下满足飞机飞行的最优航迹，验证所建航迹规划多目标优化模型的正确性，以及 MOPSO-DSAPD 算法在解决该问题上的可行性和有效性。

## 10.2 电子支援干扰下航迹规划建模

### 10.2.1 考虑因素

电子支援干扰下的航迹规划问题要求飞机在电子支援下从起始点到目标点之间规划出一条最优的飞行轨迹，这个过程是一个复杂的优化过程，需要考虑的因素也较多，主要考虑如下几种因素。

**1. 最大航程**

飞机在执行任务过程中，由于可携带的燃油是一定的，所以总的航程存在最大值，设最大值为 $voyage_{max}$。图 10.1 所示为某条可飞行航迹示意图。

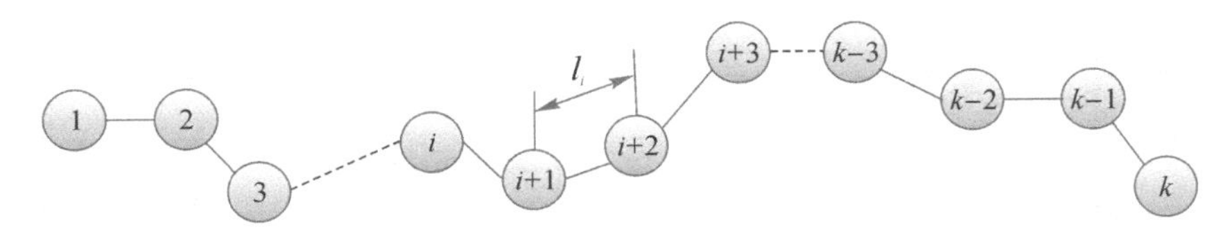


图 10.1　可飞行航迹示意图

如图 10.1 所示，该航迹上共有 $k$ 个节点，$k-1$ 条航段，$l_i$ 表示第 $i$ 段航程的长度，则该条航迹上总的航程长度的数学表达式为 $\text{voyage} = \sum_{i=1}^{k-1} l_i$，并且必须满足不等式 $\text{voyage} \leqslant \text{voyage}_{\max}$。

**2. 最小转弯半径**

由于惯性作用存在，因此飞机在调整或改变飞行的航向时需要一定的时间和相应的转弯半径。设飞机的最小转弯半径为 $r_{\min}$，必须满足 $r_k \geqslant r_{\min}$，否则规划出的实际航迹可能无法进行飞行，在实际中通过计算航迹上每一个航迹点的曲率半径大小来判断所生成的航迹是否可以进行飞行。图 10.2 所示为飞机转弯半径示意图。

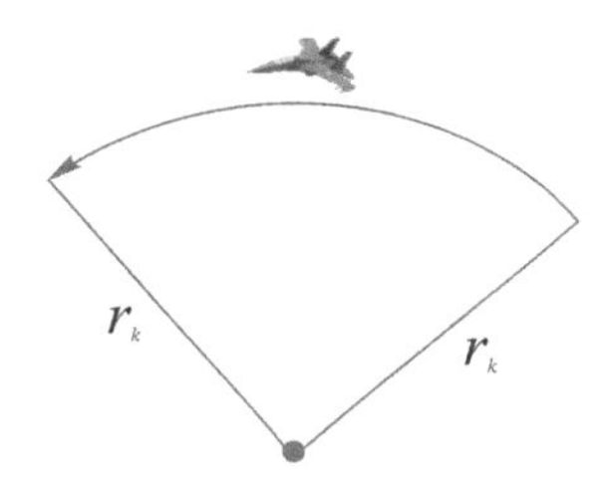


图 10.2　飞机转弯半径示意图

**3. 最小步长**

飞机在对当前飞行姿态进行变更之前往往需要一段直飞距离，而这段直飞的最短距离称之为最小步长，设最小步长用 $\text{step}_{\min}$ 来表示，当飞机满足 $l_i \geqslant \text{step}_{\min}$ 时，可对当前飞行姿态进行变更。

**4. 最大爬升/下降角**

飞机的最大的爬升角/下降角与飞机自身性能有关，该角度一般不能太大，否则可能会致使飞机失速。设最大爬升角为 $\beta_{\max}$，一般可将该角等同于俯仰角，如图 10.3 所示。

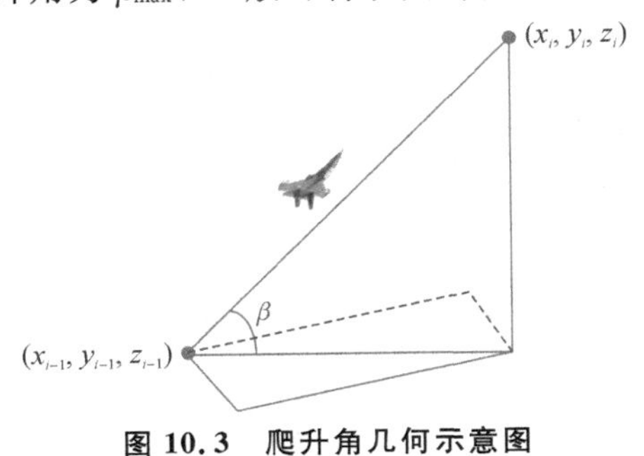


图 10.3　爬升角几何示意图

由图 10.3 中计算可得航迹点（$x_{i-1}$，$y_{i-1}$，$z_{i-1}$）与航迹点（$x_i$，$y_i$，$z_i$）之间的最大爬升角 $\beta_{\max}$ 需满足下式：

$$\frac{|z_i - z_{i-1}|}{\sqrt{(x_i - x_{i-1})^2 + (y_i - y_{i-1})^2}} \leqslant \tan\beta_{\max} \tag{10.1}$$

**5. 安全飞行高度**

安全飞行高度就是飞机飞行过程中的安全飞行高度，飞机进行突防时为避免被敌方防空雷达系统探测到，通常会选择低空飞行的方式来穿越敌方阵地，但是过低的飞行高度可能会导致与地面障碍物相撞，因此，为确保飞机安全飞行，飞行高度 $h$ 应满足 $H_{\min} < h < H_{\max}$，其中 $H_{\min}$ 为飞机与地面之间的最小安全飞行高度，$H_{\max}$ 为飞机与地面之间的最大安全飞行高度。

**6. 雷达威胁**

在威胁因素中主要考虑敌方地面阵地上的防空雷达，无电子支援干扰机进行压制干扰时，飞机的飞行航迹应在敌方防空雷达最大探测范围之外，而进行电子压制干扰后飞机的飞行航迹应确保在干扰机所能压制的范围以内。

**7. 电子干扰措施**

飞机在穿越敌方防空阵地上空的过程中，利用多架干扰机对敌防空雷达网实施多机协同压制干扰，可有效压制敌方防空阵地的防御范围，从而提高飞机的生存概率。

## 10.2.2 航迹规划多目标优化模型

多机协同电子支援干扰下的飞机航迹规划问题是一个复杂的多目标优化问题，10.2.1 节整理了航迹规划所需考虑的几种要素，本节将在 10.2.1 节的基础上充分考虑电子支援干扰的特点，构建出电子支援干扰下飞机最优航迹规划多目标优化模型，主要考虑 3 个目标，分别为航迹总长度、高度代价、雷达威胁。

**1. 航迹总长度目标函数**

航迹总长度代价值可用如下数学表达式描述：

$$J_{\text{length}} = \sum_{i=1}^{k-1} l_i \tag{10.2}$$

式中：$k$ 表示航迹上的航迹点总数；$l_i$ 表示第 $i$ 条航段的长度。缩短航迹总长度可缩短飞机在敌方区域上空的停留时间并节省机上燃料，因此航迹总长度应当越短越好。将航迹总长度代价值记为航迹总长度目标函数，则 $f_1 = J_{\text{length}}$。

**2. 高度代价目标函数**

飞机在进行突防时为了避免与地面相撞可采用地形跟随的方式，在进行地形跟随的过程中，飞机既不能飞得太低，也不能飞得太高，飞得过低则增大了与地面相撞的概率，而飞得过高则增大了被敌防空雷达发现的概率。图 10.4 所示为高度代价示意图。

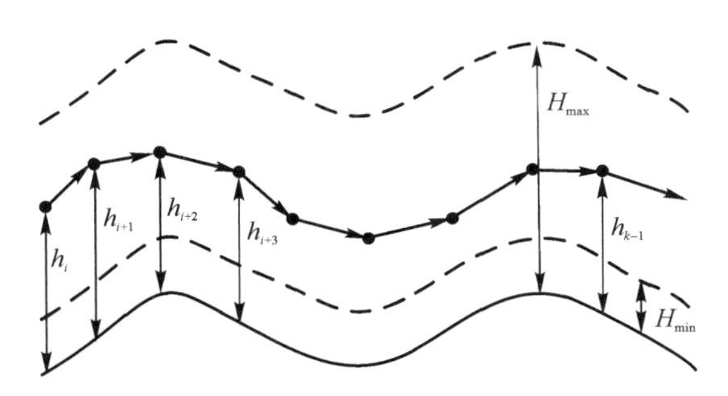


图 10.4　高度代价示意图

根据高度代价示意图给出的高度代价数学表达式如下：

$$J_{\text{height},i}=\begin{cases}H_{\min}-h_i, & 0<h_i<H_{\min}\\ 0, & H_{\min}\leqslant h_i\leqslant H_{\max}\\ h_i-H_{\max}, & h_i>H_{\max}\end{cases} \tag{10.3}$$

$$J_{\text{height}}=\sum_{i=1}^{k-1}J_{\text{height},i} \tag{10.4}$$

式中：$k$ 表示航迹上的航迹点总数；$H_{\min}$ 为飞机与地面之间的最小安全距离；$H_{\max}$ 为飞机与地面之间的最大安全飞行高度；$h_i$ 为飞机在航迹点 $i$ 处的相对飞行高度。将高度代价值记为高度代价目标函数，则 $f_2=J_{\text{height}}$。

**3. 雷达威胁目标函数**

在传统的计算雷达对航线的威胁代价值的方法中，主要是先计算雷达对每一个航段的威胁代价值，然后再求出所有航段威胁代价值之和（即为雷达威胁总的代价）。而在计算每一个航段威胁代价值时往往是将该航段进行等分或采样，再分别计算出雷达对每一个采样点处的威胁值，并求出其平均值，如图 10.5 所示。

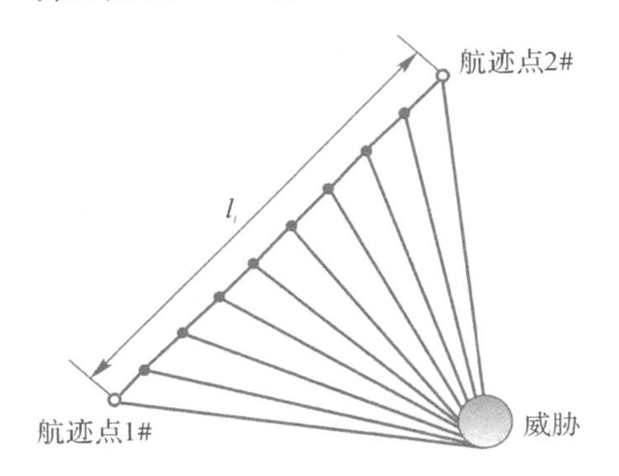


图 10.5　传统的威胁代价计算示意图

这种计算雷达威胁代价的方法看似简单易行，但同样也存在较多问题，采样点数过多会导致计算量增大，过少的话可能会致使精度不够从而无法体现出威胁真实的代价值，并且这种方法并没有考虑采样点是否位于威胁作用范围以内或者是以外，若采样点位于威胁范围以外，则无须计算其威胁代价值。不仅如此，很多文献在采用该方法进行威胁值计算时为了简化，将威胁源的作用范围看成是一个半径固定的圆，而实际中雷达的探测范围要受地形遮蔽以及本章研究的电子压制干扰的影响，为此，本节将提出一种新的电子干扰条件下雷达威胁代价值的计算方法。

电子压制干扰后敌方防空雷达的探测区域边界呈现出不规则的形状，类似于不规则的心脏形状曲线，曲线之外的区域为压制区，而曲线之内的区域称之为暴露区。图 10.6 所示为压制干扰区域边界示意图。顾名思义，若飞机的航迹处于暴露区以内，则很有可能被敌方防空雷达发现，而处于压制区内则是比较安全的。

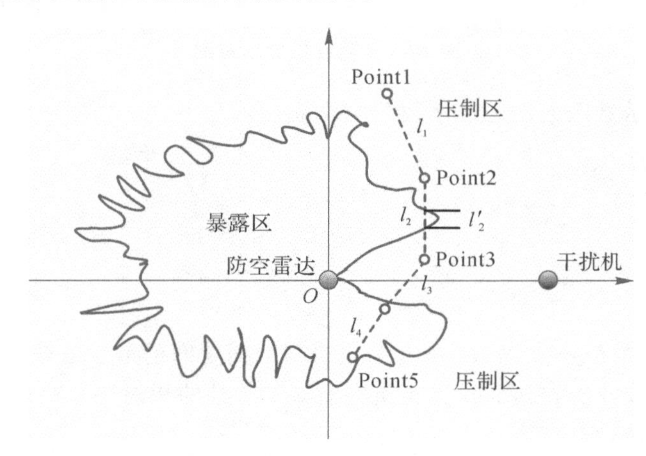


**图 10.6 压制干扰区域边界示意图**

在示意图中可以看到，航迹点 Point1 与航迹点 Point2 之间的 $l_1$ 航段处于暴露区以外、压制区以内，因此可认为该航段上的威胁代价值为 0。航迹点 Point4 和航迹点 Point5 之间的航段 $l_4$ 处于暴露区以内，可认为该航段上的威胁代价值为 1。而航迹点 Point2 和航迹点 Point3 虽然处于压制区以内、暴露区以外，但是这两个航迹点之间的航段 $l_2$ 却有一部分处于暴露区以内，设这一小部分长度为 $l'_2$，则将该航段的威胁代价值记为 $l'_2/R_{\max}$，$R_{\max}$ 为无干扰和地形遮蔽影响时防空雷达最大探测距离。则单部防空雷达对某一航段 $l_i$ 的威胁代价值可用下式表示：

$$J_{\text{radar},i,j}=\begin{cases}0, & l_i\ \text{位于压制区}\\ \dfrac{l'_i}{R^j_{\max}}, & l_i\ \text{有一部分位于暴露区}\\ 1, & l_i\ \text{位于暴露区}\end{cases} \tag{10.5}$$

为了不失一般性，设防空雷达的个数为 $N_{\text{radar}}$，则航段 $l_i$ 上总的威胁代价值可用下式表示：

$$J_{\text{radar},i}=\sum_{j=1}^{N_{\text{radar}}} J_{\text{radar},i,j} \tag{10.6}$$

整个航迹上总的雷达威胁代价值可用下式表示：

$$J_{\text{radar}}=\sum_{i=1}^{k-1} J_{\text{radar},i} \tag{10.7}$$

式中：$k$ 表示航迹上的航迹点总数，将雷达威胁代价值记为雷达威胁目标函数，则 $f_3 = J_{radar}$。

式(10.5)中航段 $l_i$ 上位于暴露区的长度 $l'_i$ 如何计算成为了求解该航段上雷达威胁代价值的关键。

暴露区边界呈不规则形状曲线，若采用传统的几何方法去计算长度 $l'_i$，则会很复杂，鉴于此，本章提出了一种基于数学形态学的方法来求解长度 $l'_i$，进而计算出雷达威胁代价值。下面将对基于数学形态学方法的雷达威胁代价值计算方法具体过程进行分析。

①将地形遮蔽、电子干扰条件下雷达探测范围图像做二值化处理，处理完后暴露区以内的图像灰度值相等，暴露区以外的压制区的图像灰度值相等；②对二值化后的图像先做开运算，再做膨胀运算，消除图像轮廓上的小毛刺，使图像轮廓更加地平滑；③选取待计算雷达威胁代价值的航段 $l_i$，分别计算出航段 $l_i$ 上所有像素点的图像灰度值，筛选出与暴露区图像灰度值相等的点，根据这些点计算长度 $l'_i$；④以此类推计算出整条航迹上所有航段的雷达威胁代价值。具体的基于数学形态学的雷达威胁代价值计算方法流程图如图 10.7 所示。

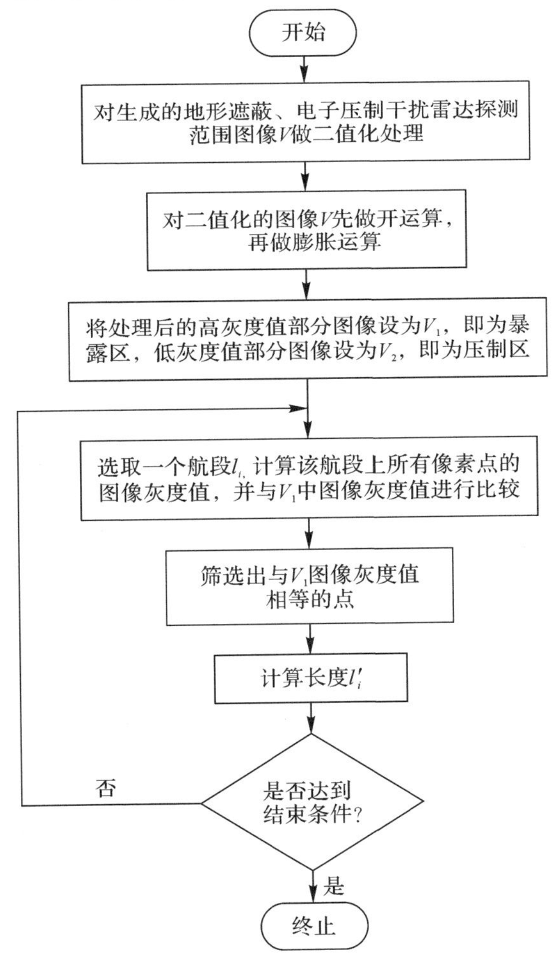


**图 10.7　基于数学形态学计算雷达威胁代价值流程图**

构造出航迹长度目标函数 $f_1$、高度代价目标函数 $f_2$ 以及雷达威胁目标函数 $f_3$ 之后，再结合航迹规划考虑要素中的最大航程 $voyage_{max}$、最小步长 $step_{min}$ 以及最大爬升角 $\beta_{max}$，就构成了电子支援干扰下飞机航迹规划多目标优化模型，具体数学表达式如下：

$$\left.\begin{array}{l} f_1 = \sum_{i=1}^{k-1} l_i \\ f_2 = \sum_{i=1}^{k-1} J_{\text{height } i} \\ f_3 = \sum_{i=1}^{k} \sum_{j=1}^{N_{\text{radar}}} J_{\text{radar } i,j} \\ \text{voyage} \leqslant \text{voyage}_{\max} \\ l_i \geqslant \text{step}_{\min} \\ \dfrac{|z_i - z_{i-1}|}{\sqrt{(x_i - x_{i-1})^2 + (y_i - y_{i-1})^2}} \leqslant \tan\beta_{\max} \end{array}\right\} \tag{10.8}$$

对于3个目标函数 $f_1$，$f_2$ 和 $f_3$ 来说，都是目标函数值越小越好。

对目标函数进行归一化处理，可得归一化的航迹规划多目标优化模型如下：

$$\left.\begin{array}{l} f_1 = \dfrac{\sum_{i=1}^{k-1} l_i}{\max(J_{\text{length}})} \\ f_2 = \dfrac{\sum_{i=1}^{k-1} J_{\text{height } i}}{\max(J_{\text{height}})} \\ f_3 = \dfrac{\sum_{i=1}^{k} \sum_{j=1}^{N_{\text{radar}}} J_{\text{radar } i,j}}{\max(J_{\text{radar}})} \\ \text{voyage} \leqslant \text{voyage}_{\max} \\ l_i \geqslant \text{step}_{\min} \\ \dfrac{|z_i - z_{i-1}|}{\sqrt{(x_i - x_{i-1})^2 + (y_i - y_{i-1})^2}} \leqslant \tan\beta_{\max} \end{array}\right\} \tag{10.9}$$

### 10.2.3 航迹平滑处理

航迹平滑就是在已获得的航迹基础上，采用特定的方法对该航迹进行修正，使生成的航迹更好地满足飞机的机动性能约束，是飞机进行航迹规划的最后一步，决定了所得航迹与实际情况相符、可飞。本章考虑的飞机机动性能约束主要有最大航程、最小转弯半径、最小步长以及最大爬升角。关于最大航程、最小步长以及最大爬升角，由于计算比较容易，再加上飞机的机动性能大幅提高，因此几个约束的重要性相对较弱一些，已在10.2.2节将其作为约束条件构成了航迹规划多目标优化模型。而最小转弯半径约束则是当前航迹平滑问题集中研究的要点，因此本章也将主要针对最小转弯半径约束来实现已有航迹更加地平滑。目前，常用的航迹平滑方法主要有平滑算子法、力平衡法、滤波法、圆弧段串联法以及 B 样条曲线法等，这些方法都各有优缺点。本章将采用一种新的航迹平滑处理思路充分利用圆弧段串联法与平滑算子法的优势将二者相结合对生成的航迹进行修正优化。接下来将首先对圆弧段串联法和平滑算子法进行分析。

**1. 圆弧段串联法**

圆弧段串联法主要对已生成的航迹上存在尖锐夹角的两个相邻的航段衔接处进行平滑处理，如图 10.8 所示。

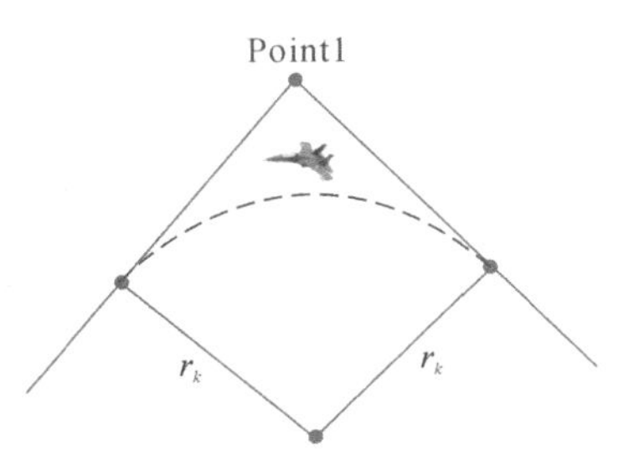


**图 10.8　圆弧段串联法原理图**

如图 10.8 所示，原始航迹中在航迹点 Point1 处存在尖锐夹角，飞机在此处要进行大幅度的转弯，由于自身机动性能的约束，因此很难完成这样大幅度的转弯。而圆弧段串联法就是利用圆弧 Arc 去替换这样的尖锐夹角，由此可使得这段航段变得平滑可飞行。该方法对圆弧 Arc 的半径 $r_k$ 提出了要求，$r_k$ 必须不能小于飞机的最小转弯半径 $r_{\min}$，并且航迹点 Point1 相邻的两个航段必须分别与圆弧 Arc 相切，切点分别在两个航段上。圆弧段串联法不仅可使生成的航迹满足飞机最小转弯半径约束限制，而且采用圆弧过渡的方式可使获得航迹长度最短，计算过程也简便，易于实现。

**2. 平滑算子法**

平滑算子法也是对航迹中的尖角进行处理达到对航迹的平滑效果，其原理是在航迹上选择一个航迹点，然后在该航迹点相邻的两个航段上分别插入一个新的航迹点，并将之前所选的航迹点去除，由新插入的两个航迹点组成新的航段。平滑算子示意图如图 10.9 所示。

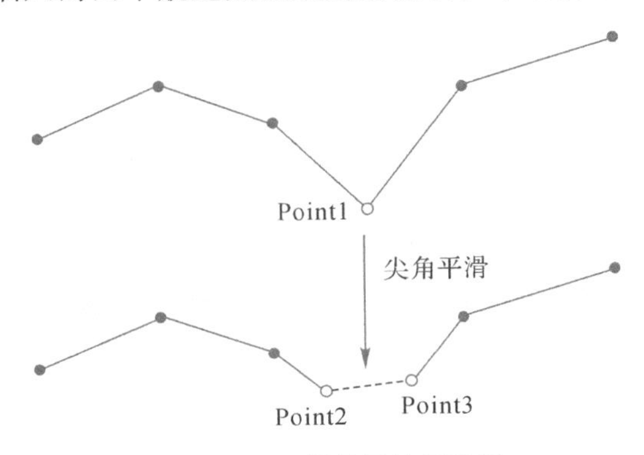


**图 10.9　平滑算子法示意图**

如图 10.9 所示，原航迹中尖角处的航迹点 Point1 被去除，取而代之的是新航迹中的航迹点 Point2 和 Point3。可以看出平滑算子法实现起来也比较容易。

本章的航迹平滑处理机制是将圆弧段串联法与平滑算子法相结合，其中圆弧段串联法主要用于处理尖角角度较大的航迹点，而平滑算子法主要用于更加精细的二次处理，具体处理的问题描述如图 10.10 所示。

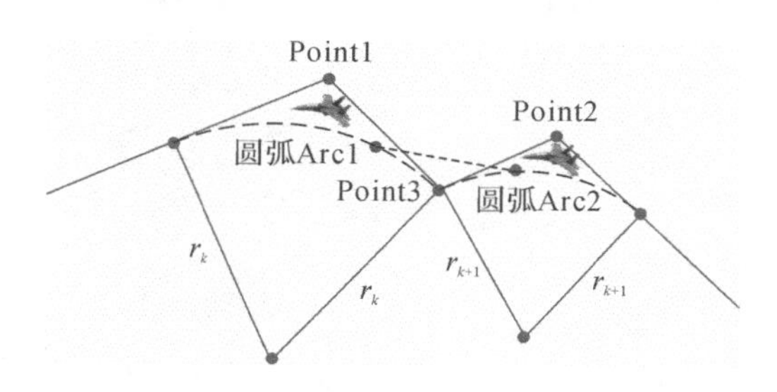


**图 10.10　连续圆弧段替换示意图**

如图 10.10 中所示，当航迹上连续出现较大尖角时，由于圆弧段串联法只能对局部尖锐夹角处的切圆方向进行判断，计算出切点，并获得相应的圆弧段，因此，存在如下可能发生的情况：圆弧段串联法处理完之后的航迹仍在两个圆弧段 Arc1 和 Arc2 的衔接处(记为航迹点 Point3)曲率变化较大，这使得飞机在经过点 Point3 时需要进行快速的大角度改变，对于飞机来说实现起来较困难。因此，本章采用平滑算子法对点 Point3 进行二次处理，使该处的航段更加平滑。

### 10.2.4　MOPSO-DSAPD 算法解算航迹规划流程

构建了电子支援干扰下航迹规划多目标优化模型之后，接下来将采用第 3 章提出的 MOPSO-DSAPD 算法求解该模型。①根据航迹规划多目标优化模型的特点设置 MOPSO-DSAPD 算法的相关参数，主要有算法最大迭代次数、种群大小、学习因子、惯性权重因子、邻居大小等；②初始化种群位置、速度，初始化邻居，初始化参考点，计算粒子个体最优解，对战场环境要素进行初始化，包括任务区域大小范围，敌方防空雷达的数量、位置，我方拟采用的干扰机数量，战场区域的地形进行预处理等；③进入主循环迭代，从邻居中随机选取一个粒子作为全局最优解，更新种群中各个粒子的位置和速度，更新参考点，更新邻居，更新生成的非支配解集，更新个体最优；④实施模拟退火局部搜索策略，实施比例分布策略；⑤判断是否达到算法结束条件：若达到则输出 Pareto 最优解；若未达到，则继续进行迭代。具体的解算流程图如图 10.11 所示。

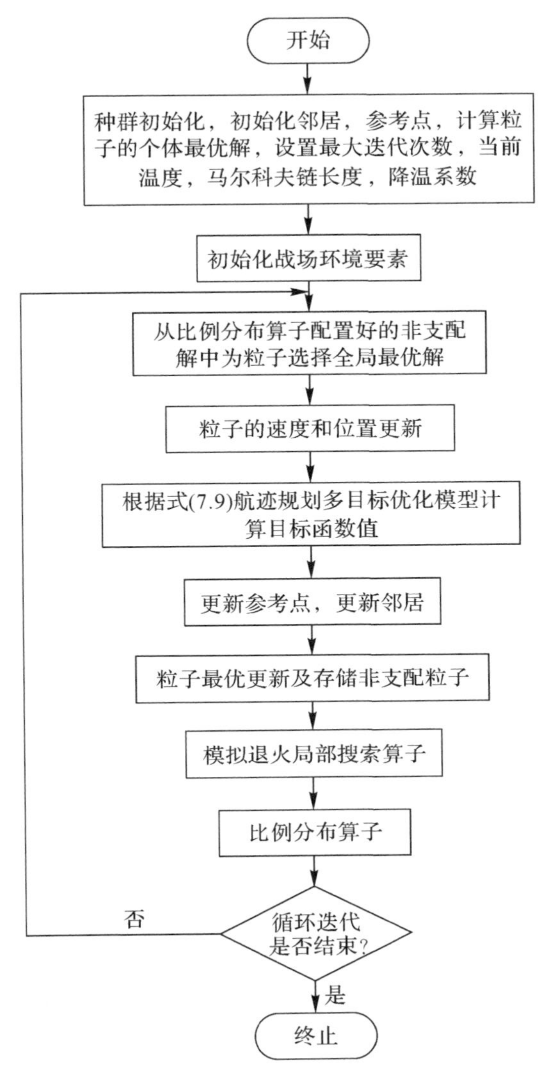


图 10.11　MOPSO-DSAPD 算法解算航迹规划流程

## 10.3　仿真实验与分析

仿真平台在 Windows 7 32 位操作系统下，选用的处理器为 Intel(R) Core(TM) i5－4590 CPU @ 3.3 GHz，编程语言采用 MATLAB。实验仍选取一片大小为 432 km×432 km 的区域作为任务场景，该区域内的三维地形图如图 10.12 所示。

设区域内布置了 4 部敌防空雷达，4 部敌防空雷达的最小压制系数 $K_j$ 均为 5，4 部敌防空雷达的性能参数列表详如表 8.1 所示。4 部敌防空雷达的初始坐标位置分别为(240 km，100 km)(150 km，120 km)(300 km，250 km)(180 km，280 km)。飞机起始点位置坐标为

(20 km,250 km),目标点位置坐标为(410 km,120 km)。

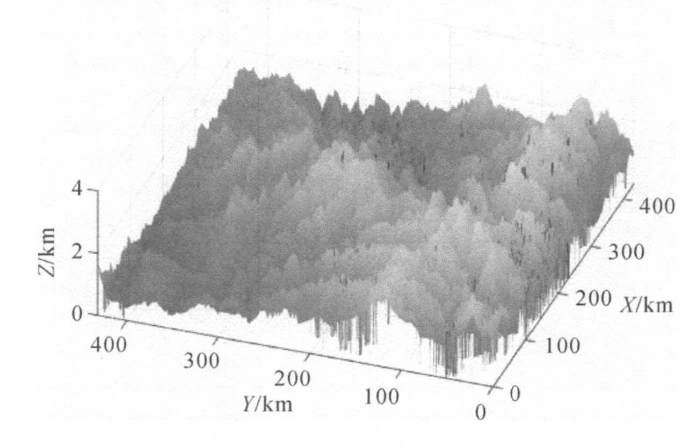


图 10.12　三维地形图

4 部敌防空雷达 2.1 km 的高度下受地形遮蔽影响后的探测范围如图 10.13 所示。

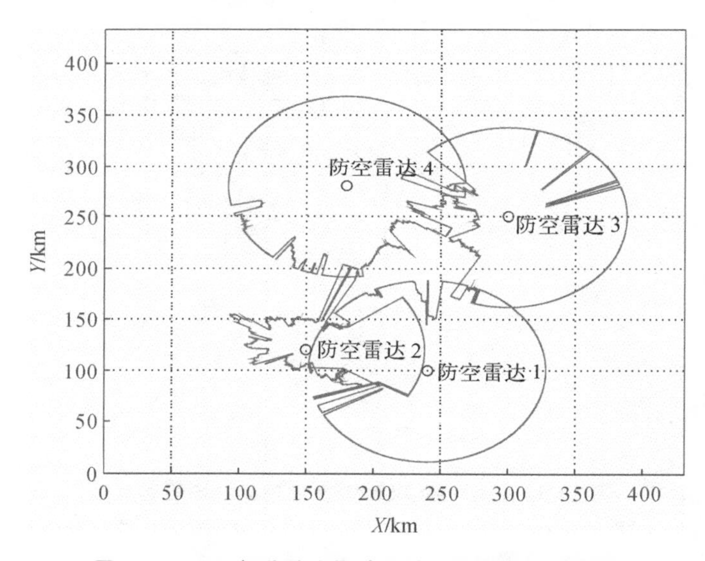


图 10.13　14 部敌防空雷达受地形遮蔽后探测范围

图 10.13 中的 4 部敌防空雷达探测范围相互重叠,我方飞机若想安全突防过去难度很大,此时必须借助电子支援干扰飞机预先对敌防空雷达网进行压制干扰。为此首先必须对干扰机完成最优干扰布阵以达到对敌防空雷达网压制效果最好,根据第 5 章中的静态条件下多机协同压制干扰布阵优化的研究方法,得出如图 10.14 所示的干扰机最优干扰布阵方案,该方案下决策者既要考虑各架干扰机自身安全,同时又要达到良好的压制干扰效果。

由图 10.14 中可以看出实施电子压制干扰后获得了一片可规划的安全区域,接下来将采用本章提出的电子支援干扰下航迹规划方法为飞机进行航迹规划。

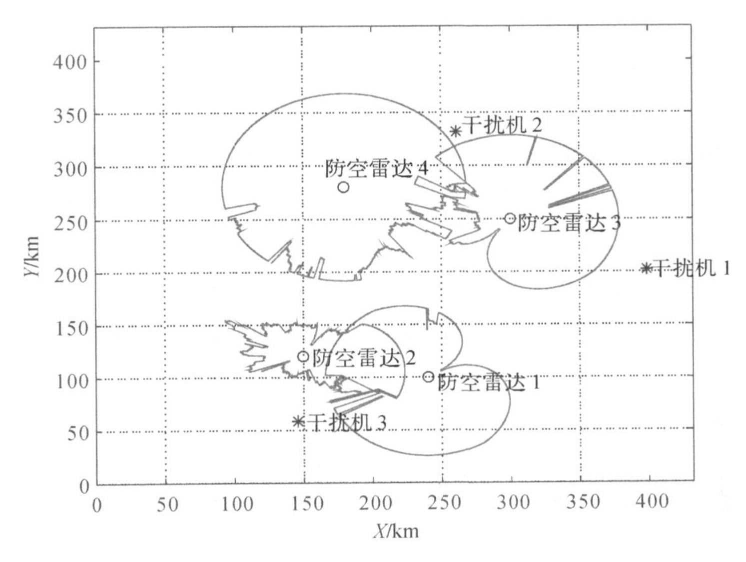


**图 10.14　电子干扰压制后 4 部敌防空雷达的探测范围**

MOPSO-DSAPD 算法的参数设置如下：Dim＝9，种群个数 $x$Size $=100$，学习因子 $c_1=c_2=0.8$，惯性权重因子最大值和最小值分别为 $w_{\max}=1.2$，$w_{\min}=0.1$，最大迭代次数 Max_itera＝300，邻居规模 $T=20$，当前温度值 $T_{en}=80$，马尔科夫链长度 $l_{\mathrm{markov}}=30$，降温系数 $\xi=0.95$。为了便于比较，MOPSO-Coello 算法的部分初始参数设置与 MOPSO-DSAPD 算法的参数设置相同。飞机最大爬升角 $\beta_{\max}=35°$，最小转弯半径 $r_{\min}=2$ km，最小步长 $\mathrm{step}_{\min}=1$ km，飞机相对地面的最低安全飞行高度和最大安全飞行高度分别为 $H_{\min}=50$ m，$H_{\max}=300$ m，仿真实验独立进行 30 次，选取的最优 Pareto 前沿如图 10.15 所示。

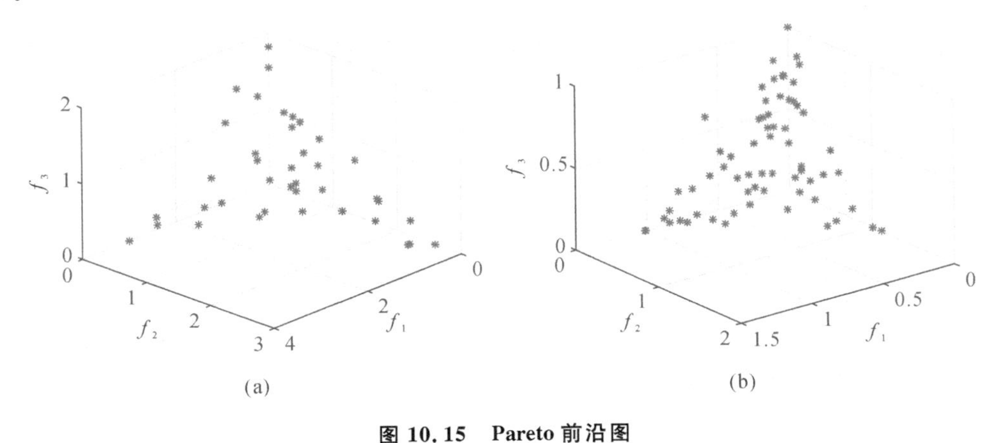


**图 10.15　Pareto 前沿图**

(a) MOPSO-Coello 算法获得的 Pareto 前沿图；(b) MOPSO-DSAPD 算法获得的 Pareto 前沿图

图 10.15(a)为 MOPSO-Coello 算法求解电子支援干扰下航迹规划模型获得的 Pareto 前沿图，图 10.15(b)为 MOPSO-DSAPD 算法求解电子支援干扰下航迹规划模型获得的

Pareto 前沿图。从图中可以看出两种算法均能获得较好的 Pareto 前沿，但 MOPSO-DSAPD 算法获得的 Pareto 前沿中的非支配解的多样性要更好一些，解的收敛性也要相对更好一些。

为了进一步验证在解决电子支援干扰下航迹规划问题时 MOPSO-DSAPD 算法是优于 MOPSO-Coello 算法的，选取算法获得的非支配解集的均匀性指标 SP 和仿真程序运行时间来对两种算法进行评价。均匀性指标 SP 用于评价算法获得的 Pareto 最优解集的均匀效果。该指标越小，表示算法获得 Pareto 最优解集越均匀，算法解决问题的效果越好。仿真程序运行时间越短，表示算法解决电子支援干扰下航迹规划问题的效率越高。具体的实验结果如图 10.16 所示。

图 10.16 给出了 MOPSO-DSAPD 算法和 MOPSO-Coello 算法求解电子支援干扰下航迹规划问题获得的的均匀性指标 SP 随迭代次数变化曲线。由图中可以看出，MOPSO-DSAPD 算法在迭代次数达到 150 次左右时均匀性指标 SP 基本保持稳定了，而 MOPSO-Coello 算法则需要迭代次数达到 210 次左右时均匀性指标才能保持稳定，这进一步说明了在解决电子支援干扰下航迹规划问题时 MOPSO-DSAPD 算法是优于 MOPSO-Coello 算法的。

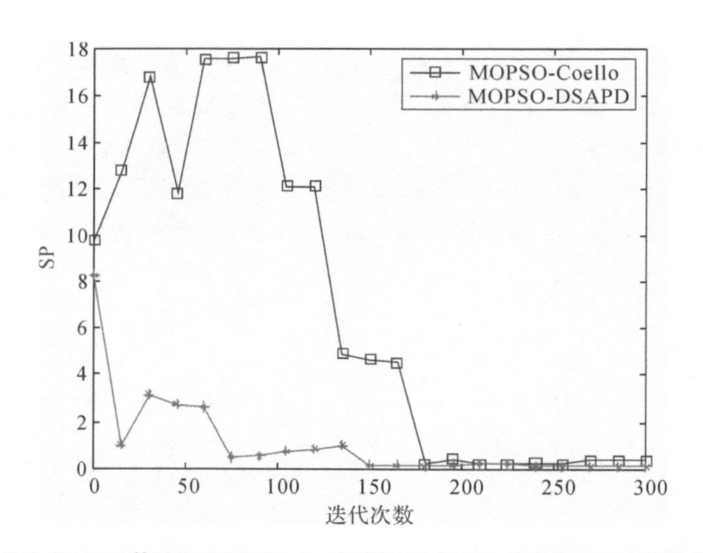


**图 10.16　MOPSO-DSAPD 算法和 MOPSO-Coello 算法获得的均匀性指标 SP 随迭代次数变化曲线**

图 10.17 以盒图形式给出了两种算法 MOPSO-DSAPD 算法和 MOPSO-Coello 算法求解电子支援干扰下航迹规划问题的仿真程序运行时间，程序运行 30 次，由图中可以看出 MOPSO-DSAPD 算法的程序运行时间明显小于 MOPSO-Coello 算法，运行时间的最大值、最小值以及均值均小于 MOPSO-Coello 算法，并且运行时间更加稳定，波动性也小。这再次验证了在解决电子支援干扰下航迹规划问题时 MOPSO-DSAPD 算法是优于 MOPSO-Coello 算法的。

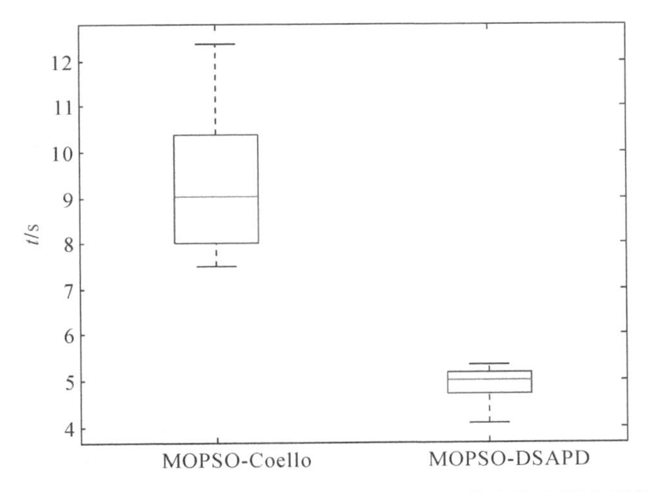


**图 10.17　MOPSO-DSAPD 算法和 MOPSO-Coello 算法仿真程序运行时间**

综上所述，可以得出 MOPSO-DSAPD 算法在求解电子支援干扰下航迹规划问题中获得了良好的搜索效果，并且解决问题的效果也要优于 MOPSO-Coello 算法。以 MOPSO-DSAPD 算法获得的 Pareto 前沿图中的一个非支配解为例，该非支配解即为一条可行的航迹，物理意义为相较于高度代价和航迹长度代价，飞机所受雷达威胁代价值最小，即飞机更加侧重于自身不被敌方防空雷达发现。由此获得的电子支援干扰下飞机最优航迹规划结果如图 10.18 和图 10.19 所示。

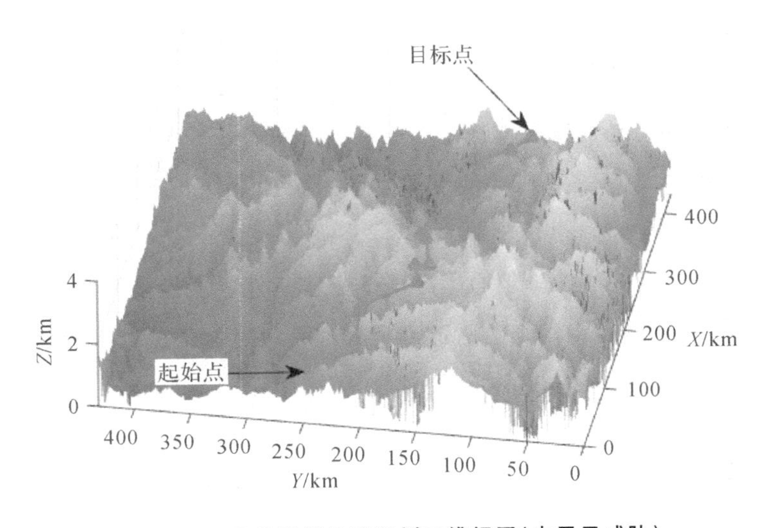


**图 10.18　飞机最优航迹规划三维视图(未显示威胁)**

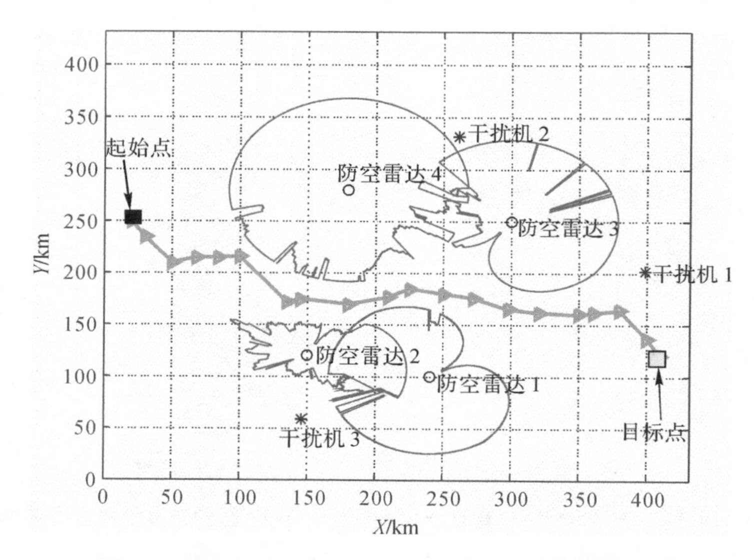


**图 10.19　2 100 m 高度下飞机最优航迹规划二维视图**

图 10.18 为飞机最优航迹规划三维视图，图 10.19 为 2 100 m 高度下飞机最优航迹规划二维视图。由图 10.18 和图 10.19 的航迹规划结果可以看出，规划出的最优航迹有效避开了敌方的防空雷达威胁，航迹也比较平滑。同时也验证了 MOPSO-DSAPD 算法在解决多机协同电子支援干扰下航迹规划问题是可行和有效的。

## 10.4　本章小结

本章在前文研究的基础上对多机协同压制干扰条件下飞机最优航迹规划问题进行了研究，主要工作及结论如下：

(1)分析了多机协同电子支援干扰下飞机航迹规划需要考虑的因素，在此基础上构建了以航迹总长度、地形威胁、雷达威胁 3 个目标作为目标函数的多机协同电子支援干扰下飞机航迹规划多目标优化模型。

(2)给出了一种新的基于数学形态学的电子干扰条件下雷达威胁代价值计算方法，采用圆弧段串联法与平滑算子法相结合的航迹平滑处理方法对航迹进行平滑处理。

(3)采用第 3 章提出的 MOPSO-DSAPD 算法对构建的航迹规划多目标优化模型进行求解，通过仿真实验解算出了多机协同电子支援干扰下满足飞机飞行的最优航迹，验证了所建航迹规划多目标优化模型的正确性，以及 MOPSO-DSAPD 算法在解决该问题上的可行性和有效性。

# 参考文献


[1] 张欢. 作战飞机机载雷达规划关键技术研究[D]. 西安:空军工程大学，2014.

[2] LIU W，ZHENG Z，CAI K Y. Bi-level Programming Based real-time Path Planning for Unmanned Aerial Vehicles [J]. Knowledge-Based Systems，2013(44)：34 - 47.

[3] FU X W，GAO X G. Effective Real-time Unmanned Air Vehicle Path Planning in Presence of Threat Netting[J]. Journal of Aerospace Information Systems，2014，11(4)：170 - 177.

[4] 傅阳光. 粒子群优化算法的改进及其在航迹规划中的应用研究[D]. 武汉：华中科技大学，2011.

[5] 张昉. 无人机任务规划技术研究[D]. 南京：南京航空航天大学，2009.

[6] 郑昌文，李磊，徐帆江. 基于进化计算的无人飞行器多航迹规划[J]. 宇航学报，2005，26(2)：223 - 227.

# 第11章　基于非合作博弈的多机协同压制建模与攻防策略研究

## 11.1　引　言

多机甚至机群协同任务可实现信息共享、资源优化以及行动协调能力互补，从而提升整体任务效能。在多机协同任务研究方面，国外起步较早，已取得了许多理论突破和工程领域进展。霍尼韦尔（Honeywell）公司技术中心构建了多智能体自适应控制体系，以实现对多UCAV（Unmanned Combat Aerial Vehicle，无人战斗机）的实时协调与控制等。美国空军研究实验室和技术研究院在UCAV协同控制的分层分布式体系结构方面取得了许多研究成果。欧洲COMETS工程研究了多类型无人机异构平台的实时协调问题。Beard等人采用一致性动力学方法研究了多机协同的目标识别和跟踪问题。近年来，多机协同任务也成为国内的研究热点，但研究成果还较多处于理论层面，多使用传统经典或智能优化方法。Wang等人基于层次分解策略，建立了协同管理、路径规划和轨迹控制三层的协同航迹规划系统结构。张雷等人采用协同函数和Voronoi图法研究了实时路径规划。

目前，对于多机协同执行压制防空系统任务（Suppression of Enemy Air Defense，SEAD）的研究，多采用网络优化和粒子群、蚁群智能算法等。Wu等人和Nick等人使用优化算法分析了压制问题。陈侠等人研究了在不确定信息条件下的无人机攻防问题。协同压制任务是典型的动态博弈对抗问题，目前还尚未有考虑节点动态变化的对抗演化过程研究成果。另外，针对压制问题的研究成果比较少见，压制任务具有预警探测、侦察、拦截打击、指挥控制等多种类型的对抗单元，这些不同类型的单元属性给压制问题研究带来了困难。

本章引入多智能体网络和博弈理论，研究节点动态变化情况下的博弈演化问题；建立包含预警、侦察、拦截打击、指挥控制等节点的网络模型；通过把多机协同压制过程建模为多参与者多策略的非合作混合博弈模型，构建攻防双方在博弈对局下的支付函数；采用分布式虚拟学习策略算法，求解博弈对抗过程的混合策略纳什均衡（MSNE）。

# 11.2 多机协同压制 IADS 的多智能体博弈建模

综合防空系统(IADS)是以网络为基础，把预警、侦察、拦截打击、指挥控制等子系统集为一体的综合对抗系统。IADS 具有互连和互操作的特点，由预警探测网、拦截对抗网和指挥控制网 3 个互相关联的通信子网组成。

为研究多机协同压制问题，建立一个多智能体网络对抗系统模型。假定我方为攻击方，且多智能体网络节点由飞机构成，敌方为防守方，其多智能网络节点由 IADS 构成。我方的目标为压制敌方防空系统实体节点的对抗范围，干扰对抗效果，或者实施打击摧毁，削弱其防空能力或摧毁其对抗能力。而敌方目标是试图探测对方情报，拦截打击来袭实体，保护我方防空系统的安全，尽可能降低对抗过程中的损失。

建立一个博弈模型，需要具备 3 个关键的要素：博弈参与者，可供参与者选择的行动或策略，博弈对局下各方参与者的支付(代价或收益)。对于多机协同压制的博弈问题，各个关键要素的具体建模过程与分析如下所述。

## 11.2.1 博弈参与人和行动策略空间

本章将多机协同压制 IADS 建立为一组 $n+m$ 个参与人的博弈模型。该博弈模型所对应的多智能体网络对抗系统如图 11.1 所示。其中：$n$ 个多智能体节点为负责协同压制任务多智能体网络节点，包含攻击方的无人机或有人机节点，记为集合 $N$；$m$ 个多智能体节点为防守方多智能体网络节点，包含对方空中和地面武器装备中具有不同任务功能的预警探测节点、指挥控制节点或拦截对抗节点，记为集合 $M$。图 11.1 中，$X=\{X_1,X_2,\cdots,X_n\}$为多机协同压制方节点，$R=\{R_1,R_2,\cdots,R_r\}$为 IADS 的预警探测节点，$S=\{S_1,S_2,\cdots,S_s\}$为 IADS 的指挥控制节点，$T=\{T_1,T_2,\cdots,T_k\}$为 IADS 的拦截对抗节点，其中 $r,s,k$ 分别表示 IADS 中各类型节点的个数，它们满足 $r+s+k=m$。每个节点具有探测半径、探测角度、打击半径范围、杀伤概率、毁伤能力值、通信能力值和经济战略价值等属性。

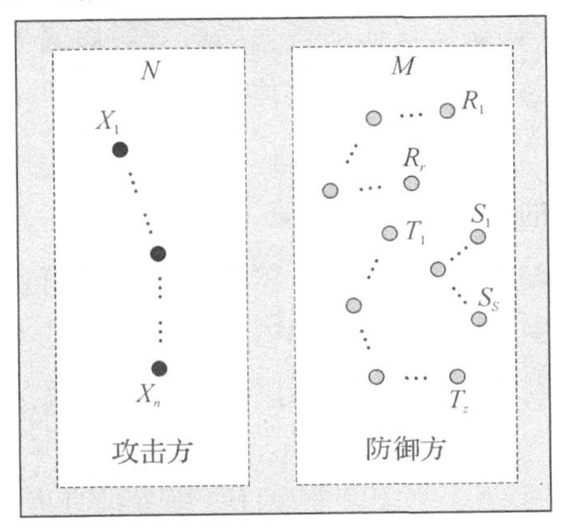


**图 11.1　博弈双方的多智能体网络图**

假设双方对抗实体节点的初始信息均为对方已知。策略空间 $G=\{O,E,F\}$ 和 $G'=\{O',E',F'\}$ 分别为压制攻击方和防守方的策略空间，$E,E'$ 和 $F,F'$ 以及 $O,O'$ 分别表示干扰压制(软压制)和摧毁打击(硬压制)以及按兵不动 3 种行动策略。每个实体节点从策略空间中选择相应的行动策略。另外，每个节点在每轮博弈中将选择一个策略使得对敌方的威胁增大，保持我方的价值，并减小受到的威胁，降低敌方的价值。假定攻击方节点 $i$ 选择的策略记为 $g_i,g_i\in \boldsymbol{G}(i=1,2,\cdots,n)$，定义 $g_{i,O},g_{i,E},g_{i,F}$ 分别表示 $g_i$ 是否选择策略 $O,E,F$，即

$$g_{i,O}=\begin{cases}0, & g_i\neq O\\ 1, & g_i=O\end{cases}$$

$$g_{i,E}=\begin{cases}0, & g_i\neq E\\ 1, & g_i=E\end{cases}$$

$$g_{i,F}=\begin{cases}0, & g_i\neq F\\ 1, & g_i=F\end{cases}$$

不难发现，$g_{i,O},g_{i,E},g_{i,F}$ 满足 $g_{i,O}+g_{i,E}+g_{i,F}=1$。

同理，假定防御方节点 $j$ 选择的策略记为 $g'_j,g'_j\in G'(j=1,2,\cdots,m)$，定义 $g'_{j,O'}$，$g'_{j,E'},g'_{j,F'}$ 分别表示 $g'_j$ 是否选择策略 $O',E',F'$，即

$$g'_{j,O'}=\begin{cases}0, & g'_j\neq O'\\ 1, & g'_j=O'\end{cases}$$

$$g'_{j,E'}=\begin{cases}0, & g'_j\neq E'\\ 1, & g'_j=E'\end{cases}$$

$$g'_{j,F'}=\begin{cases}0, & g'_j\neq F'\\ 1, & g'_j=F'\end{cases}$$

式中：$g'_{j,O'}+g'_{j,E'}+g'_{j,F'}=1$。

### 11.2.2 博弈对局下各方参与人的支付

从攻防对抗的角度看，多智能体实体节点选择行动策略需要考虑三方面的性能指标：对抗实体对对方实体的综合威胁评估值、对抗实体价值评估值和任务支付对系统整体影响的评估值。

**1. 对抗实体对对方实体的综合威胁评估值**

对抗实体对对方实体的综合威胁评估值，体现了对方执行任务的威胁代价，主要考虑空中和地面武器装备的对抗范围、毁伤能力值和通信能力值三方面的因素。其中对抗范围包括探测范围和火力打击范围。单个对抗实体(以防空系统节点为例)对对方某个对抗实体的综合威胁可由下式计算：

$$f_{ji}(X_i,T_j)=\lambda_1 A_{ji}^{*}P_{dj}+(\lambda_2 B_j^{*}+\lambda_3 C_j^{*})P_{kj}+\lambda_4 D_j^{*} \tag{11.1}$$

式中：$\lambda_1,\lambda_2,\lambda_3,\lambda_4$ 为威胁权重，且 $\lambda_1+\lambda_2+\lambda_3+\lambda_4=1$。假设探测范围和打击范围的包络面

为圆形或扇形。当未受到干扰时，节点 $j$ 对节点 $i$ 的探测威胁 $A_{ji}$ 如图 11.2 所示。不难得出 $A_{ji}=|a_j|A_j^2/2$，式中 $a_j$ 为节点 $j$ 的探测范围角度，$A_j$ 为节点 $j$ 的探测半径。

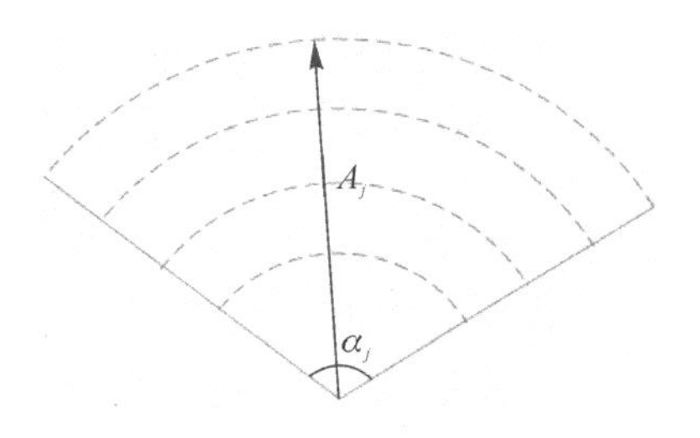


**图 11.2　未受干扰时的探测范围 $A_{ji}$**

为简化模型和计算复杂度，假设多智能体节点可多频段干扰和全向干扰。综合各向探测威胁源情况分析，在雷达发射功率、天线增益、雷达发现概率、接收机带宽、玻尔兹曼常数、干扰机的发射功率、干扰机的天线增益、干扰信号带宽等参数给定后，经仿真模拟探测威胁受到干扰后的效果与干扰机到威胁源的距离的二次方近似呈反比关系。若干扰机与威胁源的距离由两者坐标求出为 $d_{ij}^2=|T_j-X_i|^2$，则可推导出受干扰后的探测范围近似为

$$A_{ji}=\left(\frac{A_j}{A_i+A_j}\right)^2\frac{|\alpha_j|d_{ij}^2}{2}$$

当 $d_{ij}\leqslant A_i+A_j$ 时，才可以实施干扰，随着两者距离的减小，干扰效果增大，探测威胁减小。当 $d_{ij}>A_i+A_j$ 时，节点将不会被探测到或被干扰，探测威胁达到最大值。$A_{ji}$ 和 $d_{ij}$ 的变化关系如图 11.3 所示。

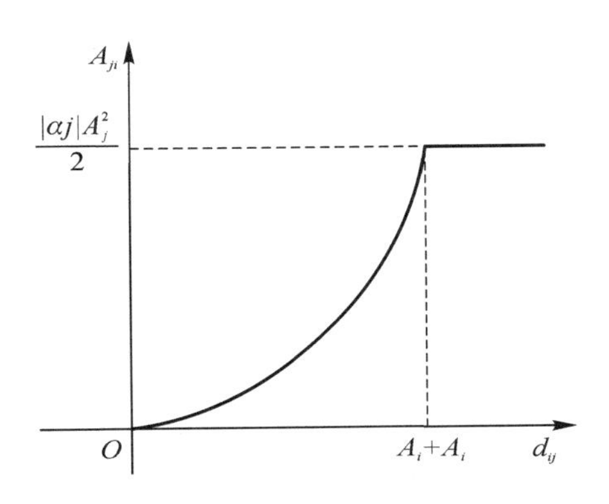


**图 11.3　$A_{ji}$ 和 $d_{ij}$ 的关系图**

$B_j$ 为节点打击范围。类似地，若两节点的距离 $d_{ij}>B_i$ 或 $d_{ij}>B_j$，则节点 $i$ 或节点 $j$ 不会受袭。因此在打击前需判断是否在对方任意一个连通节点的探测范围之内。$P_{dj}$ 和 $P_{kj}$ 分别指第 $j$ 个敌方节点的探测概率和杀伤概率。

$C_j$（常量）为节点毁伤能力值，由作战实体的防空武器及其类型决定，是对抗实体的重要性和火力打击能力的体现。

$D_j$ 是通信能力值，其计算式如下：

$$D_j=\sum_{m=1}^{m\in M}w_{mj}d_{mj}$$

式中：$d_{mj}$ 是节点之间的邻接关系，取值为 0 表示不连通，取值为 1 表示连通；$w_{mj}$ 是连接边的权重。通信能力值 $D_j$ 由实体节点与系统中其他节点的链路情况决定，为带权重的边和邻接矩阵关系，权重越大，说明此通信链路越重要。

某次博弈中，节点遭受到一个或多个对方节点的打击，受到的总杀伤概率为 $1-\prod_{g'_j\in F'}[1-P_{kj}(X)]$。当该概率大于某个阈值时，认为节点被打击摧毁。如果节点 $j$ 被摧毁，则失去所有价值和威胁，即 $A_j=B_j=C_j=D_j=0$，$f_{ji}=0$。

由于各因素量纲不同，对探测威胁 $A_{ji}$、打击范围 $B_j$、毁伤能力值 $C_j$、通信能力值 $D_j$ 按如下公式做归一化处理：

$$f^* = \frac{f-f_{\min}}{f_{\max}-f_{\min}}$$

$A_{ji}$，$B_j$，$C_j$，$D_j$ 按上式归一化后的值分别记为 $A_{ji}^*$，$B_j^*$，$C_j^*$，$D_j^*$。

以上分析适用于对抗系统的双方节点。另外，若协同压制飞机速度 $V_i$ 越大，受到敌方威胁影响越小。设 $V_i\in[V_{\min},V_{\max}]$，运动速度方向由策略选择的打击目标决定，$\lambda_{vi}$ 为飞机受到威胁随速度增加而衰减的系数：

$$\lambda_{vi}=1+\frac{V_{\max}-V_i}{V_{\max}-V_{\min}}$$

因此，整个防空系统受到的总体威胁为

$$F_N=\sum_{i\in N}F_i=\sum_{i\in N}f_{ij}(T_j,X_i)$$

协同压制飞机受到的总体威胁为

$$F_M=\lambda_{vi}\sum_{j\in M}F_j=\lambda_{vi}\sum_{j\in M}f_{ji}(X_i,T_j)$$

**2. 作战实体价值评估值**

对抗实体的价值主要考虑其经济价值和战略重要性价值：

$$P_j=\gamma_1 P_{\mathrm{b}j}^*+\gamma_2 P_{\mathrm{c}j}^* \tag{11.2}$$

式中：$P_{\mathrm{b}j}^*$，$P_{\mathrm{c}j}^*$ 分别为节点的经济价值 $P_{\mathrm{b}j}$、战略价值 $P_{\mathrm{c}j}$ 归一化后的值。假设实体节点受到干扰时其经济、战略价值不变，遭受打击，丧失功能后为0。$\gamma_1$ 和 $\gamma_2$ 为价值权重，且 $\gamma_1+\gamma_2=1$。防空系统总价值为

$$P_M=\sum_{j\in M}P_j$$

多机压制方总价值为

$$P_N=\sum_{i\in N}P_i$$

**3. 对抗实体任务支付对系统整体影响的评估值**

本章主要考虑出现战损时，对抗实体节点对整体系统的影响。以敌方实体节点 $T$ 为例，对我方节点 $X$ 的毁伤概率：

$$P_{\mathrm{d}}(X_i,\boldsymbol{T})=[1-\prod_{j\in M}(1-P_{\mathrm{d}j}(X))][1-\prod_{j\in M}(1-P_{\mathrm{k}j}(X))] \tag{11.3}$$

在实体 $T_l$ 受到攻击并且丧失功能后，有 $P_{\mathrm{d}l}(X)=P_{\mathrm{k}l}(X)=0$。此时敌方实体集合对我方任务区内的毁伤概率为

$$P_{\mathrm{d}}(X_i, T \mid \{T_1\}) = \left\{1 - \prod_{j \in M, j \neq l} [1 - P_{\mathrm{d}j}(X)]\right\}\left\{1 - \prod_{j \in M, j \neq l} [1 - P_{\mathrm{k}j}(X)]\right\} \quad (11.4)$$

因此，由于实体 $T_l$ 功能丧失后对，整体防空能力下降程度为

$$P_{\mathrm{a}j} = \frac{\sum_{i=1}^{n} \Delta P_{\mathrm{d}}(X_i, T_l)}{n} = \frac{\sum_{i=1}^{n} [P_{\mathrm{d}}(X_i, T) - P_{\mathrm{d}}(X_i, T \mid \{T_1\})]}{n} \quad (11.5)$$

**4. 博弈双方的支付**

当节点实施打击时，其毁伤能力值会降低。$c_j^*$ 为每次打击降低的毁伤能力值 $c_j$ 归一化后的值。设 $k_j$ 为打击次数，总体毁伤能力损耗为

$$p_{\mathrm{m}} = \sum_{g'_j \in F'} k_j \cdot c_j^* \quad (11.6)$$

总体毁伤能力损耗表明了多次打击之后的毁伤能力降低值。在双方干扰攻防对抗过程中，由于实施按兵不动/干扰行动策略时，损耗相对很小，可忽略不计。假设燃油足够，即不考虑油耗等因素。

考虑每个协同压制飞机节点 $i \in N$ 以概率 $\pi_{i,g_i}$ 干扰压制对方实体，设 $\Pi_i = \{\pi_{i,g_i} \mid g_i \in G\}$ 为节点 $i$ 在所有可能策略 $\Pi_i = \{\pi_{i,g_i} \in R: \sum_{g_i \in G} \pi_{i,g_i} = 1\}$ 中的混合策略向量，记 $\Pi_{-i} = \{\pi_i', i' \in N \backslash \{i\}\}$。类似地，设每个防空系统节点 $j \in M$ 以概率 $\varphi_{j,g'_j}$ 来选择拦截打击策略，设 $\Phi_j = \{\varphi_{j,g'_j} \mid g'_j \in G'\}$ 为节点 $j$ 在所有可能策略 $\Phi_j = \{\varphi_{j,g'_j} \in R: \sum_{g'_j \in G'} \varphi_{j,g'_j} = 1\}$ 中的混合策略向量，记 $\Phi_{-j} = \{\varphi_j', j' \in M \backslash \{j\}\}$。

博弈中的场景假设如下：

假设11.1：选择干扰策略需满足条件 $d_{ij} \leqslant A_i + A_j$。

假设11.2：攻击方节点 $i$ 选择打击策略需满足3个条件：①毁伤能力值 $C_i^* > 0$；②存在攻击方节点与被打击节点的距离在探测范围之内，即 $\exists d_{nj} < A_n (n \in N)$；③节点 $i$ 与被打击节点的距离在其打击范围之内，即 $d_{ij} \leqslant B_i$。

假设11.3：防御方节点 $j$ 选择打击策略需满足3个条件：①毁伤能力值 $C_j^* > 0$；②存在攻击方节点与被打击节点的距离在探测范围之内，即 $\exists d_{im} < A_m (m \in M)$；③节点 $i$ 与被打击节点的距离在其打击范围之内，即 $d_{ij} \leqslant B_j$。

假设11.4：如果选择打击策略 $F$，对方的某些节点在受到的总毁伤概率大于阈值 $C_{\mathrm{threshold}}$ 时将认为被摧毁。因此，被摧毁节点对于整个系统的影响也要被考虑，并且实行打击策略的代价和降低的毁伤能力也要被考虑。

假设11.5：实行任何策略后的综合威胁变化量 $\Delta F_j$ 和总价值变化量 $\Delta P_j$ 应该被考虑。当策略行动为 $O$ 时，则 $\Delta F_j$ 和 $\Delta P_j$ 均为0。当策略行动为 $E$ 时，则 $\Delta P_j$ 为0。

假设11.6：如果存在对方节点的打击范围大于两个节点的距离，那么节点将被对方打击，它所受到的总受袭概率为 $1 - \prod_{d_{ij} < B_j} (1 - P_{kj})$。相应地，节点的综合威胁和总价值将减少，减少量是 $[1 - \prod_{d_{ij} < B_j} (1 - P_{kj})](P_i + F_i)$。

定义 $V_i(g_i,\rho_{-i},\Phi)$ 为节点 $i$ 的支付函数，$\Delta$ 表示变化量，例如，$\Delta F_j$ 代表节点 $j$ 的综合威胁估计值的变化量。根据假设 11.1～假设 11.6，$N$ 中的每个节点将会有 4 种情况。以节点 $i$ 为例，4 种情形如下：

情形(1)：若节点 $i$ 选择打击策略 $F$ 并且节点 $i$ 不在对方任何节点的打击范围内，节点 $i$ 的支付函数为 $V_i(g_i,\pi_{-i},\Phi)=q_1(\Delta F_j+Pa_jF_{M\setminus\{j\}})+q_2\Delta P_j-q_3p_i$，它包含了 3 个部分：综合威胁估计值的变化量 $q_1(\Delta F_j+Pa_jF_{M\setminus\{j\}})$，节点价值的变化量 $q_2\Delta P_j$ 以及减少的毁伤能力值 $q_3p_i$，其中 $q_1,q_2,q_3$ 为权重系数。

情形(2)：若节点 $i$ 选择的不是打击策略 $F$ 并且节点 $i$ 不在对方任何节点的打击范围内，节点 $i$ 的支付函数为 $V_i(g_i,\pi_{-i},\Phi)=q_1\Delta F_j+q_2\Delta P_j$，它包含了两个部分：综合威胁估计值的变化量 $q_1\Delta F_j$ 以及节点价值的变化量 $q_2\Delta P_j$。

情形(3)：若节点 $i$ 选择打击策略 $F$ 并且节点 $i$ 在对方节点 $j$ 的打击范围内。节点 $i$ 的支付函数为

$$V_i(g_i,\pi_{-i},\Phi)=q_1(\Delta F_j+Pa_jF_{M\setminus\{j\}})+q_2\Delta P_j-q_3p_i-q_4(1-\prod_{d_{ij}<B_j}[1-P_{kj})](P_i+F_i)$$

它包含 4 个部分：综合威胁估计值的变化量 $q_1(\Delta F_j+Pa_jF_{M\setminus\{j\}})$，节点价值的变化量 $q_2\Delta P_j$，减少的毁伤能力值 $q_3p_i$，以及节点 $i$ 在总受袭概率下的综合威胁减小量 $q_4(1-\prod_{d_{ij}<B_j}(1-P_{kj}))(P_i+F_i)$。

情形(4)：若节点 $i$ 选择的不是打击策略 $F$ 并且节点 $i$ 在对方节点 $j$ 的打击范围内。节点 $i$ 的支付函数为

$$V_i(g_i,\pi_{-i},\Phi)=q_1\Delta F_j+q_2\Delta P_j-q_4[1-\prod_{d_{ij}<B_j}(1-P_{kj})](P_i+F_i)$$

它包含 3 部分：综合威胁估计值的变化量 $q_1\Delta F_j$，节点价值的变化量 $q_2\Delta P_j$ 和节点 $i$ 在总受袭概率下的综合威胁减小量 $q_4[1-\prod_{d_{ij}<B_j}(1-P_{kj})](P_i+F_i)$。

综上所述，协同压制方的节点 $i$ 支付函数如下式所示，每架协同压制飞机节点总是试图最优化自己的支付函数：

$$V_i(g_i,\pi_{-i},\Phi)=\begin{cases} q_1(\Delta F_j+Pa_jF_{M\setminus\{j\}})+q_2\Delta P_j-q_3p_i, & g_i=F,d_{ij}>\forall B_j \\ q_1\Delta F_j+q_2\Delta P_j, & g_i\neq F,d_{ij}>\forall B_j \\ q_1(\Delta F_j+Pa_jF_{M\setminus\{j\}})+q_2\Delta P_j-q_3p_i \\ -q_4[1-\prod_{d_{ij}<B_j}(1-P_{kj})](P_i+F_i), & g_i=F,\exists d_{ij}<B_j \\ q_1\Delta F_j+q_2\Delta P_j-q_4[1-\prod_{d_{ij}<B_j}(1-P_{kj})](P_i+F_i), & g_i\neq F,\exists d_{ij}<B_j \end{cases} \tag{11.7}$$

防御方的节点 $j$ 支付函数如下式所示，每个防空系统节点总是试图最优化自己的支付函数：

$$U_j(g'_j,\varphi_{-j},\Pi)=\begin{cases}q_1(\Delta F_i+Pa_iF_{N\setminus\{i\}})+q_2\Delta P_i-q_3p_j, & g'_j=F',d_{ij}>\forall B_i\\ q_1\Delta F_i+q_2\Delta P_i, & g'_j\neq F',d_{ij}>\forall B_i\\ q_1(\Delta F_i+Pa_iF_{N\setminus\{i\}})+q_2\Delta P_i-q_3p_j-\\ q_4(1-\prod\limits_{d_{ij}<B_i}(1-P_{ki}))(P_j+F_j), & g'_j=F',\exists d_{ij}<B_i\\ q_1\Delta F_i+q_2\Delta P_i-q_4(1-\prod\limits_{d_{ij}<B_i}(1-P_{ki}))(P_j+F_j), & g'_j\neq F',\exists d_{ij}<B_i\end{cases} \tag{11.8}$$

式中：$q_1,q_2,q_3,q_4$ 为权重系数，且 $q_1+q_2+q_3+q_4=1$，则 $i$ 和 $j$ 的平均期望支付为

$$\overline{V_i}(\pi_i,\pi_{-i},\Phi)=E_{\pi,\varphi}[V_i(g_i,\pi_{-i},\Phi)] \tag{11.9}$$

$$\overline{U}_j(\varphi_j,\varphi_{-j},\Pi)=E_{\pi,\varphi}[U_j(g'_j,\varphi_{-j},\Pi)] \tag{11.10}$$

式中：$E_{\pi,\varphi}$ 是概率分布 $\{\Pi,\Phi\}$ 的期望操作。由此可知，博弈模型则转化为期望支付函数为 $\overline{V_i},\overline{U}_j$ 的混合策略博弈模型。

# 11.3　分布式虚拟学习策略算法

由于本章所建立博弈模型的行动策略空间为多选一，因此需把多参与人的混合纳什均衡定义扩展如下。

**定义 11.1**（多参与人多策略博弈的混合纳什均衡）　设混合博弈为 $n+m$ 个参与人，$\{G,G'\}$为参与人的行动策略空间，对于混合策略 $\{\Pi^*,\Phi^*\}$，当且仅当其满足以下不等式时：

$$\overline{V_i}(\pi^*,\Phi^*)\geqslant\overline{V_i}(\pi_i,\pi^*_{-i},\Phi^*),\forall\pi_i=\Pi_i,i\in N,G=\{O,E,F,\cdots\} \tag{11.11}$$

$$\overline{U}_j(\varphi^*,\Pi^*)\geqslant\overline{U}_j(\varphi_j,\varphi^*_{-j},\Pi^*),\forall\varphi_j=\Phi_j,j\in M,G'=\{O',E',F',\cdots\} \tag{11.12}$$

则混合策略 $\{\Pi^*,\Phi^*\}$ 是一个 MSNE。

**定理 11.1**（纳什均衡存在性定理）　任何一个有限博弈至少存在一个纳什均衡（纯策略的或混合策略的）。

由于攻防双方节点数 $n$ 和 $m$ 均为给定的有限值，通过博弈理论知识可知，本章所建立的博弈模型为有限非零和混合博弈。因此，根据纳什均衡存在性定理可得，对于本章所建立的有限博弈模型，MSNE 总是存在的。

当博弈满足 MSNE 解时,任何博弈参与人都不能随意改变策略而获益,即没有参与人有动机改变其行动策略。为了找到博弈的混合策略纳什均衡解,即求解双方在各自的行动策略空间中,将选取策略的概率,本章采用分布式虚拟学习策略算法,所有参与者基于历史状态的观察,分布式同步地进行策略决策。为实现期望支付函数最优化,在每个学习步骤 $t$,攻方 $i$ 和守方 $j$ 分别基于其他参与者的混合策略选择一个纯策略 $g_i^t \in G$ 或 $g'^t_i \in G'$ 作为最优响应。定义攻方除节点 $i$ 之外的其他参与者为节点 $i' \in N\backslash\{i\}$,在步骤 $t-1$ 时节点 $i'$ 的混合策略为 $\Pi_{-i}^{t-1} = \{\pi_i^{t-1}{}', i' \in N\backslash\{i\}\}$,在步骤 $t-1$ 时守方节点的混合策略为 $\Phi^{t-1} = \{\varphi_j^{t-1} \mid j \in M\}$。同样地,定义守方除节点 $j$ 之外的其他参与者为节点 $j' \in M\backslash\{j\}$,在步骤 $t-1$ 时节点 $j'$ 的混合策略为 $\Phi_{-j}^{t-1} = \{\varphi_{j'}^{t-1} \mid j' \in M\backslash\{j\}\}$,在步骤 $t-1$ 时守方节点的混合策略为 $\Pi^{t-1} = \{\pi_i^{t-1} \mid i \in N\}$。那么,最佳策略 $g_i^t$ 和 $g'^t_i$ 可表示如下:

$$g_i^t \in \arg\max_{g_i \in G_i} E_{\pi_{-i}^{t-1}, \varphi^{t-1}}[V_i(g_i, \pi_{-i}^{t-1}, \Phi^{t-1})] \tag{11.13}$$

$$g'^t_i \in \arg\max_{g'_j \in G'_j} E_{\pi^{t-1}, \varphi_{-j}^{t-1}}[U_j(g'_j, \varphi_{-j}^{t-1}, \Pi^{t-1})] \tag{11.14}$$

此外,根据节点类型设置 $n$ 或 $m$ 维三元向量 $\boldsymbol{h}_i^t = (h_{i,O}^t, h_{i,E}^t, h_{i,F}^t)$ 和 $\boldsymbol{h}'^t_j = (h'^t_{j,O'}, h'^t_{j,E'}, h'^t_{j,F'})$,$\boldsymbol{h}_i^t$ 和 $\boldsymbol{h}'^t_j$ 为某时刻的决策向量,选择按兵不动、干扰和打击时,向量值分别为(1,0,0),(0,1,0),(0,0,1)。初始化时,假设指挥控制和拦截交战节点不能实施干扰,$\boldsymbol{h}'^0_j = (1,0,1)$,对于预警探测节点,$\boldsymbol{h}'^0_j = (1,1,1)$,对于干扰压制飞机节点,$\boldsymbol{h}_i^0 = (1,1,1)$。

第 $t$ 步的混合策略更新公式为

$$\pi_i^t = \pi_i^{t-1} + \frac{1}{t}(h_i^t - \pi_i^{t-1}) \tag{11.15}$$

$$\varphi_j^t = \varphi_j^{t-1} + \frac{1}{t}(h'^t_j - \varphi_j^{t-1}) \tag{11.16}$$

式(11.15)和式(11.16)中,每一步的更新由上一时刻混合策略和累积混合策略偏差线性组合,攻击方和防守方都需要依据上一时刻的混合策略计算出当前时刻的混合策略。学习迭代过程将一直进行,直到能收敛到一个足够小的收敛因子 $\varepsilon$,从而找到博弈的 MSNE 解。当达到 MSNE 时,双方以稳定的概率采取博弈行动策略,任何一方均不能通过改变策略而获得收益。

**定理 11.2** 当 $||\Pi^t - \Pi^{t-1}|| + ||\Phi^t - \Phi^{t-1}|| < \varepsilon$ 时,由 $\overline{V_i}, \overline{U_j}$ 构成的混合策略博弈达到纳什均衡。

**证明:**由策略更新公式可知

$$\pi_i^1 = \pi_i^0 + \frac{1}{t}(h_i^1 - \pi_i^0) = \frac{t-1}{t}\pi_i^0 + \frac{1}{t}h_i^1$$

由于 $\pi_{i,O}^0 + \pi_{i,E}^0 + \pi_{i,F}^0 = 1$ 和 $h_{i,O}^1 + h_{i,E}^1 + h_{i,F}^1 = 1$,因此有

$$\pi_{i,O}^1 + \pi_{i,E}^1 + \pi_{i,F}^1 = 1$$

依此类推,由此策略更新公式求得的 $\pi_i^2, \cdots, \pi_i^t$ 满足

$$\sum_{g_i \in G} \pi^t_{i,g_i} = \pi^t_{i,O} + \pi^t_{i,E} + \pi^t_{i,F} = 1$$

恒成立。

同理，$\varphi^t_j$ 满足

$$\sum_{g'_j \in G'} \varphi^t_{j,g'_j} = \varphi^t_{j,O'} + \varphi^t_{j,E'} + \varphi^t_{j,F'} = 1$$

恒成立。

根据式(11.9)和式(11.10)可知

$$\overline{V_i}(\pi_i, \pi_{-i}, \Phi) = E_{\pi,\varphi}[V_i(g_i, \pi_{-i}, \Phi)] = \sum V_i(g_i, \pi_{-i}, \Phi)\Pi \tag{11.17}$$

$$\overline{U}_j(\varphi_j, \varphi_{-j}, \Pi) = E_{\pi,\varphi}[U_j(g'_j, \varphi_{-j}, \Pi)] = \sum U_j(g'_j, \varphi_{-j}, \Pi)\Phi \tag{11.18}$$

即期望支付 $\overline{V_i}(\pi_i, \pi_{-i}, \Phi)$ 和 $\overline{U}_j(\varphi_j, \varphi_{-j}, \Pi)$ 由支付函数 $V_i(g_i, \pi_{-i}, \Phi), U_j(g'_j, \varphi_{-j}, \Pi)$ 和策略概率 $\Pi, \Phi$ 决定，而某时刻节点的支付函数值也是确定的。因此，当 $|| \Pi^t - \Pi^{t-1} || + || \Phi^t - \Phi^{t-1} || < \varepsilon$ 时，博弈中不管混合策略如何改变，策略概率几乎不变，某个时刻 $\overline{V_i}(\pi_i, \pi_{-i}, \Phi)$、$\overline{U}_j(\varphi_j, \varphi_{-j}, \Pi)$ 不变，由纳什均衡定义知，此时由 $\overline{V_i}, \overline{U}_j$ 构成的混合策略博弈达到纳什均衡。

多参与人多策略的分布式虚拟学习策略算法描述如下：

(1) Initialization: set $\boldsymbol{h}^0_i = (h^0_{i,O}, h^0_{i,E}, h^0_{i,F})$ and $\boldsymbol{h}'^0_j = (h'^0_{j,O'}, h'^0_{j,E'}, h'^0_{j,F'})$, $\Pi^0$ and $\boldsymbol{\Phi}^0$;

(2) Repeat;

(3) for all$i \in N$, do;

(4) determine the optional strategy according to relative size of $d_{ij}$ and $A_i$, $0 < V_{\min,i} \leqslant V_i \leqslant V_{\max,i}$、$|\omega_i| \leqslant \omega_{\max,i}$、$B_j$, update $h^t_i$;

(5) select$\omega_{\max,i}$ according to equation (11.13), update $\boldsymbol{h}^t_i$;

(6) update$\pi^t_i$ according to equation (11.15);

(7) end for;

(8) for all$j \in M$, do;

(9) determine the optional strategy according to relative size of$\varphi^c_i$and$A_i, A_j, B_i, B_j$, update $\boldsymbol{h}'^t_j$;

(10) select$g'^t_j$ according to equation (11.14), update $\boldsymbol{h}'^t_j$;

(11) update$\varphi^t_j$ according to equation (11.16);

(12) end for;

(13) delete the destroyed nodes and update the information of other nodes;

(14) $t=t+1$;

(15) Until $|| \Pi^t - \Pi^{t-1} || + || \Phi^t - \Phi^{t-1} || < \varepsilon$。

算法流程如图 11.4 所示。

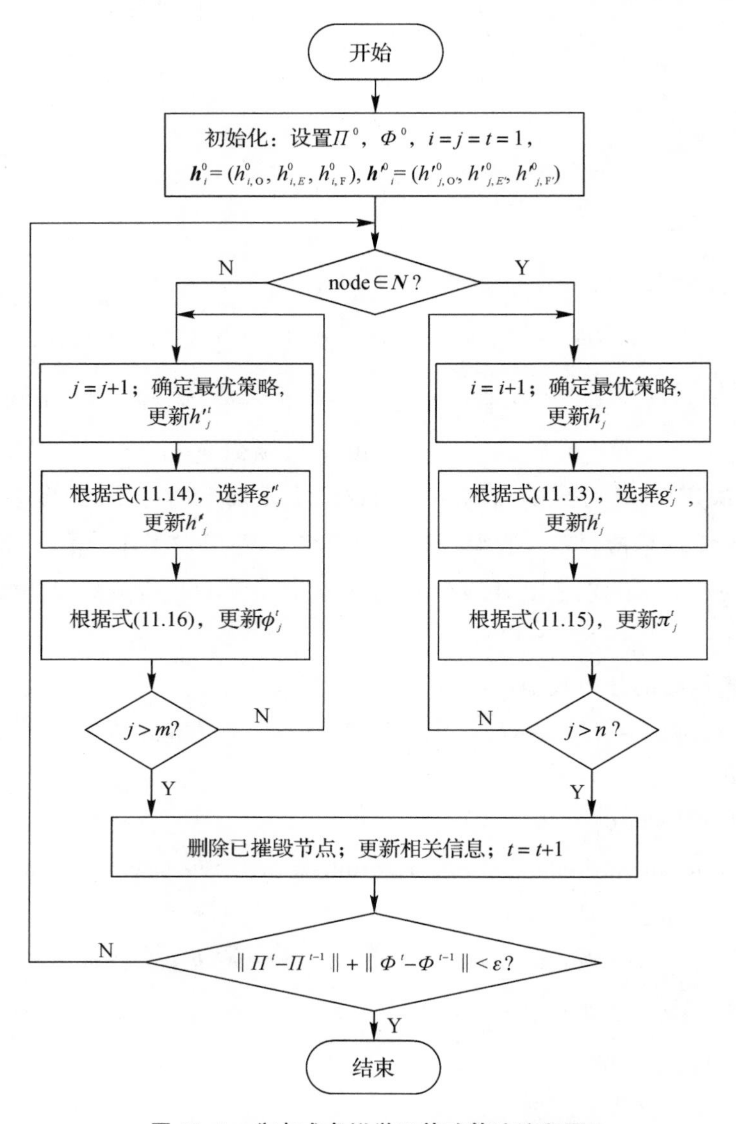


**图 11.4　分布式虚拟学习策略算法流程图**

# 11.4　实验仿真与分析

仿真模拟实验中，设置一个 1 000 km×1 000 km 的二维任务区，使用两组节点随机分布的数据进行实验，选择受到其他节点保护、相对外界暴露小的若干节点为重要指控节点。初始策略概率取值分别为[0.33，0.33，0.34]和[0.5，0，0.5]，支付函数中权重系数 $q_1$，$q_2$，$q_3$，$q_4$ 分别取为 0.35，0.4，0.1 和 0.15，通信链路邻接矩阵为全 1 矩阵（即 $d_{mj}=1$），探测角度在 45°，60°，90°，180°或 360°中随机取值，是否被打击摧毁的阈值设为 0.7，收敛精度设为 0.000 1。

实验使用如下两组数据：

(1)设置 3 个协同压制方飞机节点和 10 个综合防空系统节点(其中指挥控制节点 2 个，拦截对抗节点 3 个，预警探测节点 5 个)进行干扰攻防对抗博弈。

(2)设置 5 个协同压制方飞机节点和 15 个综合防空系统节点(其中指挥控制节点 3 个，拦截对抗节点 5 个，预警探测节点 7 个)进行干扰攻防对抗博弈。

其他参数值由表 11.1 数值范围内随机赋值，在参数设置一样的情况下，使用本章分布式虚拟学习博弈策略算法和经典的最近邻干扰打击算法进行博弈，以协同压制方节点为例，分析攻防演化情况。实验数据为每隔 10 次迭代采样画图。

**表 11.1　随机赋值的参数数值范围设置情况**

| 参数 | $A$/km (探测范围) | $B$/km (打击范围) | $C$ (毁伤能力) | $P_{bj}$/万元 (经济价值) | $P_c$/万元 (战略价值) |
|---|---|---|---|---|---|
| 数值范围 | (0, 100) | (5, 30) | (10, 100) | (10, 1 000) | (10, 1 000) |
| 参数 | $V$/(km · h$^{-1}$) (速度) | $w_{mj}$ (通信权重) | $P_d$ (探测概率) | $P_k$ (杀伤概率) | |
| 数值范围 | (100, 1 000) | (0, 1) | (0.5, 0.99) | (0.5, 0.99) | |

实验得到的结果如图 11.5 和图 11.6 所示。从图 11.5 和图 11.6 中可看出，在复杂交互攻防对抗的虚拟策略学习中，博弈参与节点可以通过不断自适应地调整自身策略，达到优化目标支付函数的目的，并具有对动态态势自适应和自优化的能力。经多次实验表明，当节点数太少或者博弈时间步骤太少时，可能出现近邻打击效果好，或者本算法提高不明显的情况，随着节点数和博弈时间步骤增加，本章算法表现出了优势，并在多机协同压制综合防空系统的问题中得到明显的体现。两种博弈方式达到 MSNE 时迭代次数可能不一样。图 11.5(c)中，在 $t=18$ 和 $t=19$ 之间，由于协同压制方飞机成功摧毁了对方一个比较重要的指控类型节点，平均期望支付出现跳变现象。现实中，协同压制方也同样面临重要节点可能被摧毁的风险，如果协同压制方重要节点被摧毁，则可能导致失败。因此，对抗前需要用合适算法进行事前任务规划与评估，若在事前的任务规划评估中发现可能出现此情形，则需要重新调整布阵或调配装备，防止任务失败。

表 11.2 为两组实验均随机产生 30 组参数值进行实验，在 MSNE 处的节点平均期望支付和节点总期望支付的平均值。从图 11.5 和表 11.2 可看出，当节点总数为 13 和 20 时，以协同压制攻击方为例，由于每次都选择期望支付最大的对抗单元进行打击，在博弈均衡收敛点附近，本章算法比近邻打击算法节点平均期望支付和总期望支付均有所提高。其中 30 次实验中平均个体期望支付平均值分别提高了 21.94%和 35.84%，节点总期望支付平均值分别提高了 20.68%和 27.13%。仿真结果表明，本章提出的基于分布式虚拟学习策略算法的多机协同压制 IADS 方法，大幅度提升了我方通过多机协同对抗压制敌方综合防空系统的效果。此外，采用这种方法，可以适应战场态势变化，使机群自主实现动态目标分配、航迹规划、策略选择，从而达到协同进行战术任务规划的效果，发挥综合执行任务的优势。

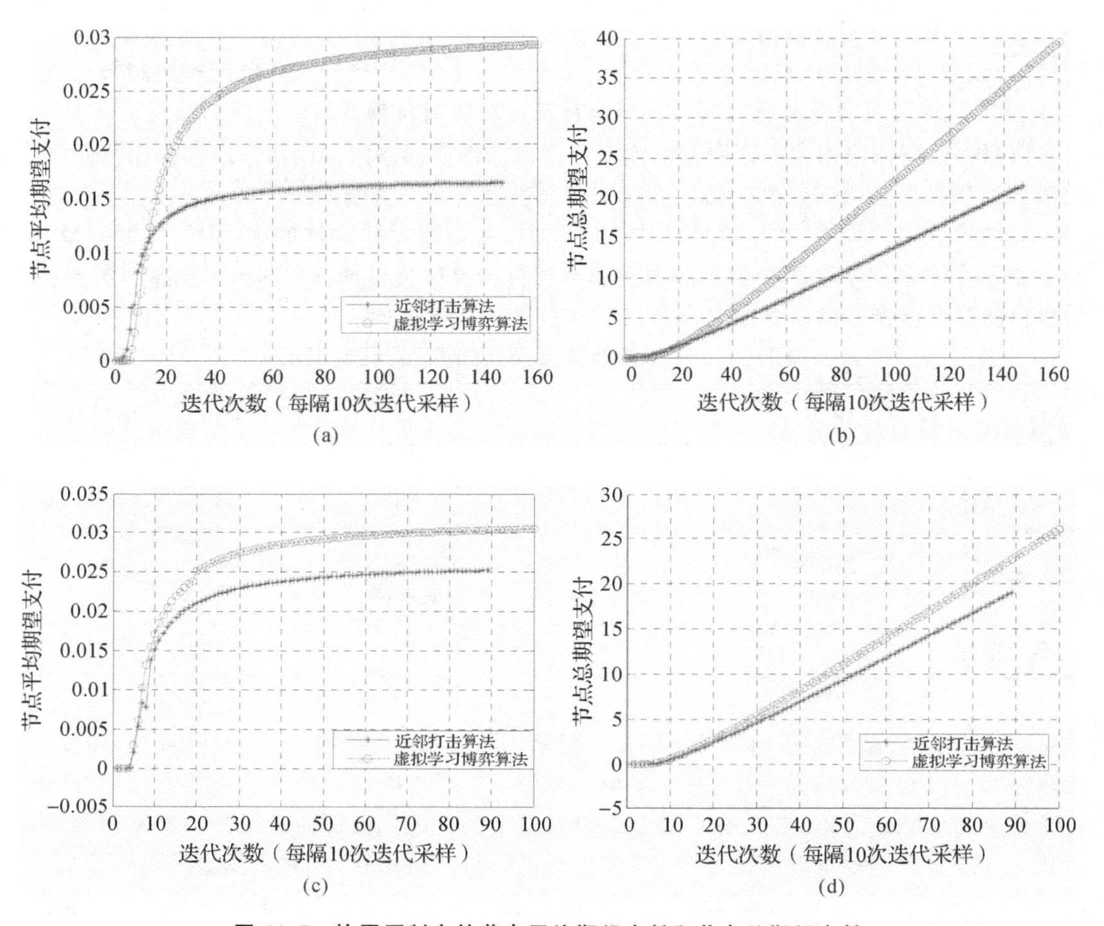


**图 11.5　协同压制方的节点平均期望支付和节点总期望支付**

(a)$n=5$，$m=15$；（b)$n=5$，$m=15$；（c)$n=3$，$m=10$；（d)$n=3$，$m=10$

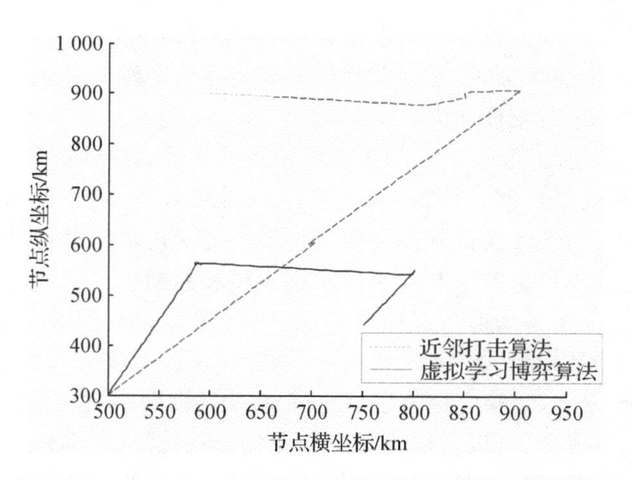


**图 11.6　$n=3$，$m=10$ 时协同压制方第 3 号节点航迹图示**

**表 11.2　30 次实验 MSNE 处节点平均期望支付和节点总期望支付的平均值**

| | 节点平均期望支付<br>（近邻打击，虚拟学习） | 节点总期望支付<br>（近邻打击，虚拟学习） |
|---|---|---|
| $n=3, m=10$ | (0.023 7，0.028 9) | (17.99，21.71) |
| $n=5, m=15$ | (0.017 3，0.023 5) | (21.34，27.13) |

图 11.7 为在上方实验基础上，随机取一组 $n=5, m=15$ 数据进行了 3 组实验：① IADS 防御方采用本章博弈策略算法，协同压制方采用随机打击策略算法；② IADS 防御方采用本章博弈策略算法，协同压制方采用最近邻打击策略算法；③ IADS 防御方采用本章博弈策略算法，协同压制方也采用本章博弈策略算法。3 组实验的节点平均期望支付和节点总期望支付结果如图 11.7 所示。从图中可以看出在实验数据相同的情况下，协同压制方在使用分布式虚拟学习博弈策略算法时节点平均期望支付和节点总期望支付最大，在使用随机打击策略算法时最差。第一组的实验结果中，由于协同压制方使用随机打击策略算法导致最终所有节点均被对方摧毁，所以战争很快结束了，结果为防御方最大程度摧毁协同压制方。此外，若协同压制方始终采用本章博弈策略算法时，将防御方分别采用随机打击策略算法、最近邻打击策略算法和本章博弈策略算法进行 3 组实验，亦可得到类似实验结果，即防御方在采用本章博弈策略算法时得到的节点平均期望支付和节点总期望支付最大。

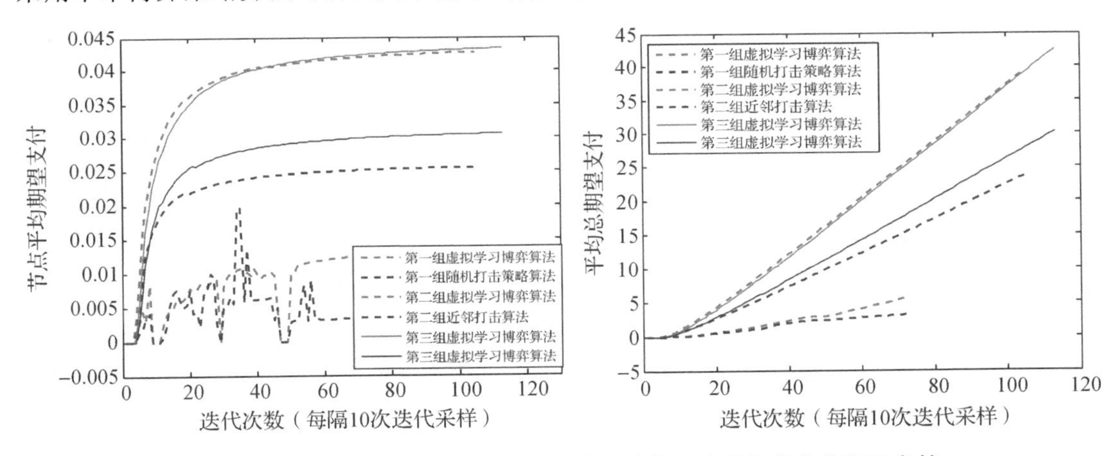


**图 11.7　3 组不同算法对比实验的节点平均期望支付和节点总期望支付**

第三组实验中，双方均采用本章博弈策略算法，博弈双方最终达到纳什均衡点。对比 3 组实验结果可知，若协同压制方在对抗过程中经常“犯错”，则我方的期望收益将减小，而对方的期望收益将增大。因此，考虑 IADS 防御方始终“不犯错”（每次博弈都选择最佳策略）的情形，本章设计了能使己方收益最大的分布式虚拟博弈策略算法，并假设对抗任务不提前结束，一直进行到双方都没有动机改变策略的纳什均衡点时，评估期望收益情况。显然，若在达到纳什均衡点前结束，此算法也能得到期望收益最大的效果。相反，如果对方经常“犯错”，采用本章设计的博弈策略算法同样也将获得最大收益。

以上仿真实验结果表明，在多机协同压制 IADS 防空系统博弈问题中，采用本章设计的博弈策略算法不仅能获得最大收益,而且动态地反映了攻防双方节点在对抗过程中可能被打掉的情形,因此所建立的博弈模型更合理地体现了实际对抗情形。对比实验结果验证了本章算法的优势,表明了所设计的算法能更好地解决多机协同压制 IADS 防空系统博弈问题,提供了收益最大的博弈策略,为全面地研究考虑节点动态变化的多机协同压制综合防空系统博弈问题提供了一个新途径。

# 11.5 本章小结

多机协同压制综合防空系统是集多类别多功能特性资源于一体,集探测感知、干扰和打击摧毁于一体的综合对抗过程。本章将此动态过程抽象为多智能体网络节点的体系对抗过程,从博弈论的角度研究非合作混合博弈问题,并且考虑了对抗过程中的节点动态变化。每个节点在第 $t$ 时间步骤的收益矩阵为 $3n$ 或 $3m$ 维,第 $t$ 时间步骤双方所有节点收益矩阵空间都为 $3mn$ 维,双方所有节点所有时刻的收益矩阵空间均为 $3mnt$ 维。采用分布式虚拟学习策略算法模拟博弈演化,能很好地在庞大的收益空间中选择合适策略进行博弈。实验结果显示,此方法研究多机协同压制综合防空系统问题有效、合理,机群能根据态势综合协同进行动态任务规划。在实际对抗中采用本章提出的模型和策略方法,我方飞机能够对敌方综合防空系统的进行更有效的压制,从而有效降低我方飞机在进攻对抗中的战损率。从某种程度上说,设计合适的支付函数,根据事前侦察的敌方情报信息和纳什均衡解,可以预测敌方将采取的策略和行为,获得我方的最优组合响应策略。

# 参考文献


[1] 王晋东,余定坤,张恒巍,等. 静态贝叶斯博弈主动防御策略选取方法[J]. 西安电子科技大学学报,2016,43(1):145-150.

[2] 鱼滨,张琛,李文静. 多 Agent 协同系统的 Pi 演算建模方法[J]. 西安电子科技大学学报,2014,41(6):76-82.

[3] 孙昱,姚佩阳,孙鹏,等. 基于鲁棒多目标优化的智能体群组协同任务规划[J]. 控制与决策,2016,31(11):2045-2052.

[4] HONEYWELL T C. Multi-agent Self-adaptive CIRCA[OL]. [2015-10-27]. http://www.htc.honeywell.com/pmjects/ants/6-00-quadcharts.ppt. 2000.

[5] COMETS project official web page [OL]. [2015-11-07]. http://www.com, etsuavs.org. 2004.

[6] BEARD R W, MCLAIN T W, NELSON D D, et al. Decentralized Cooperative Aerial Surveillance Using Fixed-wing Miniature UAVs [J]. Proceedings of the IEEE, 2006, 94(7):1306-1324.

[7] WANG G, GUO L, DUAN H. A Hybrid Metaheuristic DE_CS Algorithm for

UCAV Three-dimension Path Planning [J]. The Scientific World Journal, 2012, 2012(9):2977-2991.

[8] 张雷，孙振江，王道波. 一种用于SEAD任务的改进型Voronoi图[J]. 国防科技大学学报，2010，32(3):121-125.

[9] NICK E, KELLY C. Fuzzy Logic Based Intelligent Agents for Unmanned Combat Aerial Vehicle Control [J]. Journal of Defense Management, 2015, 6(1):1-3.

[10] YOO D W, LEE C H, TAHK M J, et al. Optimal Resource Management Algorithm for Unmanned Aerial Vehicle Missions in Hostile Territories [J]. Proceedings of the Institution of Mechanical Engineers Part G Journal of Aerospace Engineering, 2013, 228(12):2157-2167.

[11] 陈侠，刘敏，胡永新. 基于不确定信息的无人机攻防博弈策略研究[J]. 兵工学报，2012，33(12)：1510-1515.

[12] NASH. Equilibrium Points in N-person Games [J]. Proccedings of the National Academy of Sciences, 1950,36(1):48-49.

# 第 12 章　基于进化博弈的多机协同压制目标分配与连续决策研究

## 12.1 引　　言

现实中，很多问题是非合作的，或者是在竞争与冲突情形下的共存。非合作博弈常用于解决此类问题。多机协同压制 IADS 战斗是一个典型的非合作博弈对抗问题。无人机群和网络方法常被用于解决这些问题。

针对战场信息不确定的问题，陈侠等人研究多无人机的对抗决策问题，并采用模糊集构造了多无人机动态博弈的任务优势函数及其支付矩阵，赵明明等人研究了任务信息确定情形下的多无人机超视距对抗决策问题。针对多机压制防空火力问题，孔祥宇等人建立了防空兵力部署博弈模型，曾松林等人研究了基于动态博弈的防空火力单元目标分配方法。这些方法都是在参与者完全理性的情形下进行研究的。值得指出的是，实际上，对抗过程中参与者由于受自身知识以及复杂环境的限制常常表现出有限理性。

在将博弈论应用于生物学过程中，进化博弈理论逐渐产生，并针对参与者有限理性问题，给出了复制动态过程和进化稳定策略。实际情形中，参与者虽表现出有限理性，但仍然可通过竞争与学习的过程不断地获得较优的策略，最终达到均衡状态。进化博弈理论体现了博弈参与者不断相互竞争与学习并获得较优策略的演化过程，给出了参与者有限理性下的研究方法。

本章对第 3 章的非合作博弈多机协同压制 IADS 问题研究进行延伸，考虑参与者的有限理性情形，引入进化博弈理论和复制动态方程分别对多机协同压制 IADS 的目标分配和重复博弈中的连续决策问题进行研究。在目标分配问题研究中，本章设计一种进化博弈目标选择算法，结合复制动态分析引入难度系数机制情形下的对抗飞机目标选择规律。针对参与者有限理性下的多机协同压制 IADS 连续决策问题，本章提出一种动态分布式最优进化博弈算法，建立包含目标节点选择概率和行动策略选择概率的进化博弈模型，通过仿真实验验证所提算法的收敛性，并分析综合社会效益对博弈结果的影响。

# 12.2　进化博弈的多机协同压制 IADS 目标分配

本节将通过进化博弈理论对多机协同压制 IADS 的目标分配问题进行研究，分析博弈参与者在有限理性下的目标选择规律。

## 12.2.1　问题建模

**1. 参与人**

多机协同压制 IADS 问题集多种对抗资源于一体，具有目标选择、侦察探测、干扰压制和攻击防御等多种任务特性。在此博弈中，双方对抗单元分别标记为集合 $N$ 和集合 $M$，其中 $N=\{N_1,N_2,\cdots,N_n\}$ 为攻击方的压制飞机，$n$ 表示压制飞机的总数量；而 $M=\{M_1,M_2,\cdots,M_m\}$ 为 IADS 防御方的对抗单元，$m$ 表示防御方对抗单元的总数量。它们都是博弈参与者。攻击压制方飞机总是在保证自身安全的情况下，试图削弱防御方对抗范围和打击能力，甚至使其彻底失去对抗能力。为了保证自身安全并把损失降到最小，防御方总是试图防御和反攻击对方。

**2. 策略**

本章以攻击压制方为例，基于进化博弈方法研究多机协同压制 IADS 目标分配问题。假设 $\rho_{i,j}$ 为攻击压制方第 $i$（$i\in N$）架飞机选择对方第 $j$（$j\in M$）个防御作战单元为作战目标的概率，并且 $\sum\limits_{j\in M}\rho_{i,j}=1$。

令攻击压制方的策略空间为 $G=\{E,F\}$。$E,F$ 分别表示为干扰和打击两种策略行动。每架压制飞机在博弈中选择一种策略行动 $g_i\in G$ 以实现自身支付函数值的最大化。

**3. 支付函数**

防御方单元的属性设置如下：威胁值设记为 $F$，其经济战略价值设为 $P$，执行打击任务时消耗的武器装备价值为 $W_1$，干扰任务消耗的价值为 $W_2$。压制方第 $i$（$i\in N$）架飞机打击或干扰对方第 $j$（$j\in M$）个防御对抗单元的支付值定义为 $U_{ij}$。由此，我们可以构建压制方第 $i$ 架飞机的支付函数为

$$U_{ij}=\begin{cases}p_1(F+P)-W_1, & g_i=F\\ p_2F-W_2, & g_i=E\end{cases}\tag{12.1}$$

式中：$p_1,p_2$ 分别为攻击方对防御方的打击概率和干扰概率。

## 12.2.2　进化博弈算法和分析

**1. 进化博弈方案**

进化博弈理论是生物群体进化的生活准则在博弈论中的一种应用。从宏观的角度看，

在进化博弈理论中，目前研究连续进化动态理论最流行的是最早由 Taylor 和 Jonker 提出的复制动态理论。从生物群体进化的具体现象来看，一个群体的适应度值较高，则说明其生存竞争力强，它在总群体中所占的比例将会增加，反之，则所占的比例会降低。一个给定策略类型的增长率同样可根据它的适应度值来决定。具体形式可由复制动态方程表示，即被合理假设为和个体平均适应度与群体平均的差异成比例 $\dot{x}_i/x_i=$fitness of type $i$-average fitness。在博弈论中，适应度即为个体成功进化的支付值。在群体博弈中，Taylor 形式的复制动态方程，可表示为 $\frac{\mathrm{d}x}{\mathrm{d}t}=\dot{x}_i=x_i[(Ux)_i-x\cdot Ux]$，其中 $(Ux)_i$ 是个体选择纯策略时的期望支付，$x\cdot Ux$ 是群体的平均支付，$(Ux)_i$ 是策略 $i$ 的适应度，$x\cdot Ux$ 是群体的平均适应度。假设在微小差异的情况下，Maynard Smith 形式的复制动态方程可表示为 $\frac{\mathrm{d}x}{\mathrm{d}t}=\dot{x}_i=x_i\frac{(Ux)_i-x\cdot Ux}{x\cdot Ux}$。当 $(Ux)_i>x\cdot Ux$ 时，$x_i$ 的比例将增加。综上所述，在模拟种群演化行为的过程中，复制动态方程是一种选择优势策略和排斥劣势策略的机制。

假设作战博弈双方的支付是相互独立的，即双方支付函数互不相关。因此，可以记为 $(Ux)_i=\overline{U_{ij}}=U_{ij}$。设 $\rho_{i,j}$ 是压制飞机 $i\,(i\in N)$ 选择防御对抗单元 $j\ (j\in M)$ 为目标的概率，$\sum_{j\in M}\rho_{i,j}=1$。显然，平均支付可以用下式表示：

$$\overline{U}=\sum_{j\in M}\rho_{i,j}\overline{U_{ij}}=\sum_{j\in M}\rho_{i,j}U_{ij} \tag{12.2}$$

类似生物进化中的动态演化过程，博弈参与者根据博弈历史信息更新目标策略选择概率。当选择策略概率支付低于平均期望支付时，参与者就转而选择其他的策略。策略概率比例将改变。因此，$\rho_{i,j}$ 的增长率能够反映平均支付和选择目标支付的差异。使用 Maynard Smith 形式的复制动态方程，对抗单元 $i$ 有限理性地选择目标 $j$ 的概率变化率可以表示如下：

$$\frac{\mathrm{d}\rho_{i,j}}{\mathrm{d}t}=\dot{\rho}_{i,j}=\rho_{i,j}\frac{U_{ij}-\overline{U}}{\overline{U}} \tag{12.3}$$

根据复制动态方程的定义，令 $\dot{\rho}_{i,j}=0$，可以得到纯策略或混合策略纳什均衡。混合策略纳什均衡表示参与者将以一定的比例选择不同的策略概率。当达到均衡时，将得到最优响应。策略选择概率按下式更新：

$$\rho_{i,j}^{t}=\dot{\rho}_{i,j}+\rho_{i,j}^{t-1}=\frac{\mathrm{d}\rho_{i,j}}{\mathrm{d}t}+\rho_{i,j}^{t-1} \tag{12.4}$$

**2. 进化博弈目标选择算法**

根据进化博弈算法原理，本节提出一种目标策略选择的进化博弈算法来求解所建立的博弈模型，具体算法描述如下：

**Step 1**：

Initialization：

(1) Set the parameters of $M$ and $N$。

(2) Initialize：$\rho_{i,j}^{0}$。

**Step 2**:

Evolution Phase:

(1) Compute the payoff $U_{ij}$ and the average payoff $\overline{U}$。

(2) loop for each time slot $t$。

(3) For all $i \in N$, do。

(4) For all $j \in M$。

(5) If $U_{ij} \neq \overline{U}$。

(6) Update $\rho_{i,j}^{t}$ according to Equation (12.4)。

(7) Re-compute $\overline{U}$。

(8) End for。

(9) End for。

(10) Update the strategy of $N$。

(11) End loop, until $U_{ij} = \overline{U}$ 。

**3. 基于难度系数机制的进化博弈分析**

在对抗中,最重要也是价值最大的单元通常被其他的对抗单元保护,导致打击它们时,难度系数也增大。因此,在对抗中考虑难度系数机制是必要的。定义难度系数因子为 $1-\frac{U_{ij}}{k}$,其中 $k$ 是常量,此难度系数因子随着支付函数值增大而增大。引入难度系数机制将增加积极的或消极的打击动机的影响。因此,$U_{ij}=(1-\frac{U_{ij}}{k})U_{ij}$。也就是说,从长远看,考虑难度系数机制时,真正的支付值将降低或增加。相应地,当考虑难度系数机制时,选择策略概率也可能改变。

### 12.2.3　实验与分析

仿真实验中,以压制飞机为例,模拟目标选择的演化过程。假设有 $n=4$ 架压制飞机,有 $m=4$ 个IADS 对抗单元。压制方编号 1 飞机和编号 3 飞机是打击飞机,打击概率分别为 0.83 和 0.8。类似地,编号 2 飞机和编号 4 飞机是干扰飞机,干扰概率分别为 0.85 和 0.8。初始化策略概率向量 $\boldsymbol{\rho}_{i,j}$ 为随机赋值。实验中用到的防御对抗单元参数如表 12.1 所示。

**表 12.1　相关参数设置**

| 序号 | 参数 | | | |
|---|---|---|---|---|
| | $F$ | $P$ | $W_1$ | $W_2$ |
| 1 | 8 | 8 | 3 | 1 |
| 2 | 6 | 6 | 2 | 1 |
| 3 | 10 | 10 | 4 | 1 |
| 4 | 6 | 3 | 2 | 1 |

根据以上数据，可求出 $N$ 方的支付函数值，其支付矩阵结果如表 12.2 所示。

**表 12.2　$N$ 方的支付矩阵**

| $U_{ij}$ | $M_1$ | $M_2$ | $M_3$ | $M_4$ |
|---|---|---|---|---|
| $N_1$ | 10.28 | 7.96 | 12.60 | 5.47 |
| $N_2$ | 5.80 | 4.10 | 7.50 | 4.10 |
| $N_3$ | 9.80 | 7.60 | 12.00 | 5.20 |
| $N_4$ | 5.40 | 3.80 | 7.00 | 3.80 |

图 12.1 显示了实验条件下所提出的进化博弈算法的收敛过程。从图中可看出，所提的进化博弈算法收敛。飞机能自适应调整其策略选择达到纳什均衡。进一步也可看出，飞机的初始策略选择概率对博弈决策没有影响，所有的压制飞机 $N$ 收敛选择策略收敛于均衡(0, 0, 1, 0)。随着迭代次数增加，飞机最终都选择打击 $M_3$，即更倾向于选择较高支付值的策略。

在接下来的压制 IADS 仿真实验中，引入难度系数机制到所提进化博弈算法中。为方便分析，难度系数因子 $k$ 取值为 11.8。

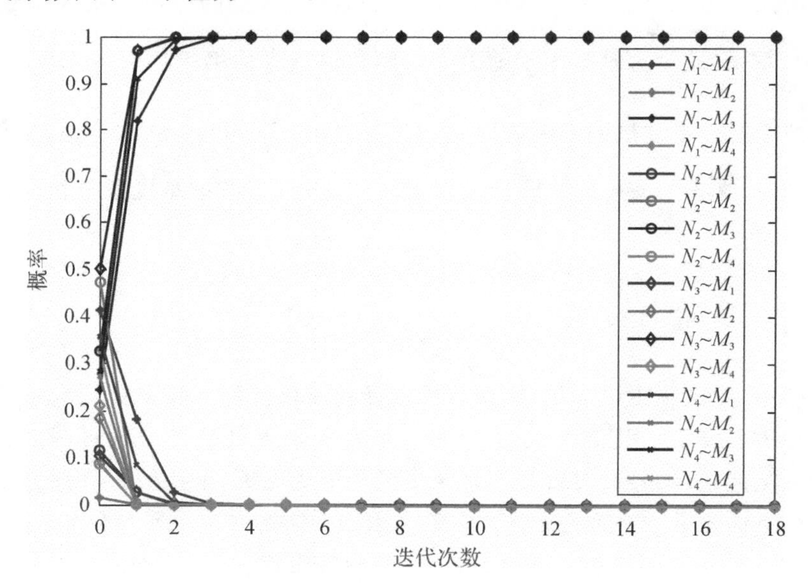


**图 12.1　$N$ 方策略动态演化过程**

图 12.2 显示了在随机初始化 $N$ 的策略概率下所提进化博弈算法的收敛过程。图 12.2 的结果显示，随着迭代次数增加，编号 1 飞机和编号 3 飞机策略选择概率收敛于均衡(0, 0, 0, 1)，同时编号 2 飞机和编号 4 飞机策略选择概率收敛于均衡(1, 0, 0, 0)。对比图 12.1 和图 12.2 的结果显示，在引入难度系数机制后，飞机更倾向于在难度系数和相对重要的对抗单元中做综合选择，而不仅仅只是选择最大收益的对抗单元。这是因为打击最重要的对

抗单元难度太大，如果压制飞机选择高的支付策略，它将受到对方其他保护对抗单元的惩罚。对比图 12.1 和图 12.2 还可看出，在迭代过程，图 12.2 收敛速度变慢。因此，实验结果显示，难度系数机制将改变收敛结果，对收敛速度也有一定的影响。

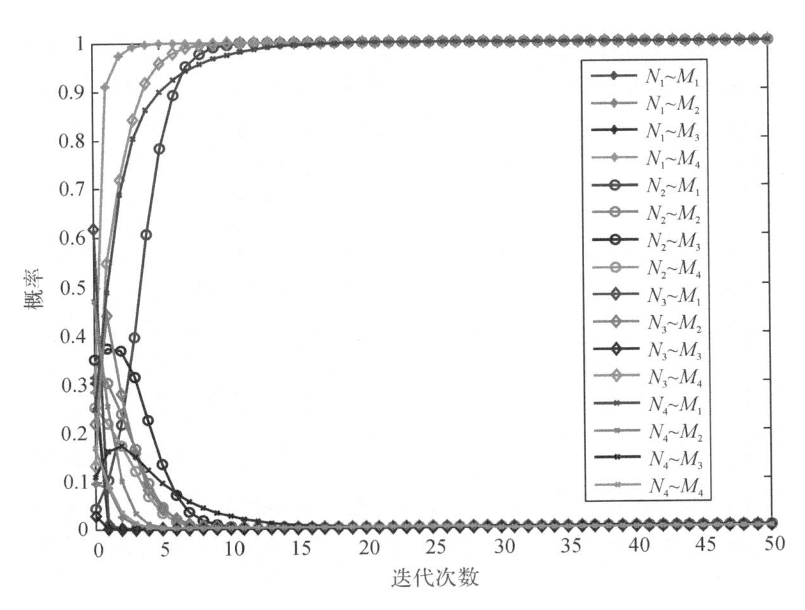


**图 12.2　基于难度系数机制的 *N* 方策略动态演化过程**

### 12.2.4　小结

本节引入有限理性的进化博弈理论，研究了多机协同压制 IADS 的目标分配决策问题；建模过程考虑了威胁、经济战略价值和消耗评估；借助复制动态方程，提出了一种进化博弈方案和目标选择进化博弈算法。研究表明，飞机的初始策略选择概率对决策问题没有影响。另外，在分析进化博弈过程中引入难度系数机制进行分析，飞机更倾向于难度系数和相对重要的对抗单元中做综合选择，而不仅仅是选择最大收益的对抗单元。仿真结果表明，所提出的进化博弈算法收敛于纳什均衡，且有助于解决此类决策问题。

## 12.3　进化博弈的多机协同压制 IADS 连续决策

本节将对参与者在有限理性下的多机协同压制 IADS 重复博弈的连续决策问题进行研究，考虑目标节点选择概率和行动策略选择概率建立博弈模型，求解多机协同压制 IADS 博弈模型的纳什均衡策略。

### 12.3.1 问题建模

将多机协同压制IADS问题抽象成包含$n$个节点和$m$个节点的两个多智能体对抗网络系统模型进行动态博弈，博弈双方为包含$n$个智能体的压制方和包含$m$个智能体的IADS防御方。攻击压制方用$N$表示，防御方用$M$表示，$N$和$M$中的元素分别为双方的节点。每个节点具有探测半径、探测角度、打击半径范围、探测概率、杀伤概率、毁伤能力值、通信能力值和经济战略价值等属性。本节中的智能体实体节点属性设置与11.2节相同。假设双方节点信息都为对方已知。

对抗系统的节点有两个阶段任务：第一阶段是决定选择对方哪个节点作为目标，第二阶段是决定对目标节点采取什么行动策略。相应地设置两组策略概率进行博弈分析：

第一组策略概率(选择目标结点策略概率)：假设$\rho_{i,j}$为节点$i(i \in N)$选择节点$j(j \in M)$为目标节点的概率，且$\sum_{j \in M} \rho_{i,j} = 1$。类似地，$\varphi_{j,i}$为节点$j(j \in M)$选择节点$i(i \in N)$为目标节点的概率，且$\sum_{i \in N} \varphi_{j,i} = 1$。

第二组策略概率(选择行动策略概率)：考虑每个协同压制飞机节点$i \in N$以概率$\pi_{i,g_i}$干扰压制对方实体，设$\Pi_i = \{\pi_{i,g_i} \mid g_i \in G\}$为节点$i$在所有可能策略$\Pi_i = \{\pi_{i,g_i} \in R: \sum_{g_i \in G} \pi_{i,g_i} = 1\}$中的混合策略向量，记$\Pi_{-i} = \{\pi_{i'}, i' \in N \backslash \{i\}\}$。类似地，设每个防空系统节点$j \in M$以概率$\varphi_{j,g'_j}$来选择拦截打击策略，设$\Phi_j = \{\varphi_{j,g'_j} \mid g'_j \in G'\}$为节点$j$在所有可能策略$\Phi_j = \{\varphi_{j,g'_j} \in R: \sum_{g'_j \in G'} \varphi_{j,g'_j} = 1\}$中的混合策略向量，记$\Phi_{-j} = \{\varphi_{j}', j' \in M \backslash \{j\}\}$。策略空间设置如下所示。

策略空间$G = \{O, E, F\}$和$G' = \{O', E', F'\}$分别为压制攻击方和防防御方的策略空间，$E, E'$和$F, F'$以及$O, O'$分别表示干扰压制(软压制)和摧毁打击(硬压制)以及按兵不动3种行动策略。每个实体节点从策略空间中选择相应的行动策略。另外，每个节点在每轮博弈中将选择一个策略使得对敌方的威胁增大，保持己方的价值，并减小受到的威胁，降低敌方的价值。假定攻击方节点$i$选择的策略记为$g_i, g_i \in G, i = 1, 2, \cdots, n$，定义$g_{i,O}$，$g_{i,E}$，$g_{i,F}$分别表示$g_i$是否选择策略$O, E, F$，即

$$g_{i,O} = \begin{cases} 0, & g_i \neq O \\ 1, & g_i = O \end{cases}$$

$$g_{i,E} = \begin{cases} 0, & g_i \neq E \\ 1, & g_i = E \end{cases}$$

$$g_{i,F} = \begin{cases} 0, & g_i \neq F \\ 1, & g_i = F \end{cases}$$

不难发现，$g_{i,O}$，$g_{i,E}$，$g_{i,F}$满足$g_{i,O} + g_{i,E} + g_{i,F} = 1$。

同理，假定防御方节点$j$选择的策略记为$g'_j, g'_j \in G', j = 1, 2, \cdots, m$，定义$g'_{j,O'}$，$g'_{j,E'}$，$g'_{j,F'}$分别表示$g'_j$是否选择策略$O', E', F'$，即

$$g'_{j,O'} = \begin{cases} 0, & g'_j \neq O' \\ 1, & g'_j = O' \end{cases}$$

$$g'_{j,E'} = \begin{cases} 0, & g'_j \neq E' \\ 1, & g'_j = E' \end{cases}$$

$$g'_{j,F'} = \begin{cases} 0, & g'_j \neq F' \\ 1, & g'_j = F' \end{cases}$$

式中：$g'_{j,O'} + g'_{j,E'} + g'_{j,F'} = 1$。

采用与 11.2 节相同的支付函数建模过程，可得攻击方节点 $i$ 和防御方节点 $j$ 的支付函数分别如下：

$$V_i(g_i, \rho_{-i}, \Phi) = \begin{cases} q_1(\Delta F_j + Pa_j F_{M\setminus\{j\}}) + q_2 \Delta P_j - q_3 p_i, & g_i = F, d_{ij} > \forall B_j \\ q_1 \Delta F_j + q_2 \Delta P_j, & g_i \neq F, d_{ij} > \forall B_j \\ q_1(\Delta F_j + Pa_j F_{M\setminus\{j\}}) + q_2 \Delta P_j - q_3 p_i \\ \quad - q_4[1 - \prod\limits_{d_{ij} < B_j}(1 - P_{kj})](P_i + F_i), & g_i = F, \exists d_{ij} < B_j \\ q_1 \Delta F_j + q_2 \Delta P_j - q_4[1 - \prod\limits_{d_{ij} < B_j}(1 - P_{kj})](P_i + F_i), & g_i \neq F, \exists d_{ij} < B_j \end{cases} \tag{12.5}$$

$$U_j(g'_j, \varphi_{-j}, \Pi) = \begin{cases} q_1(\Delta F_i + Pa_i F_{N\setminus\{i\}}) + q_2 \Delta P_i - q_3 p_j, & g'_j = F', d_{ij} > \forall B_i \\ q_1 \Delta F_i + q_2 \Delta P_i, & g'_j \neq F', d_{ij} > \forall B_i \\ q_1(\Delta F_i + Pa_i F_{N\setminus\{i\}}) + q_2 \Delta P_i - q_3 p_j \\ \quad - q_4[1 - \prod\limits_{d_{ij} < B_i}(1 - P_{ki})](P_j + F_j), & g'_j = F', \exists d_{ij} < B_i \\ q_1 \Delta F_i + q_2 \Delta P_i - q_4[1 - \prod\limits_{d_{ij} < B_i}(1 - P_{ki})](P_j + F_j), & g'_j \neq F', \exists d_{ij} < B_i \end{cases} \tag{12.6}$$

式中：$q_1, q_2, q_3, q_4$（$q_1 + q_2 + q_3 + q_4 = 1$）是权重系数，其他所有变量符号的含义均与 11.2 节相同。

## 12.3.2 进化博弈方案和算法

**1. 进化博弈方案**

对于节点 $i \in N$，它的期望支付为

$$\overline{V_i}(\rho_i,\rho_{-i},\Phi) = E_{\rho,\varphi}[V_i(g_i,\rho_{-i},\Phi)] = \sum_{i\in \boldsymbol{N}} V_i(g_i,\rho_{-i},\Phi)\Pi \tag{12.7}$$

类似地，对于节点 $j \in M$，它的期望支付为

$$\overline{U}_j(\varphi_j,\varphi_{-j},\Pi) = E_{\rho,\varphi}[U_j(g'_j,\varphi_{-j},\Pi)] = \sum_{j\in \boldsymbol{M}} U_j(g'_j,\varphi_{-j},\Pi)\Phi \tag{12.8}$$

式中：$E_{\pi,\varphi}$ 是概率分布 $\{\Pi,\Phi\}$ 的期望操作。

因为 $\rho_{i,j}$ 是节点 $i \in N$ 选择节点 $j \in M$ 为对抗目标的概率，并且 $\sum_{j\in M}\rho_{i,j} = 1$。而是节点 $j \in M$ 选择节点 $i \in N$ 为对抗目标的概率，且 $\sum_{i\in N}\varphi_{j,i} = 1$。可以得出平均支付如下：

$$\overline{V} = \sum_{j\in M}\rho_{i,j}\overline{V_i} = \sum_{j\in M}\sum_{i\in N} V_i(g_i,\rho_{-i},\Phi)\Pi\rho_{i,j} \tag{12.9}$$

$$\overline{U} = \sum_{i\in N}\varphi_{j,i}\overline{U_j} = \sum_{i\in N}\sum_{j\in M} U_j(g'_j,\varphi_{-j},\Pi)\Phi\varphi_{j,i} \tag{12.10}$$

因此，$\rho_{i,j}$ 和 $\varphi_{j,i}$ 的增长率可以描述选择目标节点的支付和平均支付的差异。选用Taylor形式的复制动态方程，节点 $i$ 和节点 $j$ 选择目标节点的有限理性概率变化率可分别表示为

$$\begin{aligned}\frac{\mathrm{d}\rho_{i,j}}{\mathrm{d}t} &= \dot{\rho}_{i,j}\\ &= \mu_n\rho_{i,j}(\overline{V_i} - \overline{V})\\ &= \mu_n\rho_{i,j}[\sum_{i\in N} V_i(g_i,\rho_{-i},\Phi)\Pi - \sum_{i\in N}\sum_{j\in M} V_i(g_i,\rho_{-i},\Phi)\Pi\rho_{i,j}]\end{aligned} \tag{12.11}$$

和

$$\begin{aligned}\frac{\mathrm{d}\varphi_{j,i}}{\mathrm{d}t} &= \dot{\varphi}_{j,i}\\ &= \mu_m\varphi_{j,i}(\overline{U_j} - \overline{U})\\ &= \mu_m\varphi_{j,i}[\sum_{j\in M} U_j(g'_j,\varphi_{-j},\Pi)\Phi - \sum_{j\in M}\sum_{i\in N} U_j[g'_j,\varphi_{-j},\Pi)\Phi\varphi_{j,i}]\end{aligned} \tag{12.12}$$

式中：$\mu_n$ 和 $\mu_m$ 是策略调整因子，决定了收敛速度，它们都是非线性微分方程。由于在模拟种群演化行为的过程中，复制动态方程是一种选择优势策略和排斥劣势策略的机制，因此节点 $i$ 选择具有最大值 $(\overline{V_i} - \overline{V})$ 的节点作为目标节点。可以看出，在这个模型中，$\rho_{i,j}$ 和 $\varphi_{j,i}$ 分别受 $\Pi$ 和 $\Phi$ 的影响。

根据复制动态的定义，令 $\dot{\rho}_{i,j} = \dot{\varphi}_{j,i} = 0$，可以得出纯策略和混合策略纳什均衡。混合策

略纳什均衡反映了博弈参与者将按一定的比例选择不同的策略。由以上讨论可知，在 $\dot{\rho}_{i,j} = \dot{\varphi}_{j,i} = 0$ 方程组中，共有 $m(n-1)$ 或 $n(m-1)$ 个变量和 $m(n-1)$ 或 $n(m-1)$ 个方程。均衡点 $(\rho_{i,j}, \varphi_{j,i}) \in ([0,1],\cdots,[0,1]) \times ([0,1],\cdots,[0,1])$。

因此，可以使用计算机求解系统方程。策略选择概率根据下式更新：

$$\rho_{i,j}^{t} = \dot{\rho}_{i,j} + \rho_{i,j}^{t-1} = \frac{d\rho_{i,j}}{dt} + \rho_{i,j}^{t-1} \tag{12.13}$$

$$\varphi_{j,i}^{t} = \dot{\varphi}_{j,i} + \varphi_{j,i}^{t-1} = \frac{d\varphi_{j,i}}{dt} + \varphi_{j,i}^{t-1} \tag{12.14}$$

当节点 $i$ 或节点 $j$ 被打击并摧毁时，相应地概率 $\rho_{i,j}$ 或 $\varphi_{j,i}$ 被平均地分到其他个体中。

假设攻击压制方和防御方以一定的概率选择自己的策略。定义攻击方除节点 $i$ 之外的其他参与者为节点 $i' \in N\backslash\{i\}$，在步骤 $t-1$ 时节点 $i'$ 的混合策略为 $\Pi_{-i}^{t-1} = \{\pi_{i}^{t-1\prime}, i' \in N\backslash\{i\}\}$，在步骤 $t-1$ 时防御方节点的混合策略为 $\Phi^{t-1} = \{\varphi_{j}^{t-1} \mid j \in M\}$。同样地，定义防御方除节点 $j$ 之外的其他参与者为节点 $j' \in M\backslash\{j\}$，在步骤 $t-1$ 时节点 $j'$ 的混合策略为 $\Phi_{-j}^{t-1} = \{\varphi_{j'}^{t-1} \mid j' \in M\backslash\{j\}\}$，在步骤 $t-1$ 时防御方节点的混合策略为 $\Pi^{t-1} = \{\pi_{i}^{t-1} \mid i \in N\}$。根据 $t-1$ 时刻其他参与者的混合策略 $\Pi_{-i}^{t-1} = \{\pi_{i'}^{t-1}, i' \in N\backslash\{i\}\}$ 和 $\Phi^{t-1} = \{\varphi_{j}^{t-1} \mid j \in M\}$，攻击节点 $i$ 和防御节点 $j$ 选择 $g_i^t \in G$ 或 $g'^{t}_{j} \in G'$ 的最优响应纯策略，也就是最优期望支付策略。

$$g_i^t \in \arg\max_{g_i \in G_i} E_{\pi_{-i}^{t-1},\varphi^{t-1}}[V_i(g_i, \rho_{-i}^{t-1}, \Phi^{t-1})] \tag{12.15}$$

$$g'^{t}_{j} \in \arg\max_{g'_j \in G'_j} E_{\pi^{t-1},\varphi_{-j}^{t-1}}[U_j(g'_j, \varphi_{-j}^{t-1}, \Pi^{t-1})] \tag{12.16}$$

此外，根据节点类型设置 $n$ 或 $m$ 维三元向量 $\boldsymbol{h}_i^t = (h_{i,O}^t, h_{i,E}^t, h_{i,F}^t)$ 和 $\boldsymbol{h'}_j^t = (h'^{t}_{j,O'}, h'^{t}_{j,E'}, h'^{t}_{j,F'})$，$\boldsymbol{h}_i^t$ 和 $\boldsymbol{h'}_j^t$ 为某时刻的决策向量，选择按兵不动、干扰和打击时，向量值分别为$(1,0,0)$ $(0,1,0)$ $(0,0,1)$。初始化时，选择 $\boldsymbol{h}_i^0 = (1,1,1)$，$\boldsymbol{h'}_j^0 = (1,1,0)$。

策略更新方程如下：

$$\pi_i^t = \pi_i^{t-1} + \frac{1}{t}(h_i^t - \pi_i^{t-1}) \tag{12.17}$$

$$\varphi_j^t = \varphi_j^{t-1} + \frac{1}{t}(h'^{t}_{i} - \varphi_j^{t-1}) \tag{12.18}$$

更新过程将会一直持续迭代下去，直到收敛精度达到一个足够小的值。由以上讨论可得

$$\sum_{g_i \in G} \Pi_{i,g_i}^t = \Pi_{i,O}^t + \Pi_{i,E}^t + \Pi_{i,F}^t = 1 \tag{12.19}$$

$$\sum_{g'_j \in G'} \Phi_{j,g'_j}^t = \Phi_{j,O'}^t + \Phi_{j,E'}^t + \Phi_{j,F'}^t = 1 \tag{12.20}$$

**2. 分布式最优响应进化博弈算法**

根据以上进化博弈算法方案，为得到收敛，本章提出一种虚拟分布式最优响应进化博弈算法如下：

**Step 1**：

Initialization：

(1) Set the strategy adaptation factors：$\mu_n$ and $\mu_m$。

(2) Initialize：$\Pi^0_{i,g_i}$ and $\Phi^0_{j,g'_j}$, $\varphi^0_{j,i}$ and $\rho^0_{i,j}$, $\boldsymbol{h}^0_i=(h^0_{i,O},h^0_{i,E},h^0_{i,F})$ and $\boldsymbol{h}'^0_j=(h'^0_{j,O'},h'^0_{j,E'},h'^0_{j,F'})$。

**Step 2**：

Evolution Phase：

(1) loop for each time slot $t$。

(2) For all $i\in N$, do。

(3) Compute the expected payoff $\overline{V_i}(\rho_i,\rho_{-i},\Phi)$ and the average payoffs $\overline{V}$。

(4) For all $j\in M$。

(5) If $\overline{V_i}>\overline{V}$。

(6) Select max $(\overline{V_i}-\overline{V})$ as the target node。

(7) Update $\rho^t_{i,j}$ according to Equation (12.13)。

(8) Decision-making$g^t_i$ according to Equation (12.15), update $\boldsymbol{h}^t_i$。

(9) Update $\pi^t_{i,g_i}$ according to Equation (12.17)。

(10) End for。

(11) End for。

(12) For all $j\in M$, do。

(13) Compute the expected payoff $\overline{U_j}(\varphi_j,\varphi_{-j},\Pi)$ and the average payoffs $\overline{U}$。

(14) For all $i\in N$。

(15) If $\overline{U_j}>\overline{U}$。

(16) Select max $(\overline{U_j}-\overline{U})$ as the target node。

(17) Update $\varphi^t_{j,i}$ according to Equation (12.14)。

(18) Decision-making $g'^t_j$ according to Equation (12.16), update $\boldsymbol{h}'^t_j$。

(19) Update $\varphi^t_{j,g'_j}$ according to and Equation (12.18)。

(20) End for。

(21) End for。

(22) Delete the destroyed nodes, update the other nodes' information。

(23) $t=t+1$。

(24) End loop (Until $||\Pi^t-\Pi^{t-1}||+||\Phi^t-\Phi^{t-1}||<\varepsilon$ or $\dot{\rho}_{i,j}=\dot{\varphi}_{j,i}=0$)。

算法对应的程序流程图如 12.3 所示。

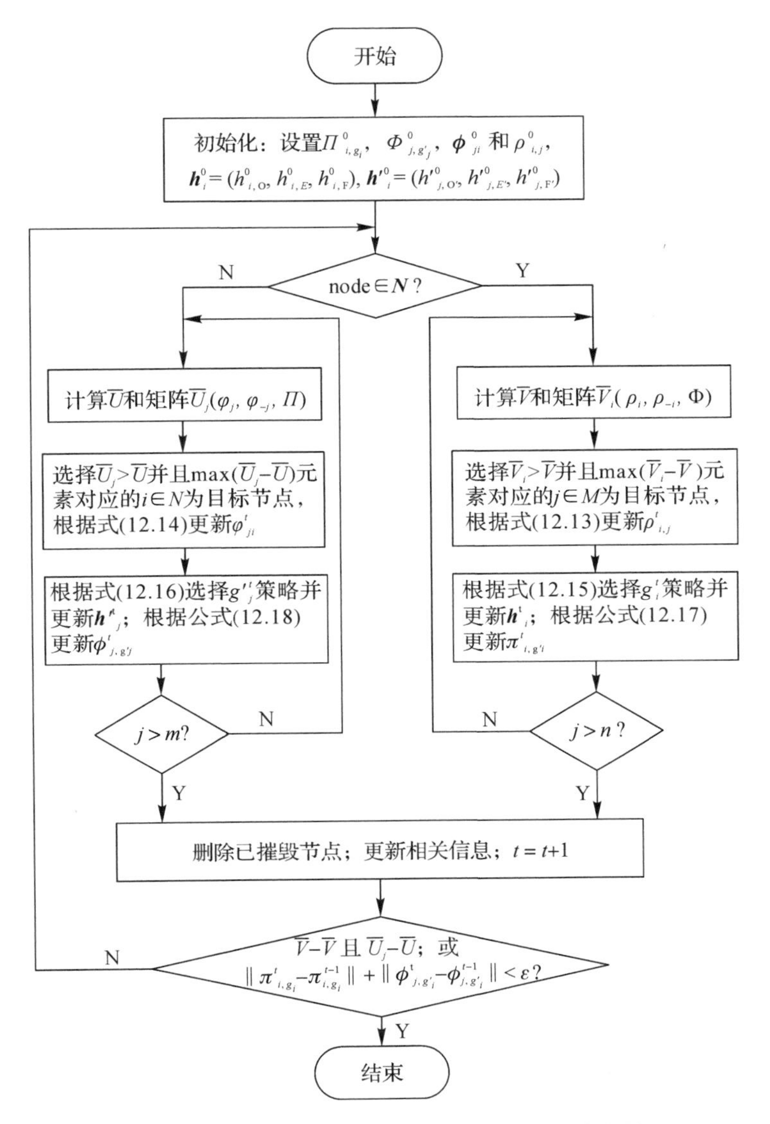


**图 12.3　分布式最优响应进化博弈算法的流程图**

**3. 基于综合社会效益机制的进化博弈分析**

战争将给国家和社会带来积极和消极的影响。当对抗一方收益太高时，将给对方带来巨大的损害，也将受到其他国家的谴责。这将导致紧张的国际形势，阻碍国家的发展和进步。因此，需要抑制战争行为的消极影响。反之，则带来积极的影响。由此可知，考虑战争行为的积极和消极的社会效益的是必要的。考虑长远社会效益后，当$\overline{V_i}<\overline{V}$或$\overline{U_j}<\overline{U}$时，$\overline{U_j}=(1+\sigma)\overline{U_j}$。同时，当$\overline{V_i}>\overline{V}$或$\overline{U_j}>\overline{U}$，$\overline{V_i}=(1-\sigma)\overline{V_i}$，$\overline{U_j}=(1-\sigma)\overline{U_j}$。其中，$1+\sigma$和$1-\sigma$是综合社会效益的影响因子。也就是说，从长远看，考虑综合社会效益后，真正的支付值将降低或增加。于是，这样的机制将使双方趋于选择和平共处的行为。

**定理 12.1** 根据式(12.13)和式(12.14)更新的选择策略概率 $\varphi_{j,i}$ 和 $\rho_{i,j}$，将总是满足 $\sum_{j\in M}\rho_{i,j}=1$ 和 $\sum_{i\in N}\varphi_{j,i}=1$。

**证明**:下面分别对是否考虑综合社会效益评估的两种情形给以证明。

情形(1):未考虑综合社会效益。

由 $\sum_{j\in M}\rho_{i,j}^{0}=1$ 和 $\overline{V}=\sum_{j\in M}\rho_{i,j}\overline{V_i}$ 可得

$$\begin{aligned}\Delta\rho_{i,j}&=\dot{\rho}_{i,j}\\&=\mu_n\rho_{i,j}(\overline{V_i}-\overline{V})\\&=\mu_n\rho_{i,j}[\sum_{i\in N}V_i(g_i,\rho_{-i},\Phi)\Pi-\sum_{j\in M}\sum_{i\in N}V_i(g_i,\rho_{-i},\Phi)\Pi\rho_{i,j}]\end{aligned}\tag{12.21}$$

利用 $\overline{V}=\sum_{j\in M}\rho_{i,j}^{t-1}\overline{V}_i$，进一步可得

$$\begin{aligned}\sum_{j\in M}\rho_{i,j}^{t}&=\sum_{j\in M}(\rho_{i,j}^{t-1}+\Delta\rho_{i,j})\\&=\sum_{j\in M}\rho_{i,j}^{t-1}+\mu_n\sum_{j\in M}\rho_{i,j}^{t-1}(\overline{V}_i-\overline{V})\\&=\sum_{j\in M}\rho_{i,j}^{t-1}+\mu_n[\overline{V}-\sum_{j\in M}\rho_{i,j}^{t-1}\overline{V}]\end{aligned}\tag{12.22}$$

将 $\sum_{j\in M}\rho_{i,j}^{0}=1$ 代入式(12.22)可得

$$\sum_{j\in M}\rho_{i,j}^{1}=\sum_{j\in M}\rho_{i,j}^{0}+\mu_n(\overline{V}-\sum_{j\in M}\rho_{i,j}^{0}\overline{V})=1\tag{12.23}$$

根据式和可知 $\sum_{j\in M}\rho_{i,j}^{2}=1$，依次类推，可得 $\sum_{j\in M}\rho_{i,j}^{t}=1,\forall t\geqslant 1$。需要注意的是，若节点 $i$ 或 $j$ 被攻击以致于摧毁，那么相应的概率 $\varphi_{j,i}$ 和 $\rho_{i,j}$ 将会被均分到其他概率上。因此，$\sum_{j\in M}\rho_{i,j}^{0}=1$ 仍然成立，定理也成立。

情形(2):考虑综合社会效益。

令 $M_1$ 和 $M_2$ 分别为满足 $\overline{V_i}<\overline{V}$ 和 $\overline{V_i}>\overline{V}$ 的节点数量，且 $M_1\in M,M_2\in M,M_1+M_2=m$。$1+\sigma(t)$ 和 $1-\sigma(t)$ 为社会效益影响因子。

由 $\sum_{j\in M}\rho_{i,j}^{0}=1$ 和 $\overline{V}=\sum_{j\in M}\rho_{i,j}\overline{V_i}$ 可得

$$\begin{aligned}\sum_{j\in M_1}\rho_{i,j}^{t}&=\sum_{j\in M_1}(\rho_{i,j}^{t-1}+\Delta\rho_{i,j})\\&=\sum_{j\in M_1}(\rho_{i,j}^{t-1}+\mu_n\rho_{i,j}^{t-1}\{[1+\sigma(t)]\overline{V_i}-\overline{V}\})\\&=\sum_{j\in M_1}\rho_{i,j}^{t-1}+\mu_n\sum_{j\in M_1}\rho_{i,j}^{t-1}\{[1+\sigma(t)]\overline{V_i}-\overline{V}\}\end{aligned}\tag{12.24}$$

和

$$\begin{aligned}\sum_{j\in M_2}\rho_{i,j}^{t} &= \sum_{j\in M_2}(\rho_{i,j}^{t-1}+\Delta\rho_{i,j})\\ &= \sum_{j\in M_2}(\rho_{i,j}^{t-1}+\mu_n\rho_{i,j}^{t-1}\{[1-\sigma(t)]\overline{V_i}-\overline{V}\})\\ &= \sum_{j\in M_2}\rho_{i,j}^{t-1}+\mu_n\sum_{j\in M_2}\rho_{i,j}^{t-1}\{[1-\sigma(t)]\overline{V_i}-\overline{V}\}\end{aligned}\tag{12.25}$$

根据式(12.24)和式(12.25)可知

$$\begin{aligned}\sum_{j\in M}\rho_{i,j}^{t} &= \sum_{j\in M_1}\rho_{i,j}^{t}+\sum_{j\in M_2}\rho_{i,j}^{t}\\ &= \sum_{j\in M_1}\rho_{i,j}^{t-1}+\sum_{j\in M_2}\rho_{i,j}^{t-1}+\\ &\quad \mu_n\sum_{j\in M_1}\rho_{i,j}^{t-1}\{[1+\sigma(t)]\overline{V_i}-\overline{V}\}+\\ &\quad \mu_n\sum_{j\in M_2}\rho_{i,j}^{t-1}\{[1-\sigma(t)]\overline{V_i}-\overline{V}\}\end{aligned}\tag{12.26}$$

由于 $\overline{V}=\sum_{j\in M}\rho_{i,j}^{t-1}\overline{V}_i$，可进一步得到

$$\begin{aligned}\sum_{j\in M}\rho_{i,j}^{t} &= \sum_{j\in M_1}\rho_{i,j}^{t-1}+\sum_{j\in M_2}\rho_{i,j}^{t-1}+\\ &\quad \mu_n\Big\{[1+\sigma(t)]\overline{V}-\sum_{j\in M_1}\rho_{i,j}^{t-1}\overline{V}\Big\}+\\ &\quad \mu_n\Big\{[1-\sigma(t)]\overline{V}-\sum_{j\in M_2}\rho_{i,j}^{t-1}\overline{V})\Big\}\\ &= \sum_{j\in M_1}\rho_{i,j}^{t-1}+\sum_{j\in M_2}\rho_{i,j}^{t-1}+\\ &\quad \mu_n\Big[\overline{V}-\Big(\sum_{j\in M_1}\rho_{i,j}^{t-1}+\sum_{j\in M_2}\rho_{i,j}^{t-1}\Big)\overline{V}\Big]\end{aligned}\tag{12.27}$$

将 $\sum_{j\in M_1}\rho_{i,j}^{0}+\sum_{j\in M_2}\rho_{i,j}^{0}=1$ 代入式(12.27)可得

$$\sum_{j\in M}\rho_{i,j}^{1}=\sum_{j\in M_1}\rho_{i,j}^{0}+\sum_{j\in M_2}\rho_{i,j}^{0}+\mu_n\Big[\overline{V}-\Big(\sum_{j\in M_1}\rho_{i,j}^{0}+\sum_{j\in M_2}\rho_{i,j}^{0}\Big)\overline{V}\Big]=1\tag{12.28}$$

同样地，根据式(12.27)迭代可知 $\sum_{j\in M}\rho_{i,j}^{t}=1,\forall t\geqslant 1$ 成立。对于 $\varphi_{j,i}$ 可作类似的推导分析得出相同结论，因此，定理 12.1 成立。

### 12.3.3　实验仿真与分析

仿真模拟实验中，设置了 $n=6$ 架压制飞机和 $m=15$ 个 IADS 对抗单元。使用两组节点随机分布在一个 1 000 km×1 000 km 的二维任务区进行实验，假设所有的压制飞机集合 $N$ 节点都是运动的，其中 7 个 IADS 对抗单元是运动的，其他 IADS 单元是静止的。初始策略概率取值分别为[0.33，0.33，0.34]，攻击压制方支付函数中权重系数 $q_1,q_2,q_3,q_4$ 分别取为 0.35，0.4，0.1 和 0.15，防御方支付函数中权重系数 $q_1,q_2,q_3,q_4$ 分别取为 0.4，0.35，0.1 和

0.15。探测角度设为 180°或 360°,是否被打击摧毁的阈值设为 0.8,收敛精度设为 0.001。通信链路邻接矩阵为全 1 矩阵(即 $d_{mj}=1$),连接权重 $w_{mj}$ 随机取值为 0 或 1。$\mu_n$ 和 $\mu_m$ 都设为 1。初始策略概率 $\pi_{i,j}$ 和 $\varphi_{j,i}$ 为平均赋值或随机赋值。其他参数值由表 12.3 数值范围内随机赋值,以协同压制方为例,分析攻防演化情况。

**表 12.3 参数的取值范围**

| 参数 | $A$/km（探测范围） | $B$/km（打击范围） | $C$（毁伤能力） | $P_{bj}$/万元（经济价值） | $P_c$/万元（战略价值） |
|---|---|---|---|---|---|
| 数值范围 | (0, 100) | (5, 30) | (10, 100) | (10, 1 000) | (10, 1 000) |
| 参数 | $V/(\mathrm{km}\cdot\mathrm{h}^{-1})$（速度） | $w_{mj}$（通信权重） | $P_d$ 探测概率 | $P_k$（杀伤概率） | |
| 数值范围 | (100, 1000) | (0, 1) | (0.5, 0.99) | (0.5, 0.99) | |

采用所提出的进化博弈算法双方收敛过程如图 12.4 和图 12.5 所示。

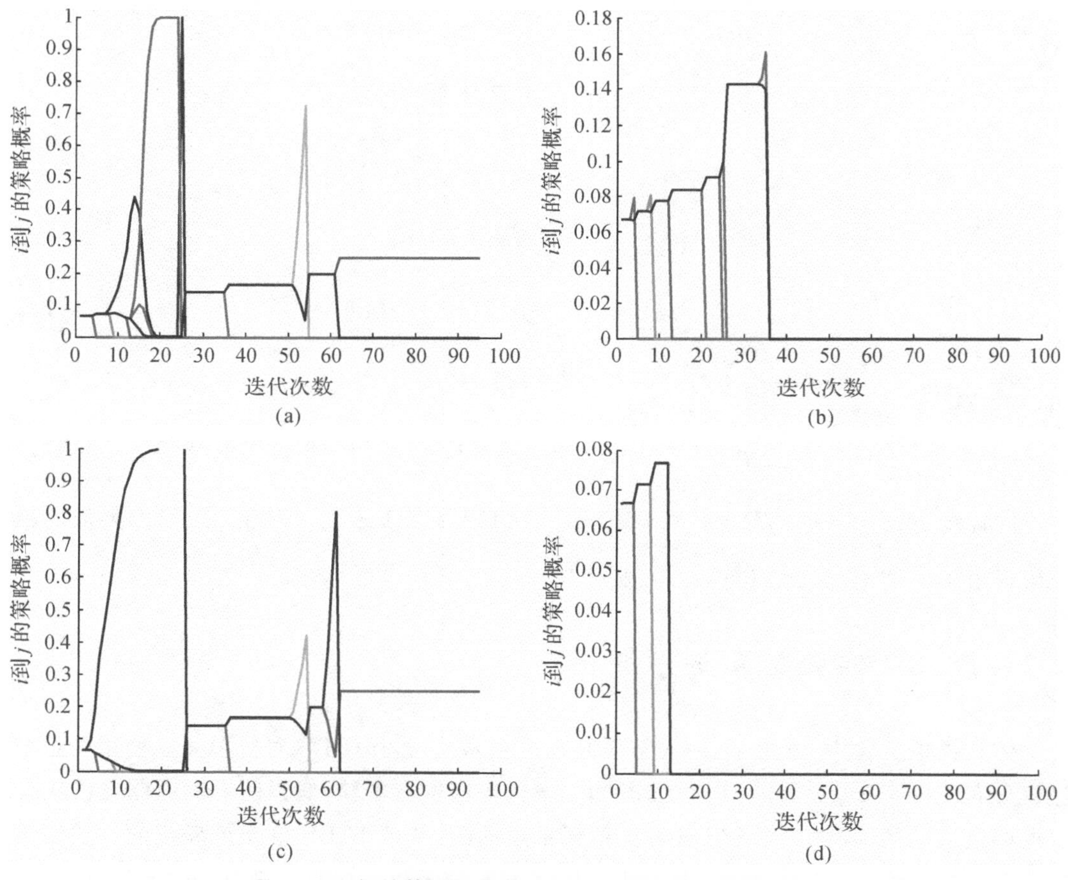


**图 12.4 初始策略概率平均分布的动态进化博弈过程**

(a)1 号节点；(b)2 号节点；(c)3 号节点；(d)4 号节点

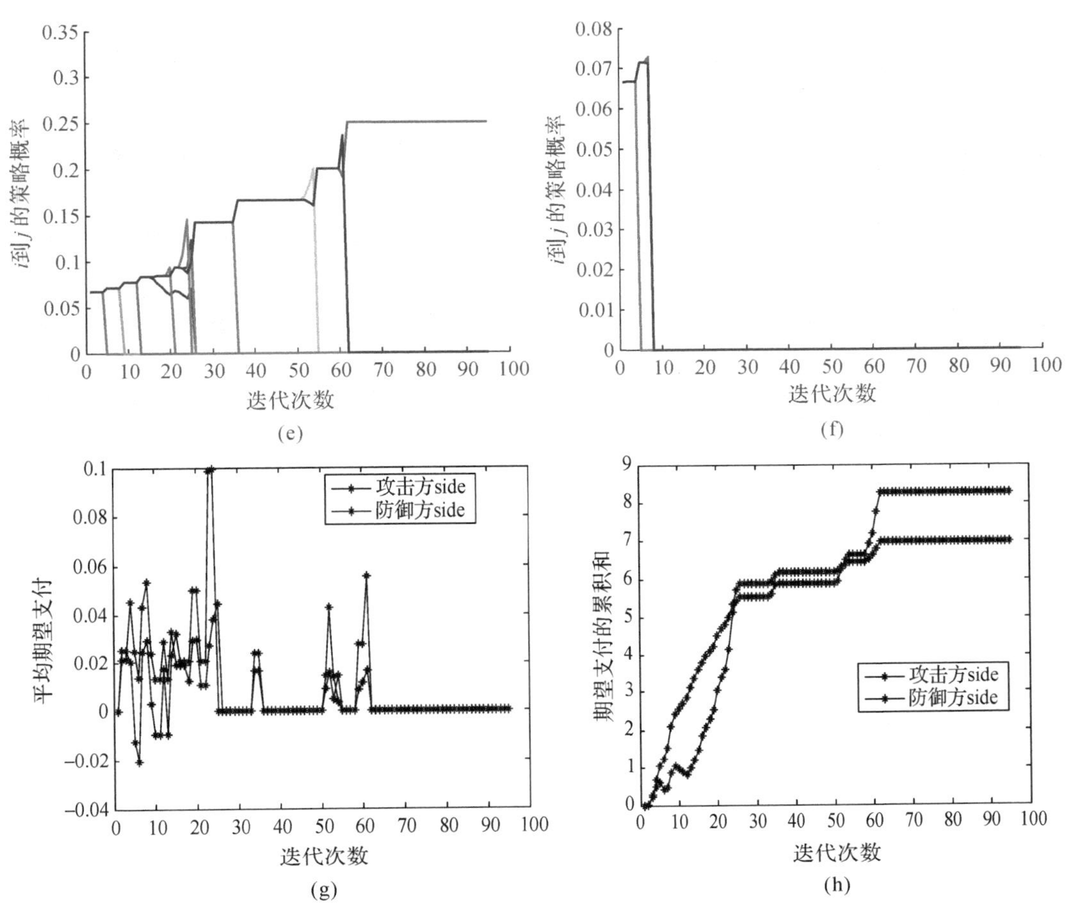


**续图 12.4　初始策略概率平均分布的动态进化博弈过程**

(e)5 号节点；(f)6 号节点；(g)平均期望支付；(h)期望支付的累积和

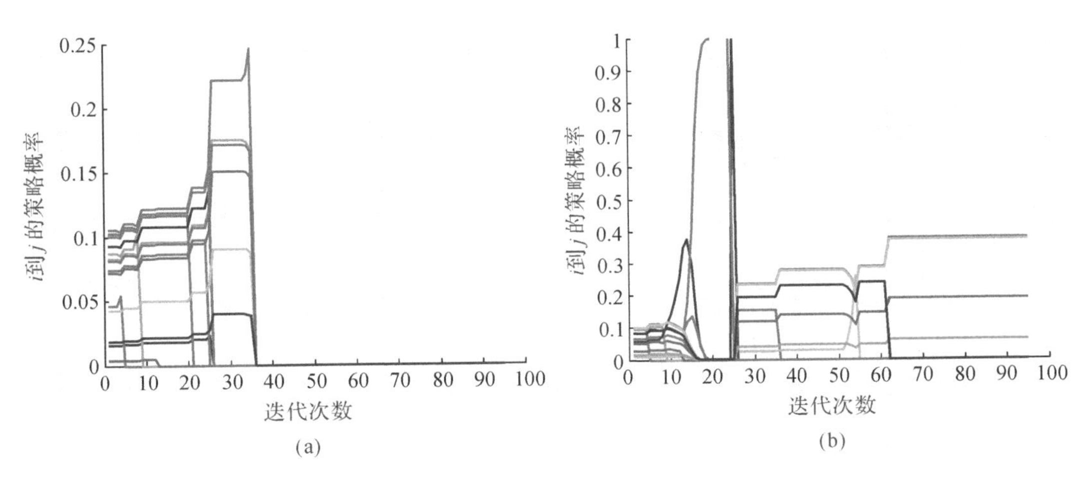


**图 12.5　初始策略概率随机分布的动态进化博弈过程**

(a)1 号节点；(b)2 号节点

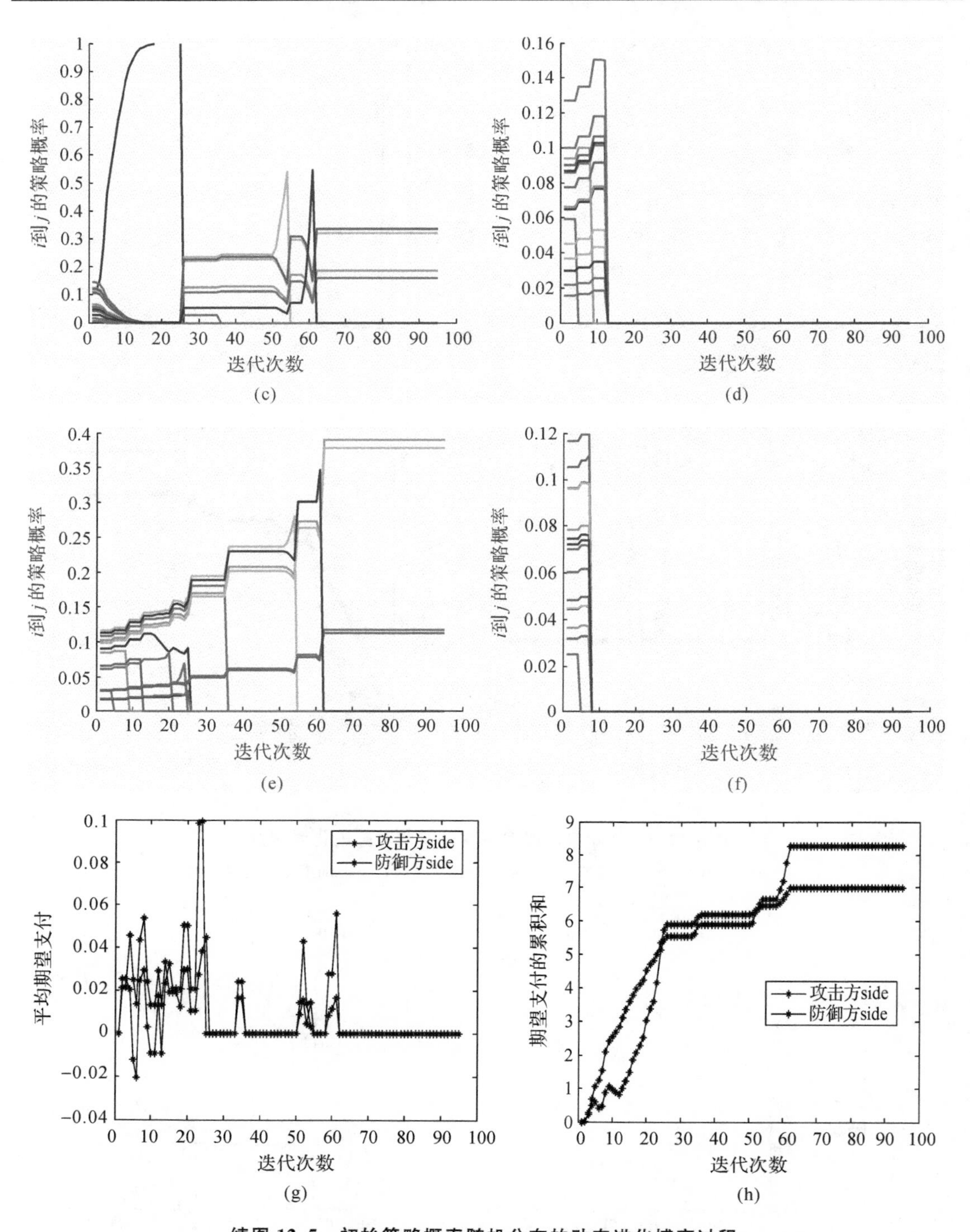


**续图 12.5 初始策略概率随机分布的动态进化博弈过程**

(c)3 号节点；(d)4 号节点；(e)5 号节点；

(f)6 号节点；(g)平均期望支付；(h)期望支付的累积和

从图 12.4(a)可观察到，在 $t=61$ 次迭代步骤后，压制方集合 $N$ 中，编号为 1 的所有的策略选择概率都保持不变，也就是 $N$ 中节点 1 对 $M$ 节点的策略选择概率都收敛(不同颜色的线表示 $N$ 中节点对各个 $M$ 节点的策略选择概率，图中相同概率值的线重合在一起)。具体情况为，节点 1 对 $M$ 节点的 15 个策略选择概率，其中选择 4 个节点的概率都为 0.25，其他 11 个节点的选择概率为 0。由此可知，它们是混合策略纳什均衡。也就是说，参与者以一定的概率选择不同策略，反映了博弈参与者的有限理性。类似的方法可用于分析其他节点，我们可观察到，所有节点的策略选择概率是收敛的。由于在这个模型中，$\rho_{i,j}$ 和 $\varphi_{j,i}$ 分别受到节点选择对抗行为概率 $\Pi$ 和 $\Phi$ 的影响，图中的线条出现跳跃形状。

图 12.4(a)～(f)和图 12.5(a)～(f)显示了在进化博弈中节点 $N$ 的动态变化过程，初始策略选择概率分别为平均分布和随机分布。从这些图中可观察到，编号为 2,4,6 的节点已被摧毁，它们的策略选择概率最终全为 0，如图 12.4(b)、图 12.4(d)、图 12.4(f)所示。因此，所提出的算法适合用于节点被摧毁时的情况。同时，$M$ 方节点 1,2,3,4,5,6,7,8,9,10,15 也在重复博弈中被摧毁。从图 12.4 和图 12.5 可看出，本章提出的动态分布式最优响应进化博弈算法有效且收敛，博弈参与者在攻防对抗博弈中能自主调整自身策略以优化支付函数值。

图 12.4(g)(h)和图 12.5(g)(h)显示了在博弈收敛过程中的平均期望支付和期望支付累积和的变化过程，蓝色的线描述 $N$ 方压制节点，红色的线描述 $M$ 方防御节点。由于双方在激烈对抗，所以在前期平均期望支付的线出现跳跃波动现象。当节点打击或干扰对方节点时，平均期望支付值上升，当节点受到对方节点打击或干扰时，平均期望支付值下降。如果受到较小的干扰，平均期望支付值将在一定范围内波动。由于图 12.4(g)(h)和图 12.5(g)(h)显示的结果相同可知，博弈收敛过程中，初始策略选择概率的取值对平均期望支付和期望支付的累积和没有影响。但是会改变策略选择概率分布的结果。也就是说，不同的初始策略选择概率将不会影响博弈的收敛，但是会导致不同的均衡解。

接下来的仿真中，在本章所提出的分布式最优响应进化博弈算法中，考虑了综合社会效益机制。为方便分析，影响因子参数 $\sigma$ 设为 0.1。实验结果如图 12.6 所示。图 12.6 给出了在初始策略选择概率平均赋值情况下，所提进化博弈算法考虑了综合社会效益时双方的收敛过程。图 12.6(a)～(f)为在进化博弈中 $N$ 方节点的策略动态变化过程。

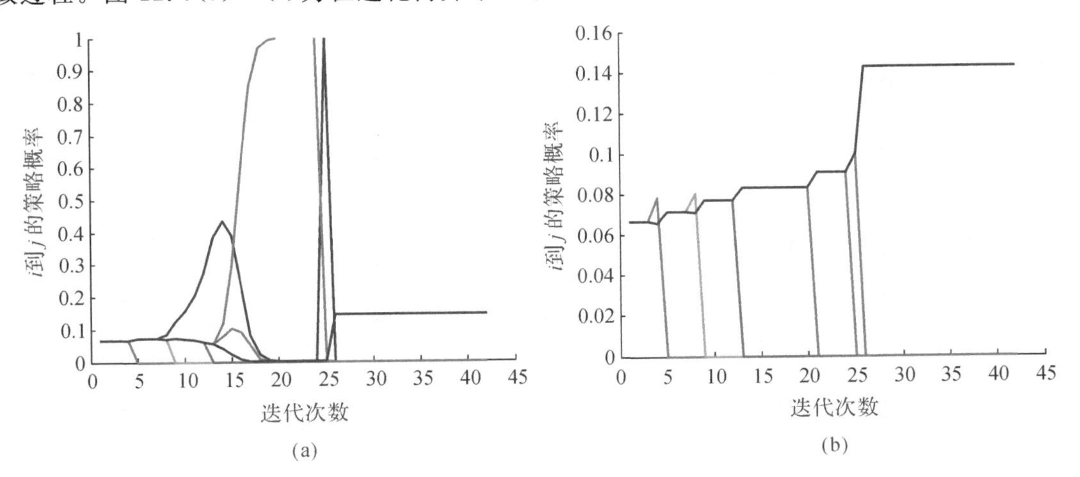


**图 12.6　考虑综合社会效益的动态进化博弈过程**

(a)1 号节点；　(b)2 号节点

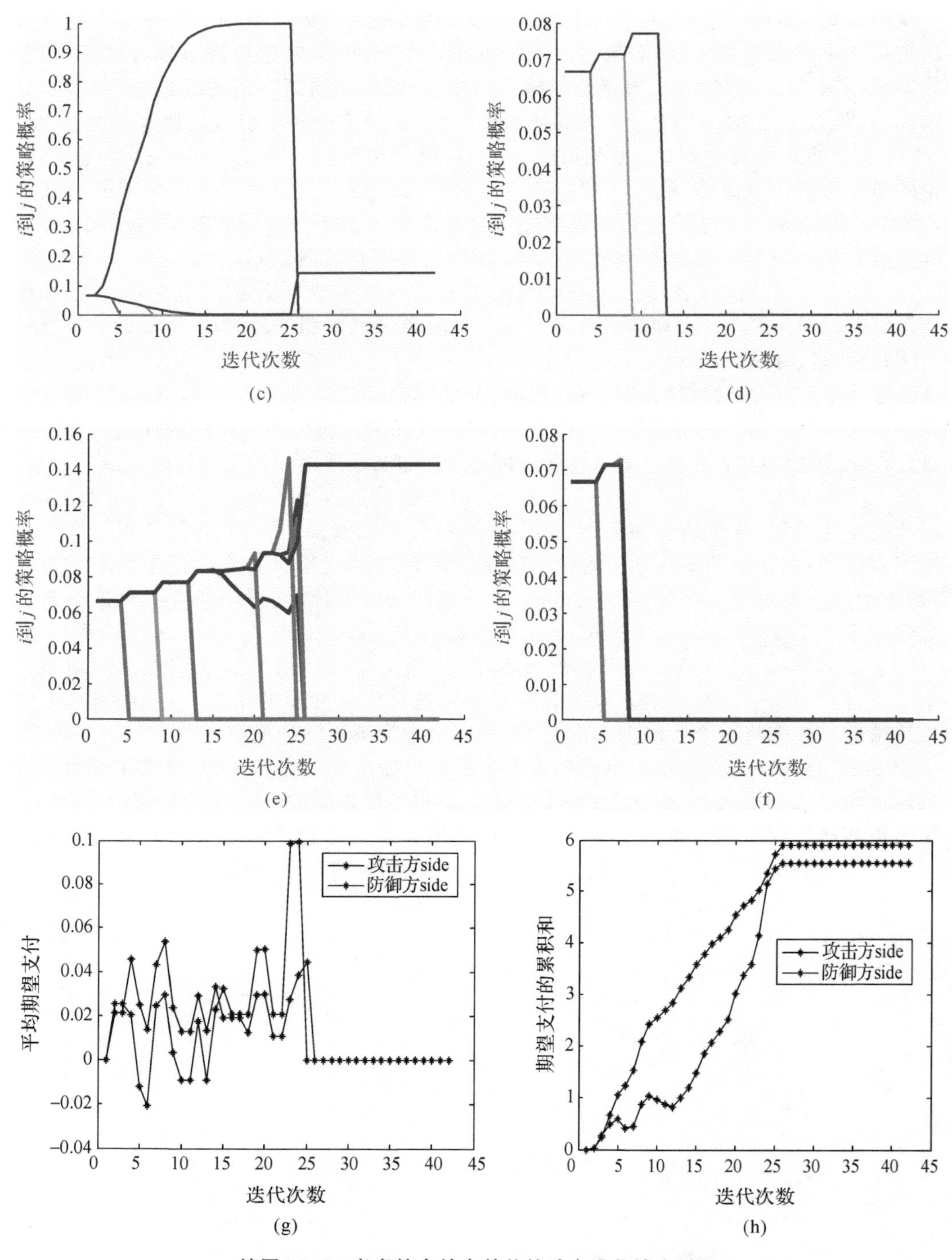


**续图 12.6　考虑综合社会效益的动态进化博弈过程**

(c)3 号节点；（d)4 号节点；（e)5 号节点；

(f)6 号节点；（g)平均期望支付；（h)期望支付的累积和

从这些图中可观察到，编号为4和6的节点已被摧毁，它们的策略选择概率最终全为0，如图12.6(d)(f)所示。同时，$M$方节点1,2,3,4,7,8,9,10也在重复博弈中被摧毁。图12.6(a)～(f) $N$方节点中1,2,3和5号节点的策略选择概率在第32次迭代后收敛于固定值。从图12.6(b)、图12.6(c)和图12.6(e)可观察到博弈参与者以有限理性收敛到纳什均衡。对比图12.6(g)(h)、图12.3(g)(h)和图12.5(g)(h)，可观察到对抗双方最终更趋向选择和平策略而不是恶意攻击策略。这是因为如果对抗方选择太多攻击策略，从长远看将会带来消极的社会效益。相反，从长远看，对抗方将收获积极的社会效益。因此，考虑长远社会效益后，双方都倾向选择较优的和平策略。此外，在较小的对抗代价下，收敛速度也较快，战争持续时间短。这种考虑社会效益机制的算法对于阻止战争和促进和平有一定的作用。

### 12.3.4 小结

本节在考虑威胁、经济战略价值和任务代价影响等因素的模型情况下，研究了多机协同压制IADS问题。通过引入复制动态和有限理性的进化博弈理论，提出了一种进化博弈方案和动态的分布式最优进化博弈算法。仿真结果显示，对此攻防博弈问题，所提算法有效且收敛，博弈参与者能自主调整自身策略，以完成动态连续目标分配的决策过程，并最终达到均衡。达到纳什均衡时，双方都不能因为改变策略而获益。初始策略选择概率对均衡解有重要作用，但对均衡点的平均期望支付和期望支付的累积和没有影响。此外，在分析博弈演化时，考虑了长远的综合社会效益机制，为了促进积极的综合社会效益，对抗双方都倾向选择相对和平的策略。这种机制在某种程度上有助于抑制战争。在有限理性情形下，根据情报信息和纳什均衡解，预测敌方可能采取的策略，获得我方的最优策略组合，更符合实际对抗过程。

## 参考文献

[1] SMITH J M, PRICE G. The Logic of Animal Conflicts [J]. Nature, 1973(246): 15-18.

[2] HAQUE M, EGERSTEDT M. Multilevel Coalition Formation Strategy for Suppression of Enemy air Defenses Missions[J]. Journal of Aerospace Information Systems, 2013, 10(6): 287-296.

[3] 陈侠，赵明明，徐光延. 基于模糊动态博弈的多无人机空战策略研究[J]. 电光与控制，2014，21(6)：19-23.

[4] 赵明明，李彬，王敏立. 多无人机超视距空战博弈策略研究[J]. 电光与控制，2015，22(4)：41-45.

[5] 孔祥宇，李德华. 基于粒子群算法的防空兵力部署决策研究[J]. 计算机与数字工程，2016，44(12)：2320-2324.

[6] 曾松林，王文恽，丁大春. 基于动态博弈的目标分配方法研究[J]. 电光与控制，2011，18(2)：26-29.

[7] WATSON J. Strategy: An Introduction to Game Theory[J]. Biopolymers, 2002,

34(3)：383－392.

[8] SMITH J M. Evolution and the Theory of Games [M]. Cambridge：Cambridge University Press，1982.

[9] TAYLOR P D，JONKER L B. Evolutionarily Stable Strategies and Game Dynamics [J]. Math Biosci，1979，81(3)：609－612.

# 第13章 基于不确定信息博弈的多机协同压制研究

## 13.1 引　　言

压制综合防空系统问题近年来成为研究热点，确定环境信息方面的研究也取得了重大的进展。无人机群和网络化方法常被用于解决此类问题，应用无人机群网络比传统方法具有更多的优点，并且取得了一些应用创新。闫卤杰等人从网络化角度分析了网络化空中防御和导弹防御的战力部署与决策问题。张骏等人建立了风险管理下的包含多目标与多决策者模型，解决了子系统的分层耦合和多目标冲突问题，可从不同决策者所关心的方面产生Pareto最优分配解。然而，在实际中，飞机、武器、防空阵地等资源的价值、威胁、毁伤概率等信息都不是精确数据，并且侦察所得的敌方参数信息通常也是不确定的，但其变化值存在上下限。因此，将区间信息引入对抗任务建模中是合理的。

本章采用不确定环境区间信息建立博弈模型，并利用改进的混沌粒子群算法求解模型最佳策略，在最佳策略情形下，分析对抗因素对多机协同压制IADS任务中的空空对抗结果的影响。笔者选取3个因素来分析它们对结果的影响，为任务规划和飞机设计提供参考。所选的因素为武器消耗、不可逃逸区域距离以及干扰距离，它们的具体含义如下：

武器消耗是指在对抗中所用掉的空空导弹。若飞机携带的所有空空导弹都被发射，则失去了攻击能力并将退出战场。不可逃逸区间距离特指飞机和不可逃逸区间包络之间的距离。如果敌方目标是飞机，理论上来说，不可逃逸区间距离是指它作任意机动都不能成功逃逸。干扰距离是指干扰机的最大有效干扰距离。

## 13.2 问 题 建 模

多机协同压制任务是典型的博弈对抗问题，攻防双方可看作博弈参与人，协同压制飞机为攻击方，综合防空系统IADS为防御方。根据战场参数的区间信息，定义攻防双方的信息集和策略集，建立博弈对抗的支付函数。根据支付函数可分析博弈攻防双方的收益情况。

### 13.2.1 策略集和信息集

对抗任务中，飞机携带着通信、雷达、导弹等武器装备，具有对敌方目标进行侦察、干扰、打击的功能。防空系统包含多种类型的防御对抗单元，具有指挥控制、预警探测、拦截打击的功能。攻防双方在博弈对抗中，目的均为保持己方安全和价值力量，并尽可能地削弱甚至摧毁敌方对抗能力。

本章研究多机协同压制 IADS 任务中的空空对抗问题，因此假设攻击方与防御方的对抗单元都为有人或无人飞机。每个攻击方与防御方的飞机在同一时刻仅仅具备 3 种状态：攻击、干扰、防御。其中：攻击状态是指飞机发射导弹，试图攻击敌机；干扰状态是指飞机试图干扰敌机；防御状态是指飞机既不发射导弹进行攻击，也不进行干扰操作。

假设 $\{U_1, U_2, \cdots, U_n\}$ 和 $\{D_1, D_2, \cdots, D_m\}$ 分别为协同压制方飞机集合和敌方防御系统的对抗单元集合。博弈双方的信息集设置如下：

协同压制飞机的价值信息为

$$\begin{aligned} v_{\mathrm{a}} &= \{v_{\mathrm{a}1}, v_{\mathrm{a}2}, \cdots, v_{\mathrm{a}i}, \cdots, v_{\mathrm{a}n}\} \\ &= \{[v_{\mathrm{a}1\min}, v_{\mathrm{a}1\max}], [v_{\mathrm{a}2\min}, v_{\mathrm{a}2\max}], \cdots, [v_{\mathrm{a}i\min}, v_{\mathrm{a}i\max}], \cdots, [v_{\mathrm{a}n\min}, v_{\mathrm{a}n\max}]\} \end{aligned} \tag{13.1}$$

式中：$v_{\mathrm{a}i} = [v_{\mathrm{a}i\min}, v_{\mathrm{a}i\max}]$ 为压制方第 $i$ 架飞机的价值区间。

敌方防御系统对抗单元的价值信息为

$$\begin{aligned} v_{\mathrm{d}} &= \{v_{\mathrm{d}1}, v_{\mathrm{d}2}, \cdots, v_{\mathrm{d}i}, \cdots, v_{\mathrm{d}m}\} \\ &= \{[v_{\mathrm{d}1\min}, v_{\mathrm{d}1\max}], [v_{\mathrm{d}2\min}, v_{\mathrm{d}2\max}], \cdots, [v_{\mathrm{d}m\min}, v_{\mathrm{d}m\max}]\} \end{aligned} \tag{13.2}$$

式中：$v_{\mathrm{d}j} = [v_{\mathrm{d}j\min}, v_{\mathrm{d}j\max}]$ 为敌方第 $j$ 个对抗单元的价值区间。

协同压制飞机的威胁信息区间为

$$t_{\mathrm{a}} = \{[t_{\mathrm{a}1\min}, t_{\mathrm{a}1\max}], [t_{\mathrm{a}2\min}, t_{\mathrm{a}2\max}], \cdots, [t_{\mathrm{a}n\min}, t_{\mathrm{a}n\max}]\} \tag{13.3}$$

式中：$[t_{\mathrm{a}i\min}, t_{\mathrm{a}i\max}]$ 为第 $i$ 架飞机的威胁信息区间。

敌方防御系统对抗单元的的威胁信息区间为

$$t_{\mathrm{d}} = \{[t_{\mathrm{d}1\min}, t_{\mathrm{d}1\max}], [t_{\mathrm{d}2\min}, t_{\mathrm{d}2\max}], \cdots, [t_{\mathrm{d}m\min}, t_{\mathrm{d}m\max}]\} \tag{13.4}$$

式中：$[t_{\mathrm{d}j\min}, t_{\mathrm{d}j\max}]$ 为敌方第 $j$ 个对抗单元的威胁信息区间。

压制方第 $i$ 架飞机对所有敌方目标的毁伤概率(打击概率)为

$$p_{\mathrm{a}i} = \{[p_{\mathrm{a}i1\min}, p_{\mathrm{a}i1\max}], [p_{\mathrm{a}i2\min}, p_{\mathrm{a}i2\max}], \cdots, [p_{\mathrm{a}im\min}, p_{\mathrm{a}im\max}]\} \tag{13.5}$$

式中：$[p_{\mathrm{a}ij\min}, p_{\mathrm{a}ij\max}]$ 为第 $i$ 架飞机对敌方第 $j$ 个目标对抗单元的毁伤概率区间。

防御方第 $j$ 个对抗单元对压制方飞机的毁伤概率为

$$p_{\mathrm{d}j} = \{[p_{\mathrm{d}j1\min}, p_{\mathrm{d}j1\max}], [p_{\mathrm{d}j2\min}, p_{\mathrm{d}j2\max}], \cdots, [p_{\mathrm{d}jn\min}, p_{\mathrm{d}jn\max}]\} \tag{13.6}$$

式中：$[p_{\mathrm{d}ji\min}, p_{\mathrm{d}ji\max}]$ 为防御方第 $j$ 个对抗单元对压制方第 $i$ 架飞机的毁伤概率区间。

压制方第 $i$ 架飞机对所有敌方目标的成功干扰概率为

$$q_{\mathrm{a}i} = \{[q_{\mathrm{a}i1\min}, q_{\mathrm{a}i1\max}], [q_{\mathrm{a}i2\min}, q_{\mathrm{a}i2\max}], \cdots, [q_{\mathrm{a}im\min}, q_{\mathrm{a}im\max}]\} \tag{13.7}$$

式中：$[q_{\mathrm{a}ij\min}, q_{\mathrm{a}ij\max}]$ 为第 $i$ 架飞机对敌方第 $j$ 个目标对抗单元的成功干扰概率区间。若目标不能被干扰，则成功干扰概率为 0。

类似地，防御方第 $j$ 个对抗单元对压制方飞机的成功干扰概率为

$$q_{dj} = \{[q_{dj1\min}, q_{dj1\max}], [q_{dj2\min}, q_{dj2\max}], \cdots, [q_{djn\min}, q_{djn\max}]\} \tag{13.8}$$

式中：$[q_{dji\min}, q_{dji\max}]$ 为防御方第 $j$ 个对抗单元对压制方第 $i$ 架飞机的成功干扰概率区间。

压制方飞机发射导弹的价值信息为

$$w_{ai} = \{[w_{ai1\min}, w_{ai1\max}], [w_{ai2\min}, w_{ai2\max}], \cdots, [w_{aim\min}, w_{aim\max}]\} \tag{13.9}$$

式中：$[w_{aik\min}, w_{aik\max}]$ 为压制方第 $i$ 架飞机的第 $k$ 个导弹的价值区间。

敌方防御系统反击发射导弹的价值信息区间为

$$w_{dj} = \{[w_{dj1\min}, w_{dj1\max}], [w_{dj2\min}, w_{dj2\max}], \cdots, [w_{djn\min}, w_{djn\max}]\} \tag{13.10}$$

式中：$[w_{djk\min}, w_{djk\max}]$ 为压制方第 $j$ 架飞机的第 $k$ 个导弹的价值区间。

双方均需根据态势信息进行分析评估，选择合适的目标对抗，即进行合理的任务分配。因此，需要定义对抗双方的策略集。假设攻击方的干扰决策变量为 $\boldsymbol{x}_{\text{jam}\_i} = (x_{\text{jam}i1}, x_{\text{jam}i2}, \cdots, x_{\text{jam}im})$，决策变量中元素 $x_{\text{jam}ij}$ 取值为 1 表示第 $i$ 架飞机对敌方第 $j$ 个目标对抗单元实施干扰，否则取值为 0 表示对该对抗单元放弃干扰处于防御状态；其打击决策变量设为 $\boldsymbol{x}_{\text{attack}\_i} = (x_{\text{attack}i1}, x_{\text{attack}i2}, \cdots, x_{\text{attack}im})$，决策变量中元素 $x_{\text{attack}ij}$ 取值为 1 表示第 $i$ 架飞机对敌方第 $j$ 个目标对抗单元实施打击，否则取值为 0 表示对该对抗单元放弃攻击进入防御备战。类似地，防御方的干扰决策变量为 $\boldsymbol{y}_{\text{jam}\_j} = (y_{\text{jam}j1}, y_{\text{jam}j2}, \cdots, y_{\text{jam}jn})$，决策变量中元素 $y_{\text{jam}ji}$ 取值为 1 表示敌方第 $j$ 个对抗单元对压制方第 $i$ 个对抗单元实施干扰，否则取值为 0 表示对该对抗单元放弃干扰处于防御状态；其打击决策变量设为 $\boldsymbol{y}_{\text{attack}\_j} = (y_{\text{attack}j1}, y_{\text{attack}j2}, \cdots, y_{\text{attack}jn})$，决策变量中元素 $y_{\text{attack}ji}$ 取值为 1 表示敌方第 $j$ 个对抗单元对压制方第 $i$ 个目标对抗单元实施打击，否则取值为 0 表示对该对抗单元放弃攻击进入防御备战。

### 13.2.2　支付函数

防御方第 $j$ 个对抗单元受到打击的总概率为

$$p_{\text{a}j\_\text{total}} = 1 - \prod_{i=1}^{n} (1 - p_{\text{a}i} \cdot x_{\text{attack}\_i}) \tag{13.11}$$

防御方第 $j$ 个对抗单元受到成功干扰的总概率为

$$q_{\text{a}j\_\text{total}} = 1 - \prod_{i=1}^{n} (1 - q_{\text{a}i} \cdot x_{\text{jam}\_i}) \tag{13.12}$$

攻击压制方第 $i$ 架飞机受到打击的总概率为

$$p_{\text{d}i\_\text{total}} = 1 - \prod_{j=1}^{m} (1 - p_{\text{d}j} \cdot y_{\text{attack}\_j}) \tag{13.13}$$

攻击压制方第 $i$ 架飞机受到成功干扰的总概率为

$$q_{\text{d}i\_\text{total}} = 1 - \prod_{j=1}^{m} (1 - q_{\text{d}j} \cdot y_{\text{jam}\_j}) \tag{13.14}$$

压制方第 $i$ 架飞机的总消耗为

$$w_{\text{a}i\_\text{total}} = \sum_{j=1}^{m} w_{\text{a}ij} \cdot x_{\text{attack}\_i} \tag{13.15}$$

同理，防御方第 $j$ 个对抗单元的总消耗为

$$w_{dj\_total} = \sum_{i=1}^{n} w_{dij} \cdot y_{attack\_j} \tag{13.16}$$

攻防博弈双方的任务目的都是尽可能使己方价值最大化、受到的威胁最小化，使敌方价值最小化、对敌方威胁最大化。因此，可以定义协同压制方的支付函数为

$$\begin{aligned} u_a = & \sum_{j=1}^{m} p_{aj\_total} q_{di\_total} (v_{dj} + t_{dj}) - \sum_{i=1}^{n} p_{di\_total} q_{aj\_total} (v_{ai} + t_{ai}) - \\ & \sum_{i=1}^{n} w_{ai\_total} + \sum_{j=1}^{m} w_{dj\_total} \end{aligned} \tag{13.17}$$

IADS 的支付函数为

$$\begin{aligned} u_d = & \sum_{i=1}^{n} p_{di\_total} q_{aj\_total} (v_{ai} + t_{ai}) - \sum_{j=1}^{m} p_{aj\_total} q_{di\_total} (v_{dj} + t_{dj}) + \\ & \sum_{i=1}^{n} w_{ai\_total} - \sum_{j=1}^{m} w_{dj\_total} \end{aligned} \tag{13.18}$$

双方的支付函数决策变量满足下面约束方程：

$$\left.\begin{aligned} & x_{jam\_i} \cdot x_{attack\_i} = 0, i = 1,2,\cdots,n \\ & y_{jam\_j} \cdot y_{attack\_j} = 0, j = 1,2,\cdots,m \\ & x_{jamij}, x_{attackij}, y_{jamji}, y_{attackji} \in \{0,1\} \end{aligned}\right\} \tag{13.19}$$

由此可见，此模型中的博弈双方收益之和为零。因此，此博弈属于零和博弈。

# 13.3 基于不确定区间信息的博弈均衡解

## 13.3.1 区间数运算规则

记 $x = [x^-, x^+] = \{\theta \mid x^- \leqslant \theta \leqslant x^+, x^-, x^+ \in \mathbf{R}\}$，其中 $\mathbf{R}$ 是实数集，$x^+$ 为 $x$ 的上限值，$x^-$ 为 $x$ 的下限值，则称 $x$ 是一个区间数。

如果 $x = [x^-, x^+]$ 和 $y = [y^-, y^+]$ 是两个区间数，那么它们的运算规则定义如下：

(1)加法。

$$x + y = [x^-, x^+] + [y^-, y^+] = [x^- + y^-, x^+ + y^+]$$

(2)减法。

$$x - y = [x^-, x^+] - [y^-, y^+] = [x^- - y^+, x^+ - y^-]$$

且

$$-x = -[x^-, x^+] = [-x^+, -x^-], x - x = [x^-, x^+] - [x^-, x^+] = [x^- - x^+, x^+ - x^-]$$

(3)乘法。

$$x \cdot y = [x^-, x^+] \cdot [y^-, y^+] = [x^- y^-, x^+ y^+] \text{ 且 } \lambda x = [\lambda x^-, \lambda x^+]$$

式中：$\lambda$ 是正实数。

根据区间数的运算规则可知，由于信息区间的不确定性，支付函数所得的支付矩阵中每个元素都为区间数，以协同压制方为例，博弈的支付矩阵为

$$
\begin{array}{c} \\ \boldsymbol{U}_{\mathrm{a}} = \begin{array}{c} x_1 \\ x_2 \\ \vdots \\ x_{\mathrm{f}} \end{array} \end{array}
\begin{array}{c} \begin{array}{cccc} y_1 & y_2 & \cdots & y_g \end{array} \\ \begin{bmatrix} u_{\mathrm{a}11} & u_{\mathrm{a}12} & \cdots & u_{\mathrm{a}1g} \\ u_{\mathrm{a}21} & u_{\mathrm{a}22} & \cdots & u_{\mathrm{a}2g} \\ \vdots & \vdots & & \vdots \\ u_{\mathrm{a}f1} & u_{\mathrm{a}f2} & \cdots & u_{\mathrm{a}fg} \end{bmatrix} \end{array}
$$

$$
= \begin{bmatrix} [u_{\mathrm{a}11}^{\min} u_{\mathrm{a}11}^{\max}] & [u_{\mathrm{a}12}^{\min} u_{\mathrm{a}12}^{\max}] & \cdots & [u_{\mathrm{a}1g}^{\min} u_{\mathrm{a}1g}^{\max}] \\ [u_{\mathrm{a}21}^{\min} u_{\mathrm{a}21}^{\max}] & [u_{\mathrm{a}22}^{\min} u_{\mathrm{a}22}^{\max}] & \cdots & [u_{\mathrm{a}2g}^{\min} u_{\mathrm{a}2g}^{\max}] \\ \vdots & \vdots & & \vdots \\ [u_{\mathrm{a}f1}^{\min} u_{\mathrm{a}f1}^{\max}] & [u_{\mathrm{a}f2}^{\min} u_{\mathrm{a}f2}^{\max}] & \cdots & [u_{\mathrm{a}fg}^{\min} u_{\mathrm{a}fg}^{\max}] \end{bmatrix} \tag{13.20}
$$

式中：$x_1, x_2, \cdots, x_f$ 分别为压制方各个飞机的攻击策略，由于每个对抗单元的策略可以为攻击、干扰、防御，则共有 $3^{nm}$ 种策略组合。类似地，$y_1, y_2, \cdots, y_g$ 分别为敌方各个对抗单元的防御策略，共有 $3^{nm}$ 种策略组合。$u_{\mathrm{a}fg}$ 分别为攻击协同压制方采取第 $x_f$ 种策略组合时，敌方采取第 $y_g$ 中策略组合时协同压制飞机的支付值，它为一个区间数 $[u_{\mathrm{a}fg}^{\min}, u_{\mathrm{a}fg}^{\max}]$。

## 13.3.2 基于可能度的博弈求解方法

根据相关文献，两个区间数 $u_{\mathrm{a}f1} = [u_{\mathrm{a}f1}^{\min}, u_{\mathrm{a}f1}^{\max}]$ 和 $u_{\mathrm{a}f2} = [u_{\mathrm{a}f2}^{\min}, u_{\mathrm{a}f2}^{\max}]$ 可通过可能度进行比较，即 $u_{\mathrm{a}f1} = [u_{\mathrm{a}f1}^{\min}, u_{\mathrm{a}f1}^{\max}]$ 优于 $u_{\mathrm{a}f2} = [u_{\mathrm{a}f2}^{\min}, u_{\mathrm{a}f2}^{\max}]$ 的可能度 $P(u_{\mathrm{a}f1} > u_{\mathrm{a}f2})$ 定义为

$$
P(u_{\mathrm{af1}} > u_{\mathrm{af2}}) = \begin{cases} 1, & u_{\mathrm{af1}}^{\min} \geqslant u_{\mathrm{af2}}^{\max} \\ \dfrac{u_{\mathrm{af1}}^{\max} - u_{\mathrm{af2}}^{\max}}{u_{\mathrm{af1}}^{\max} - u_{\mathrm{af1}}^{\min}} + \dfrac{u_{\mathrm{af2}}^{\max} - u_{\mathrm{af1}}^{\min}}{u_{\mathrm{af1}}^{\max} - u_{\mathrm{af1}}^{\min}} \cdot \dfrac{u_{\mathrm{af1}}^{\min} - u_{\mathrm{af2}}^{\min}}{u_{\mathrm{af2}}^{\max} - u_{\mathrm{af2}}^{\min}} \\ \quad + 0.5 \cdot \dfrac{u_{\mathrm{af2}}^{\max} - u_{\mathrm{af1}}^{\min}}{u_{\mathrm{af1}}^{\max} - u_{\mathrm{af1}}^{\min}} \cdot \dfrac{u_{\mathrm{af2}}^{\max} - u_{\mathrm{af1}}^{\min}}{u_{\mathrm{af2}}^{\max} - u_{\mathrm{af2}}^{\min}}, & u_{\mathrm{af2}}^{\min} \leqslant u_{\mathrm{af1}}^{\min} \leqslant u_{\mathrm{af2}}^{\max} \leqslant u_{\mathrm{af1}}^{\max} \\ \dfrac{u_{\mathrm{af1}}^{\max} - u_{\mathrm{af2}}^{\max}}{u_{\mathrm{af1}}^{\max} - u_{\mathrm{af1}}^{\min}} + 0.5 \cdot \dfrac{u_{\mathrm{af2}}^{\max} - u_{\mathrm{af2}}^{\min}}{u_{\mathrm{af1}}^{\max} - u_{\mathrm{af1}}^{\min}}, & u_{\mathrm{af1}}^{\min} \leqslant u_{\mathrm{af2}}^{\min} \leqslant u_{\mathrm{af2}}^{\max} \leqslant u_{\mathrm{af1}}^{\max} \end{cases} \tag{13.21}
$$

相应地，$u_{\mathrm{af2}} = [u_{\mathrm{af2}}^{\min}, u_{\mathrm{af2}}^{\max}]$ 优于 $u_{\mathrm{af1}} = [u_{\mathrm{af1}}^{\min}, u_{\mathrm{af1}}^{\max}]$ 的可能度 $P(u_{\mathrm{af2}} > u_{\mathrm{af1}})$ 定义为

$$
P(u_{\mathrm{af2}} > u_{\mathrm{af1}}) = \begin{cases} 0, & u_{\mathrm{af1}}^{\min} \geqslant u_{\mathrm{af2}}^{\max} \\ 0.5 \cdot \dfrac{u_{\mathrm{af2}}^{\max} - u_{\mathrm{af1}}^{\min}}{u_{\mathrm{af1}}^{\max} - u_{\mathrm{af1}}^{\min}} \cdot \dfrac{u_{\mathrm{af2}}^{\max} - u_{\mathrm{af1}}^{\min}}{u_{\mathrm{af2}}^{\max} - u_{\mathrm{af2}}^{\min}}, & u_{\mathrm{af2}}^{\min} \leqslant u_{\mathrm{af1}}^{\min} \leqslant u_{\mathrm{af2}}^{\max} \leqslant u_{\mathrm{af1}}^{\max} \\ \dfrac{u_{\mathrm{af2}}^{\min} - u_{\mathrm{af1}}^{\min}}{u_{\mathrm{af1}}^{\max} - u_{\mathrm{af1}}^{\min}} + 0.5 \cdot \dfrac{u_{\mathrm{af2}}^{\max} - u_{\mathrm{af2}}^{\min}}{u_{\mathrm{af1}}^{\max} - u_{\mathrm{af1}}^{\min}}, & u_{\mathrm{af1}}^{\min} \leqslant u_{\mathrm{af2}}^{\min} \leqslant u_{\mathrm{af2}}^{\max} \leqslant u_{\mathrm{af1}}^{\max} \end{cases} \tag{13.22}
$$

设 $u_{\mathrm{af1}} = [u_{\mathrm{af1}}^{\min}, u_{\mathrm{af1}}^{\max}], u_{\mathrm{af2}} = [u_{\mathrm{af2}}^{\min}, u_{\mathrm{af2}}^{\max}], \cdots, u_{\mathrm{afg}} = [u_{\mathrm{afg}}^{\min}, u_{\mathrm{afg}}^{\max}]$ 为压制方采取 $x_f$ 策略时，

敌方分别采取 $y_1, y_2, \cdots, y_g$ 策略时，压制方飞机的支付值。根据式(13.21)和式(13.22)，通过对区间数进行两两比较，可求得可能度矩阵如下：

$$\boldsymbol{P}_{\mathrm{f}} = \begin{matrix} & \begin{matrix} u_{\mathrm{af1}} & u_{\mathrm{af2}} & \cdots & u_{\mathrm{afg}} \end{matrix} \\ \begin{matrix} u_{\mathrm{af1}} \\ u_{\mathrm{af2}} \\ \vdots \\ u_{\mathrm{afg}} \end{matrix} & \begin{bmatrix} P_{11} & P_{12} & \cdots & P_{1h} \\ P_{21} & P_{22} & \cdots & P_{2h} \\ \vdots & \vdots & & \vdots \\ P_{h1} & P_{h2} & \cdots & P_{hh} \end{bmatrix} \end{matrix} \tag{13.23}$$

式中：$P_{ij}$ 为 $u_{\mathrm{af}i} > u_{\mathrm{af}j}$ 的可能度值。$P_{ji} = 1 - P_{ij}, i, j \in \{1, 2, \cdots, h\}$，当 $i = j$ 时，$P_{ij} = P_{ii} = ('-')$ 表示区间数自身之间无须相比。$P_{ij}$ 的值可用来描述区间 $u_{\mathrm{af}i} > u_{\mathrm{af}j}$ 的程度，当 $P_{ij} = 1$ 时，表示 $u_{\mathrm{af}i}$ 绝对优于 $u_{\mathrm{af}j}$，而当 $P_{ij} = 0$ 时，则表示 $u_{\mathrm{af}j}$ 绝对优于 $u_{\mathrm{af}i}$。因此，矩阵 $\boldsymbol{P}_{\mathrm{f}}$ 为互补判断矩阵。将支付函数的区间值两两比较，可得到区间数的可能度矩阵（互补判断矩阵），对各种策略组合方案进行优劣排序，从而可得到最优方案。

### 13.3.3 改进混沌粒子群优化算法

定义双方的支付函数为粒子群算法的适应度函数，针对式(13.17)和式(13.18)，本章将设计改进混沌粒子群算法对模型进行求解。在改进混沌粒子群算法中，每次迭代时根据粒子的适应度区间比较，得到可能度矩阵，再对可能度矩阵（互补判断矩阵）进行排序，得到该次迭代的最优粒子，重复迭代后得到全局最优粒子，即最优策略组合方案。

混沌粒子群(Chaos Particle Swarm Optimization, CPSO)算法是将混沌优化和粒子群优化两者结合，借助混沌变量的特性，防止某些粒子在迭代中出现停滞而导致的算法早熟现象。在CPSO算法中，粒子群优化主要进行全局搜索，混沌优化则对粒子群优化的结果进行局部搜索。为了保持种群的多样性，加强搜索的分散性，CPSO算法保留了一定数量的优秀粒子，动态收缩搜索区域，并在收缩区域内随机产生粒子来替代性能较差的粒子。

在基本混沌粒子群算法的基础上，本章将设计改进混沌粒子群(Improved Chaos Particle Swarm Optimization, I-CPSO)算法对局部搜索进行进一步优化，从而改善算法早熟现象。改进策略包括以下两方面。

(1)引入种群状态检测机制，根据检测到的种群状态来动态调整粒子群算法惯性权重。

相关文献将粒子群算法种群进化过程分为两个阶段：开发阶段和收敛阶段。其中：开发阶段是粒子种群多样性程度较高的一个阶段，在这个阶段内，粒子在搜索空间内不停地搜索，增大发现最优解的可能性；而收敛阶段是指算法进化后期，粒子在已经获得的局部最优解附近不停收敛，以至于发现最优解的一个阶段。通常而言，粒子种群首先会进入开发阶段，该阶段粒子群的种群多样性程度较高，算法处于不断探索新局部最优解的阶段；一段时间之后，算法进入收敛阶段，种群多样性迅速降低并保持在一个较低的水平，粒子种群在局部最优解附近迅速收敛，期望增大获得全局最优解的概率。

种群多样性的定义主要有两种：采用Hamming距离描述个体之间的差异，并根据Hamming距离给出了种群多样性计算方法；采用欧式距离描述个体差异，并结合基因权重对种群的多样性进行定义。两种方法虽不同，但其思想本质却是相通的：描述种群规模 $d$

为 $N$ 的个体之间在维空间上每一维度值差异程度的总和。根据这一思想，本章提出一种更简单、易行的种群多样性计算方法，如下文所述。

定义所有决策变量形成的种群为 $\boldsymbol{X}(t) = |x_{i,j}(t)|_{N\times d}$，其中 $i = 1,2,\cdots,N,j = 1,2,\cdots,d$，$t$ 表示迭代次数。令决策变量 $x_{i,j}(t)$ 在第 $j$ 维的取值范围为 $[C_j^{\min},C_j^{\max}]$。将取值范围均匀地划分为 $d$ 等份，在第 $t$ 次迭代时统计所有落入第 $j$ 维中第 $s$ 区间内粒子的个数，记为 $C_j^s(t)$，则种群第 $t$ 次迭代中在第 $j$ 维的多样性程度为

$$E_j(t) = -\sum_{s=1}^{d}\frac{C_j^s(t)}{N}\lg\frac{C_j^s(t)}{N} \tag{13.24}$$

由于决策变量各维度是线性无关的，所以采用所有维度的多样性程度之和来表示整个种群在所有维度上的多样性程度，即

$$E(t) = \sum_j E_j(t) = -\sum_{j=1}^{d}\sum_{s=1}^{d}\frac{C_j^s(t)}{N}\lg\frac{C_j^s(t)}{N} \tag{13.25}$$

从上述定义可以看出，多样性程度 $E(t)$ 的取值范围为 $[0,d\lg d]$。根据种群多样性程度，本章将算法进化种群按以下方法划分为两阶段：若 $E(t)\in[\alpha\cdot d\cdot\lg d,d\cdot\lg d]$，则算法进化种群处于开发阶段；若 $E(t)\in[0,\alpha\cdot d\cdot\lg d]$，则算法进化种群处于收敛阶段。其中 $\alpha$ 是给定常数且满足 $0<\alpha<1$。

根据多次实验，认为 $\alpha = 0.5$ 作为衡量算法的进化状态是比较合适的。

通过调节惯性权重对粒子群算法迭代过程进行控制，可平衡开发阶段与收敛阶段。较大的惯性权重有助于算法进行全局搜索，增大发现全局最优解的概率；较小的惯性权重有助于算法进行局部搜索，加快收敛速度。因此，本章给出如下惯性权重调节策略：

$$\omega(t) = \begin{cases}\omega(t-1)+\text{step}\cdot(|E(t)|/E_{\max}),E(t)\in[\alpha\cdot d\cdot\lg d,d\cdot\lg d]\\ \omega(t-1)-\text{step}\cdot(|E(t)|/E_{\max}),E(t)\in[0,\alpha\cdot d\cdot\lg d]\end{cases} \tag{13.26}$$

式中：$E_{\max} = d\lg d$；step 论阶段常量因子，取值为 1。

(2)引入混沌优化来提高种群多样性程度，使种群更分散、平均。

本章主要将混沌优化应用在两个阶段：第一个阶段是初始化粒子的过程中，第二个阶段是在将粒子群最优位置映射到定义域时。

在初始化粒子时，首先随机初始化第一个粒子 $x_1$，下一个粒子通过下式产生：$x_{i+1,m} = \mu x_{i,m}(1-x_{i,m}),i = 1,2,\cdots,N-1$ 和 $m = 1,2,\cdots,d,x_i = [x_{i,1},x_{i,2},\cdots,x_{i,d}],i = 1,2,\cdots,N$ 表示第 $i$ 个粒子，$\mu\in[0,1]$ 是均匀分布的随机数。式(13.26)是一个典型的混沌系统，采用混沌映射确定每一个粒子，由于混沌系统存在遍历性的特点，上述操作增加了解空间的搜索概率，避免了陷入局部最优。

将目前粒子群最优位置 $p_g^k$ 映射到 Logistic 方程的定义域 $[0,1]$ 时，进行混沌优化，即 $x^k = \mu\dfrac{p_g^k - x_{\min}^k}{p_g^k - x_{\max}^k}$，其中，$\mu\in[0,1]$ 是均匀分布的随机数，而 $x_{\min}^k$ 和 $x_{\max}^k$ 分别为第 $k$ 次迭代粒子搜索的上、下界。

## 13.3.4　I－CPSO 算法描述

根据上文的描述，改进混沌粒子群算法描述如下：

(1)首先确定算法参数。

(2)根据 13.3.3 节(2)中第一个算法初始化生成方法,初始化 I-CPSO 算法粒子种群。

(3)根据如下所示的标准粒子群算法的位置和速度更新公式,计算每个粒子的目标函数值,并保留种群性能中最好的 20%的粒子:

$$\begin{cases} v_{ij}^{k+1} = v_{ij}^{k} + c_1 r_1 (p_{ij}^{k} - x_{ij}^{k}) + c_2 r_2 (p_{gj}^{k} - x_{ij}^{k}) \\ x_{ij}^{k+1} = x_{ij}^{k} + v_{ij}^{k+1} \end{cases}$$

式中:$p_{ij}^{k}$ 表示第 $k$ 次迭代时第 $j$ 维度的最好粒子;$p_{gj}^{k}$ 表示全局在第 $j$ 维度的最好粒子;$c_1$ 和 $c_2$ 表示 0~1 之间的随机数,其定义与标准粒子群算法相同。

(4)将目前粒子群最优位置映射到 Logistic 方程的定义域 [0,1] 时,进行混沌优化,即 $x^k = \mu \dfrac{p_g^k - x_{\min}^k}{p_g^k - x_{\max}^k}$。其中,$\mu \in [0,1]$ 是均匀分布的随机数,而 $x_{\min}^k$ 和 $x_{\max}^k$ 分别为第 $k$ 次迭代粒子搜索的上、下界。

(5)根据种群多样性计算公式 $E(t) = \sum_{j} E_j(t) = -\sum_{j=1}^{d}\sum_{s=1}^{d} \dfrac{C_j^s(t)}{N} \lg \dfrac{C_j^s(t)}{N}$,计算当前种群多样性程度。

(6)根据当前种群多样性程度,依据粒子种群多样性程度处于范围 $[\alpha \cdot d \cdot \lg d, d \cdot \lg d]$ 之间,则算法进化种群处于开发阶段;假如粒子种群多样性程度处于范围 $[0, \alpha \cdot d \cdot \lg d]$ 之间,则算法进化种群处于收敛阶段,划分当前种群所处于的状态,进而更新算法的惯性权重:

$$\omega(t) = \begin{cases} \omega(t-1) + \mathrm{step} \cdot (|E(t)|/E_{\max}), E(t) \in [\alpha \cdot d \cdot \lg d, d \cdot \lg d] \\ \omega(t-1) - \mathrm{step} \cdot (|E(t)|/E_{\max}), E(t) \in [0, \alpha \cdot d \cdot \lg d] \end{cases}$$

(7)更新粒子速度与位置。

(8)若算法满足停止条件(达到最大迭代次数或者多样性不发生变化),算法停止并输出结果,否则转步骤(3)。

## 13.4 实验仿真与分析

在实验中,本章模拟多机协同压制任务中的空空对抗博弈演化过程。假设博弈双方的对抗单元均为有人或无人飞机,书中未提及的飞机参数或性能假设双方均相同。设压制方和防御方各有 10 架飞机。双方飞机被毁伤成功的概率阈值均设为 0.5,即某飞机受到打击的总概率达到 0.5 就认为毁伤成功,该飞机被击毁。双方飞机发射导弹价值区间信息均为 (0.2,0.9)。为避免单位量纲的不同等问题,仿真中相关区间信息取值均为 0~1 之间的数值。

本章混沌粒子群优化算法中相关参数设置如下:种群规模为 100,算法最大迭代次数为 500,种群 alpha 值为 0.5,步长为 1,$c_1$,$c_2$ 因子都为 2。另外,双方的最小打击概率和最小成功干扰概率均在 0~0.5 之间随机产生,双方的最大打击概率和最大成功干扰概率均在 0.5~1 之间随机产生。双方的价值信息和威胁信息取值相同,分别如表 13.1 和表 13.2

所示。

**表 13.1　双方对抗飞机的价值信息**

| 飞机编号 | 1 | 2 | 3 | 4 | 5 | 6 | 7 | 8 | 9 | 10 |
|---|---|---|---|---|---|---|---|---|---|---|
| 价值最小值 | 0.3 | 0.2 | 0.34 | 0.24 | 0.64 | 0.42 | 0.42 | 0.21 | 0.45 | 0.12 |
| 价值最大值 | 0.8 | 0.35 | 0.45 | 0.82 | 0.72 | 0.87 | 0.77 | 0.74 | 0.65 | 0.52 |

**表 13.2　双方对抗飞机的威胁信息**

| 飞机编号 | 1 | 2 | 3 | 4 | 5 | 6 | 7 | 8 | 9 | 10 |
|---|---|---|---|---|---|---|---|---|---|---|
| 威胁最小值 | 0.7 | 0.2 | 0.7 | 0.4 | 0.3 | 0.2 | 0.5 | 0.4 | 0.4 | 0.3 |
| 威胁最大值 | 0.9 | 0.3 | 0.9 | 0.8 | 0.7 | 0.7 | 0.8 | 0.8 | 0.7 | 0.8 |

本章在仿真中分析武器消耗、武器不可逃逸距离以及载机干扰距离 3 个因素对空空对抗结果的影响。其中,武器消耗通过飞机携带导弹数量分析。这 3 个因素分别用 $h$,$g$ 和 $f$ 表示。实验在初始化相同的条件后,分 3 组进行,每组只改变武器消耗(飞机携带导弹数量)、武器不可逃逸距离以及载机干扰距离 3 个因素中其中一个的取值,每组实验运行 30 次,从而分析它们在自由空中对抗敌我双方结果的影响程度(由于此博弈是零和博弈,所以本章实验参数调整以压制方为例即可)。为了更直观地显示,本章取解算出的区间平均值画图,分析整个对抗过程。分组实验结果如表 13.3 所示。

**表 13.3　分组实验结果**

| 压制方的条件 | 防御方的条件 | 压制方获胜次数/获胜百分比 | 防御方获胜次数/获胜百分比 | 平局 |
|---|---|---|---|---|
| 初始条件($h_1=4$,$h_2=4$,$g_1=80$ km,$g_2=80$ km,$f_1=80$ km,$f_2=80$ km) | | | | |
| | | 13/43.33% | 12/40.00% | 5 |
| 第一组实验(调整不可逃逸距离) | | | | |
| $g_1=140$ km | $g_2=80$ km | 29/96.67% | 1/3.33% | 0 |
| $g_1=120$ km | $g_2=80$ km | 28/93.33% | 1/3.33% | 1 |
| $g_1=100$ km | $g_2=80$ km | 26/86.67% | 2/6.67% | 2 |
| 第二组实验(调整武器消耗/每架飞机带弹量) | | | | |
| $h_1=7$ | $h_2=4$ | 25/83.34% | 5/16.66% | 0 |
| $h_1=6$ | $h_2=4$ | 22/73.34% | 7/23.34% | 1 |
| $h_1=5$ | $h_2=4$ | 18/60.00% | 10/33.34% | 2 |
| 第三组实验(调整干扰距离) | | | | |
| $f_1=140$ km | $f_2=80$ km | 19/63.34% | 11/36.67% | 0 |
| $f_1=120$ km | $f_2=80$ km | 18/60.00% | 9/30.00% | 3 |
| $f_1=100$ km | $f_2=80$ km | 18/60.00% | 11/36.67% | 1 |

实验中，先定义3种战场状态：①飞机退出战场，指的是飞机受到打击的总概率达到毁伤概率阈值认为该飞机已被摧毁，不能继续对抗或飞机上武器消耗完毕，被迫退出战场；②获胜，指的是因对方飞机全部退出战场而战争结束或达到博弈均衡时剩余飞机比对方飞机数量多；③平局，指的是达到博弈均衡时(最大迭代次数)双方剩余飞机数量一样多，即认为不分胜负。

图13.1(a)为博弈最终收敛于纳什均衡的演化过程，从图中可看出博弈达到均衡时，博弈双方的适应度(支付函数)值不再变化，即博弈双方都不能通过改变策略而获益。仿真结果显示，本章基于不确定区间信息的博弈均衡求解方案可行有效。

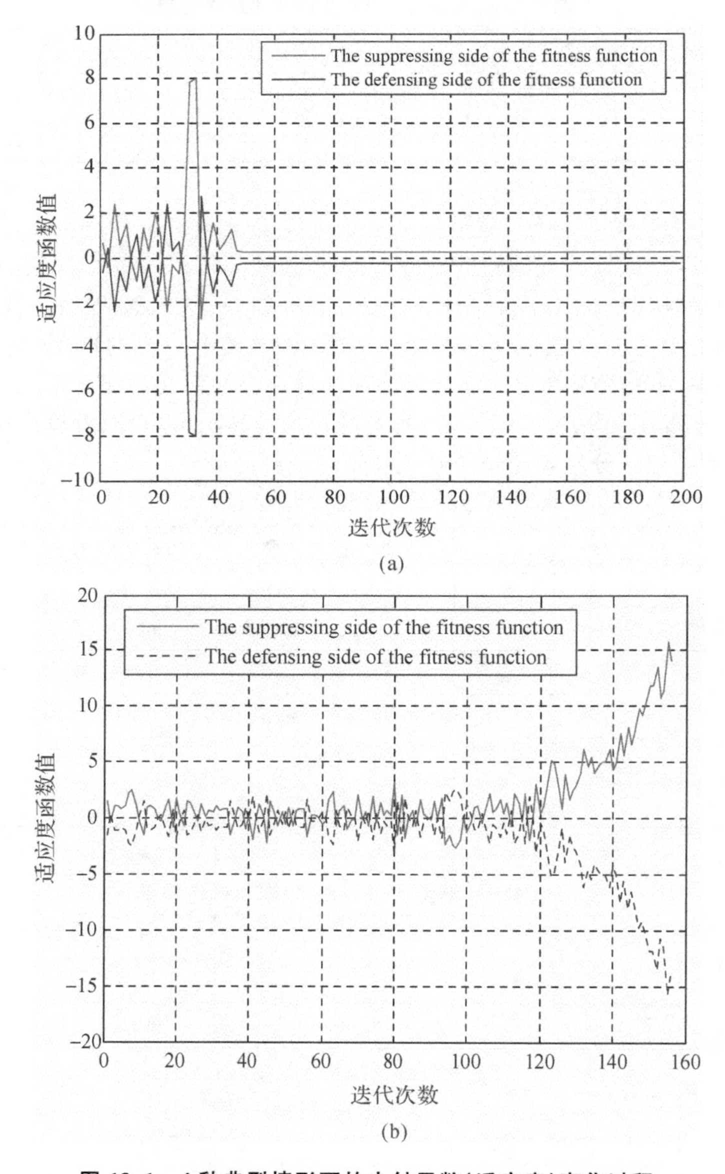


**图13.1　4种典型情形下的支付函数(适应度)变化过程**

(a) $h_1 = 4, h_2 = 4, g_1 = 80, g_2 = 80, f_1 = 80, f_2 = 80$ 平局(达到纳什均衡)；

(b) $h_1 = 4, h_2 = 4, g_1 = 100, g_2 = 80, f_1 = 80, f_2 = 80$ 压制方获胜

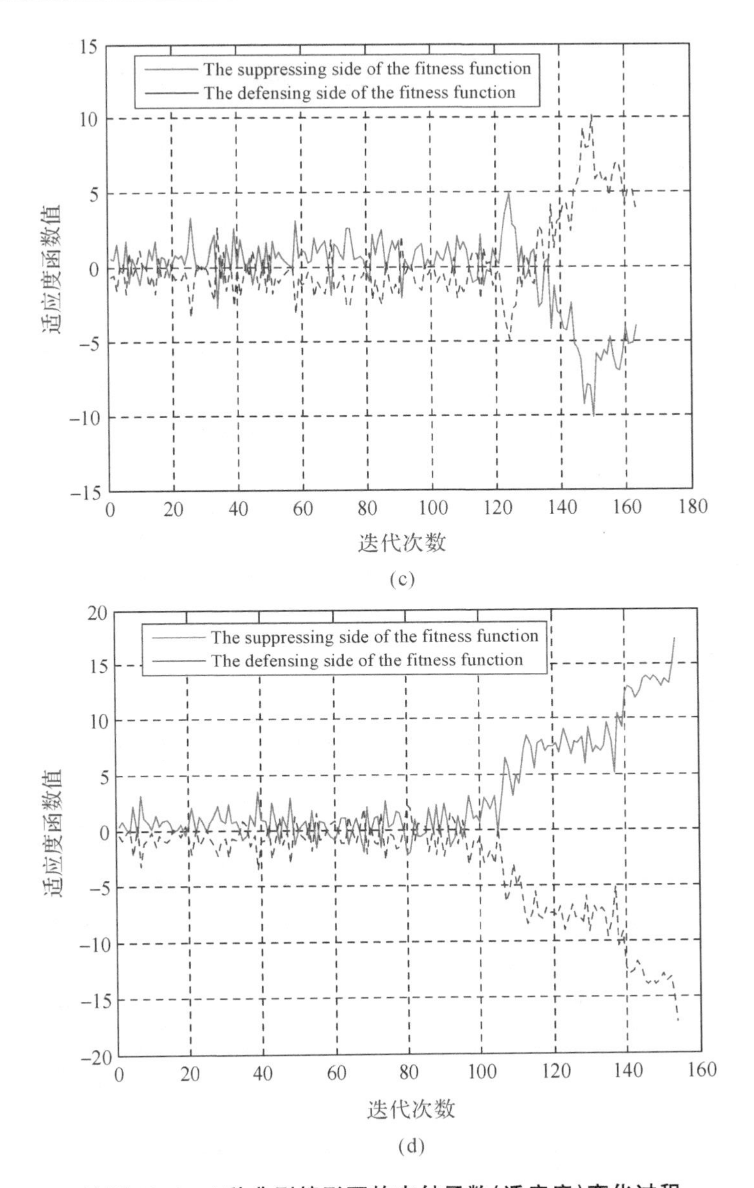


**续图 13.1　4 种典型情形下的支付函数(适应度)变化过程**

(c) $h_1=6, h_2=4, g_1=80, g_2=80, f_1=80, f_2=80$ 防御方获胜；

(d) $h_1=4, h_2=4, g_1=80, g_2=80, f_1=100, f_2=80$ 压制方获胜

第一组实验数据显示，当压制方的不可逃逸距离从 80 km 提升到 100 km，120 km 和 140 km 时，压制方的获胜百分比从 43.33% 提升到 86.67%，96.67% 和 93.33%。也就是说当压制方的不可逃逸距离提升了 25%，50% 和 75%时，压制方的获胜百分比分别提升到 100.02%，115.39%和 123.1%。

结合表 13.3 可看出：导弹的不可逃逸距离对于胜负的影响非常为关键，在其他参数相同的情况下，只要不可逃逸距离拉开一点，获胜比率很快大幅度拉开差距。因此，在自由空

中对抗任务中，哪一方的导弹攻击距离更远，其就掌握了获胜的主动权；结合图 13.1(b)也可看出，不可逃逸距离增大，也就是拥有比对方更有利的武器，在对抗中就拥有了主动权，能起到抑制对方武器发挥的作用。

第二组实验数据显示，当压制方的武器消耗(每架飞机的带弹量)从 4 提升到 5,6 和 7 时，压制方的获胜百分比从 43.33% 提升到 60%,73.34%和 83.34%。也就是说，当压制方的带弹量提升了 25%,50% 和 75%时，压制方的获胜百分比分别提升到 38.47%,69.26%和 92.34%。

结合表 13.3 可看出，载机的导弹携带量对于胜负的影响更直接有效率。持续增加带弹量，获胜比率也能持续稳定上升，所以增加载机的载弹量对于空中而言更为经济实惠，效果最直接、最明显。但是也应该看到，增加载弹量对于对抗性能的影响应该是建立在更远的攻击距离的前提下，否则载弹量很大，但是攻击距离不远，其效果也就不明显。从图 13.1(c)可看出，在博弈后期，压制方的支付函数值迅速下降，是因为飞机不停地被摧毁。携带导弹数量增多可能会增加双方博弈非合作性，导致恶劣交战的后果，最终双方战争代价都比较大。

第三组实验数据显示，当压制方的干扰距离从 80 km 提升到 100 km,120 km 和 140 km 时，压制方的获胜百分比从 43.33% 提升到 60%,60%和 63.34%。也就是说当压制方的干扰距离提升了 25%,50% 和 75%时，压制方的获胜百分比分别提升到 38.47%,38.47%和 46.18%。

结合表 13.3 可看出，干扰能力对于对抗效能的影响是最不明显的。空中对抗时，干扰手段应该由专门的干扰机完成，而其他飞机更应该发展武器装备的攻击能力以及载弹量，才获得更好的结果。结合图 13.1(d)可看出，在博弈后期，防御方支付函数值迅速下降，压制方支付函数值迅速上升，是因为博弈后期防御方有较多飞机被摧毁，压制方收益增大。因此恰当的干扰策略方案有助于飞机之间协同，可能获得更好的收益，达到事半功倍的效果。虽然增大载机干扰距离效果不明显，但如何使用合理的干扰策略，是不可忽视的研究重点。

## 13.5 本章小结

针对实际对抗单元价值、威胁和毁伤概率、干扰概率等信息不确定的情形，本章研究了多机协同压制 IADS 任务中空空对抗的攻防博弈问题；建立了基于不确定区间信息条件下的攻防博弈模型，在此基础上推导了元素值为区间数支付矩阵；利用区间的可能度公式和混沌粒子群方法，设计了一种求解该模型最优策略组合方案的方法，并通过实验仿真最终实现纳什均衡，验证了该方法有效可行，为研究复杂环境下的攻防策略问题提供了一种可行的解决方案；在最优策略组合方案的基础上，实验分析了武器消耗、武器不可逃逸距离以及载机干扰距离 3 个因素对于结果的影响，为任务规划和飞机的性能参数设计提供借鉴思路。

# 参考文献

[1] 朱智，雷永林，朱一凡．网络化防空反导体系的对抗过程建模与仿真[J]．国防科技大学学报，2015，37(3)：179－184.

[2] 闫占杰，吴德伟，蒋文婷，等．网络化 GPS 干扰系统空中干扰源部署方法[J]．电光与控制，2013，20(5)：37－43.

[3] 张骏，姜江，陈英武．多目标多决策者环境下防空反导装备体系资源分配与优化[J]．国防科技大学学报，2015，37(1)：171－178.

[4] SUJIT P B，GHOSE D. Search by UAVs with Flight Time Constraints Using game Theoretical Models [C]// Proceedings of AIAA Guidance，Navigation，and Control Conference and Exhibit. San Francisco，USA，2005：1929－1936.

[5] MOORE R E. Interval Analysis [M]. New Jersey：Prentiee － Hall Englewood Cliffs，1996.

[6] PAL T SENGUPTA A K. On Comparing Interval Numbers [J]. European Journal of Operational Research，2000，32(3)：403－418.

[7] 张浩，张铁男，沈继红，等．混沌粒子群算法及其在结构优化决策中的应用[J]．控制与决策，2008，23(8):857－862.

[8] 张晓继，戴冠中，徐乃平．遗传算法种群多样性的分析研究[J]．控制理论与应用，1998，15(1):17－22.

[9] RATNAWEERA A，HGLGAMURE S K，WATSON H C. Self-organizing Hierarchical Particle Swarm Optimizer with Time-varying Acceleration Coefficients [J]. IEEE Transactions on Evolutionary Computation，2004，8(3)：240－255.

[10] 刘全，王晓燕，傅启明，等．双精英协同进化遗传算法[J]．软件学报，2012，23(4)：765－775.

[12] 祝希路，王柏．一种基于社团划分的小生境遗传算法[J]．控制与决策，2010，25(7)：1113－1116.

# 第14章　关键目标的多机协同态势最优方法研究

## 14.1　引　言

对多机协同压制 IADS 任务中的空空对抗问题，第 5 章建立了基于区间数信息的博弈模型，解决了环境信息不确定情形下的研究问题。实际上，空空对抗中常常会存在多个飞机围攻单个目标飞机的情形。若某个飞机或空中对抗单元是 IADS 中非常有价值的重要部分，例如 IADS 中战略价值很大、具有关键威胁或所携带武器的不可逃逸距离很大等单元，实现对该关键目标的围剿和有力打击可能会影响整个战局。因此，如何设计多机打击该关键目标的战术是空空对抗中的重要问题。

空中态势主要由飞机之间的相互位置和角度关系决定，飞机所面临的态势常常决定其在当前局势下的战术决策。叶媛媛等人建立了由角态势和距离态势构成的攻击态势函数模型，并研究了多智能体协同任务的不完全全局规划方法。在攻击态势函数模型基础上，迟妍等人进一步研究了智能体的攻击行为模型。然而，值得指出的是，这些方法都是针对目标为多个的情形，多个智能体协同攻击单目标方面的研究成果仍然非常匮乏。若确定某一个目标为需要重点打击对象，在近距对抗时如何协同多智能体攻击该重要目标是目前亟需解决的一个重要问题。

在多智能体协同围捕单目标的问题研究方面，路月谭等人提出了基于人工势场的追捕策略；李嘉等人设计了一种层次化的围捕系统体系结构，并实现了追捕者的自主导航；黄天云等人通过对围捕行为的分解，构造松散偏好规则来使围捕个体在自组织运动过程中相互协调最终形成理想的围捕队形；陈阳等人通过分析围捕智能体与目标的角度关系，提出了一种基于角度优先的围捕策略。这些方法实质上是通过控制和变换多智能体的队形成理想包围圈，并最终使得目标个体处于理想包围圈中。然而，多机攻击单目标的理想队形与多智能体围捕单目标的理想包围圈队形并不相同。在实际任务中，理想包围圈队形中位于目标前方的智能体将处于被攻击态势。因此，理想包围圈队形不利于多智能体攻击被围目标。

本章针对多机攻击单目标的问题，提出一种基于最优态势值的攻击方法；通过角态势和距离态势构造攻击态势函数，并且考虑目标机电子干扰对距离态势的影响，分析目标机逃逸对攻击态势的影响，建立多机对当前位置的攻击态势函数模型和对“预逃跑”位置的攻击态势函数模型；根据总攻击态势函数最优的原则求解多机攻击目标机的理想队形；给出攻击态势最优的多机攻击方法；对本章所提的攻击阵型与方法进行仿真分析。

# 14.2　攻击态势函数建模

为描述任务中飞机在攻击目标时的态势，本节将对飞机攻击态势函数进行建模。主要考虑角度和距离对攻击态势的影响，其中两机角度对攻击态势的影响叫角态势函数，两机距离对攻击态势的影响叫距离态势函数。

图 14.1 是两个飞机的态势示意图。$A$ 为攻击机，$D$ 为目标机。$\boldsymbol{d}_{AD}$ 为攻击机 $A$ 到目标机 $D$ 的连线，称为目标线。$\varphi_{AD}$ 为攻击机 $A$ 的速度矢量与目标线的夹角，$q_{AD}$ 为目标机 $D$ 的速度矢量与目标线的夹角，规定如果速度矢量在目标线或其延长线的左侧，那么它们的夹角为正，在右侧为负，因此有 $0 \leqslant |\varphi_{AD}| \leqslant \pi$，$0 \leqslant |q_{AD}| \leqslant \pi$，角度的单位为弧度。

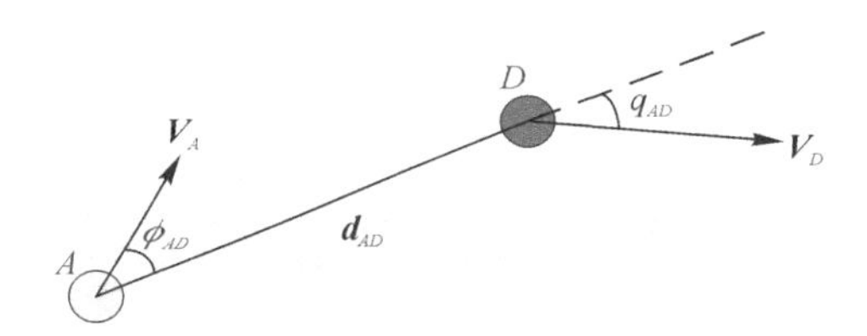


**图 14.1　两机相对态势示意图**

定义攻击机 $A$ 对目标机 $D$ 的攻击态势函数为

$$P_{AD} = P_{AD\alpha} \cdot P_{ADr} \tag{14.1}$$

式中：$P_{AD\alpha}$ 为角态势函数；$P_{ADr}$ 为距离态势函数。

角态势函数 $P_{AD\alpha}$ 的值为

$$P_{AD\alpha} = (P_{AD\varphi} + P_{ADq})/2 \tag{14.2}$$

式中：$P_{AD\varphi} = 1 - 2 \times |\varphi_{AD}|/\pi$，$P_{ADq} = 1 - 2 \times |q_{AD}|/\pi$。

将 $P_{AD\varphi}$ 和 $P_{ADq}$ 的表达式代入式可得角态势函数 $P_{AD\alpha}$ 为

$$\begin{aligned} P_{AD\alpha} &= \frac{1 - \dfrac{2 \times |\varphi_{AD}|}{\pi} + 1 - \dfrac{2 \times |q_{AD}|}{\pi}}{2} \\ &= 1 - \frac{|\varphi_{AD}| + |q_{AD}|}{\pi} \end{aligned} \tag{14.3}$$

考虑攻击机 $A$ 的位置角 $\varphi_{AD}$：当 $\varphi_{AD} = 0$ 时，目标机位于 $A$ 的正前方，该位置对攻击机最有利，故 $P_{AD\varphi} = 1$；当 $\varphi_{AD} = \pi$ 时，目标机位于 $A$ 的正后方，该位置对攻击机最不利，故 $P_{AD\varphi} = -1$ 。对于目标机 D 的位置角 $q_{AD}$ 与 $P_{ADq}$ 的关系可进行类似的分析。

距离态势函数 $P_{ADr}$ 的值为

$$P_{ADr}=\begin{cases}\dfrac{|\boldsymbol{d}_{AD}|}{R_m}, & |\boldsymbol{d}_{AD}|<R_m\\ k_1+k_2+\dfrac{k_3(R_I-|\boldsymbol{d}_{AD}|)}{R_I-R_m}, & R_m\leqslant|\boldsymbol{d}_{AD}|<R_I\\ k_1+\dfrac{k_2(R_f-|\boldsymbol{d}_{AD}|)}{R_f-R_I}, & R_I\leqslant|\boldsymbol{d}_{AD}|<R_f\\ \dfrac{k_1(R_s-|\boldsymbol{d}_{AD}|)}{R_s-R_f}, & R_f\leqslant|\boldsymbol{d}_{AD}|\leqslant R_s\\ 0, & |\boldsymbol{d}_{AD}|>R_s\end{cases} \tag{14.4}$$

式中：$k_1>0$，$k_2>0$ 和 $k_3>0$ 是距离态势系数，并且满足 $k_1+k_2+k_3=1$；$R_f$ 与 $R_s$ 分别为攻击机的最大有效射程和侦察距离。当两机距离大于攻击机的最大侦察距离 $R_s$ 时，攻击机的对敌威胁为 0。$R_I$ 为目标机的干扰范围：当攻击机与目标机的距离小于 $R_I$ 时，目标机会通过电子干扰来降低对方的攻击能力；当两机距离大于 $R_m$ 且小于 $R_I$ 时，距离变化对 $P_{ADr}$ 值的影响大于目标机干扰对 $P_{ADr}$ 值的影响；当两机距离小于 $R_m$ 时，目标机的干扰成为影响距离态势值的主要因素。因此在 $|\boldsymbol{d}_{AD}|=R_m$ 时距离态势值取到最大值 1，$R_m$ 为最佳攻击距离。

通过式(14.3)和式(14.4)不难发现，攻击态势值 $P_{AD}$ 的值域为 $[-1,1]$。

# 14.3 多机总攻击态势函数建模

考虑多个飞机攻击目标机的情形，令攻击机 $A,B,C,E$ 等组成的集合为 $\Omega_A=\{A,B,C,E,\cdots\}$，则所有攻击机对目标机的攻击态势总和称为总攻击态势。在实际对抗中，如果目标机突然改变方向可能导致攻击方态势急剧下降，不利于攻击方对目标保持持续威胁。因此，总攻击态势值不仅要考虑多机对目标机在当前位置下的攻击态势，而且应该考虑目标机逃逸情形下的攻击态势函数。下面将对这两种情形下的攻击态势函数进行建模。本章中假定所有飞机均处于同一飞行平面，即飞行高度相同。

## 14.3.1 当前位置的攻击态势函数

根据式(14.4)可知，对于 $\forall k\in\Omega_A$，攻击机 $k$ 对目标机的距离态势函数为

$$P_{kDr}=\begin{cases}|\boldsymbol{d}_{kD}|/R_m, & |\boldsymbol{d}_{kD}|<R_m\\ k_1+k_2+k_3(R_I-|\boldsymbol{d}_{kD}|)/(R_I-R_m), & R_m\leqslant|\boldsymbol{d}_{kD}|<R_I\\ k_1+k_2(R_f-|\boldsymbol{d}_{kD}|)/(R_f-R_I), & R_I\leqslant|\boldsymbol{d}_{kD}|<R_f\\ k_1(R_s-|\boldsymbol{d}_{kD}|)/(R_s-R_f), & R_f\leqslant|\boldsymbol{d}_{kD}|\leqslant R_s\\ 0, & |\boldsymbol{d}_{kD}|>R_s\end{cases} \tag{14.5}$$

式中：$\boldsymbol{d}_{kD}$ 为攻击机 $k$ 到目标机的目标线；$|\boldsymbol{d}_{kD}|$ 表示攻击机 $k$ 与目标机的距离。

通过式(14.5)不难发现 $P_{kDr}$ 是 $|\boldsymbol{d}_{kD}|$ 的函数,因此 $P_{kDr}$ 可写成如下形式:

$$P_{kDr} = P_{kDr}(|\boldsymbol{d}_{kD}|) \tag{14.6}$$

同样地,根据式(14.3)可知攻击机 $k$ 对目标机 $D$ 的角态势函数为

$$P_{kD\alpha} = 1 - \frac{|\varphi_{kD}| + |q_{kD}|}{\pi} \tag{14.7}$$

式中:$\varphi_{kD}$ 为攻击机 $k$ 相对于目标机 $D$ 的位置角;$q_{kD}$ 为目标机 $D$ 相对于攻击机 $k$ 的位置角。

通过式(14.7)不难发现 $P_{kD\alpha}$ 是 $\varphi_{kD}$ 和 $q_{kD}$ 的函数,因此 $P_{kD\alpha}$ 可写成如下形式:

$$P_{kD\alpha} = P_{kD\alpha}(\varphi_{kD}, q_{kD}) \tag{14.8}$$

由式(14.6)和式(14.8)可知,对于 $\forall k \in \Omega_A$,攻击机 $k$ 对目标机 $D$ 的攻击态势函数为

$$P_{kD}(\varphi_{kD}, q_{kD}, |\boldsymbol{d}_{kD}|) = P_{kD\alpha}(\varphi_{kD}, q_{kD}) \cdot P_{kDr}(|\boldsymbol{d}_{kD}|) \tag{14.9}$$

因此,多机对目标机在当前位置的攻击态势值为

$$P_{D总} = \sum_{k \in \Omega_A} P_{kD}(\varphi_{kD}, q_{kD}, |\boldsymbol{d}_{kD}|) \tag{14.10}$$

### 14.3.2　目标机"预逃跑"情形下的攻击态势函数

目标机"预逃跑"表示了目标机在某段时间 $\Delta T$ 潜在的逃跑情形,该情形尚未发生但是有可能发生。目标机在被追踪和围攻的过程中会存在突然改变方向的行为,这种突然行为发生的可能性是随机的。

图 14.2 表示目标机逃跑情形下的态势变化图。$A$ 和 $D$ 分别表示攻击机和目标机的原位置,$A'$ 和 $D'$ 则分别表示 $\Delta T$ 时间后的攻击机和目标机位置。$D'$ 又称作目标机的"预逃跑"位置。"预逃跑"位置说明了目标机的潜在逃跑位置。假设目标机在逃跑的 $\Delta T$ 时间内侧向过载大小为常值 $a_{\Delta T}$,并且速度大小保持不变,攻击机在这段时间内保持原速度运动。

图 14.2 是以目标机 $D$ 为坐标原点,以目标机 $D$ 的初始速度 $\boldsymbol{V}_D$ 的方向为 $y$ 轴方向,垂直 $\boldsymbol{V}_D$ 向右的方向为 $x$ 轴方向所建立的平面坐标系。目标机逃跑所经过的区域如图中蓝色区域 $S_e$ 所示。规定若侧向过载在速度 $\boldsymbol{V}_D$ 左侧则 $a_{\Delta T}$ 值为正,右侧则 $a_{\Delta T}$ 值为负。由于 $a_{\Delta T}$ 为常值,目标机在 $\Delta T$ 时间内为匀速圆周逃逸,设逃逸路线为圆心在 $o_D$ 处的圆弧,如虚线弧线 $DD'$ 所示。设圆 $o_D$ 半径为 $r_{DD'}$,目标机逃逸所转过的角度为 $\Phi$,$A'$ 的坐标为 $(x_A', y_A')$,$D'$ 的坐标为 $(x_D', y_D')$。在目标机"预逃跑"情形下的攻击态势分析中,假定 $|\boldsymbol{V}_A|$,$|\boldsymbol{V}_D|$ 和 $\Delta T$ 均为已知的常值。则根据匀速圆周运动规律可知:

$$r_{DD'} = \frac{|\boldsymbol{V}_D|^2}{a_{\Delta T}} \tag{14.11}$$

目标机的逃逸距离 $|\boldsymbol{d}_{DD'}|$ 为

$$\begin{aligned} |\boldsymbol{d}_{DD'}| &= \sqrt{2r_{DD'}^2 - 2r_{DD'}^2 \cos\left(\frac{a_{\Delta T}\Delta T}{|\boldsymbol{V}_D|}\right)} \\ &= r_{DD'}\sqrt{2 - 2\cos\left(\frac{a_{\Delta T}\Delta T}{|\boldsymbol{V}_D|}\right)} \end{aligned} \tag{14.12}$$

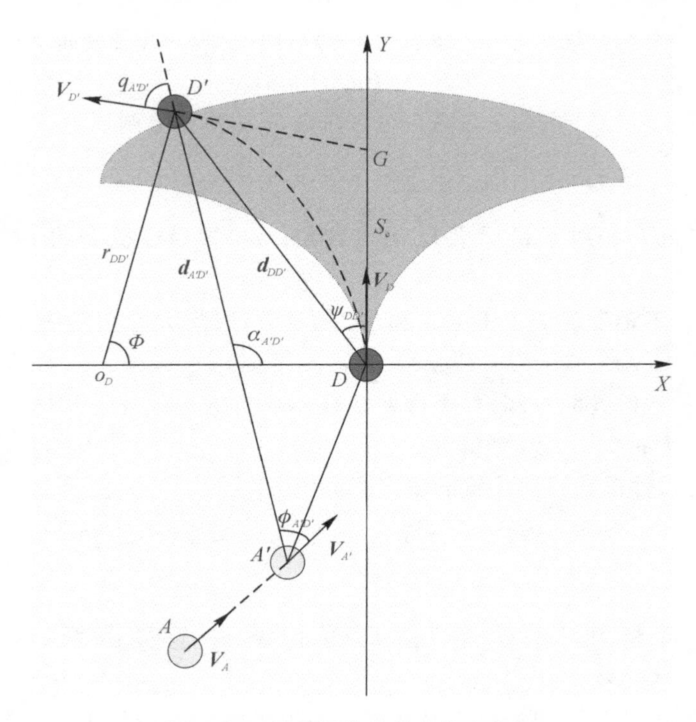


**图 14.2　目标机逃跑的态势变化图**

逃逸的角度 $\psi_{DD'}$ 为

$$\psi_{DD'} = \frac{a_{\Delta T}\Delta T}{2\left|\mathbf{V}_D\right|} \tag{14.13}$$

令 $\mathbf{V}_A$ 与 $x$ 轴的夹角为 $\alpha_{V_A}$ ，则

$$\alpha_{V_A} = \frac{\pi}{2} - q_{AD} + \varphi_{AD} \tag{14.14}$$

位置 $A$ 的坐标 $(x_A, y_A)$ 可表示为

$$\left.\begin{aligned} x_A &= -\left|\boldsymbol{d}_{AD}\right|\sin q_{AD} \\ y_A &= -\left|\boldsymbol{d}_{AD}\right|\cos q_{AD} \end{aligned}\right\} \tag{14.15}$$

位置 $A'$ 的坐标 $(x_A{}', y_A{}')$ 可表示为

$$\left.\begin{aligned} x_A{}' &= -\left|\boldsymbol{d}_{AD}\right|\sin q_{AD} + \left|\mathbf{V}_A\right|\Delta T\cos\alpha_{V_A} \\ y_A{}' &= -\left|\boldsymbol{d}_{AD}\right|\cos q_{AD} + \left|\mathbf{V}_A\right|\Delta T\sin\alpha_{V_A} \end{aligned}\right\} \tag{14.16}$$

将式(14.14)代入式(14.16)可知位置 $A'$ 的坐标 $(x_A{}', y_A{}')$ 为

$$\left.\begin{aligned} x_A{}' &= -\left|\boldsymbol{d}_{AD}\right|\sin q_{AD} + \left|\mathbf{V}_A\right|\Delta T\cos\left(\frac{\pi}{2} - q_{AD} + \varphi_{AD}\right) \\ y_A{}' &= -\left|\boldsymbol{d}_{AD}\right|\cos q_{AD} + \left|\mathbf{V}_A\right|\Delta T\sin\left(\frac{\pi}{2} - q_{AD} + \varphi_{AD}\right) \end{aligned}\right\} \tag{14.17}$$

由于 $\left|\mathbf{V}_A\right|$ 和 $\Delta T$ 为固定的常值，$A'$ 在平面的位置仅与 $\left|\boldsymbol{d}_{AD}\right|$ ，$q_{AD}$ 以及 $\varphi_{AD}$ 有关。

位置 $D'$ 的坐标 $(x_D{}', y_D{}')$ 可表示为

$$\left.\begin{aligned} x_D{}' &= -d_{DD'}\sin\psi_{DD'} \\ y_D{}' &= d_{DD'}\cos\psi_{DD'} \end{aligned}\right\} \tag{14.18}$$

目标线 $\boldsymbol{d}_{A'D'}$ 为

$$\boldsymbol{d}_{A'D'} = (x_D{}' - x_A{}', y_D{}' - y_A{}') \tag{14.19}$$

因此,点 $D'$ 和 $A'$ 的距离为

$$|\boldsymbol{d}_{A'D'}| = \sqrt{(x_D{}' - x_A{}')^2 + (y_D{}' - y_A{}')^2} \tag{14.20}$$

将式(14.18)和代入式(14.20)可得

$$|\boldsymbol{d}_{A'D'}| = \sqrt{(-d_{DD'}\sin\psi_{DD'} - x_A{}')^2 + (d_{DD'}\cos\psi_{DD'} - y_A{}')^2} \tag{14.21}$$

将式(14.11)~式(14.13)代入式(14.21)可得

$$|\boldsymbol{d}_{A'D'}| = \sqrt{\left(-|\boldsymbol{d}_{DD'}|\sin\left(\frac{a_{\Delta T}\Delta T}{2|\mathbf{V}_D|}\right) - x_A{}'\right)^2 + \left(|\boldsymbol{d}_{DD'}|\cos\left(\frac{a_{\Delta T}\Delta T}{2|\mathbf{V}_D|}\right) - y_A{}'\right)^2} \tag{14.22}$$

根据式(14.11)、式(14.12)、式(14.17)和式(14.22)可知,$|\boldsymbol{d}_{A'D'}|$ 与 $a_{\Delta T}$,$|\boldsymbol{d}_{AD}|$,$q_{AD}$ 以及 $\varphi_{AD}$ 有关。距离态势函数 $P_{A'D'r}(|\boldsymbol{d}_{A'D'}|)$ 可写成

$$P_{A'D'r}(|\boldsymbol{d}_{A'D'}|) = P_{A'D'r}(\varphi_{AD}, q_{AD}, |\boldsymbol{d}_{AD}|, a_{\Delta T}) \tag{14.23}$$

令目标线 $\boldsymbol{d}_{A'D'}$ 与 $x$ 轴的夹角为 $\alpha_{A'D'}$,则

$$\alpha_{A'D'} = \frac{\pi}{2} - \arcsin\frac{x_D{}' - x_A{}'}{|\boldsymbol{d}_{A'D'}|} \tag{14.24}$$

速度 $\mathbf{V}_D{}'$ 与 $x$ 轴的夹角为 $\frac{\pi}{2} + \Phi$,因此目标机 $D'$ 与目标线 $\boldsymbol{d}_{A'D'}$ 的夹角为

$$q_{A'D'} = \frac{\pi}{2} + \Phi - \alpha_{A'D'} \tag{14.25}$$

将式(14.24)代入式(14.25)可得

$$\begin{aligned} q_{A'D'} &= \frac{\pi}{2} + \Phi - \left(\frac{\pi}{2} - \arcsin\frac{x_D{}' - x_A{}'}{|\boldsymbol{d}_{A'D'}|}\right) \\ &= \Phi + \arcsin\frac{x_D{}' - x_A{}'}{|\boldsymbol{d}_{A'D'}|} \end{aligned} \tag{14.26}$$

通过式(14.22)可知 $|\boldsymbol{d}_{A'D'}|$ 与 $a_{\Delta T}$,$|\boldsymbol{d}_{AD}|$,$q_{AD}$ 以及 $\varphi_{AD}$ 有关。因此 $q_{A'D'}$ 与 $a_{\Delta T}$,$|\boldsymbol{d}_{AD}|$,$q_{AD}$ 以及 $\varphi_{AD}$ 有关。

由于攻击机 $A'$ 与目标线 $\boldsymbol{d}_{A'D'}$ 的夹角为

$$\varphi_{A'D'} = \alpha_{A'D'} - \alpha_{V_A} \tag{14.27}$$

同样地,根据式(14.24)和式(14.14)可知 $\alpha_{A'D'}$ 与 $a_{\Delta T}$,$|\boldsymbol{d}_{AD}|$,$q_{AD}$ 以及 $\varphi_{AD}$ 有关,$\alpha_{V_A}$ 与 $q_{AD}$,$\varphi_{AD}$ 有关。因此,$\varphi_{A'D'}$ 与 $a_{\Delta T}$,$|\boldsymbol{d}_{AD}|$,$q_{AD}$ 以及 $\varphi_{AD}$ 有关。

由式(14.3)可得

$$P_{A'D'\alpha} = 1 - \frac{|\varphi_{A'D'}| + |q_{A'D'}|}{\pi} \tag{14.28}$$

由于 $q_{A'D'}$ 和 $\varphi_{A'D'}$ 均为 $a_{\Delta T}$,$|\boldsymbol{d}_{AD}|$,$q_{AD}$ 以及 $\varphi_{AD}$ 的函数,因此,角态势函数 $P_{A'D'\alpha}$ 可写成

$$P_{A'D'\alpha} = P_{A'D'\alpha}(\varphi_{AD}, q_{AD}, |\boldsymbol{d}_{AD}|, a_{\Delta T}) \tag{14.29}$$

因此,由式(14.23)和式(14.29)可知,攻击机 $A'$ 对目标机“预逃跑”位置 $D'$ 的攻击态势

值为

$$P_{A'D'}(\varphi_{AD},q_{AD},|\boldsymbol{d}_{AD}|,a_{\Delta T}) = P_{A'D'\alpha} \cdot P_{A'D'r} \tag{14.30}$$

在多机对目标机进行攻击时，目标机"预逃跑"情形下的态势变化如示意图14.3所示。图14.3中攻击机$A$和攻击机$B$等多个飞机同时对目标机$D$进行追踪攻击。当目标机$D$突然逃跑到位置$D'$时，攻击机$k(k=A,B,C,\cdots)$通常在这个较短运动时间内没来得及改变速度，仍然会保持原速度运动到$k'(k'=A',B',C',\cdots)$。每个攻击机$k$对目标机"预逃跑"位置$D'$的攻击态势值分析与前面过程类似。

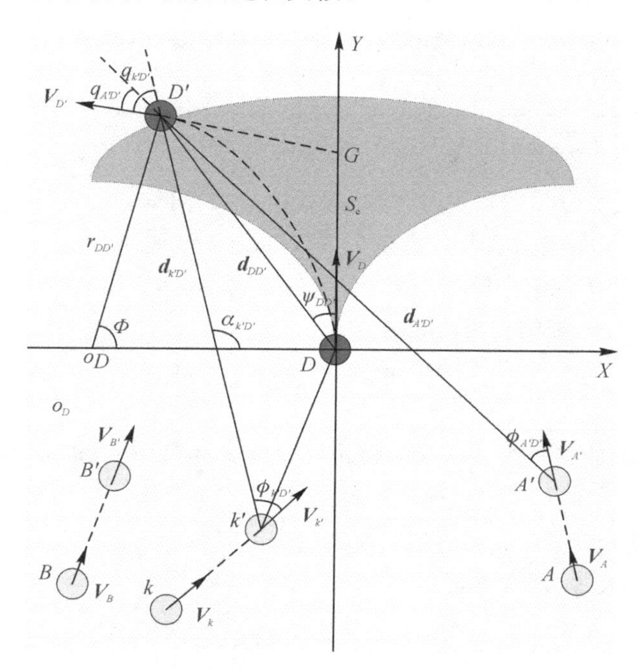


**图14.3 目标机逃跑时的多机攻击态势图**

对于$\forall k \in \Omega_A$，设攻击机$k$在$\Delta T$时间后的位置为$k'$。根据式(14.30)可知，攻击机$k'$对目标机"预逃跑"位置的攻击态势函数值为

$$P_{k'D'}(\varphi_{kD},q_{kD},|\boldsymbol{d}_{kD}|,a_{\Delta T}) = P_{k'D'\alpha} \cdot P_{k'D'r}, \quad k'=A',B',C',\cdots \tag{14.31}$$

因此，多机对目标机在"预逃跑"位置的攻击态势值为

$$P_{D'总} = \sum_{k\in\Omega_A} P_{k'D'}(\varphi_{kD},q_{kD},|\boldsymbol{d}_{kD}|,a_{\Delta T}) \tag{14.32}$$

## 14.3.3 总攻击态势函数

定义多机总攻击态势函数$P_{\text{total}}$为

$$P_{\text{total}} = \lambda_D P_{D总} + \lambda_D' P_{D'总} \tag{14.33}$$

由式(14.10)和式(14.32)可知多机总攻击态势函数$P_{\text{total}}$可以写成如下形式：

$$P_{\text{total}}(\varphi_{AD},\varphi_{BD},\cdots,q_{AD},q_{BD},\cdots,|\boldsymbol{d}_{AD}|,|\boldsymbol{d}_{BD}|,\cdots,a_{\Delta T}) = \lambda_D P_{D总} + \lambda_D' P_{D'总} \tag{14.34}$$

式中：$\lambda_D > 0$ 和 $\lambda_D' > 0$ 为权值。

通过式(14.34)可看出，总攻击态势函数包含了多机对目标机当前位置的攻击态势和“预逃跑”位置的攻击态势。因此，设计攻击方法使总攻击态势函数达到最优，可以得到两种情形下的综合攻击态势最优。

## 14.4　态势最优攻击方法设计

在前面所建立的总攻击态势函数模型基础上，本节将给出多机攻击目标机的方法。所设计的方法将使得总攻击态势函数值最大，从而使得攻击机对目标机保持较大的攻击态势。

由式(14.34)可知，总攻击态势函数值由变量 $\varphi_{AD},\varphi_{BD},\cdots,q_{AD},q_{BD},\cdots,|\boldsymbol{d}_{AD}|,|\boldsymbol{d}_{BD}|,\cdots,a_{\Delta T}$ 决定。其中变量 $a_{\Delta T}$ 是目标机“预逃跑”的侧向过载值。由式(14.15)可知 $q_{kD}$，$|\boldsymbol{d}_{kD}|$，$(k = A,B,\cdots)$ 值取决于攻击机 $k$ 在平面中的位置，由式(14.14)可知 $\varphi_{kD}$ $(k = A,B,\cdots)$ 值取决于攻击机 $k$ 的速度 $\boldsymbol{V}_k$ 方向以及 $q_{kD}$ 值。因此，$\varphi_{kD},q_{kD},|\boldsymbol{d}_{kD}|,k = A,B,\cdots$ 值取决于攻击机 $k$ 的位置和速度 $\boldsymbol{V}_k$ 方向。设计攻击方法使得总攻击态势函数最大的实质就是选取所有攻击机的位置和速度方向使 $P_{\text{total}}$ 值最大。

根据 $\varphi_{kD},q_{kD}$ $(\forall k \in \Omega_A)$ 的定义可知，若 $\varphi_{kD} = q_{kD}$，则攻击机与目标机运动方向相同。如果攻击机与目标机运动方向不相同，它们的相对位置会变化，队形也会跟着变化。因此，在 $\varphi_{kD} \neq q_{kD}$ 情形下所得到的攻击队形不是稳定的队形，所以本章考虑 $\varphi_{kD} = q_{kD}(k = A, B,\cdots)$ 的情形，此时，攻击机 $k$ 的速度 $\boldsymbol{V}_k$ 方向与目标机 $D$ 相同，只需确定攻击机的位置来使得 $P_{\text{total}}$ 值最大。理想的攻击机位置应该满足下式：

$$\left.\begin{array}{l}\max\limits_{\Omega_{\text{m}}}\{\min\limits_{|a_{\Delta T}|\leqslant a_{\text{M}}} P_{\text{total}}(q_{AD},q_{BD},\cdots,|\boldsymbol{d}_{AD}|,|\boldsymbol{d}_{BD}|,\cdots,a_{\Delta T})\} \\ |\boldsymbol{d}_{ij}| \geqslant d_{\text{safe}},\quad \forall i,j \in \Omega_A \text{ 且 } i \neq j\end{array}\right\} \tag{14.35}$$

$$\Omega_{\text{m}} = \{(q_{kD},|\boldsymbol{d}_{kD}|)|-\pi \leqslant q_{kD} \leqslant \pi,\quad |\boldsymbol{d}_{kD}| > 0, k \in \Omega_A\} \tag{14.36}$$

式中：$a_{\text{M}}$ 为目标机可达到的最大侧向过载值；$\boldsymbol{d}_{ij}$ 表示从攻击机 $i$ 到攻击机 $j$ 的目标线；$|\boldsymbol{d}_{ij}|$ 表示攻击机 $i$ 与攻击机 $j$ 的距离；$d_{\text{safe}}$ 表示两个攻击机之间的最小安全距离。求解式(14.35)可得每个攻击机的理想位置，理想位置组成的队形称为多机攻击单目标的理想队形。

因此，令目标机 $D$ 在 $t$ 时刻的坐标为 $(x_D(t),y_D(t))$，速度 $\boldsymbol{V}_D(t)$ 与 $y$ 轴的夹角为 $\alpha_{V_D}$，取逆时针时的 $\alpha_{V_D}$ 值为正。态势最优攻击方法是将理想队形作为多机攻击时的期望队形，攻击机 $k$ 跟踪期望队形中的对应位置，即攻击机 $k$ 跟踪位置 $(x_D(t) + x_{kD}^*, y_D(t) + y_{kD}^*)$，其中：

$$\left.\begin{array}{l}x_{kD}^* = -|\boldsymbol{d}_{kD}^*|\sin(q_{kD}^* - \alpha_{V_D}) \\ y_{kD}^* = -|\boldsymbol{d}_{kD}^*|\cos(q_{kD}^* - \alpha_{V_D})\end{array}\right\} \tag{14.37}$$

式中：$q_{kD}^*$，$|\boldsymbol{d}_{kD}^*|$，$k=A,B,\cdots$ 为式(14.35)的解。对比式(14.15)和式(14.37)可知，$(x_{kD}^*$，$y_{kD}^*)$ 表示理想队形中的攻击机 $k$ 相对于目标机 $D$ 的位置。

# 14.5 实验仿真与分析

为验证本章所设计方法的有效性，分别对 2 个攻击机和 3 个攻击机协同攻击情形进行仿真分析。

先考察攻击机数量为 2 个的情形。仿真中的参数设置为：$\Delta T=2\ \mathrm{s}$，$a_M=40\ \mathrm{m/s^{-2}}$，$|\boldsymbol{V}_A|=|\boldsymbol{V}_B|=|\boldsymbol{V}_D|=280\ \mathrm{km/h}$，$d_{\mathrm{safe}}=80\ \mathrm{m}$，$\lambda_D=1$，$\lambda_D{}'=1$，距离态势系数设置为：$k_1=0.6$，$k_2=0.2$，$k_3=0.2$，$R_{\mathrm{m}}=300\ \mathrm{m}$，$R_{\mathrm{I}}=1\ \mathrm{km}$，$R_0=2\ \mathrm{km}$，$R_{\mathrm{s}}=6\ \mathrm{km}$。图 14.4 为仿真所得的两机协同攻击阵形。攻击机 $A$ 和攻击机 $B$ 的位置如图中的实心圆圈 $A$ 和 $B$ 所示，此时有 $q_{AD}^*=0.129$，$q_{BD}^*=-0.129$，$|\boldsymbol{d}_{AD}^*|=|\boldsymbol{d}_{BD}^*|=326$。虚线表示目标机在 $\Delta T$ 时刻所有可能逃逸的位置。对于图 11.4 中攻击机 $A$ 和 $B$ 而言，目标机在 $D^*$ 位置处达到“预逃跑”攻击态势值最小，即 $D^*$ 为目标机在 $\Delta T$ 时刻的最佳逃逸位置。此情形下的态势最优攻击方法是：根据仿真所得的 $q_{AD}^*$，$q_{BD}^*$，$|\boldsymbol{d}_{AD}^*|$，$|\boldsymbol{d}_{BD}^*|$ 以及式(14.37)得出期望位置，攻击机 $A$ 和 $B$ 对期望位置进行跟踪。

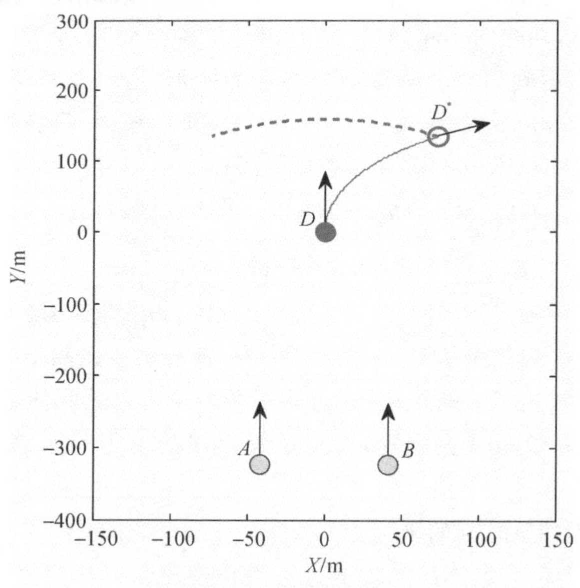


**图 14.4　两机协同攻击理想队形仿真结果图**

考察攻击机数量为 3 个的情形。仿真中的参数设置为：$|\boldsymbol{V}_A| = |\boldsymbol{V}_B| = |\boldsymbol{V}_C| = |\boldsymbol{V}_D| = 280\ \text{km/h}$，其他参数设置均与攻击机为 2 个的情形相同。图 14.5 为采用本章方法和常规围捕方法所得到的三机攻击阵形仿真结果。根据本章方法所得的最优态势攻击机位置如图 14.5 中的实心圆圈 $A,B,C$ 所示，此时式(14.35)的解 $q_{AD}^{*} = 0$，$q_{BD}^{*} = 0.249$，$q_{CD}^{*} = -0.249$，$|\boldsymbol{d}_{AD}^{*}| = |\boldsymbol{d}_{BD}^{*}| = |\boldsymbol{d}_{CD}^{*}| = 335$。根据该解及式(14.37)得出 $A,B,C$ 的期望位置，跟踪期望位置则实现最优态势攻击。采用常规围捕方法的攻击机位置如图 14.5 中的三角形 $A_1,B_1,C_1$ 所示。$A_1,B_1,C_1$ 均匀地分布在常规围捕方法的理想包围圈上。虚线表示目标机在 $\Delta T$ 时刻所有可能逃逸的位置。仿真结果表明，当攻击机采用本章方法的 $A,B,C$ 所示阵型以及常规围捕方法 $A_1,B_1,C_1$ 所示阵型时，目标机均在 $D^*$ 位置达到“预逃跑”攻击态势值最小，即 $D^*$ 为目标机在 $\Delta T$ 时刻的最佳逃逸位置。$D^*$ 位置为目标机采用极限侧向过载 $a_{\Delta T} = -40\ \text{m/s}^{-2}$ 逃跑时在 $\Delta T$ 时刻所到达位置。

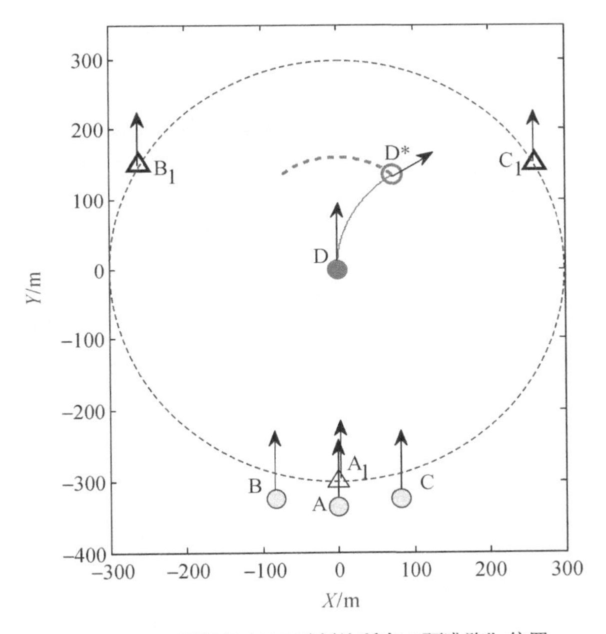


**图 14.5　3 机协同攻击理想队形仿真结果图**

两种方法所得到的3个攻击机对目标机在当前位置、“预逃跑”位置以及最佳逃逸位置的攻击态势值如表14.1所示。从表14.1可以看出，与常规围捕方法相比，采用本章方法所得到的攻击阵形具有更大的$P_{D总}$值和对目标机最佳逃逸位置的攻击态势值。当目标机处于虚线的“预逃跑”位置时，采用本章方法可得到的攻击态势值$P_{D'总}$的取值范围是[2.014, 2.655]，而常规围捕方法的$P_{D'总}$取值范围是[0.025, 0.333]。这些结果表明，采用本章方法所得的攻击阵形对目标机的当前位置以及“预逃跑”位置都具有较大威胁能力，能很好地保持对目标机的较强攻击态势。

**表14.1　两种方法对目标机各个位置的攻击态势值**

| | 对当前位置的攻击态势值$P_{D总}$ | 对“预逃跑”位置的攻击态势值$P_{D'总}$ | 对$\Delta T$时刻最佳逃逸位置的攻击态势值 |
|---|---|---|---|
| 本章方法 | 2.655 0 | [2.014 2, 2.655 0] | 2.014 2 |
| 常规围捕方法 | 0.333 3 | [0.025 6, 0.333 3] | 0.025 6 |

# 14.6　本章小结

本章针对多机攻击单目标问题，提出了一种基于最优态势的攻击方法；构造了包含角态势和距离态势的攻击态势函数；考虑了目标机“预逃跑”的情形，建立了多机总攻击态势函数模型；求解了总攻击态势最优情形下各机的理想位置，从而获得了多机攻击的理想队形。仿真结果表明，所设计的攻击方法不仅对处于当前位置的目标机具有较好攻击态势，并且在目标机突然逃跑的情形下也具有很好的攻击态势。

# 参考文献

[1] 叶媛媛，薛宏涛，沈林成. 基于多智能体的无人作战防御系统不完全全局规划[J]. 系统仿真学报，2001，13(4)：411-413.

[2] 迟妍，邓宏钟，谭跃进. 作战智能体的攻击行为模型研究[J]. 系统工程与电子技术，2007，29(11)：1897-1899.

[3] 路月潭. 多无人机联合自动围捕策略研究[J]. 通化师范学院学报，2012，33(6)：18-24.

[4] 李嘉，梁瑾，陈小龙，等. 空地多智能体围捕系统体系结构设计与实现[J]. 兵工自动化，2015，34(5)：70-73.

[5] 黄天云，陈雪波，徐望宝，等. 基于松散偏好规则的群体机器人系统自组织协作围捕[J]. 自动化学报，2013，39(1)：57-68.

[6]　陈阳舟，王文星，代桂平. 基于角度优先的多机器人围捕策略[J]. 北京工业大学学报，2012，38(5)：716－720.

[7]　王斐，魏巍，闻时光，等.基于势点的未知动态环境下多移动机器人协作围捕[J].中国科技论文在线,2011，6(7)：524－530.

# 第15章　关键目标的多机自适应轨迹追踪方法研究

## 15.1　引　　言

对于关键目标的多机协同攻击问题，第6章给出了总攻击态势最优的理想队形。飞机需按理想队形中位置变化轨迹飞行，从而保持对关键目标的攻击态势最优。此外，多飞机在协同执行侦察、搜索、围捕等各种任务时常常需要各机到达指定位置或按期望轨迹飞行，如何保持稳定飞行以及跟踪期望轨迹是多机协同对抗中需要解决的重要问题。

目前，多智能体目标轨迹追踪控制方面已经取得了许多的成果。然而，这些成果主要针对智能体模型简单且为严反馈形式的情况，不适用于模型复杂的多机目标轨迹追踪问题。袁利平等人将无人机自动驾驶仪航向角与速度通道的动态特性简化为一阶动态模型，研究了多无人机同时到达的分散化控制方法，所建立的一阶动态模型参数称为自动驾驶仪速度通道系数与航向角通道系数。在此基础上，田鹏云等人研究了多无人机追踪动态目标的协同控制算法。针对无领导者的多无人机编队控制问题，张苗苗等人给出了基于边 Laplacian 一致性的分布式编队控制算法。对于多无人机的目标追踪问题，这些方法都取得了很好的控制效果。然而，它们都是在自动驾驶仪速度与航向角通道系数已知的条件下进行控制设计的。对于自动驾驶仪速度与航向角通道系数未知情形的研究则非常匮乏。鉴于自适应控制方法对未知模型具有强大的适应能力，本章将结合自适应理论对速度与航向角通道系数未知的问题进行研究。

本章利用自动驾驶仪一阶动态模型，建立包含扰动和系统内部误差因素的多攻击机运动模型。针对模型中的自动驾驶仪速度与航向角通道系数未知问题，设计未知系数自适应估计方程。采用补偿项消除扰动和系统内部误差对控制系统精度的影响，并且证明追踪控制系统的稳定性。最后，仿真结果验证本章方法的有效性，并且验证所设计方法可使得飞机追踪上最优攻击态势队形的位置变化轨迹。

# 15.2　问题描述

## 15.2.1　多机运动学模型

本章研究多个攻击机在二维平面的目标追踪问题，不考虑攻击机飞行高度的变化。假设总共有 $N$ 架攻击机，对于第 $i$ 架攻击机，其动态特性可以采用如下运动简化模型描述：

$$\dot{x}_i = V_i \cos\varphi_i \tag{15.1}$$

$$\dot{y}_i = V_i \sin\varphi_i \tag{15.2}$$

$$\dot{\varphi}_i = \omega_i \tag{15.3}$$

式中：$(x_i, y_i)$ 表示第 $i$ 个攻击机在二维平面中的位置；$V_i$ 为飞行速度；$\varphi_i$ 为航向角；$\omega_i$ 为航向角速度。实际中，每架攻击机都受到飞行速度限制和航向角速度限制，如下式所示：

$$0 < V_{\min,i} \leqslant V_i \leqslant V_{\max,i} \tag{15.4}$$

$$|\omega_i| \leqslant \omega_{\max,i} \tag{15.5}$$

式中：$V_{\min,i}, V_{\max,i}, \omega_{\max,i}$ 由攻击机的物理特性约束所决定。

理想的自动驾驶仪通常具有速度保持和航向保持能力，并且其响应特性近似于一阶动态特性。因此，可将攻击机自动驾驶仪速度保持和航向保持动态特性建模如下：

$$\dot{V}_i = a_{V,i}(V_i^c - V_i) \tag{15.6}$$

$$\dot{\varphi}_i = a_{\varphi,i}(\varphi_i^c - \varphi_i) \tag{15.7}$$

式中：$V_i^c$ 和 $\varphi_i^c$ 分别为自动驾驶仪速度指令和航向角指令；$a_{V,i}$ 和 $a_{\varphi,i}$ 分别为自动驾驶仪中航向通道和速度通道常系数，且满足 $a_{\varphi,i} > 0, a_{V,i} > 0$。

本章考虑攻击机受到电子干扰以及系统内部误差，建立如下自动驾驶仪的速度保持和航向保持控制模型：

$$\dot{V}_i = a_{V,i}(V_i^c - V_i) + \Delta_{i1}(V_i, t) \tag{15.8}$$

$$\dot{\varphi}_i = a_{\varphi,i}(\varphi_i^c - \varphi_i) + \Delta_{i2}(\varphi_i, t) \tag{15.9}$$

式中：$\Delta_{i1}(V_i, t)$ 和 $\Delta_{i2}(\varphi_i, t)$ 分别表示电子干扰对追踪飞机的影响以及系统内部误差等。

**假设 15.1：**自动驾驶仪航向通道和速度通道常系数 $a_{V,i}$ 和 $a_{\varphi,i}$ 均为未知，且满足 $a_{\varphi,i} = c_0 a_{V,i}$，$c_0$ 是已知正数。

定义 $\boldsymbol{P}_i = (x_i, y_i)^{\mathrm{T}}$，$\boldsymbol{V}_{i,P} = (V_{i,x}, V_{i,y})^{\mathrm{T}}$，$V_{i,x} = V_i \cos\varphi_i$，$V_{i,y} = V_i \sin\varphi_i$，则根据式(15.1)、式(15.2)、式(15.8)和式(15.9)，可建立如下多攻击机运动学模型：

$$\left.\begin{aligned}
&\dot{\boldsymbol{P}}_i = \boldsymbol{V}_{i,P} \\
&\dot{V}_{i,x} = (a_{V,i}(u_{i1} - V_i) + \Delta_{i1}(V_i, t))\cos\varphi_i - V_i(a_{\varphi,i}(u_{i2} - \varphi_i) + \Delta_{i2}(\varphi_i, t))\sin\varphi_i \\
&\dot{V}_{i,y} = (a_{V,i}(u_{i1} - V_i) + \Delta_{i1}(V_i, t))\sin\varphi_i + V_i(a_{\varphi,i}(u_{i2} - \varphi_i) + \Delta_{i2}(\varphi_i, t))\cos\varphi_i
\end{aligned}\right\} \tag{15.10}$$

式中：$u_{i1} = V_i^c$；$u_{i2} = \varphi_i^c$。

定义：

$$\boldsymbol{f}_i(V_i,\varphi_i)=\begin{bmatrix}-V_i a_{V,i}\cos\varphi_i+V_i\varphi_i a_{\varphi,i}\sin\varphi_i\\-V_i a_{V,i}\sin\varphi_i-V_i\varphi_i a_{\varphi,i}\cos\varphi_i\end{bmatrix}\tag{15.11}$$

$$\boldsymbol{\Delta}_i=\begin{bmatrix}\Delta_i^{(1)}\\\Delta_i^{(2)}\end{bmatrix}=\begin{bmatrix}\Delta_{i1}(V_i,t)\cos\varphi_i-V_i\Delta_{i2}(\varphi_i,t)\sin\varphi_i\\\Delta_{i1}(V_i,t)\sin\varphi_i+V_i\Delta_{i2}(\varphi_i,t)\cos\varphi_i\end{bmatrix}\tag{15.12}$$

$$\boldsymbol{B}_{i0}=\begin{bmatrix}\cos\varphi_i & -V_i\sin\varphi_i\\\sin\varphi_i & V_i\cos\varphi_i\end{bmatrix}\tag{15.13}$$

$$\boldsymbol{\alpha}_i=\begin{bmatrix}1 & 0\\0 & c_0\end{bmatrix}\tag{15.14}$$

则式(15.10)可写成

$$\left.\begin{aligned}\dot{\boldsymbol{P}}_i&=\boldsymbol{V}_{i,P}\\\dot{\boldsymbol{V}}_{i,P}&=\boldsymbol{f}_i(V_i,\varphi_i)+a_{V,i}\boldsymbol{B}_i u_i+\boldsymbol{\Delta}_i\end{aligned}\right\}\tag{15.15}$$

式中：$\boldsymbol{u}_i=(u_{i1},u_{i2})^{\mathrm{T}}$；$\boldsymbol{B}_i=\boldsymbol{B}_{i0}\boldsymbol{\alpha}_i$。

**假设 15.2**：干扰项 $\Delta_{i1}(V_i,t)$ 和 $\Delta_{i2}(\varphi_i,t)$ 是有界的，即存在未知正数 $\Delta_{i1}^*$ 和 $\Delta_{i2}^*$ 使得 $|\Delta_{i1}(V_i,t)|\leqslant\Delta_{i1}^*$ 和 $|\Delta_{i2}(\varphi_i,t)|\leqslant\Delta_{i2}^*$ 成立。

根据假设 15.2 不难得出下式成立：

$$|\Delta_i^{(1)}|\leqslant\Delta_{i1}^*+V_{\max,i}\Delta_{i2}^*\tag{15.16}$$

$$|\Delta_i^{(2)}|\leqslant\Delta_{i1}^*+V_{\max,i}\Delta_{i2}^*\tag{15.17}$$

### 15.2.2 目标飞机运动轨迹与期望追踪轨迹

令目标飞机在 $t$ 时刻的轨迹坐标为 $(x_{\mathrm{T}}(t),y_{\mathrm{T}}(t))$，目标飞机的航向角为 $\psi_{V_D}$，取逆时针时的 $\psi_{V_D}(t)$ 值为正。定义第 $i$ 个攻击机的期望追踪轨迹为 $\boldsymbol{P}_{id}=(x_{id}^*,y_{id}^*)^{\mathrm{T}}$，$x_{id}^*$ 和 $y_{id}^*$ 定义为

$$\left.\begin{aligned}x_{id}^*(t)&=x_{\mathrm{T}}(t)+R_{\mathrm{T}}\cos[q_i^*+\psi_{V_D}(t)]\\y_{id}^*(t)&=y_{\mathrm{T}}(t)+R_{\mathrm{T}}\sin[q_i^*+\psi_{V_D}(t)]\end{aligned}\right\}\tag{15.18}$$

式中：$R_{\mathrm{T}}$ 和 $q_i^*$，$i=1,2,\cdots,N$ 是给定的常数。

本章的控制目标是设计自动驾驶仪的速度通道控制指令 $u_{i1}$ 和航向角通道控制指令 $u_{i2}$ 使得第 $i$ 个攻击机能追踪上目标轨迹 $\boldsymbol{P}_{id}(i=1,2,\cdots,N)$。

## 15.3 多机目标追踪控制指令设计与稳定性分析

设计自动驾驶仪的速度通道控制指令和航向角控制指令是能够实现攻击机稳定飞行和轨迹跟踪的关键。本节将基于建立的多攻击机运动学模型[见式(15.10)]，设计能估计自动

驾驶仪控制通道未知参数并实现轨迹跟踪的自适应控制指令。

### 15.3.1　轨迹追踪自适应控制指令设计

对于第 $i$ 个攻击机而言，其追踪误差为

$$\boldsymbol{e}_{P,i}=\boldsymbol{P}_i-\boldsymbol{P}_{id} \tag{15.19}$$

求 $\boldsymbol{e}_{P,i}$ 关于时间的导数可得

$$\dot{\boldsymbol{e}}_{P,i}=\dot{\boldsymbol{P}}_i-\dot{\boldsymbol{P}}_{id}=-k_{i1}\,\boldsymbol{e}_{P,i}+\boldsymbol{V}_{i,P}+k_{i1}\,\boldsymbol{e}_{P,i}-\dot{\boldsymbol{P}}_{id} \tag{15.20}$$

式中：$k_{i1}>0$ 为任意正数。

令第 $i$ 个攻击机的理想追踪速度 $\boldsymbol{V}_{id}$ 为

$$\boldsymbol{V}_{id}=\dot{\boldsymbol{P}}_{id}-k_{i1}\,\boldsymbol{e}_{P,i} \tag{15.21}$$

由式(15.20)不难发现，若 $\boldsymbol{V}_{i,P}=\boldsymbol{V}_{id}$，则追踪误差 $\boldsymbol{e}_{P,i}$ 将收敛到 $\boldsymbol{0}$。令 $\boldsymbol{V}_{i,P}$ 与理想追踪速度 $V_{id}$ 的误差 $\boldsymbol{e}_{V,i}$ 为

$$\boldsymbol{e}_{V,i}=\boldsymbol{V}_{i,P}-\boldsymbol{V}_{id} \tag{15.22}$$

结合式(15.15)求 $\boldsymbol{e}_{V,i}$ 关于时间的导数可得

$$\dot{\boldsymbol{e}}_{V,i}=\dot{\boldsymbol{V}}_{i,P}-\dot{\boldsymbol{V}}_{id}=\boldsymbol{f}_i(V_i,\varphi_i)+a_{V,i}\boldsymbol{B}_{i0}\,\boldsymbol{\alpha}_i u_i-\dot{\boldsymbol{V}}_{id}+\boldsymbol{\Delta}_i \tag{15.23}$$

由式(15.11)～式(15.14)可得

$$\boldsymbol{f}_i(V_i,\varphi_i)+a_{V,i}\boldsymbol{B}_{i0}\,\boldsymbol{\alpha}_i\,(V_i,\varphi_i)^{\mathrm{T}}=\boldsymbol{0} \tag{15.24}$$

因此，令 $\boldsymbol{u}_{if}=(V_i,\varphi_i)^{\mathrm{T}}$，则有

$$\boldsymbol{f}_i(V_i,\varphi_i)+a_{V,i}\boldsymbol{B}_{i0}\,\boldsymbol{\alpha}_i\,\boldsymbol{u}_{if}=\boldsymbol{0} \tag{15.25}$$

本章设计多攻击机目标追踪自适应控制指令 $\boldsymbol{u}_i$ 以及未知参数在线估计方程如下：

$$\boldsymbol{u}_i=\boldsymbol{u}_{if}+\boldsymbol{u}_{ic} \tag{15.26}$$

$$\boldsymbol{u}_{if}=(V_i,\varphi_i)^{\mathrm{T}} \tag{15.27}$$

$$\boldsymbol{u}_{ic}=\hat{h}_{V,i}\,\boldsymbol{\alpha}_i^{-1}\,\boldsymbol{B}_{i0}^{-1}\,\bar{\boldsymbol{u}}_{ic} \tag{15.28}$$

$$\bar{\boldsymbol{u}}_{ic}=-k_{i,2}\,e_{V,i}-\boldsymbol{e}_{P,i}+\dot{\boldsymbol{V}}_{id}-\boldsymbol{S}(e_{V,i})\boldsymbol{\rho}_i \tag{15.29}$$

$$\dot{\hat{h}}_{V,i}=-\gamma_{i,H}\,\boldsymbol{e}_{V,i}^{\mathrm{T}}\,\bar{\boldsymbol{u}}_{ic}-\gamma_{i,H}\sigma_{i,H}\hat{h}_{V,i} \tag{15.30}$$

式中：

$$\boldsymbol{e}_{V,i}=(e_{V,i}^{(1)},e_{V,i}^{(2)})^{\mathrm{T}} \tag{15.31}$$

$$\boldsymbol{S}(e_{V,i})=\begin{bmatrix}\mathrm{sgn}(e_{V,i}^{(1)}) & 0\\ 0 & \mathrm{sgn}(e_{V,i}^{(2)})\end{bmatrix} \tag{15.32}$$

式中：$k_{i,2}$，$k_{i1}$，$\gamma_{i,H}$，$\sigma_{i,H}$，$\boldsymbol{\rho}_i$ 是控制参数；$\rho_i$ 定义为 $\boldsymbol{\rho}_i=(\rho_{i1},\rho_{i2})^{\mathrm{T}}$；$\hat{h}_{V,i}$ 是对未知系数 $h_{V,i}$ 的估计值，$h_{V,i}$ 的定义为 $h_{V,i}=a_{V,i}^{-1}$。式(15.30)是未知参数 $h_{V,i}$ 的在线估计方程，可对估计值 $\hat{h}_{V,i}$ 进行在线更新。采用估计值 $\hat{h}_{V,i}$ 进行控制指令设计解决了自动驾驶仪控制通道参数 $a_{V,i}$ 未知所造成的设计困难。

## 15.3.2 追踪控制系统稳定性分析

针对设计的目标追踪自适应控制指令，下面证明多机目标追踪控制系统的稳定性以及追踪误差的收敛性。

**定理 15.1**:考虑含干扰项且自动驾驶仪控制通道系数未知的攻击机运动控制系统[见式(15.15)]，在假设 15.1 和假设 15.2 条件下，如果采用控制指令[见式(15.26)]和参数估计方程[见式(15.30)]，并选取设计参数 $k_{i,2}>0$，$k_{i1}>0$，$\gamma_{i,H}>0$，$\sigma_{i,H}>0$，$\rho_{i1}\geqslant\Delta_{i1}^{*}+V_{\max,i}\Delta_{i2}^{*}$，$\rho_{i2}\geqslant\Delta_{i1}^{*}+V_{\max,i}\Delta_{i2}^{*}$，那么轨迹追踪误差满足

$$\lim_{t\to\infty}\|\boldsymbol{e}_{P,i}\|\leqslant\beta_i,i=1,2,\cdots,N \tag{15.33}$$

式中：$\beta_i$ 为与控制参数相关的正数，并且追踪控制系统是稳定的。

**证明**:结合式(15.21)和式(15.22)，可将式(15.20)转化为

$$\dot{\boldsymbol{e}}_{P,i}=-k_{i1}\boldsymbol{e}_{P,i}+\boldsymbol{e}_{V,i} \tag{15.34}$$

将式(15.26)代入式(15.23)可得

$$\dot{\boldsymbol{e}}_{V,i}=\boldsymbol{f}_i(V_i,\varphi_i)+a_{V,i}\boldsymbol{B}_{i0}\boldsymbol{\alpha}_i(\boldsymbol{u}_{if}+\boldsymbol{u}_{ic})-\dot{\boldsymbol{V}}_{id}+\boldsymbol{\Delta}_i \tag{15.35}$$

结合式(15.25)和式(15.35)可知

$$\dot{\boldsymbol{e}}_{V,i}=a_{V,i}\boldsymbol{B}_{i0}\boldsymbol{\alpha}_i\boldsymbol{u}_{ic}-\dot{\boldsymbol{V}}_{id}+\boldsymbol{\Delta}_i \tag{15.36}$$

对第 $i$ 个攻击机，考察如下的 Lyapunov 函数：

$$L_i=\frac{1}{2}\boldsymbol{e}_{P,i}^{\mathrm{T}}\boldsymbol{e}_{P,i}+\frac{1}{2}\boldsymbol{e}_{V,i}^{\mathrm{T}}\boldsymbol{e}_{V,i}+\frac{a_{V,i}}{2\gamma_{i,H}}\tilde{h}_{V,i}^{2} \tag{15.37}$$

式中：$\tilde{h}_{V,i}=h_{V,i}-\hat{h}_{V,i}$。

由式(15.34)和式(15.36)可知 $L_i$ 关于时间的导数为

$$\begin{aligned}\dot{L}_i=&\boldsymbol{e}_{P,i}^{\mathrm{T}}(-k_{i1}\boldsymbol{e}_{P,i}+\boldsymbol{e}_{V,i})+\boldsymbol{e}_{V,i}^{\mathrm{T}}(a_{V,i}\boldsymbol{B}_{i0}\boldsymbol{\alpha}_i\boldsymbol{u}_{ic}-\dot{\boldsymbol{V}}_{id}+\boldsymbol{\Delta}_i)-\\&\frac{a_{V,i}}{\gamma_{i,H}}\tilde{h}_{V,i}\dot{\hat{h}}_{V,i}\end{aligned} \tag{15.38}$$

将式(15.28)和式(15.30)代入式(15.38)可得

$$\begin{aligned}\dot{L}_i=&\boldsymbol{e}_{P,i}^{\mathrm{T}}(-k_{i1}\boldsymbol{e}_{P,i}+\boldsymbol{e}_{V,i})+\boldsymbol{e}_{V,i}^{\mathrm{T}}(a_{V,i}\hat{h}_{V,i}\bar{\boldsymbol{u}}_{ic}-\dot{\boldsymbol{V}}_{id}+\boldsymbol{\Delta}_i)-\\&\frac{a_{V,i}}{\gamma_{i,H}}\tilde{h}_{V,i}(-\gamma_{i,H}\boldsymbol{e}_{V,i}^{T}\bar{\boldsymbol{u}}_{ic}-\gamma_{i,H}\sigma_{i,H}\hat{h}_{V,i})\end{aligned} \tag{15.39}$$

根据 $h_{V,i}=a_{V,i}^{-1}$ 和 $\tilde{h}_{V,i}=h_{V,i}-\hat{h}_{V,i}$ 可知

$$a_{V,i}\boldsymbol{e}_{V,i}^{\mathrm{T}}\hat{h}_{V,i}\bar{\boldsymbol{u}}_{ic}+a_{V,i}\tilde{h}_{V,i}\boldsymbol{e}_{V,i}^{\mathrm{T}}\bar{\boldsymbol{u}}_{ic}=\boldsymbol{e}_{V,i}^{\mathrm{T}}\bar{\boldsymbol{u}}_{ic} \tag{15.40}$$

利用式(15.40)可将式(15.39)转化为

$$\begin{aligned}\dot{L}_i=&\boldsymbol{e}_{P,i}^{\mathrm{T}}(-k_{i1}\boldsymbol{e}_{P,i}+\boldsymbol{e}_{V,i})+\boldsymbol{e}_{V,i}^{\mathrm{T}}(\bar{\boldsymbol{u}}_{ic}-\dot{\boldsymbol{V}}_{id}+\boldsymbol{\Delta}_i)+\\&a_{V,i}\sigma_{i,H}\tilde{h}_{V,i}\hat{h}_{V,i}\end{aligned} \tag{15.41}$$

由 $\tilde{h}_{V,i}=h_{V,i}-\hat{h}_{V,i}$ 可得

$$\begin{aligned}&\left(\frac{h_{V,i}^2}{2}-\frac{\tilde{h}_{V,i}^2}{2}\right)-\tilde{h}_{V,i}\hat{h}_{V,i}\\&=\frac{h_{V,i}^2}{2}-\frac{\tilde{h}_{V,i}^2}{2}-\tilde{h}_{V,i}(h_{V,i}-\tilde{h}_{V,i})\\&=\frac{h_{V,i}^2}{2}+\frac{\tilde{h}_{V,i}^2}{2}-\tilde{h}_{V,i}h_{V,i}\\&=\frac{1}{2}(\tilde{h}_{V,i}-h_{V,i})^2\end{aligned}\tag{15.42}$$

根据式(15.42)可知

$$\sigma_{i,H}a_{V,i}\left(\frac{h_{V,i}^2}{2}-\frac{\tilde{h}_{V,i}^2}{2}\right)-\sigma_{i,H}a_{V,i}\tilde{h}_{V,i}\hat{h}_{V,i}\geqslant 0\tag{15.43}$$

即下式成立：

$$\sigma_{i,H}a_{V,i}\tilde{h}_{V,i}\hat{h}_{V,i}\leqslant\sigma_{i,H}a_{V,i}\left(\frac{h_{V,i}^2}{2}-\frac{\tilde{h}_{V,i}^2}{2}\right)\tag{15.44}$$

结合式(15.44)可将式(15.41)转化为

$$\begin{aligned}\dot{L}_i\leqslant\ &\boldsymbol{e}_{P,i}^{\mathrm{T}}(-k_{i1}\,\boldsymbol{e}_{P,i}+\boldsymbol{e}_{V,i})+\boldsymbol{e}_{V,i}^{\mathrm{T}}(\bar{\boldsymbol{u}}_{ic}-\dot{\boldsymbol{V}}_{id}+\boldsymbol{\Delta}_i)-\\&\frac{\sigma_{i,H}a_{V,i}}{2}\tilde{h}_{V,i}^2+\frac{\sigma_{i,H}a_{V,i}}{2}h_{V,i}^2\end{aligned}\tag{15.45}$$

将式(15.29)代入式(15.45)可得

$$\begin{aligned}\dot{L}_i\leqslant&-k_{i1}\,\boldsymbol{e}_{P,i}^{\mathrm{T}}\boldsymbol{e}_{P,i}-k_{i,2}\,\boldsymbol{e}_{V,i}^{\mathrm{T}}\boldsymbol{e}_{V,i}+\boldsymbol{e}_{V,i}^{\mathrm{T}}[-\boldsymbol{S}(e_{V,i})\boldsymbol{\rho}_i+\boldsymbol{\Delta}_i]-\\&\frac{\sigma_{i,H}a_{V,i}}{2}\tilde{h}_{V,i}^2+\frac{\sigma_{i,H}a_{V,i}}{2}h_{V,i}^2\end{aligned}\tag{15.46}$$

注意，$\rho_{i1}\geqslant\Delta_{i1}^*+V_{\max,i}\Delta_{i2}^*$ 和 $\rho_{i2}\geqslant\Delta_{i1}^*+V_{\max,i}\Delta_{i2}^*$，由式(15.16)和式(15.17)可知：

$$\boldsymbol{e}_{V,i}^{\mathrm{T}}\Delta_i-\boldsymbol{e}_{V,i}^{\mathrm{T}}\boldsymbol{S}(e_{V,i})\boldsymbol{\rho}_i=\sum_{k=1}^{2}e_{V,i}^{(k)}\Delta_i^{(k)}-\sum_{k=1}^{2}e_{V,i}^{(k)}\rho_{ik}\leqslant 0\tag{15.47}$$

因此，结合式(15.46)和式(15.47)可得

$$\dot{L}_i\leqslant-k_{i1}\,\boldsymbol{e}_{P,i}^{\mathrm{T}}\boldsymbol{e}_{P,i}-k_{i,2}\,\boldsymbol{e}_{V,i}^{\mathrm{T}}\boldsymbol{e}_{V,i}-\frac{\sigma_{i,H}a_{V,i}}{2}\tilde{h}_{V,i}^2+\frac{\sigma_{i,H}a_{V,i}}{2}h_{V,i}^2\tag{15.48}$$

进一步可知

$$\dot{L}_i\leqslant-C_{i0}L_i+C_{i1}\tag{15.49}$$

式中：$C_{i0}=\min\{2k_{i1},2k_{i,2},\sigma_{i,H}\gamma_{i,H}\}$；$C_{i1}=\dfrac{\sigma_{i,H}a_{V,i}}{2}h_{V,i}^2$。

在区间 $[0,t]$ 上对式(15.49)两边进行积分得

$$L_i(t)\boldsymbol{e}^{\frac{C_{i1}}{C_{i0}}t}-L_i(0)\leqslant\frac{C_{i0}}{C_{i1}}(C_{i1}\boldsymbol{e}^{\frac{C_{i1}}{C_{i0}}t}-C_{i1})\tag{15.50}$$

于是有

$$L_i(t)\leqslant\left[L_i(0)-\frac{C_{i1}}{C_{i0}}\right]\boldsymbol{e}^{-\frac{C_{i1}}{C_{i0}}t}+\frac{C_{i1}}{C_{i0}}\tag{15.51}$$

由式(15.51)和 $C_{i0}>0$，$C_{i1}>0$ 可知，$L_i(t)$ 是有界的。由于 $L_i(t)$ 是有界的，所以 $\boldsymbol{e}_{P,i}$，

$\boldsymbol{e}_{V,i}$,$\hat{h}_{V,i}$ 是有界的。因此追踪控制系统是稳定的。

根据式(15.37)和式(15.51)可知：

$$\lim_{t\to\infty}\|\ \boldsymbol{e}_{P,i}\ \| \leqslant \lim_{t\to\infty}\sqrt{2\left\{\left[L_i(0)-\frac{C_{i1}}{C_{i0}}\right]\boldsymbol{e}^{-\frac{C_{i1}}{C_{i0}}t}+\frac{C_{i1}}{C_{i0}}\right\}},\quad i=1,2,\cdots,N \tag{15.52}$$

由于

$$\lim_{t\to\infty}\sqrt{2\left[L_i(0)-\frac{C_{i1}}{C_{i0}}\right]\boldsymbol{e}^{-\frac{C_{i1}}{C_{i0}}t}}=0 \tag{15.53}$$

根据式(15.52)和式(15.53)可知

$$\lim_{t\to\infty}\|\ \boldsymbol{e}_{P,i}\ \| \leqslant \beta_i, i=1,2,\cdots,N \tag{15.54}$$

式中：$\beta_i=\sqrt{2C_{i1}/C_{i0}}$。不难发现，可通过增大 $k_{i1}$,$k_{i,2}$,$\gamma_{i,H}$ 和减小 $\sigma_{i,H}$ 使得 $\beta_i$ 任意小。因此定理 15.1 成立。

# 15.4 实验仿真与分析

为验证本章所设计控制方法的有效性，下面给出 3 个仿真算例进行仿真实验分析。其中仿真算例 3 是对第 6 章中的攻击态势最优队形进行追踪。

## 15.4.1 仿真算例 1

假定攻击机 1、攻击机 2、攻击机 3 追踪目标飞机 $D$，目标飞机 $D$ 的运动轨迹 $(x_{\mathrm{T}}(t), y_{\mathrm{T}}(t))$ 为

$$\left.\begin{aligned} x_{\mathrm{T}}(t) &= V_{\mathrm{T}}\cos\varphi_{\mathrm{T}} \\ y_{\mathrm{T}}(t) &= V_{\mathrm{T}}\sin\varphi_{\mathrm{T}} \end{aligned}\right\} \tag{15.55}$$

式中：$V_{\mathrm{T}}=160\ \mathrm{m/s}$；$\varphi_{\mathrm{T}}=1.3-0.03t$。令 $R_{\mathrm{T}}=80\ \mathrm{m}$，当 $q_1^*=0$,$q_2^*=\frac{2}{3}\pi$,$q_3^*=-\frac{2}{3}\pi$ 时，式(15.18)所得到曲线分别为攻击机 1、攻击机 2、攻击机 3 的目标追踪轨迹。目标飞机 $D$ 在平面内初始位置为 (700 m,0)。攻击机 1、攻击机 2、攻击机 3 的初始位置分别为 (−1 000 m，−1 000 m)(−1 000 m,1 000 m)(500 m，−2 000 m)。仿真中，假设攻击机的自动驾驶仪控制通道系数分别为：$a_{V,1}=0.08$,$a_{V,2}=1$,$a_{V,3}=0.1$,$c_0=10$，干扰项设置为：$\Delta_{i1}=\sin(t)$,$\Delta_{i2}=0.2\cos(t)$,$i=1,2,3$。追踪攻击机所受到的速度和航向角加速度约束分别为：$0<100\ \mathrm{m/s}\leqslant V_i\leqslant 300\ \mathrm{m/s}$,$|\omega_i|\leqslant\frac{\pi}{3}\ \mathrm{rad/s}$,$i=1,2,3$。根据本章所设计的控制方法，采用式(15.26)构造追踪攻击机的控制指令 $\boldsymbol{u}_1$,$\boldsymbol{u}_2$,$\boldsymbol{u}_3$。对应的控制参数设置为 $k_{i1}=0.1$,$k_{i,2}=15$,$\gamma_{i,H}=10^{-5}$,$\sigma_{i,H}=0.1$,$\boldsymbol{\rho}_i=(3,3)^{\mathrm{T}}$,$i=1,2,3$。所得到的仿真结果如图 15.1～图 15.4 所示。

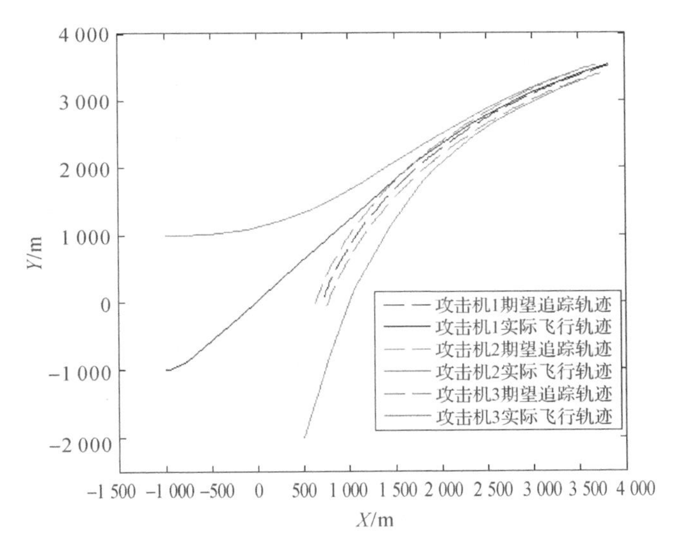


**图 15.1　目标追踪轨迹与实际飞行轨迹图**

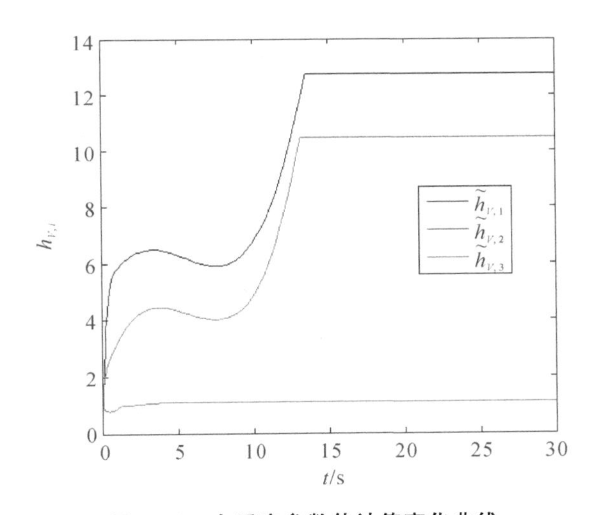


**图 15.2　自适应参数估计值变化曲线**

从图 15.1 可看出，本章所设计的控制方法可使得攻击机 1、攻击机 2、攻击机 3 很好地追踪各自的期望轨迹。图 15.2 为自动驾驶仪控制通道系数 $h_{V,i}$ 的自适应估计值变化曲线。图 15.3 和图 15.4 分别为攻击机的航向角和飞行速度曲线。这些结果表明，采用本章方法不仅能对自动驾驶仪控制通道未知参数进行在线估计，并且能很好地克服干扰因素的影响，具有非常好的控制性能。

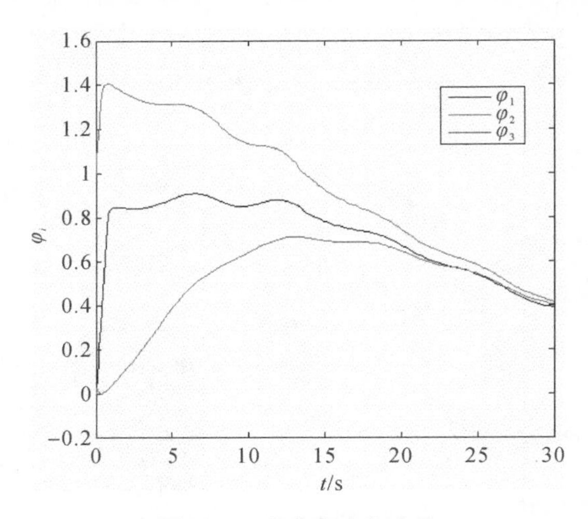


图 15.3　航向角变化曲线

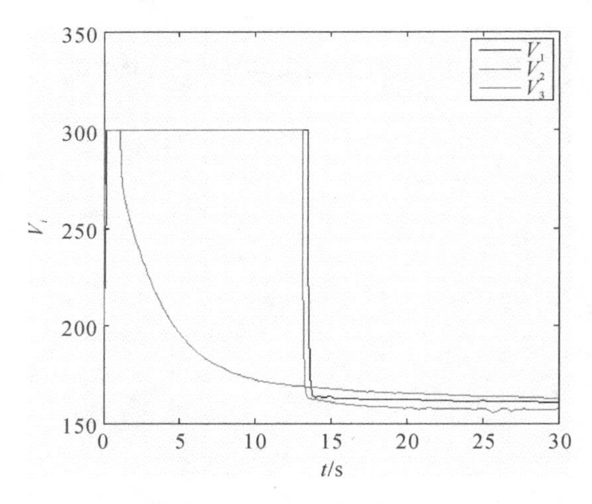


图 15.4　飞行速度变化曲线

## 15.4.2　仿真算例 2

假定攻击机 1、攻击机 2、攻击机 3 追踪目标飞机 $D$，目标飞机 $D$ 的运动轨迹（$x_{\mathrm{T}}(t)$，$y_{\mathrm{T}}(t)$）为

$$\left.\begin{aligned} x_{\mathrm{T}}(t) &= V_{\mathrm{T}}\cos\varphi_{\mathrm{T}} \\ y_{\mathrm{T}}(t) &= V_{\mathrm{T}}\sin\varphi_{\mathrm{T}} \end{aligned}\right\} \tag{15.56}$$

式中：$V_{\mathrm{T}} = 160\ \mathrm{m/s}$；$\varphi_{\mathrm{T}} = 1.3 + 0.03t$。令 $R_{\mathrm{T}} = 80\ \mathrm{m}$，当 $q_1^* = 0, q_2^* = \dfrac{2}{3}\pi, q_3^* = -\dfrac{2}{3}\pi$

时，式(15.18)所得到曲线分别为攻击机 1、攻击机 2、攻击机 3 的目标追踪轨迹。其他参数以及控制指令设置与仿真算例 1 相同。所得到的仿真结果如图 15.5～图 15.8 所示。通过图 15.5 可以看出，所设计的多机自适应追踪方法能够使得各个攻击机很好地追踪各自的期望轨迹。图 15.6 表示被估计的自适应参数值变化曲线。图 15.7 和图 15.8 分别给出各个攻击机的航迹角变化和飞行速度变化曲线。

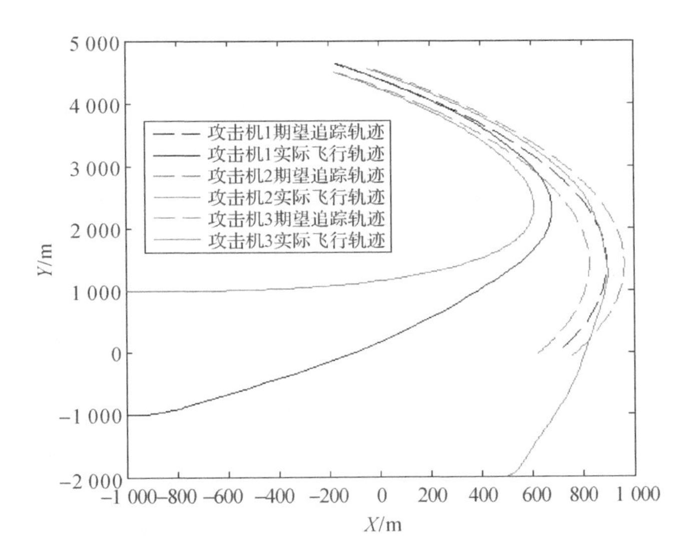


**图 15.5　目标追踪轨迹与实际飞行轨迹图**

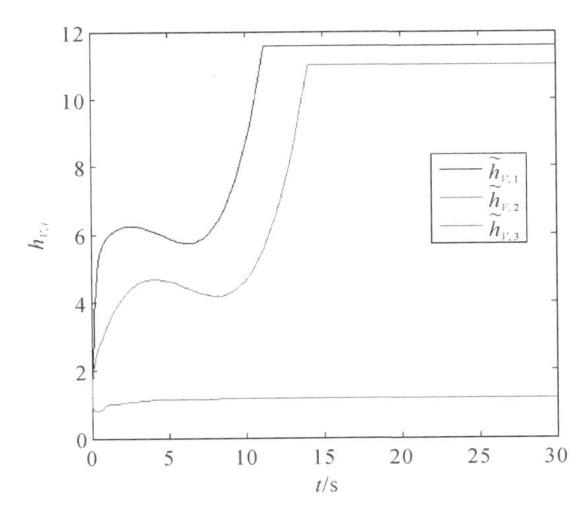


**图 15.6　自适应参数估计值变化曲线**

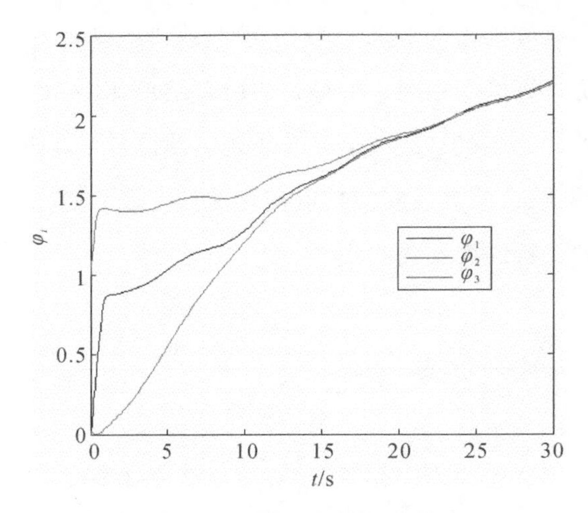


**图 15.7　航向角变化曲线**

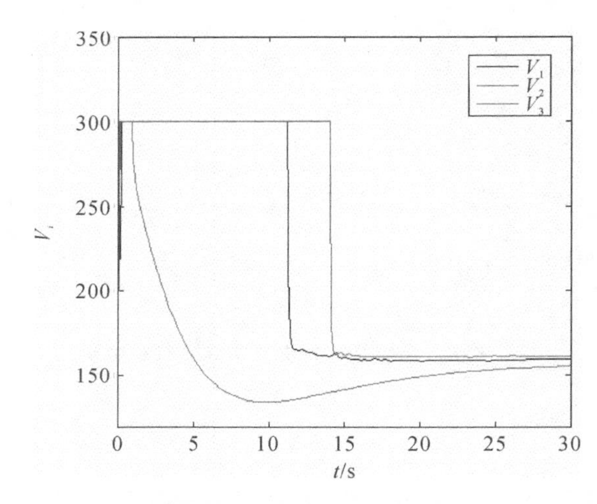


**图 15.8　飞行速度变化曲线**

## 15.4.3　仿真算例 3

根据第 6 章的方法可知，3 个攻击机可通过在追踪目标飞机过程中始终保持理想队形实现攻击态势最优，即 3 个攻击机分别追踪各自在理想队形中的对应位置。设目标飞机 D 的运动轨迹 $(x_T(t), y_T(t))$ 为

$$\left.\begin{aligned} x_T(t) &= V_T\cos\varphi_T \\ y_T(t) &= V_T\sin\varphi_T \end{aligned}\right\} \tag{15.57}$$

式中：$V_T = 160$ m/s，$\varphi_T = 1.3 - 0.01t$。根据第 6 章方法可得出理想队形。当 $R_T = 335$ m，$q_1^* = \pi$，$q_2^* = \pi - 0.249$，$q_3^* = \pi + 0.249$ 时，式(15.18)所得到位置分别为攻击机 1、攻击机 2、攻击机 3 的理想队形对应位置，位置随时间变化曲线为攻击机 1、攻击机 2、攻击机 3 的期

望追踪轨迹。仿真中,其他参数设置均与仿真算例一相同,得到的仿真结果如图 15.9～图 15.12 所示。

图 15.9 中的各个攻击机的期望追踪轨迹为理想队形中的对应位置变化轨迹。从图 15.9 可看出,采用本章设计的多机自适应追踪方法能够使攻击机实际飞行轨迹很快地跟踪上理想队形位置变化轨迹,并最终保持理想队形飞行。图 15.10 给出了自适应估计参数值变化曲线。图 15.11 和图 15.12 分别为 3 个攻击机在追踪过程中的航迹角和飞行速度变化曲线。

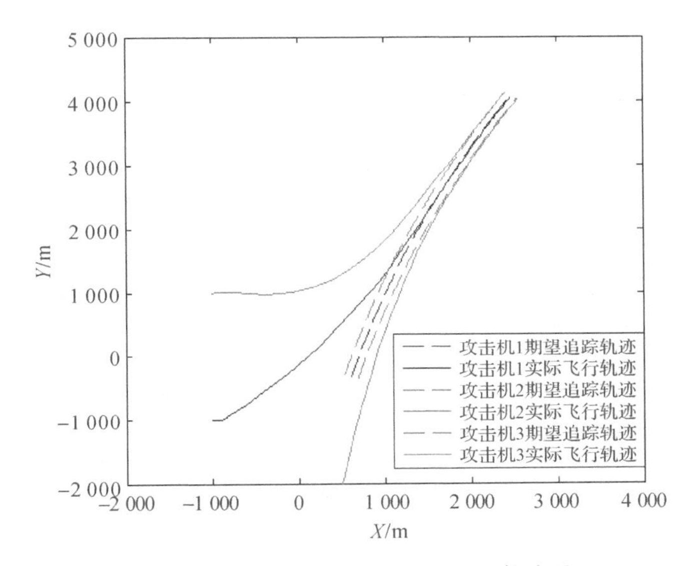


**图 15.9　目标追踪轨迹与实际飞行轨迹图**

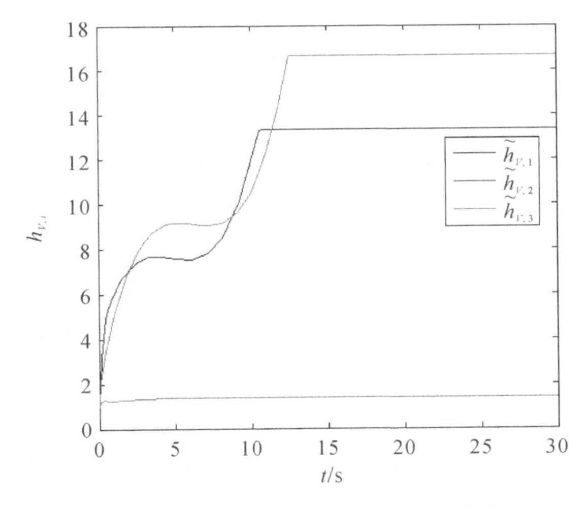


**图 15.10　自适应参数估计值变化曲线**

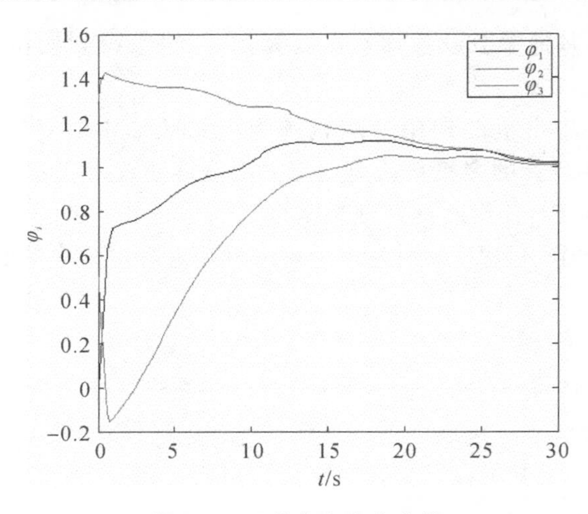


图 15.11　航向角变化曲线

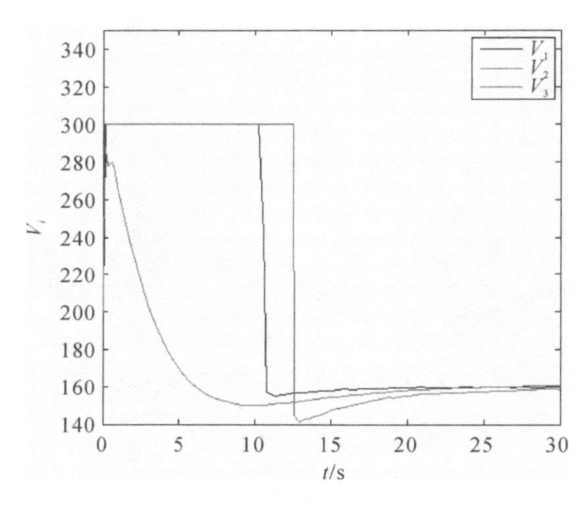


图 15.12　飞行速度变化曲线

# 15.5　本 章 小 结

本章对多攻击机目标轨迹追踪问题进行了深入研究，设计了目标追踪自适应控制指令；通过对自动驾驶仪控制通道系数进行在线估计，解决了速度与航向角通道系数未知所造成的设计困难；为克服外界干扰及系统内部误差因素对攻击机运动控制系统的影响，设计了在线补偿项来消除干扰项的影响；证明了目标轨迹追踪误差可以收敛于一个任意小的范围内；仿真结果表明，所设计的控制方法能使每个攻击机很好地追踪期望轨迹，达到了非常好的追踪效果。此外，仿真算例 3 的实验结果表明所设计的控制方法可使攻击机很好地追踪理想攻击队形。

# 参 考 文 献

[1] 袁利平，陈宗基，周锐. 多无人机同时到达的分散化控制方法[J]. 航空学报，2010，31(4)：797 - 805.

[2] 田鹏云，胡孟权. 多飞行器动态目标追踪协同控制研究[J]. 飞行力学，2017，35(4)：52 - 55.

[3] 钟春梅，赵振宇，孙海波，等. 多无人机协同目标跟踪闭环最优控制方法[J]. 探测与控制学报，2012，34(3)：13 - 18.

[4] 李大东，孙秀霞，李湘清. 基于视觉的多无人机协同目标跟踪控制律设计[J]. 系统工程与电子技术，2012，34(2)：364 - 368.

[5] 张庆杰. 基于一致性理论的多 UAV 分布式协同控制与状态估计方法[D]. 长沙：国防科学技术大学，2011.

[6] 邸斌，周锐，董卓宁. 考虑信息成功传递概率的多无人机协同目标最优观测与跟踪[J]. 控制与决策，2016，31(4)：616 - 622.

[7] LI H，CHEN G，HUANG T，et al. High-Performance Consensus Control in Networked Systems With Limited Bandwidth Communication and Time-Varying Directed Topologies[J]. IEEE Transactions on Neural Networks & Learning Systems，2017，28(5)：1043 - 1051.

[8] ZHANG H，JIANG H，LUO Y，et al. Data-Driven Optimal Consensus Control for Discrete-Time Multi-Agent Systems with Unknown Dynamics Using Reinforcement Learning Method[J]. IEEE Transactions on Industrial Electronics，2017，64(5)：4091 - 4100.

[9] 张苗苗，魏晨. 基于边 Laplacian 一致性的多无人机编队控制方法[J]. 中国科学(技术科学)，2017，47(3)：259 - 265.

[10] 刘棕成，陈勇，董新民，等. 含执行器非线性的多操纵面飞机自适应跟踪控制[J]. 系统工程与电子技术，2017，39(2)：383 - 390.

[11] LIU Z，DONG X，XUE J，et al. Adaptive Neural Control for a Class of Pure-feedback Nonlinear Systems via Dynamic Surface Technique[J]. IEEE Transactions on Neural Networks & Learning Systems，2016，27(9)：1969 - 1975.

[12] LIU Z，DONG X，XUE J，et al. Adaptive Neural Control for a Class of Time-delay Systems in the Presence of Backlash or Dead-zone Non-linearity[J]. IET Control Theory & Applications，2014，8(8)：1009 - 1022.

[13] LI Q N，YANG R N. Adaptive Tracking Control for a Class of Nonlinearnon-strict-feedback Systems[J]. Nonlinear Dynamics，2017，88(3)：1537 - 1550.

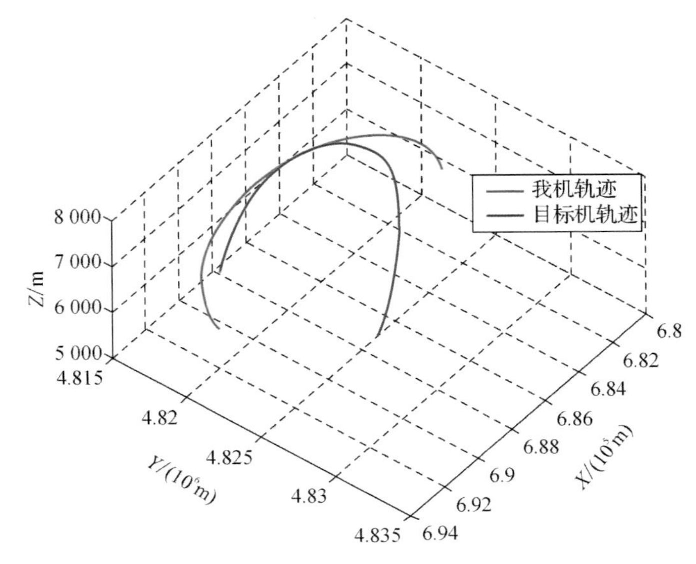


图 2.5　飞机轨迹图

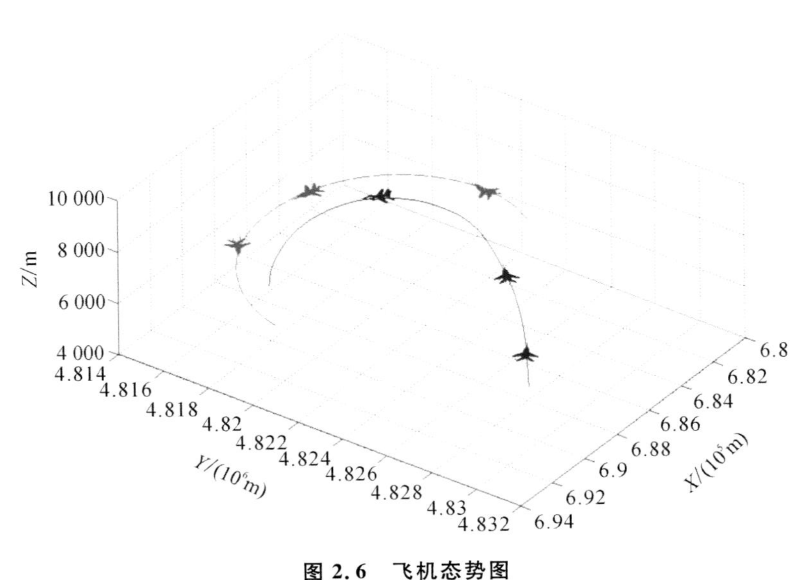


图 2.6　飞机态势图

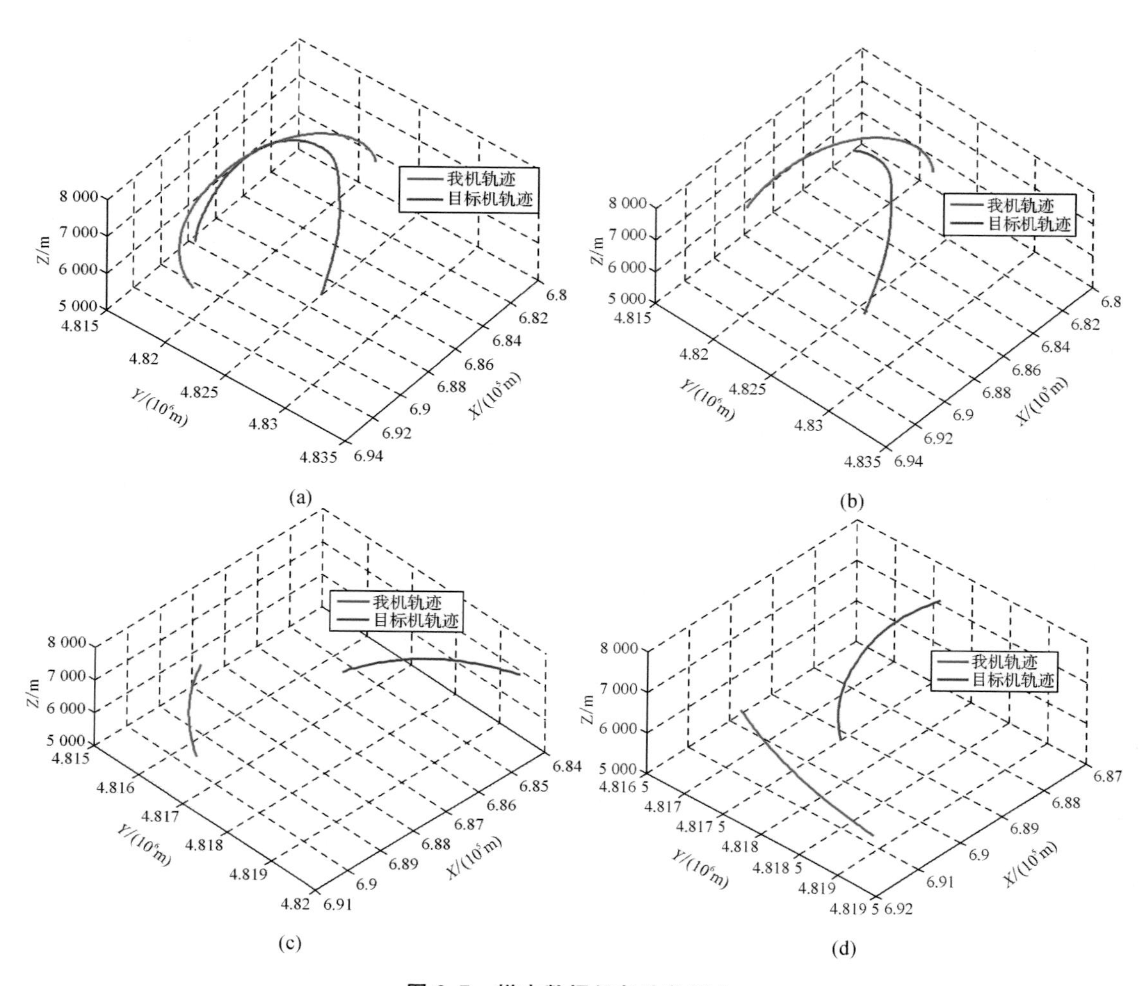


**图 2.7　样本数据任务阶段划分**

(a) 全样本；(b) 训练样本；(c) 测试样本 1；(d) 测试样本 2

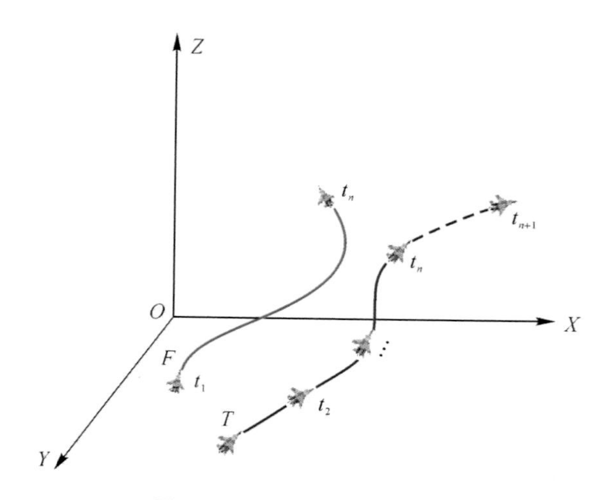


**图 4.1　目标轨迹预测示意图**

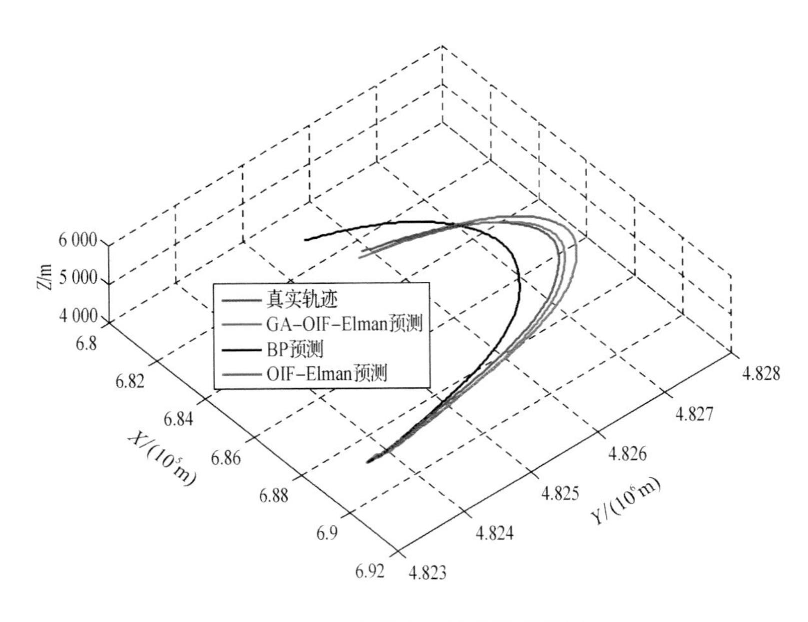


**图 4.8 测试样本 2 轨迹预测结果**

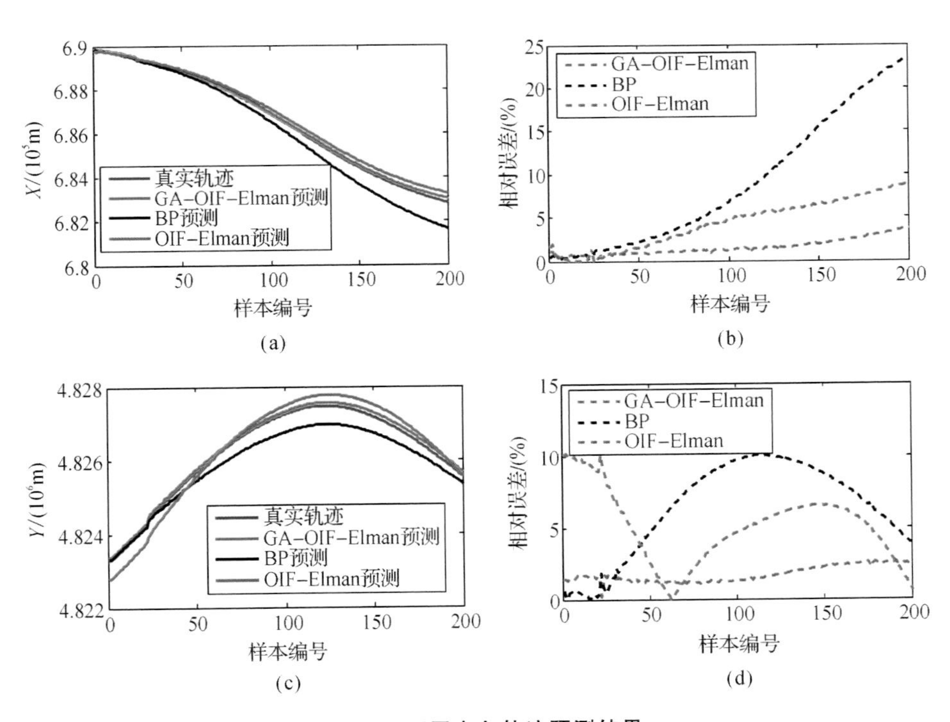


**图 4.9 不同方向轨迹预测结果**

(a) $X$ 方向轨迹预测结果；(b) $X$ 方向轨迹预测相对误差；

(c) $Y$ 方向轨迹预测结果；(d) $Y$ 方向轨迹预测相对误差

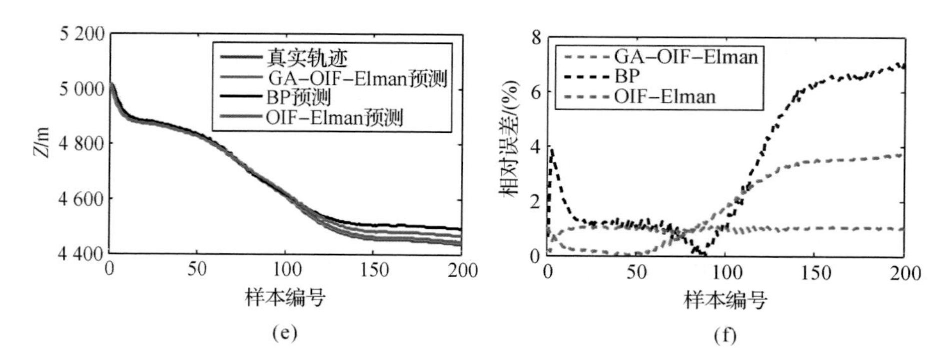


**续图 4.9 不同方向轨迹预测结果**

(e) $Z$ 方向轨迹预测结果；(f) $Z$ 方向轨迹预测相对误差

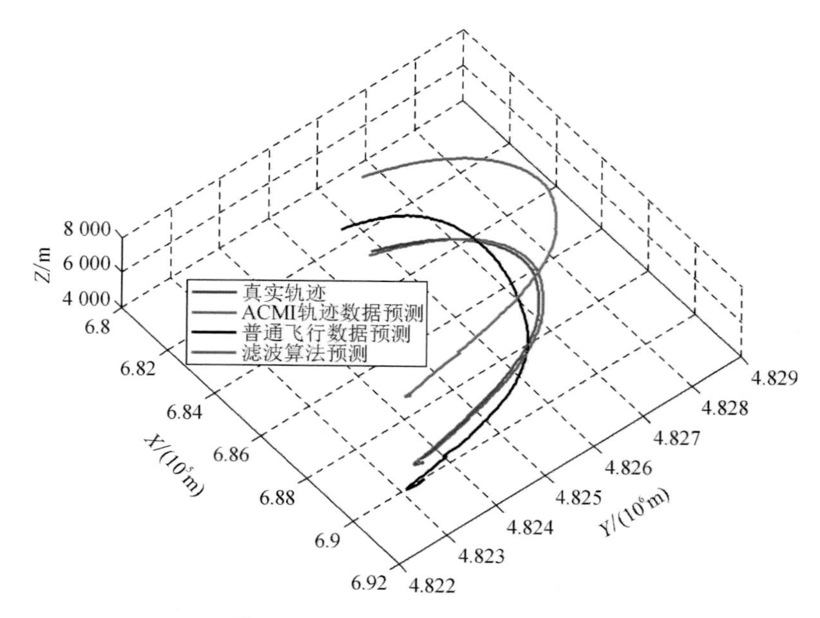


**图 4.10 测试样本 2 轨迹预测结果**

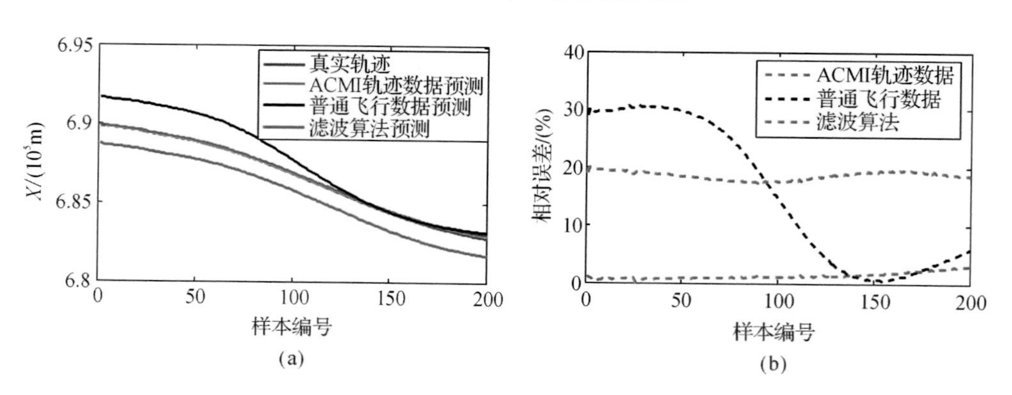


**图 4.11 不同方向轨迹预测结果**

(a) $X$ 方向轨迹预测结果；(b) $X$ 方向轨迹预测相对误差

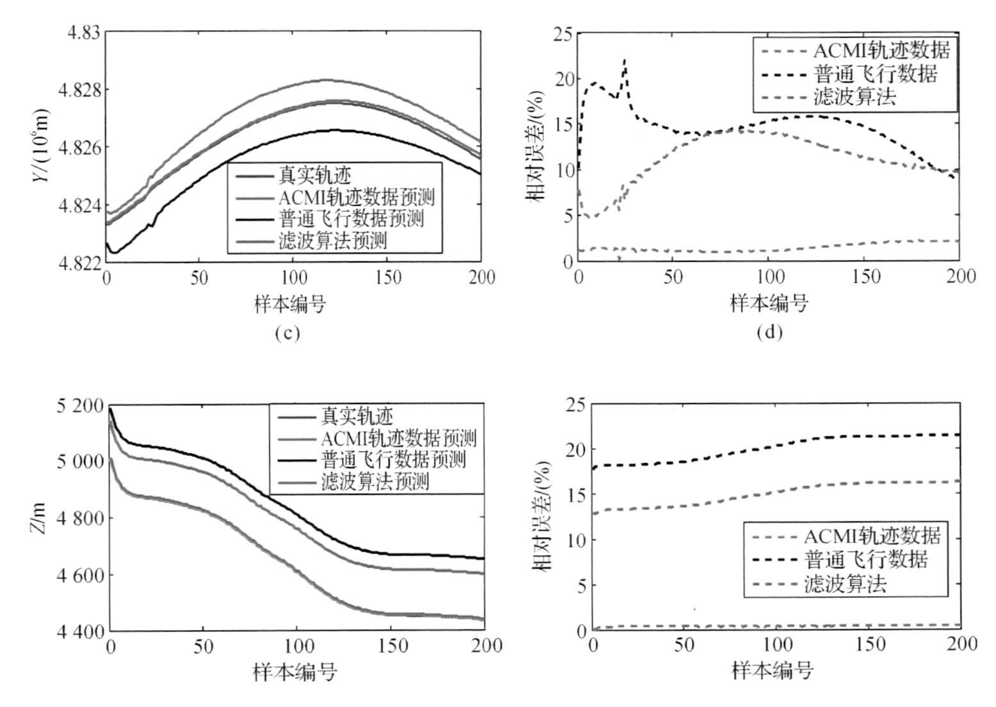


**续图 4.11　不同方向轨迹预测结果**

(c) $Y$ 方向轨迹预测结果；(d) $Y$ 方向轨迹预测相对误差；

(e) $Z$ 方向轨迹预测结果；（f）$Z$ 方向轨迹预测相对误差

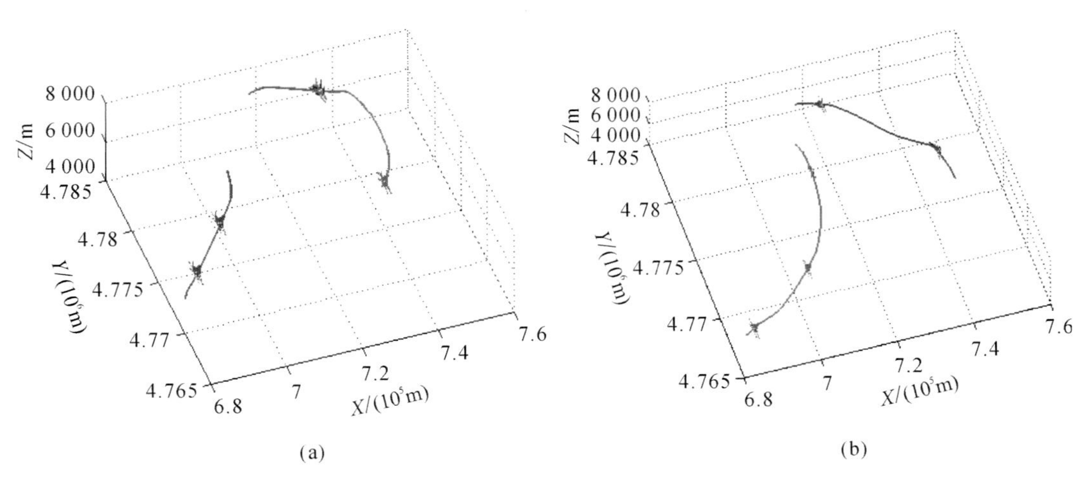


**图 5.6　突防意图数据轨迹图**

(a) 低空突防样本数据；（b）高空突防样本数据

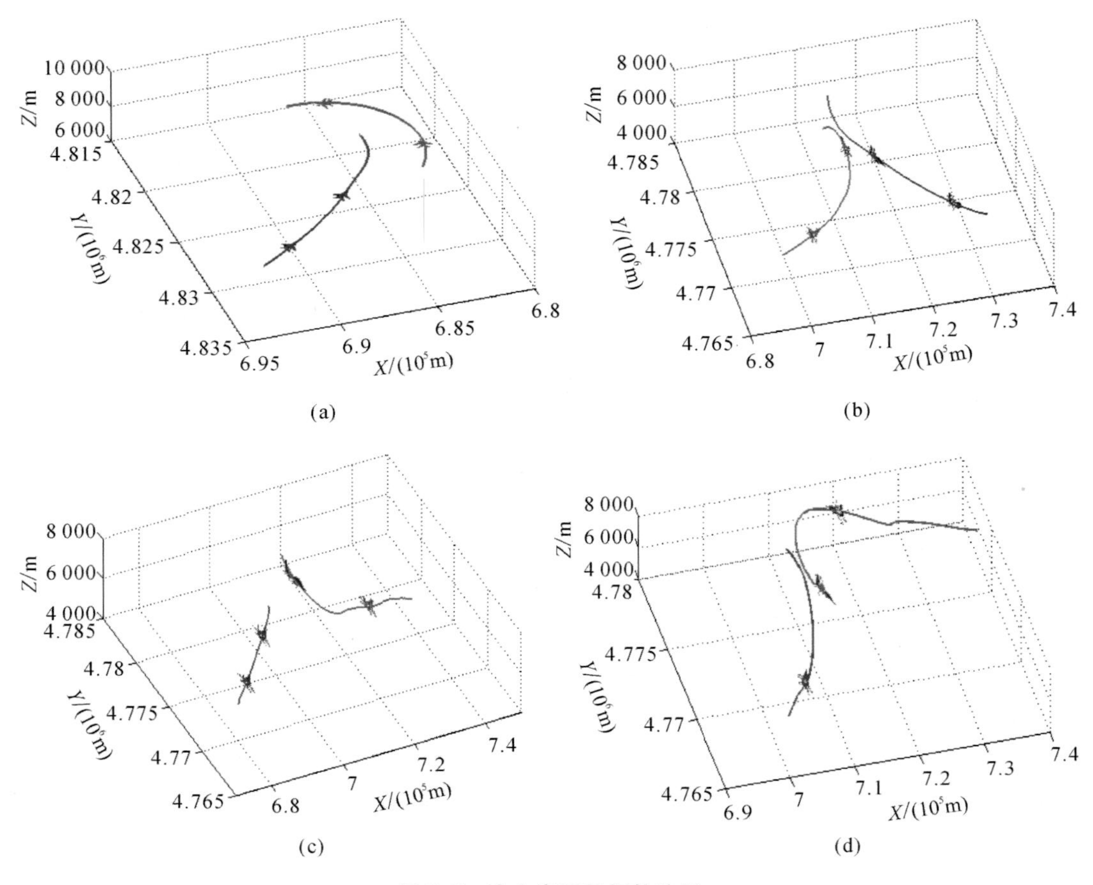


**图 5.7　攻击意图数据轨迹图**

(a) 尾后攻击样本数据；(b) 迎头攻击样本数据；(c) 右侧向攻击样本数据；(d) 左侧向攻击样本数据

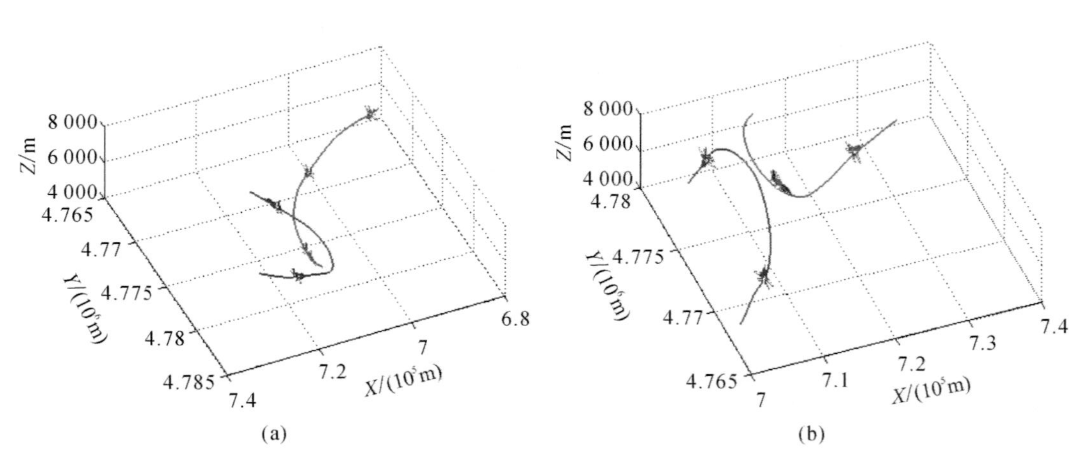


**图 5.8　佯攻意图数据轨迹图**

(a) 佯攻样本数据 1；(b) 佯攻样本数据 2

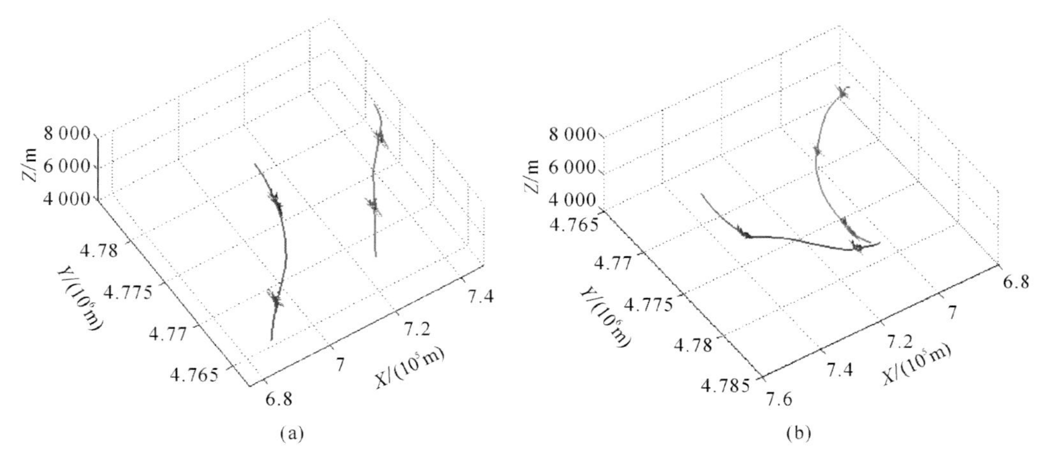


**图 5.9　侦察意图数据轨迹图**

(a)侦察样本数据 1； (b) 侦察样本数据 2

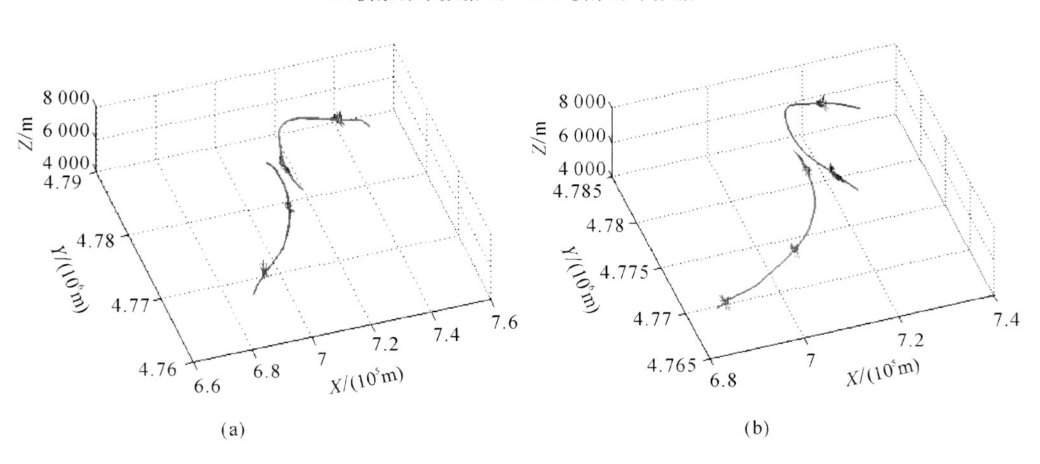


**图 5.10　撤退意图数据轨迹图**

(a)撤退样本数据 1； (b) 撤退样本数据 2

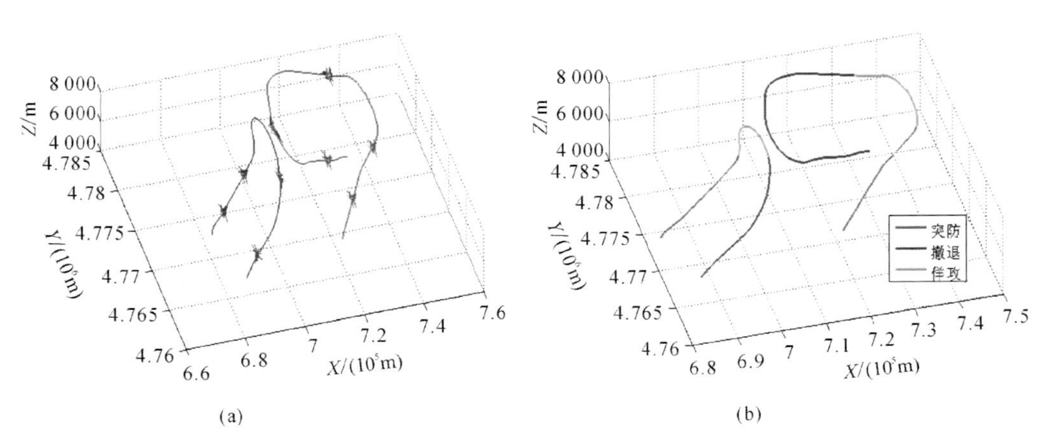


**图 5.11　仿真数据 1 飞行轨迹和意图分布**

(a)仿真数据 1 飞行轨迹； (b) 仿真数据 1 意图分布

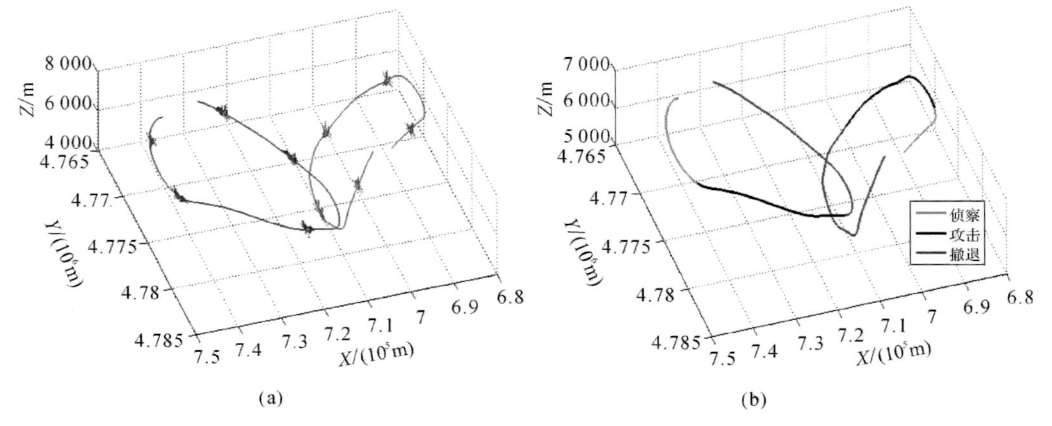


**图 5.12　仿真数据 2 飞行轨迹和意图分布**

(a)仿真数据 2 飞行轨迹；（b）仿真数据 2 意图分布

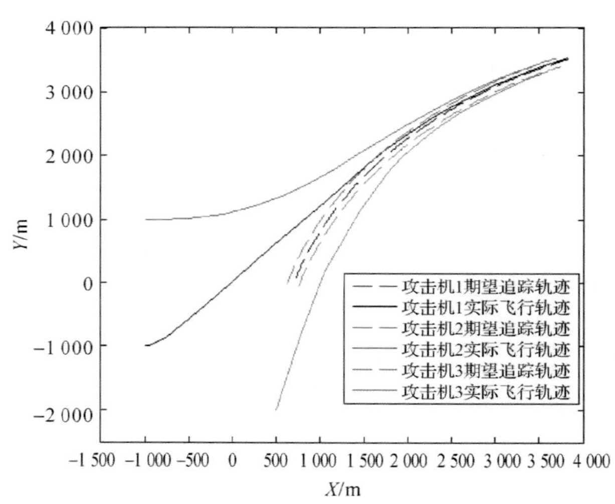


**图 15.1　目标追踪轨迹与实际飞行轨迹图**

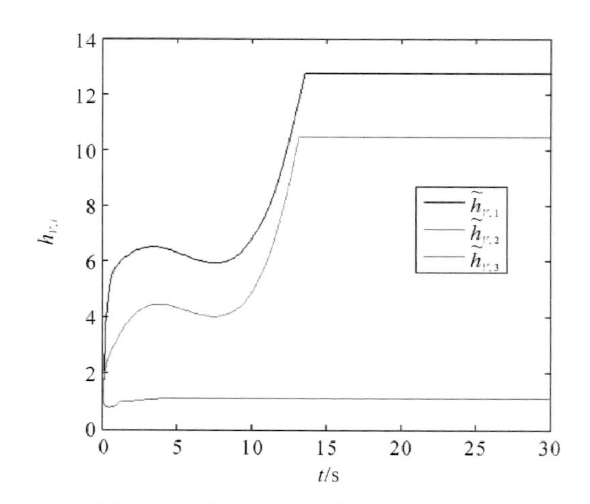


**图 15.2　自适应参数估计值变化曲线**

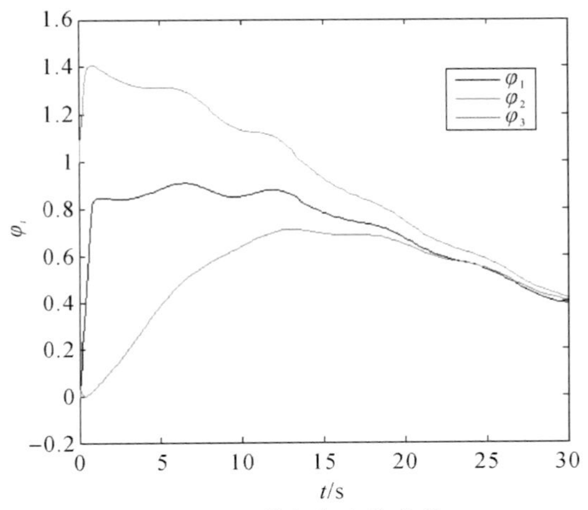


**图 15.3　航向角变化曲线**

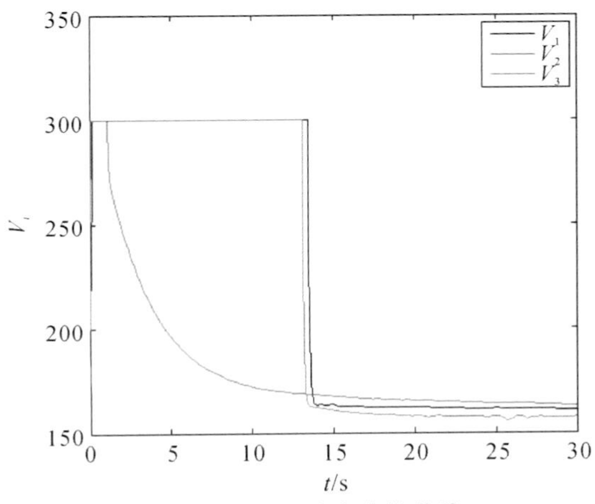


**图 15.4　飞行速度变化曲线**

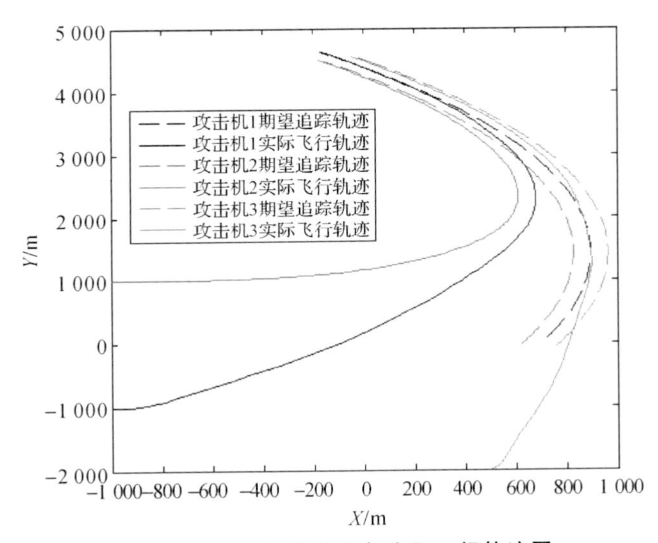


**图 15.5　目标追踪轨迹与实际飞行轨迹图**

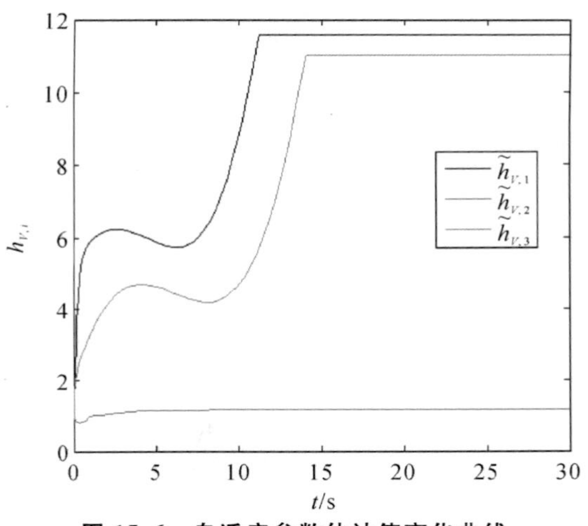


**图 15.6　自适应参数估计值变化曲线**

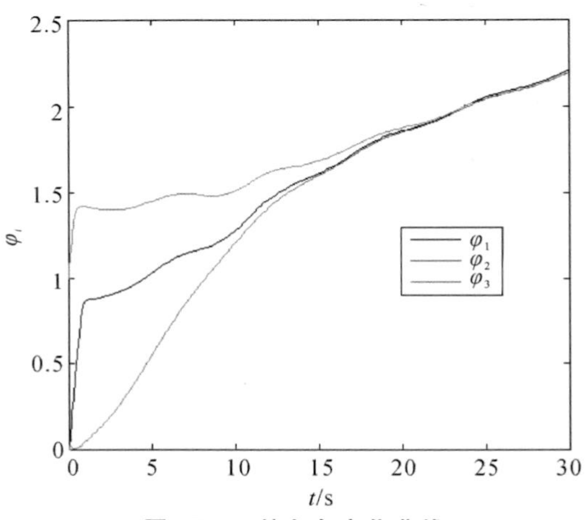


**图 15.7　航向角变化曲线**

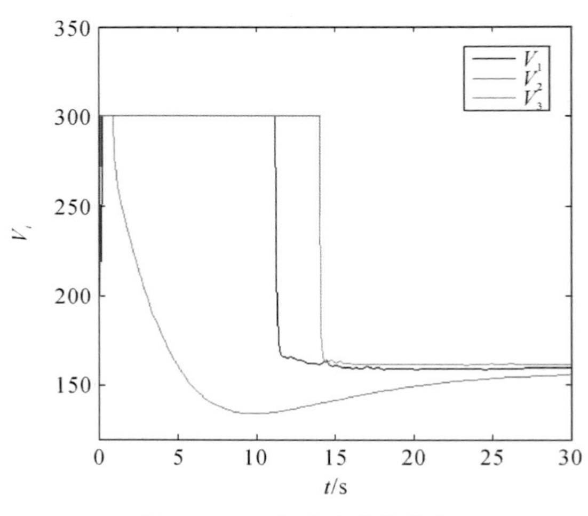


**图 15.8　飞行速度变化曲线**